铁路职业教育铁道部规划教材

计算机网络通信

（高 职）

赵丽花 主 编
郑毛祥 主 审

中国铁道出版社有限公司

2020年·北 京

内 容 简 介

本书为铁路职业教育铁道部规划教材，共分为8章，主要包括计算机网络概论、数据通信基础知识、网络体系结构与网络协议、局域网技术、网络互联技术、IP城域网和广域网、INTERNET的应用、网络维护与网络安全等内容。

本书可作为高等职业教育通信专业教材，也可用于从事计算机网络通信的工程技术人员参考使用。

图书在版编目(CIP)数据

计算机网络通信：高职/赵丽花主编. —北京：中国铁道出版社，2011.1（2020.8重印）

ISBN 978-7-113-12442-7

Ⅰ.①计… Ⅱ.①赵… Ⅲ.①计算机通信网—高等学校：技术学校—教材 Ⅳ.①TP393

中国版本图书馆CIP数据核字(2011)第007688号

书　　名：计算机网络通信

作　　者：赵丽花

责任编辑：武亚雯　李慧君　**电话**：(010) 51873134　**电子邮箱**：tdjc701@126.com

封面设计：崔丽芳

责任校对：孙　玫

责任印制：陆　宁

出版发行：中国铁道出版社有限公司(100054，北京市西城区右安门西街8号)

网　　址：http://www.tdpress.com

印　　刷：北京虎彩文化传播有限公司

版　　次：2011年1月第1版　2020年8月第4次印刷

开　　本：787 mm×1 092 mm　1/16　**印张**：19.75　**字数**：493千

书　　号：ISBN 978-7-113-12442-7

定　　价：38.00元

版权所有　侵权必究

凡购买铁道版的图书，如有缺页、倒页、脱页者，请与本社读者服务部调换。

电　　话：市电(010)51873170　　路电(021)73170

打击盗版举报电话：市电(010)51873659　　路电(021)73659

前 言

本书由铁道部教材开发小组统一规划，为铁路职业教育铁道部规划教材。本书是根据铁路高职教育铁道通信专业教学计划“计算机网络通信”课程教学大纲编写的，由铁路职业教育铁道通信专业教学指导委员会组织，并经铁路职业教育铁道通信专业教材编审组审定。

计算机网络技术作为当前最为活跃的技术领域之一，已被广泛应用于各个学科。政府、企事业单位、学校等的计算机网络化已经成为计算机发展的必然趋势，特别是随着 IPv6 技术的发展，其应用领域更为广泛。

本书共分为 8 章。第 1 章为计算机网络概论。主要介绍计算机网络的发展、网络应用及发展前景、计算机网络的分类、计算机网络的组成、网络计算研究与应用的发展。

第 2 章为数据通信基础知识。主要介绍数据传输方式、数据交换技术、差错控制技术和常用通信接口。

第 3 章为网络体系结构与网络协议。主要介绍网络协议、OSI 体系结构、TCP/IP 网络体系结构。

第 4 章为局域网技术。主要介绍局域网模型、局域网介质访问控制、局域网组网设备、以太网技术、交换式以太网、虚拟局域网、网线的制作和测试、简单以太网的组建、以太网交换机的基本管理与配置。

第 5 章为网络互联技术。主要介绍 IP 协议、ICMP 协议、ARP 协议、路由与路由协议、路由器结构和作用、三层交换技术、IPv6 协议、TCP、UDP 协议、路由器的基本管理与配置、三层交换机 VLAN 配置。

第 6 章为 IP 城域网与广域网。主要介绍 IP 城域网组成、采用的技术、核心层组成、弹性分组网原理、广域网特点及采用的技术、PPP 协议、PPPOE 协议、VPN 的分类及采用的技术、铁路 IP 数据网。

第 7 章为因特网的应用。主要介绍 Internet 的几种应用，包括域名系统 DNS、DHCP 的运作流程、WWW 的工作原理、FTP 的工作原理、Telnet 的基本工作机制和 E-mail 的传输过程及传输协议。

第 8 章为网络维护与网络安全。主要介绍网络故障的一般分类，网络故障检测，网络故障排除，网络安全，防火墙技术以及网络管理。

本书根据高职高专学生的特点，在内容组织上将计算机网络基础知识和实际应用相结合，突出应用性、实践性和可操作性，理论知识以必需、够用为原则，力求使教材全面、实用，易于学生接受和理解，能够学以致用。本书根据学生的基础和接受能力，教师可以适当调整教学学时。

本书由南京铁道职业技术学院赵丽花主编，武汉铁道职业技术学院郑毛祥主审。其中第 1、3、8 章由武汉铁道职业技术学院卢冬霞编写，第 2、4、5、7 章由赵丽花编写，第 6 章由武汉铁道职业技术学院伍振国编写。

参加审稿的有北京铁路通信技术中心蒋笑冰、天津铁路职业技术学院卜爱琴、柳州铁路职业技术学院黄欣萍等同志，他们对本书的编写和出版提出了许多宝贵意见，并给予了大力支持和帮助，在此向他们表示衷心的感谢。

由于网络技术发展迅速，加之作者水平有限，时间仓促，书中难免存在一些不足与疏漏之处，恳请广大读者批评指正，提出宝贵意见。

编　者

2010 年 12 月

目　录

第一章
计算机网络概论

本章首先介绍计算机网络通信的相关知识，包括网络的发展、网络应用、网络组成及分类，使大家对计算机网络通信有一定的基本认识。

第一节　计算机网络的形成和发展

计算机网络是计算机技术与通信技术紧密相结合的产物。它的出现推动了信息产业的发展，对信息产业的发展产生了深远的影响。随着计算机网络技术的不断更新，计算机网络的应用已经渗透到了社会的各个方面，并且不断地更新人们的观念、工作模式和生活方式。

一、计算机网络的形成

自1946年世界上第一台数字电子计算机问世之后的近十年时间里，计算机与通信之间并没有什么联系。而且那时计算机的数量很少，且价格十分昂贵，用户使用计算机很不方便，必须到计算中心上机和处理数据。20世纪50年代初，由于美国军方的需要，美国自动地面防空系统SAGE(Semi-Automatic Ground Environment computer)进行了把计算机技术和通信技术结合在一起的尝试。它将远程雷达与其他测量设备测到的信息通过总长度为241万km的通信线路与一台IBM计算机连接，进行集中的信息处理与控制，第一次实现了用计算机远距离地集中控制和人机对话。SAGE系统的诞生被誉为计算机通信发展史上的里程碑，从此，计算机网络开始逐步形成和发展。

计算机网络的发展与其他科学技术发展一样，也是因为社会需求引起的。纵观计算机网络的发展历程，它经历了一个从简单到复杂的演变过程。计算机网络出现在20世纪60至70年代，是以通信子网为中心的时代，其特征是计算机网络成为以公用通信子网为中心的计算机—计算机的通信。

1969年12月，Internet的前身——美国国防部的ARPAnet网投入运行，它标志着我们常说的计算机网络的兴起。ARPAnet网络系统是一种分组交换网。分组交换技术使计算机网络的概念、结构和网络设计方面都发生了根本性的变化，它为后来的计算机网络打下了基础。

20世纪80年代是标准化的时代，其特征是网络体系结构和网络协议的国际标准化。在ARPAnet网络成功驱动下，世界各大计算机公司受利益的驱使，纷纷制定了各自的网络技术体系标准，例如，IBM公司于1974年提出了系统网络体系结构“SNA”(System Network Architecture)，DEC公司于1975年推出了数字网络体系结构“DNA”(Digital Network Architecture)等。在那个时期，尽管各大公司和厂家促进了网络产品的开发和发展，但是，这些网络技术规范只是在本公司同构型设备基础上互联，各厂家生产的计算机产品和网络产品互不兼容，无论从技术上还是从结构上都存在着很大的差异，实现互联非常困难。网络通信市场各自为政的状况，严重损害了投资者的利益，使用户在组网时无所适从，这种局面严重阻碍了计算机网络的发展，也不利于多厂商间的公平竞争。因此，建立一个开放式的网络，使各厂家生产的产品互相兼容，即实现网络的标准化，已成为历史发展的必然。

1977 年，国际标准化组织(International Standards Organization，ISO)为适应网络标准化的发展趋势，专门在计算机与信息处理标准化技术委员会(Technical Committee)TC97 下，成立了一个新的分委员会(Sub-Committee)SC16。该委员会在研究分析已有的网络结构基础上，致力于研究开发一种“开放式系统互联”的网络结构标准。ISO 于 1984 年公布了“开放系统互联参考模型”的正式文件，即著名的国际标准 ISO7498，通常称它为开放系统互联参考模型(Open System Interconnection/Reference Model，OSI/RM)。

20 世纪 90 年代是高速化、综合化、全球化、智能化、个人化的时代。计算机技术、通信技术以及建立在计算机和网络技术基础上的计算机网络技术得到了迅猛的发展。局域网成为计算机网络结构的基本单元，网络间互连的要求越来越强，真正达到资源共享、数据通信和分布处理的目标。特别是 1993 年美国宣布建立国家信息基础设施 NII(National Information Infrastructure)后，全世界许多国家纷纷制定和建立本国的 NII，从而极大地推动了计算机网络技术的发展，使计算机网络进入了一个崭新的阶段。目前，全球以美国为核心的高速计算机互联网络即 Internet 已经形成，Internet 已经成为人类最重要的、最大的知识宝库。而美国政府又分别于 1996 年和 1997 年开始研究发展更加快速可靠的互联网 2(Internet 2)和下一代互联网 NGI(Next Generation Internet)。可以说，网络互联和高速计算机网络正成为最新一代的计算机网络的发展方向。

二、计算机网络的发展

这里所说的计算机网络的发展，是指现代计算机网络的发展。它包括：广域网、局域网和互联网的发展。

1. 局域计算机网络的发展

局域计算机网络是指分布于一个部门、一栋楼或一个单位区域内的计算机网络，就是通常人们所说的局域网(Local Area Network，LAN)。

局域网的出现与发展是与微型计算机的产生及发展分不开的，它是微型计算机发展的产物。进入 20 世纪 80 年代，随着微处理器技术的成熟和其价格的不断下降，微型计算机的出现及其价格不断降低，使得微型计算机不断发展并走入百姓家庭，一个单位和部门拥有许多计算机，并要求共享资源，计算机间的相互通信需求促进了局域网的产生和发展。

20 世纪 80 年代初，由 DEC、Intel 和 Xerox 三家公司(DIX)联合研制并公布了以太网的标准规范，此后一系列的局域网标准相继而生。但以以太网技术最为活跃，应用最为广泛。特别是 Novell 公司的 Netware 操作系统的出现，使局域网的发展达到了前所未有的速度。从上世纪 80 年代初的 10 Mbit/s 以太网，经过短暂的 20 多年的发展，以太网的传输速率达到了万兆，传输速率整整提高了 1 000 倍。特别是交换式局域网的问世，彻底解决了带宽的需求问题，是局域网技术的一场革命。在未来的 5～10 年内，局域网将达到更高的传输速度，相信过不了多久，科学家会推出 10 万 Mbit/s 甚至 1 Tbit/s 的局域网。

近年来，局域网领域又推出了无线局域网技术。利用无线局域网，可将网络延伸到每一个角落，使网络无处不在。网络用户可以在任何时间、任何地点上网。

2. 广域计算机网络的发展

所谓广域计算机网络是指利用远程通信线路组建的计算机网络。

广域网络覆盖面大，通常是跨地区、跨国家的。在网络发展初期，网络一般为某一机构组建的专用网。专用网的优点是针对性强、保密性好。而其缺点是资源重复配置，造成资源的浪费；系统过于封闭，使系统之外的用户难于共享系统内的资源。

随着计算机应用的不断深入发展，一些规模小的机构甚至个人也有联网的需求。这就促使许多国家开始组建公用数据网。早期的公用数据网采用的是模拟通信电话网，进而发展成为新型的数字通信公用数据网。

3. 互联网的发展

Internet 是全球最大和最具有影响力的计算机互联网络，也是世界范围的信息资源宝库。Internet 是通过路由器实现多个广域网和局域网互联的大型网际网，它对推动世界科学、经济、文化和社会的发展有着不可估量的作用。Internet 中的信息资源涉及方方面面，几乎应有尽有。人们在 Internet 上随意发表观点或寻求帮助，通过 Internet 可与未谋面的网友聊天，还可以使用 Internet 上的 IP 电话与处在其他地区的亲人进行视频电话而无需额外付费。

未来的计算机网络将覆盖每一个角落，具有足够的带宽、很好的服务质量与完善的安全机制，以满足电子政务、电子商务、远程教育、远程医疗、分布式计算、数字图书馆及视频点播等不同应用的需求。

Internet 的广泛应用和网络技术的快速发展，使得网络计算技术将成为未来几年里重要的网络研究与应用领域。移动计算网络、网络多媒体计算、网络并行计算、网格计算、存储区域网络和网络分布式对象计算的各种网络计算技术正在成为网络新的研究与应用的热点问题。

为了有效地保护金融、贸易等商业秘密，保护政府机要信息与个人隐私，网络必须具有足够的安全机制，以防止信息被非法窃取、破坏与损失。因此，随着社会生活对网络技术与基于网络的信息系统依赖的程度越高，人们对网络与信息安全的需求就越来越强烈。网络与信息安全的研究正在成为研究、应用和产业发展的重点问题，引起了社会的高度重视。

三、网络应用及发展前景

1. 目标

面向信息化的 21 世纪，网络的基本目标是：继续建设国家信息基础设施（National Information Infrastructure，NII）和全球信息基础设施（Global Information Infrastructure，GII）。其总目标是实施数字地球计划，即任何人在任何地点的任何时间内可将文本、声音、图像、电视信息等各种媒体信息传递给在任何地点的任何人。

2. 支柱技术

要实施上述目标，必须具有两个核心技术的支持，即微电子技术和光（通信）技术。微电子技术将使芯片的处理能力和集成度提高，依据摩尔定律，每 18 个月翻一番。光（通信）技术是对信息产业有着重要影响的另一支柱技术。Internet 的主干网全是由光纤组成的，符合新摩尔定律——光纤定律（Optical Law）：Internet 频宽每 9 个月会增加一倍的容量，而其成本则降低一半。衡量光纤传输技术发展的标准是传输的比特率与信号在需要再生前可传输的距离的乘积。

光纤从产生到现在已经经过了四代，第四代光纤传输采用光波放大器，数据传输速率达 10～20 Gbit/s。使用密集波分复用技术，使光纤传输速率可达 100 Gbit/s。

3. 网络融合

21 世纪是信息世纪，信息时代的网络体现在计算机、通信、信息内容三种关键技术的融合，支持 NII 和 GII 技术最主要的是计算机、通信和信息内容三个方面的技术。与信息技术密切相关依存的三网——电信网、计算机网（主要指 Internet 网）和有线电视网，在不久的将来将融为一体。

4. 热门技术

①多媒体技术

随着数字化技术的进步，话音、图像这些听视觉类媒体的数字化已经成为现实。多媒体计算机、海量存储技术、显示技术、软件技术、无线技术——如红外线技术、宽带 CDMA 技术，能经济地提供以前只有固定网才能拥有的带宽。

②宽带网技术

网络发展的瓶颈主要是带宽问题，为实现 NII 和 GII 的基本目标，必须首先发展宽带网，使之能提供传送宽带业务。以全光网为基础的信息高速信道在未来将可提供无限量的信道空间。

宽带网的关键技术主要有宽带高速交换（如 ATM 交换、路由交换、光交换技术）、高速传送（如 SDH）和用户宽带接入。

以太网的数据传输速率正在不断地提高，从初期的 10 Mbit/s 发展到目前的 10 000 Mbit/s，10 万 Mbit/s 的以太网正在研究中。以 IP 技术为基础的宽带网技术也正在开发和完善之中。IPv6 的制定和实施，将使现有的 IPv4 网络过渡到 IPv6 时代，彻底解决 IPv4 地址枯竭问题。

宽带的综合管理也是目前宽带网中的一个热点问题。由于当前各种交换网、传输网和支撑网均有各自的网络管理系统，如何对其实施综合管理，成为科学家们急需解决的问题。

以软交换技术为基础的 NGN 和 IP 电信网也是一个研究的热点，目前正在发展和试用中。

③移动技术

通用个人化通信（Universal Personal Telecommunications，UPT）是 21 世纪一种引人注目的先进通信方式。个人化通信是指任何人可在任何时间与任何地点的人（或机）以任何方式进行任何可选业务的通信。个人化通信系统以先进的移动通信技术为基础，通过个人通信号码（Personal Telecommunications Number，PTN）识别使用者而不是通信设备，利用智能网使系统内的任何主叫无需知道对方在何处，就能自动寻址、接续到被叫。

第一代模拟移动系统早已退出我国通信市场，以第二代支持话音及数据业务为主的 GSM 和 CDMA 技术正如火如荼。具有自主知识产权的第三代（3G）蜂窝移动通信系统即将走向市场，为我们提供更优质、更全面的移动服务。特别是 3G 系统支持移动 IP 服务，使我们的通信比现在更加个人化。融合无线技术、移动技术和宽带技术于一体的第四代（4G）蜂窝移动通信系统正在研究与开发之中，在第四代移动通信系统中可提供高达 25 Mbit/s 的接入速度。

④Internet 与信息安全技术

当前，Internet 网与信息安全正受到严重的威胁，威胁主要来自于病毒（Virus）和黑客（Hacker）攻击。为使网络安全、可靠地运行，必须对网络实施完整的安全保障体系，使网络具有保护功能、检测机制以及对攻击的反应和事件恢复的能力。

⑤下一代互联网 NGI

下一代 Internet 网是指比现行的 Internet 网具有更快的传输速率，更强的功能，更安全和更多的网址,能基本达到信息高速公路计划目标的新一代 Internet 网。

目前 Internet 的缺陷:带宽不够,缺乏管理,信息泛滥,安全性不够。目前 Internet 网上运行的 TCP/IP 协议第 4 版即 IPv4,不具备服务质量保障特性,不能预留带宽,不能限定网络时延。因此,目前的 Internet 网无法支持许多新的应用如远程教学、医疗和学术交流。于是,在 Internet 网进入商用后,建立一个新的、更先进的网络被提上教育界和科研界的日程,这就是下一代 Internet 网。

四、宽带网络与全光网络技术

1. 宽带网络的应用

宽带网络的建设正在全球范围内掀起一个高潮,各个国家的政府与企业投入巨资,把宽带网络作为战略产业来发展。

宽带网络可分为宽带骨干网和宽带接入网两部分,因此,建设宽带网络的两个关键技术是骨干网技术和接入网技术。

(1)骨干网技术

骨干网又被称为核心交换网,它是基于光纤通信系统的能实现更大范围(在城市之间和国家之间)的数据流传送。这些网络通常采用高速传输网络、高速交换设备(如大型 ATM 交换机和交换路由器)。电信业一般认为传输速率达到 2 Gbit/s 的骨干网叫做宽带骨干网。人们对可视电话、可视图文、图像通信和多媒体等宽带业务的需求,大大地推动了宽带用户接入网络技术的发展和应用。

随着通信技术的迅猛发展,运营商和用户对电信网提出了更高的要求。1988 年 ITU-T(国际电信联盟远程通信标准化组)在美国同步光纤网络(Synchronous Optical Network,SONET)标准的基础上形成了一套完整的同步数字系列 SDH 标准,使这种适用于光纤传输的体系成为世界通用的光接口标准。在 SDH 的基础上,可以建成一个灵活、可靠,能够进行远程监控管理的国家级电信传输网与全世界的电信传输网。这个传输网可以很方便地扩展新业务,使不同厂家生产的设备互通使用。

(2)接入网技术

近些年来,ITU-T 已正式采用了用户接入网(简称接入网)的概念。接入网需要覆盖所有类型的用户。目前,宽带网接入技术主要有以下几种:

①光纤接入技术。

②光纤同轴电缆混合(HFC)网技术。

③数字用户环路(DSL)技术。

④局域网接入技术。

⑤无线接入技术。

另外,还有如下接入技术:

①PSTN 技术。

②ISDN 技术。

③DDN 技术。

④Cable-Modem 技术。

⑤电力线技术。

2. 全光网络的发展

全光网(All Optical Network,AON)是用光节点取代现有网络的电节点,并用光纤将光节点互联成网,利用光波完成信号的传输、交换等功能。它克服了现有网络在传送和交换时的瓶颈,减少了信息传输的拥塞,提高了网络的吞吐量。随着信息技术的发展,全光网络已经引起了人们的极大兴趣,世界上一些发达国家都在对全光网络的关键技术和设备、部件、器件和材料进行研究,加速推进产业化和应用的进程。ITU-T 也抓紧研究有关全光网络的建议,全光网络已被认为是未来通信网向宽带、大容量发展的首选方案。

第二节　计算机网络的组成与功能

一、计算机网络的定义

计算机网络是指将分布在不同地理位置上的具有独立功能的多个计算机系统,通过通信设备和通信线路相互连接起来,在网络软件的管理下实现数据传输和资源共享的系统。也就是说计算机网络是一个互联自治的计算机集合。

二、计算机网络的功能

计算机网络可提供许多功能,但其中最主要的功能是数据通信和资源共享。

1. 数据通信

数据通信是计算机网络最基本的功能。它用来快速传送计算机与终端、计算机与计算机之间的各种信息,包括文字信件、新闻消息、咨询信息、图片资料、报纸版面等。利用这一特点,可实现将分散在各个地区的单位或部门用计算机网络联系起来,进行统一的调配、控制和管理。如铁路、民航的自动订票系统、银行的自动柜员机存取款系统。

2. 资源共享

“资源”指的是网络中所有的软件、硬件和数据资源。“共享”指的是网络中的用户都能够部分或全部地享受这些资源。例如,某些地区或单位的数据库(如飞机机票、饭店客房等)可供全网使用;某些单位设计的软件可供需要的地方有偿调用或办理一定手续后调用;一些外部设备如打印机,可面向用户,使不具有这些设备的地方也能使用这些硬件设备。如果不能实现资源共享,各地区都需要有完整的一套软、硬件及数据资源,则将大大地增加全系统的投资费用。

3. 提高计算机的可利用性

有了网络,计算机可互为备份,当其中一台计算机中的数据丢失后可从另一台计算机中恢复;网络中的计算机都可成为后备计算机,当一台计算机出现故障,可使用其他计算机代替;某条通信线路不通,可以取道另一条线路。

4. 集中管理

人们可以通过计算机网络将分布于各地的计算机上的信息(如银行系统、售票系统),传到服务器上集中管理,实现计算机资源分散,而管理却集中。

5. 实现分布式处理

网络技术的发展,使得分布式计算成为可能。对于大型的课题,可以分为许许多多的小题目,由不同的计算机分别完成,然后再集中起来,解决问题。

6. 负荷均衡

负荷均衡是指工作被均匀地分配给网络上的各台计算机系统。网络控制中心负责分配和检测,当某台计算机负荷过重时,系统会自动转移负荷到较轻的计算机系统去处理,以减少延迟,提高效率,充分发挥网络系统上各主机的作用。

7. 网络服务

网络服务是在网络软件的支持下为用户提供的网络服务,如文件传输、远程文件访问、电子邮件等。由此可见,计算机网络可以大大扩展计算机系统的功能,扩大其应用范围,提高可靠性,为用户提供方便,同时也减少了费用,提高了性能价格比。

三、计算机网络的基本组成

从物理结构来看,计算机网络是由网络硬件和网络软件两大部分组成;而从逻辑结构来看,计算机网络由通信子网和资源子网组成。

(一) 计算机网络的硬件系统

网络硬件是计算机网络系统的物质基础。构成一个计算机网络系统,首先要将计算机及其附属硬件设备与网络中的其他计算机系统连接起来,实现物理连接。随着计算机技术和网络技术的发展,网络硬件日趋多样化,且功能更强、结构更复杂。计算机网络的硬件系统由计算机系统、通信线路和通信设备所组成。

1. 计算机系统

由于计算机网络中至少有两台具有独立功能的计算机系统,因此计算机系统是组成计算机网络的基本模块,它是被连接的对象,其主要作用是负责数据信息的收集、整理、存储和传送。此外,它还可以提供共享资源和各种信息服务。计算机网络中连接的计算机系统可以是巨型机、大型机、小型机、工作站和微机以及移动电脑或其他数据终端设备等。

2. 通信线路

通信线路是指连接计算机系统和通信设备的传输介质及其连接部件。传输介质包括同轴电缆、双绞线、光纤及微波和卫星等,介质连接部件包括水晶头、T形头、光纤收发器等。

3. 通信设备

通信设备是指网络连接设备和网络互联设备,包括网卡、集线器(Hub)、中继器(Repeater)、交换机(Switch)、网桥(Bridge)、路由器(Router)及调制解调器(Modem)等其他通信设备。

通信线路和通信设备是连接计算机系统的桥梁,是数据传输的通道。通信线路和通信设备负责控制数据的发出、传送、接收或转发,包括信号转换、路径选择、编码与解码、差错校验、通信控制管理等,以便完成信息的交换。

(二) 计算机网络的软件系统

计算机网络的软件系统是实现网络功能所不可缺少的软环境,是支持网络运行、提高效益和开发网络资源的工具。网络软件通常包括网络操作系统、网络协议软件、网络数据库管理系统和网络应用软件。

1. 网络操作系统

网络操作系统(Network Operating System,NOS)是运行在网络硬件基础之上的,为网络用户提供共享资源管理服务、基本通信服务、网络系统安全服务及其他网络服务的软件系统。在网络软件中,网络操作系统是核心部分,它决定网络的使用方法和使用性能的关键,其他应用软件系统需要网络操作系统的支持才能运行。

目前国内用户较熟悉的网络操作系统有:Netware、Windows2000/2003、OS/2 Warp、Unix 和 Linux 等,它们在技术、性能、功能方面等各有所长,可以满足不同用户的需要,且支持多种协议，彼此间可以相互通信。

网络操作系统主要由以下几部分组成。

(1)服务器操作系统

服务器操作系统是指运行在服务器硬件上的操作系统。服务器操作系统需要管理和充分利用服务器硬件的计算能力并提供给服务器硬件上的软件使用。

服务器操作系统与运行在工作站上的单用户操作系统(如 Windows98 等)或多用户操作系统(如 Unix)由于提供的服务类型不同而有差别。一般情况下，服务器操作系统是以使网络相关特性最佳为目的的。

(2)网络服务软件

网络服务软件是运行在服务器操作系统之上的软件，它提供了网络环境下的各种服务功能。

(3)工作站软件

工作站软件是指运行在工作站上的软件。它把用户对工作站操作系统的请求转化成对服务器的请求，同时也接收和解释来自服务器的信息，并转化为本地工作站所能识别的格式。

2. 网络协议软件

连入网络的计算机是依靠网络协议实现相互间通信的，而网络协议是靠具体的网络协议软件的运行支持才能工作。一个好的网络操作系统允许在同一服务器上支持多种传输协议，如 TCP/IP、IPX/SPX、Apple Talk 和 NetBEUI 等。

3. 网络数据库管理系统

网络数据库管理系统可以看作网络操作系统的助手或网上的编程工具。通过它可以将网上各种形式的数据组织起来，科学、高效地进行存储、处理、传输和使用。目前国内比较熟悉的网络数据库管理系统有 DB2、SQLServer、Oracle、SyBase、Informix 等。

4. 网络应用软件

根据用户的需要而开发的满足用户要求的软件，如 WPS 办公软件、用友财务软件、物流管理系统、POS 系统等。

(三) 通信子网和资源子网

按照计算机网络的系统功能，计算机网络可分为资源子网和通信子网两大部分，如图1-1所示。

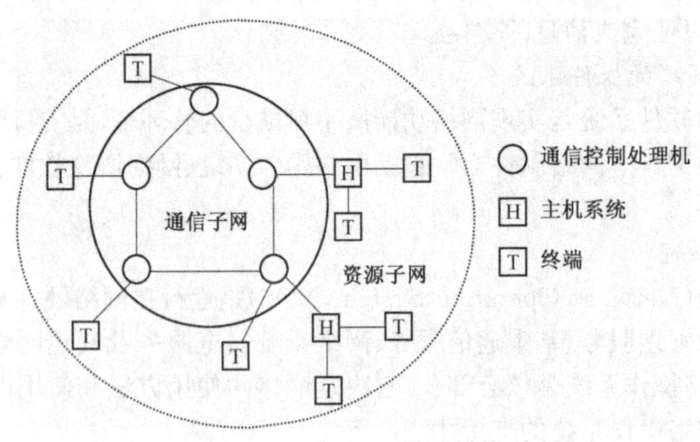

图 1-1　资源子网和通信子网

资源子网主要负责全网的信息处理，为网络用户提供网络服务和资源共享功能等。它主要包括网络中所有的主计算机、I/O 设备、终端，各种网络协议、网络软件和数据库等，主要是由网络的服务器和工作站组成。

通信子网主要负责全网的数据通信，为网络用户提供数据传输、转接、加工和变换等通信处理工作。它主要包括通信线路（即传输介质）、网络连接设备（如网络接口设备、通信控制处理机、网桥、路由器、交换机、网关、调制解调器、卫星地面接收站等）、网络通信协议和通信控制软件等。

第三节　计算机网络的拓扑结构和分类

拓扑学是几何学的一个分支，它将物体抽象为其大小无关的点，将连接物体的线路抽象为与距离无关的线，进而研究点、线、面之间的关系。网络的拓扑结构是用网络的节点与线的几何关系来表示网络结构。

一、计算机网络拓扑分类

计算机网络拓扑结构有许多种，下面介绍最常见的几种。

1. 总线型拓扑结构

总线型拓扑结构如图 1-2 所示。这种结构是采用一条单根的通信线路（总线）作为公共的传输通道，所有节点都通过相应的接口直接连接到此通信线路上，网络中所有的节点都是通过总线进行信息传输的。

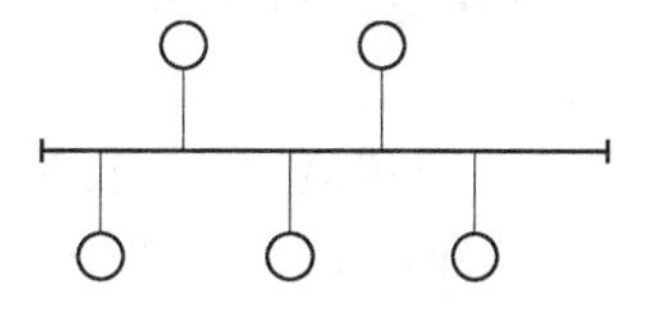
图 1-2　总线型拓扑结构

采用总线型结构的网络使用的是广播式传输技术，总线上的所有节点都可以发送数据到总线上。任一节点发送的信号沿总线传播，且能被其他所有节点接收。各节点在接收到数据后，先分析目的物理地址，然后再决定是否接收该数据。

由于所有节点共享一条公共的传输通道，因此，总线上一次只能由一个设备传输信号。总线型结构的典型代表是使用粗、细同轴电缆所组成的以太网。

2. 星型拓扑结构

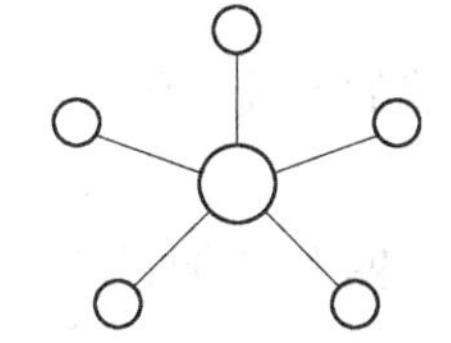
图 1-3　星型拓扑结构

星型结构采用集中控制方式，如图 1-3 所示。各站点通过线路与中央节点相连，中央节点对各设备间的通信和信息交换进行集中控制和管理。其中央节点相当复杂，而各个节点的通信处理负担都较小。因此，此种结构的网络对中央节点要求有很高的可靠性。

3. 环型拓扑结构

环型拓扑结构如图 1-4 所示，这种结构是将各节点通过一条首尾相连的通信线路连接起来而形成的一个封闭环，且数据只能沿单方向传输。环型拓扑结构有两种类型：单环结构和双环结构。令牌环（Token Ring）网采用的是单环结构，而光纤分布式数据接口（Fiber Distributed Data Interface，FDDI）采用的是双环结构。

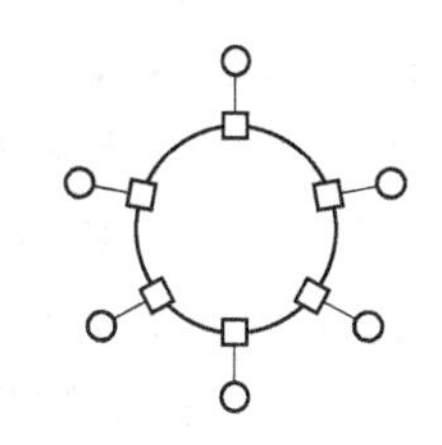
图 1-4　环型拓扑结构

环型结构的网络结构简单，系统中各工作站地位相等，建网容易。

4. 树型拓扑结构

树型拓扑结构是从总线型或星型演变而来的。它有两种类型：一种是由总线型拓扑结构派生出来的，它由多条总线连接而成，传输媒体不构成闭合环路而是分支电缆；另一种是星型拓扑结构的扩展，各节点按一定的层次连接起来，信息交换主要在上、下节点之间进行。在树型拓扑结构中，顶点有一个根节点，它带有分支，每个分支还可以有子分支，其几何形状像一棵倒置的树，故得名树型拓扑结构。如图1-5所示。

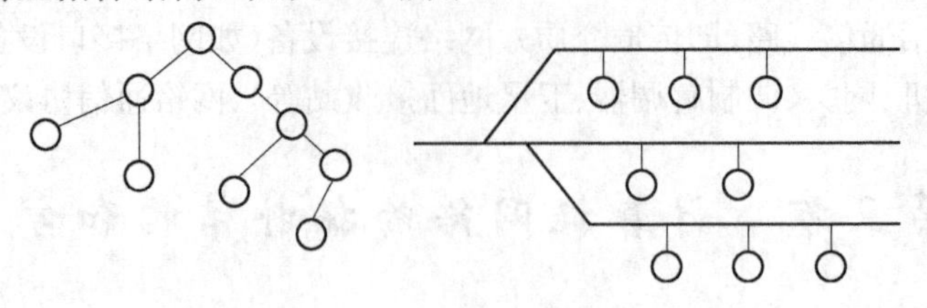

图1-5　树型拓扑结构

5. 混合型拓扑结构

混合型拓扑结构是由以上几种拓扑结构混合而成的，混合型拓扑结构又称完整结构。它是节点间可以任意连接的一种拓扑结构，即节点之间连接不固定，拓扑结构图无规则，如图1-6所示。一般每个节点至少与其他两个节点相连。

6. 计算机网络拓扑结构的选择

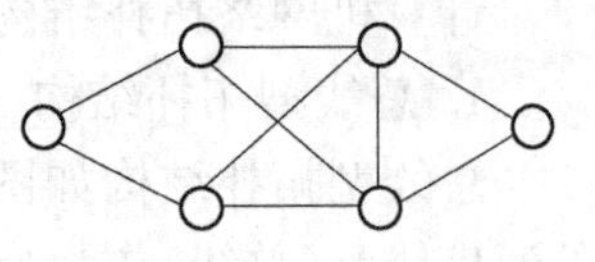

图1-6　混合型拓扑结构

不管是局域网还是广域网，选择其拓扑结构，需要考虑如下因素：

(1)网络既要易于安装，又要易于扩展。

(2)网络的可靠性是考虑选择的重要因素。要易于故障诊断和隔离，以使网络的主体在局部发生故障时仍能正常运行。

(3)网络拓扑的选择还会影响传输媒体的选择和媒体访问控制方法的确定，这些因素又会影响各个站点的运行速度和网络软、硬件接口的复杂性。

总之，一个网络的拓扑结构，应根据需求，综合诸因素作出合适选择。

二、计算机网络的分类

计算机网络的分类方法有许多种，最常见的一种分类方法是按网络覆盖的地理范围分类。

1. 按网络覆盖的地理范围

按网络覆盖的地理范围进行分类，计算机网络可以分为局域网、城域网和广域网3种类型。

(1)局域网(Local Area Network，LAN)

局域网是指局限在10 km范围的一种小区域内使用的网络。它配置容易，微机相对集中。局域网具有传输速率高(10 Mbit/s～10 Gbit/s)、误码率低、成本低、容易组网、易维护、易管理、使用方便灵活等特点。局域网是在小型机、微机大量推广后发展起来的，一般位于一个建筑物或一个单位内，不存在寻径问题，不包括网络层，目前被广泛应用于连接校园、企业以及机关的个人计算机或工作站，以利于彼此共享资源和数据通信。局域网网络结构一般比较规范，传送误码率较低，一般在10^{-6}～10^{-10}之间。

(2)城域网(Metropolitan Area Network，MAN)

城域网主要是由城市范围内的各局域网之间互联而成的，形成专用的网络系统。其覆盖范围一般在10～100 km范围内，采用IEEE802.6标准，传输速率为50～100 kbit/s，如果采用光纤传输，速率为 10～100 Mbit/s。传送误码率小于 10^{-6}。

(3)广域网(Wide Area Network，WAN)

广域网又称远程网，是一种远距离的计算机网络，其覆盖范围远大于局域网和城域网，通常可以覆盖一个省、一个国家，可以从几十公里到几千公里。由于距离远，信道的建设费用高，因此很少有单位像局域网那样铺设自己的专用信道，通常是租用电信部门的通信线路，如长途电话线、光缆通道、微波及卫星等。网络结构不规范，可以根据用户需要随意组网。其传送误码率比较低，一般在 10^{-3} ～ 10^{-5} 之间。如邮电部的 CHINANET、CHINAPAC 和 CHINADDN 网。

(4)互联网

国际互联网是一个全球性的计算机互联网络，也称为“Internet”、“因特网”、“网际网”或“信息高速公路”等，它是数字化大容量光纤通信网络或无线电通信、卫星通信网络与各种局域网组成的高速信息传输通道。它以松散的连接方式将各个国家、各个地区、各个机构及分布在世界每个角落的局域网、城域网和广域网连接起来，组成的目前世界最大的计算机通信信息网络，它遵守 TCP/IP 协议。对于 Internet 中各种各样的信息，所有人都可以通过网络的连接来共享和使用。

2. 按网络的拓扑结构分类

按网络的拓扑结构分类，计算机网络可以分为总线型、星型、环型、树型和混合网络。例如以总线拓扑结构组建的网络称为总线型网络，以星型拓扑结构组建的网络称为星型网络。

3. 按交换方式分类

按照网络中信息交换的方式，可以把计算机网络分为电路交换网、分组交换网、报文交换网、帧中继交换网、信元交换网等。Internet 网是基于分组交换网，ATM 网是信元交换网。

4. 按使用范围分类

按照网络使用范围划分的不同，计算机网络可分为公共网和专用网。

第四节　网络计算研究与应用的发展

一、网络计算的基本概念

移动计算网络、网络多媒体计算、网络并行计算、存储区域网络与网络分布式对象计算正在成为网络新的研究与应用的热点问题。

“计算”这个词在不同的时代有着不同的内涵。随着技术的进步，人们对计算能力的要求也越来越高，需求和计算能力交替上升。每一次计算能力的重大进步都会对科学和人类生活带来重大的影响。今天的计算机网络正在改变人类的生活、工作和思维方式。尽管电子邮件、Web 服务、电子商务与 IP 电话已经给我们的生活带来了很大变化，但这仅仅是开始。随着网络带宽的迅速增长，软件会越来越丰富，网络用户数也与日俱增，人们的生活、学习和工作将离不开网络。

网络时代的“计算”已经有了最广泛的含义：网络将被看作最强有力的超级计算环境，它包含了丰富的计算、数据、存储、传输等各类资源，用户可以在任何地方登录，处理以前不能完成的问题；通过网络，人们可以使用能翻译、可以同时传输语音与图像的网络电话；很多人可以在不同的地点协同完成大型的科学计算和工程设计。电话、电视机、收音机、空调和家庭安全装置等各种信息家电都可以联入网络，用户可以在异地和移动过程中进行控制和管理。

目前，人们正在研究移动计算网络、多媒体网络、网络并行计算、网格计算、存储区域网络与网络分布式对象计算等问题。

二、移动计算网络的研究与应用

1. 移动计算网络的基本概念

移动计算是当前网络领域中一个重要的研究课题，它是将计算机网络和移动通信技术结合起来，为用户提供移动的计算环境和新和计算模式，作为网络实现的目标，即任何人在任何地点的任何时间内可将文本、声音、图像、电视信息等各种媒体信息传递给在任何地点的任何人，移动计算网络能很好地完成。移动计算技术既可以使用户在飞驰的火车和飞行的飞机上办公，也可使用在战场指挥、实时控制等方面。

2. 蜂窝式数字分组数据通信平台的应用

无线通信网络的发展为移动计算网络奠定了技术基础。无线和可移动为特点的蜂窝式数字分组数据(Cellular Digital Packet Data，CDPD)通信平台可以提供移动数据终端与主机之间或移动数据终端之间的无线连接。在无线覆盖区域内，从固定点到速度为100 km/s的各种无线移动数据终端，均可通过该移动数据通信平台，进入各种数据通信网络，实现各种数据的通信。CDPD业务范围主要有以下几种。

(1)无线数据遥控遥测：可以监控水位、煤气、运输等状态信息，实现远程监控、遥控和遥测。

(2)传送电子短信息：可以实时传送新闻、股票期货行情等，并能双向传输。

(3)定位信息服务：可以对运行中的汽车、物流中的产品运输等实行跟踪定位。

(4)销售服务：可以将多个无人售货机、销售点的销售通知商场和物流调配中心。

蜂窝式数字移动通信系统为移动计算网络提供了有力的工具。即将实施的第三代蜂窝式数字移动通信系统将使移动计算更加便捷。

3. 无线局域网的应用

无线局域网(Wireless LAN，WLAN)是实现移动计算机网络的关键技术之一。传统的有线局域网中所使用的同轴电缆、双绞线和光纤，由于其固定特性而无法移动，而以微波、激光、红外线等无线电波作为有线局域网的补充，实现了移动计算网络中移动节点的物理层与数据链路层功能，为移动计算网络提供物理接口。WLAN的发展速度很快，符合802.11b标准的无线局域网速率可达11 Mbit/s，而802.11a标准的无线局域网的传输速率高达54 Mbit/s。

三、多媒体网络的研究与应用

1. 多媒体网络的基本概念

多媒体网络是指能够传输多媒体数据的通信网络。随着网络带宽的不断提高，网络不仅可以传输数据、文字，而且还可以传输音频、视频等信息，网络环境中的多媒体应用已成为现实。由于多媒体的交互性和实时性，因此多媒体网络还需满足支持多媒体传输所需要的实时性和交互性等要求。

随着多媒体技术和网络技术的快速发展，出现了大量的网络多媒体系统，其中典型的有网络视频会议系统、远程教学系统等，通过网络和多媒体技术的结合，参与者和计算机组成了一个统一的虚拟环境。

2. 网络视频会议系统

网络视频会议是一种典型的网络多媒体系统。微软公司的 Netmeeting 可以在计算机网络上建立视频会议。

根据系统的互联方式,可以把网络视频会议系统分为一对一系统、一对多系统、多对一系统和多对多系统等 4 种基本结构方式。一对一系统是两个终端之间直接进行通信的系统,属于点对点通信,这类系统主要解决多媒体传输和质量控制,是其他多媒体系统的基础。一对多系统是由一个发送端和多个接收端构成的系统,一对多系统包含了现在意义上的网络广播系统。

3. 多媒体网络应用对数据通信的要求

多媒体网络应用对数据通信的要求主要表现在以下几个方面:

(1)高传输带宽的要求

在多媒体通信中,信息媒体多种多样,数据量十分巨大,这就要求多媒体通信系统存储空间大、传输带宽或传输速率高,因此必须采用有效的信息压缩技术,但压缩往往是以损失原始数据信息量为代价的,所以压缩方法应尽量满足人们的需求。

(2)网络中的多媒体流传输实时性的要求

网络中的多媒体传输要求实时、连续地传送。网络中的多媒体实时传输,除了与网络速率相关,还受通信协议的影响,这将要求通信网、通信协议及高层软件能够适应这种要求。

(3)网络中多媒体数据传输的低时延要求

表 1-1 列出了部分媒体对时延的要求。

表 1-1　部分媒体相对的传输特性

媒体	最大延迟(s)	最大时滞(ms)	速率(Mbit/s)
语音	0.25	10	0.064
图像	1	—	—
视频	0.25	10	100
压缩视频	0.25	1	2～10
数值	1	—	2～100
实时数值	0.001～1	—	<10

①对于语音传输,最大可接受的延迟为 0.25 s,否则就会感到说话声不连续。数据的传输率可以相对低一些,如使用 64 kbit/s 信道即可,可接受的位错率和包错率相对来讲可以高一些。

②对图像而言,延迟大一些不会有多大影响,如错一个像素影响不大,但错一个分组,在图像中就会影响一块,这是不能容忍的。

③对数据传输而言,不允许出现任何错误,时滞影响不大。

4. 传统网络对多媒体应用的不适应及解决的思路

目前基于 Internet 的多媒体传输使用的是 TCP/IP 协议,而传统的 TCP/IP 协议是没有考虑多媒体网络应用要求,因此,传统的 IP 网络对于多媒体应用是不适合的。要想在传统的 IP 网络中传输多媒体,必须对其进行改进。改进的方法是:增大带宽与改进协议。

(1)增大带宽:增大带宽可以从传输介质和路由器性能两个方面着手。

①传输介质:大量使用光纤。

②改进路由器性能:从基于软件实现路由功能的单总线单 CPU 结构路由器,转向基于硬

件专用 ASIC 芯片的路由交换功能的高性能的交换路由器发展。

(2)改进协议:由于 TCP/IP 网络协议不可更换,因此,我们可增强 TCP/IP 协议,使 TCP/IP 协议支持 IP 多播等。

四、网络并行计算的研究与应用

1. 网络并行计算的基本概念

并行计算是高性能计算的关键技术,一直是计算机界高度重视的重要研究领域。并行计算是使用多个 CPU 或者计算机来协同工作的计算模式。并行计算的结构可以是上千个 CPU 组成的大型并行计算机,也可以是由网络互联的多台计算机组成的虚拟超级计算机。从互联结构上,并行计算机可以分为紧耦合和松耦合两种方式。早期的并行机通常采用紧耦方式,即由多路开关连接多个 CPU 构成阵列机或向量机。随着网络技术的发展,人们采用松耦合方式,由多个高性能计算机通过高速专用网络互联形成虚拟并行工作组,或者利用网络上已有的各种资源形成的高性能协同计算工作环境,来解决许多中、大型的复杂计算问题,用户可以把它作为单一的计算环境使用。这类技术正逐渐取代传统的并行计算机。机群计算(Cluster Computing)、工作站网络(Network Of Workstation)、可扩展的计算(Scalable Computing)、元计算(Meta computing)等形式各异,但从基本设计思想上都是基于网络的协同计算。

2. 网络计算

网络并行计算根据其组建思想和实现方法可以分为两大类:机群计算和网格计算。

(1)机群计算

机群计算的主要思想是将一些主机通过高速网络连接起来或是通过网上查找一组空闲处理机形成一个动态的虚拟机群。通过网络互联,使得计算机硬件、操作系统、中间件软件、各种系统管理软件有机结合起来,从而获得较高的性能价格比。

机群系统按应用目标可以分为:高性能机群与高可用性机群。

机群系统按组成机群的处理机类型分为:PC 机群、工作站机群、对称多处理器机群等。

(2)网格计算

网格计算的目标是将广域网上一些计算资源、数据资源和其他设备等互联,形成一个大的可相互利用、合作的高性能计算网,用户可以像登录一台超级巨型机一样使用它。

网格应用包括分布式计算、高吞吐量计算、协同工程和数据查询等多种功能。

网格分为计算型网格和访问型网格。通过计算型网格,用户可以使用到无限制的计算和数据资源;访问型网格提供一组协同环境,向用户提供资源和服务,用户通过浏览器等访问网格。

五、存储区域网络的研究与应用

1. 存储区域网络的基本概念

随着 Internet/Intranet 技术的快速发展及广泛应用,数据成为最宝贵的财富。人们在信息活动中不断地产生数字化信息,如流式多媒体、数字电视、IDC、ASP、ERP、数字影像、事务处理、电子商务、数据仓库与挖掘等,迫切需要大容量、高可靠性以及对数据高效管理的存储设备来存储,这样导致了存储区域网络(Storage Area Network,SAN)、直接连接存储(Direct Attached Storage,DAS)和网络连接存储(Network Attached Storage,NAS)的出现,在存储技术中,网络存储技术是其核心部分,它不仅对 IT 行业的发展,而且对其他行业的发展产生了巨大的影响。

2. 存储区域网络与网络存储技术的新发展

(1)存储区域网络

SAN是一种利用Fiber Channel等互联协议连接起来的可以在服务器和存储系统之间直接传送数据的存储网络系统。SAN是一种体系结构，它是采用独特的技术(如FC)构建的、与原有LAN网络不同的一个专用的存储网络，存储设备和SAN中的应用服务器之间采用的是Block I/O的方式进行数据交换，如图1-7所示。

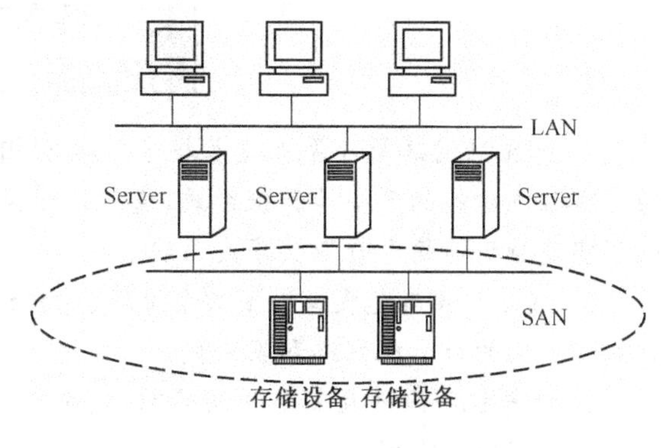

图1-7　SAN结构

SAN具有以下优点：

①高性能、高速存取，目前光纤通道能提供2 Gbit/s以上的带宽，新的10 Gbit/s标准正在研究和试验中。

②高可靠性，由于与存储设备相连的服务器不止一台，用户可通过网络任一台服务器访问存储设备，这样当网络中的任一台服务器出现故障时都不影响网络用户的访问。

③集中存储和管理，网络存储采用的是集中存储和管理方式，扩充容量非常方便。

④高可扩展性，网络存储中的服务器和存储设备是各自独立、互不依赖的，两者的扩充可独立进行。

⑤支持大量的设备，理论上存储区域网络具有1 500万个地址。

⑥实现LAN-free Backup，数据备份不占用LAN带宽。

⑦支持更远的距离。

SAN具有以下缺点：

①设备的互操作性较差。

②构建和维护SAN需要较丰富的经验。

③连接距离限制在10 km左右。

④网络互联设备非常昂贵。

(2)网络存储技术的新发展

①NAS Gateway技术

NAS Gateway技术是通过NAS网关将SAN连接到IP网络，使IP网络用户通过NAS网关直接访问SAN中的存储设备，所以NAS网关具有以下优点：

a. 能使NAS和SAN互联。

b. 增加了FC存储设备可达的距离。

②基于IP的SAN互联技术

基于IP的SAN互联技术主要包括：FCIP(IP Tunneling)、iFCP、iSCSI、InfmiBand和mFCP，其中以iSCSI技术最为成熟，被国际标准化组织接收为国际标准。

③对象存储(Object storage)

一个存储对象是存储设备上多个字节的逻辑集合，包括访问数据的属性、属性描述、数据特征和阻止非授权用户访问的安全策略等。对象的大小可以变化，它可以存放整个数据结构，如文件、数据表、医学图像或多媒体数据等。

存储对象具有文件和块两者的优点：像数据块一样在存储设备上被直接访问；通过一个对象接口，能像文件一样，在不同操作系统平台上实现数据共享。

本章小结

1. 计算机网络是计算机技术与通信技术相结合的产物。它是将分布在不同地理位置上的具有独立功能的多个计算机系统，通过通信设备和通信线路相互连接起来，在网络软件的管理下实现数据传输和资源共享的系统。

2. 网络形成与发展经历了四个阶段：面向终端的计算机网络、共享资源的计算机网络、开放式标准化的计算机网络和互联网。

3. 计算机网络涉及三个方面的问题：至少两台计算机互联、通信设备与通信线路、网络软件、通信协议和NOS。

4. 计算机网络是由资源子网和通信子网组成的，其主要功能是资源共享和数据通信。

5. 计算机网络的拓扑结构有总线型、星型、环型、树型、混合型等。

6. 根据网络覆盖范围，计算机网络可分为局域网、城域网、广域网和互联网。

7. 目前，计算机网络研究与应用的主要问题是Internet技术及应用，高速网络技术与信息安全技术。移动计算网络、网络多媒体计算、网络并行计算、网格计算、存储区域网络与网络分布式计算正成为网络新的研究与应用的热点。

复习思考题

1. 什么是计算机网络?

2. 计算机网络的发展可分为哪几个阶段？各阶段的特点是什么？

3. 什么是多机系统？它与分布式计算机系统的区别是什么？

4. 计算机网络系统的拓扑结构有哪些？

5. 通信子网与资源子网分别由哪些主要部分组成？其主要功能是什么？

第二章

数据通信基础知识

无论是计算机与计算机，还是计算机与终端，它们之间的信息交换，都必须借助于数据通信技术。本章主要介绍数据通信的相关概念、数据传输方式、数据交换技术、差错控制等必需的基础知识。

第一节　基本概念

一、信息、数据和信号

通信的目的是为了交换信息，信息一般指数据、消息中所包含的意义。信息的载体可以包含语音、音乐、图形图像、文字和数据等多种媒体。计算机的终端产生的信息一般是字母、数字和符号的组合。为了传送这些信息，首先要将每一个字母、数字或括号用二进制代码表示。目前常用的二进制代码有国际 5 号码、EBCDIC 码和 ASCⅡ码等。

ASCⅡ码是美国信息交换标准代码，ASCⅡ码用 7 位二进制数来表示一个字母、数字或符号。任何文字，如一段新闻信息，都可以用一串二进制 ASCⅡ码来表示。对于数据通信过程，只需要保证被传输的二进制码在传输过程中不出现错误，而不需要理解传输的二进制代码所表示的信息内容。被传输的二进制代码称为数据(Data)。

信号是数据在传输过程中的表示形式。在通信系统中，数据以模拟信号或数字信号的形式由一端传输到另一端。模拟信号和数字信号如图 2-1 所示。模拟信号是一种波形连续变化的电信号，它的取值可以是无限个，如话音信号；而数字信号是一种离散信号，它的取值是有限的，在实际应用中通常以数字“0”和“1”表示两个离散的状态。计算机、数字电话和数字电视等处理的都是数字信号。

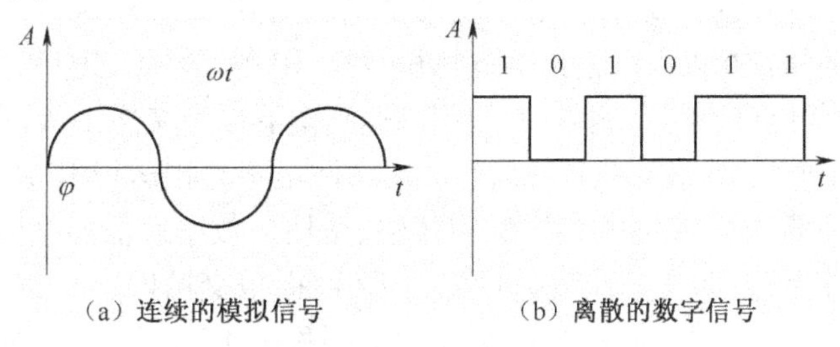

图 2-1　模拟信号和数字信号

二、数据通信及数据通信网

1. 数据通信

数据通信是计算机与计算机或计算机与终端之间的通信。它传送数据的目的不仅是为了交换数据,更主要是为了利用计算机来处理数据。可以说它是将快速传输数据的通信技术和数据处理、加工及存储的计算机技术相结合,从而给用户提供及时准确的数据。自从有了数据通信,不仅解决了大量数据的传输、转接和高速处理问题,提高了计算机的利用率,而且显著扩大了计算机的应用范围,使计算机系统的能力得以充分发挥。

2. 数据通信网

传输交换数据的通信网络称为数据通信网络。数据通信网传输交换的信息用"0"、"1"表示,传输交换的数据单元是一个个的数据包,在不同的数据通信网络中,数据包称为报文、分组、数据帧、信元等。

电报网络是最早的数据通信网络,在计算机网络出现之前,电报网络也用于传输计算机数据。电报使用 5 bit 的二进制编码代表一个英文字母或阿拉伯数字,而我国用 4 个阿拉伯数字代表一个汉字。初期的电报通信是点对点的通信,在发明使用电报交换机之后,建立了自动电报交换网络。电报网络传输交换的数据单元是一个个的数据块,这些数据块称之为"报文",报文由报头和数据两部分组成。我国铁路的电报交换网络至今还在运行。

ARPNET 采用了分组交换技术,分组交换网传输交换的数据单元是"分组"。分组是比报文更短的数据块。每个分组由头部和数据两部分组成。如我国早期采用的 X.25 分组交换网、帧中继网 FR 等都属于分组交换网。

随着因特网的数据量剧增,分组交换网远不能满足要求,于是带宽更宽、时延更小的 ATM 交换网络投入运行。ATM 网络传输交换的数据单元叫"信元",每个信元有 5 字节的头部,48 字节的数据。但 ATM 太复杂,而且传输效率低、造价高,市场发展前景并不乐观。

近年来,数据通信网节点交换机采用线速路由器,直接运行 IP 协议。数据通信网传输交换的数据单元是"IP 报文",IP 报文由报文头部和数据组成。IP 协议是因特网的支撑协议,使用 IP 协议的数据通信网络能与因特网无缝连接。

3. IP 信息网络

早期的数据通信网络的节点交换机采用存储转发方式,转发时延比较大,链路带宽也不宽,因此只能用于非实时的数据传输。随着光纤链路的应用和高速路由器应用于数据通信网,我国现在的广域数据通信网的带宽已经达到 40 Gbit/s。广域网的交换节点采用线速路由器。现在广域数据通信网不但用于传输交换计算机数据,也用于 IP 电话数据、IPTV 视频数据的传输和交换。一些新的通信公司已经不再分别建设电话网络和数据网络,而是只建设一个统一的 IP 信息网络,用于传输、交换各种信息。现在局域网的带宽已经达到 10 Gbit/s。一些企业、学校建立以以太网为统一的通信网络,在以太网上传输计算机数据、IP 电话数据、IPTV 数据及其他信息。

现在新的数据通信网(广域网、城域网)使用高速路由器作为交换设备,直接运行 IP 协议,传输交换 IP 数据报。用 IP 数据报承载各种信息。局域网虽不直接运行 IP 协议,但能很好地支持 IP 协议,IP 数据报被封装在局域网的数据帧中传输、交换。数据通信网络的各个数据终端将计算机数据、语音数据、视频数据及其他数据封装为 IP 数据报交给网络传输、交换。数据通信网执行 IP 协议,传输交换 IP 数据报,这样的数据通信网称为 IP 信息网络,如图 2-2 所示。

三、数据通信过程中涉及的主要技术问题

在计算机网络的数据通信系统中,必须解决以下几个基本的问题。

1. 数据传输方式

数据在计算机中是以二进制方式的数字信号表示的,但在数据通信过程中,是以数字信号

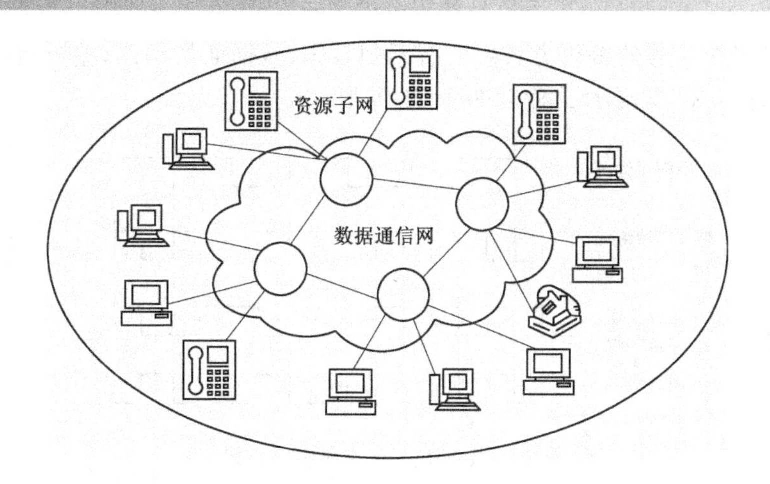

图 2-2　传输多种信息的 IP 信息网络

表示，还是以模拟信号表示，是采用串行传输方式还是并行传输方式，是采用单工传输方式还是采用半双工传输方式，是采用同步传输方式还是异步传输方式？

2. 数据交换技术

数据通过通信子网的交换方式是计算机网络通信过程要解决的另一个问题。当我们设计一个网络系统时，是采用线路交换方式，还是选择存储转发技术，是采用报文交换，还是分组交换，是数据报方式还是虚电路方式？

3. 差错控制技术

实际的通信信道是有差错的，为了达到网络规定的可靠性要求，必须采用差错控制。差错控制中的主要内容包括差错的自动检测和差错纠正两个方面，通过这两方面的技术达到数据准确、可靠传输的通信目的。

以上问题将在后面逐一介绍。

第二节　数据传输方式

数据传输方式是指数据在信道上传送所采用的方式。按被传输的数据信号特点可分为基带传输、频带传输和宽带传输；按数据代码传输的顺序可分为并行传输和串行传输；按数据传输的同步方式可分为同步传输和异步传输；按数据传输的方向和时间关系可分为单工、半双工和全双工数据传输。

一、基带、频带和宽带传输

1. 基带传输和数字数据编码

在数据通信中，由计算机、终端等直接发出的信号是二进制数字信号。这些二进制信号是典型的矩形电脉冲信号，由“0”和“1”组成。其频谱包含直流、低频和高频等多种成分，我们把数字信号频谱中，从直流（零频）开始到能量集中的一段频率范围称为基本频带，简称为“基带”。因此，数字信号也被称为“数字基带信号”，简称为“基带信号”。如果在线路上直接传输基带信号，我们称为“数字信号基带传输”，简称为“基带传输”。

基带传输是一种最简单、最基本的传输方式。如近距离的局域网中都采用基带传输。在基带传输中需要解决的基本问题是基带信号的编码和收发双方的同步问题。

基带传输中数据信号的编码方式主要有不归零码、曼彻斯特编码、差分曼彻斯特编码和mB/nB编码几种。图2-3显示了前3种编码的波形。

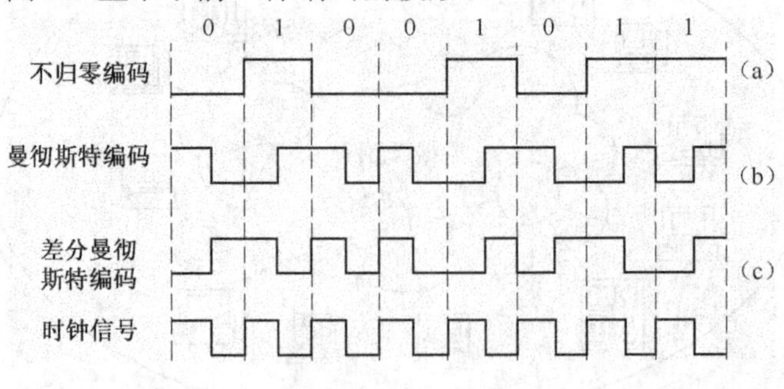

图2-3　数字信号的三种编码方式

(1)不归零编码(Non-Return to Zero,NRZ)

NRZ编码分别采用两种高低不同的电平来表示二进制的"0"和"1"。通常,用高电平表示"1",低电平表示"0",如图2-3(a)所示。

NRZ编码实现简单,但其抗干扰能力较差。另外,由于接收方不能准确地判断位的开始与结束,从而收发双方不能保持同步,需要采取另外的措施来保证发送时钟与接收时钟的同步。

(2)曼彻斯特编码(Manchester)

曼彻斯特编码是目前应用最广泛的编码方法之一,它将每比特的信号周期 T 分为前 $T/2$ 和后 $T/2$。用前 $T/2$ 传比特的反(原)码,用后 $T/2$ 传送该比特的原(反)码。因此,在这种编码方式中,每一位波形信号的中点(即 $T/2$ 处)都存在一个电平跳变,如图2-3(b)所示。

由于任何两次电平跳变的时间间隔是 $T/2$ 或 T,因此提取电平跳变信号就可作为收发双方的同步信号,而不需要另外的同步信号,故曼彻斯特编码又被称为自含时钟编码。

(3)差分曼彻斯特编码(Difference Manchester)

差分曼彻斯特编码是对曼彻斯特编码的改进。其特点是每一位二进制信号的跳变依然提供收发端之间的同步,但每位二进制数据的取值,要根据其开始边界是否发生跳变来决定。若一个比特开始处存在跳变则表示"0",无跳变则表示"1"。如图2-3(c)所示。之所以采用位边界的跳变方式来决定二进制的取值是因为跳变更易于检测。

两种曼彻斯特编码都是将时钟和数据包含在数据流中,在传输代码信息的同时,也将时钟同步信号一起传输到对方,因此具有自同步能力和良好的抗干扰性能。但每一个码元都被调成两个电平,所以数据传输速率只有调制速率的1/2。

(4)mB/nB编码

为了提高编码效率,在高速局域网络中常采用4B/5B、6B/8B、8B/10B及64B/66B等编码方式。如4B/5B编码是将4位二进制代码组进行编码,转换成5位二进制代码组,在5位代码组合中有32种组合,有16种组合用于数据,多余的组合可用于开销。这个冗余使差错检测更可靠、可以提供独立的数据和控制字并且能够对抗较差的信道特性。

2. 频带传输与模拟数据编码

在实现远距离通信时,经常要借助于电话线路,此时需利用频带传输方式。所谓频带传输是指将数字信号调制成音频信号后再进行发送和传输,到达接收端时再把音频信号解调成原来的数字信号。可见,在采用频带传输方式时,要求发送端和接收端都要安装调制器和解调器。利用频带传输,不仅解决了利用电话系统传输数字信号的问题,而且可以实现多路复用,以提高传输信道的利用率。

模拟信号传输的基础是载波，载波具有三大要素：幅度、频率和相位，数字信号可以针对载波的不同要素或它们的组合进行调制。

将数字信号调制成电话线上可以传输的信号有三种基本方式：振幅键控(Amplitude Shift Keying，ASK)、频移键控(Frequency Shift Keying，FSK)和相移键控(Phase Shift Keying，PSK)，如图 2-4 所示。

(1)振幅键控(ASK)

在 ASK 方式下，用载波的两种不同幅度来表示二进制的两种状态，如载波存在时，表示二进制"1"；载波不存在时，表示二进制"0"，如图 2-4(a)所示。采用 ASK 技术比较简单，但抗干扰能力差，容易受增益变化的影响，是一种低效的调制技术。

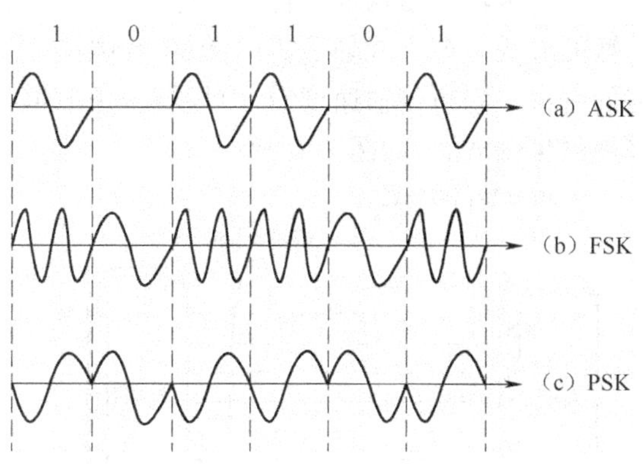

图 2-4 数字数据的三种调制方法

(2)频移键控(FSK)

在 FSK 方式下，用载波频率附近的两种不同频率来表示二进制的两种状态，如载波频率为高频时，表示二进制"1"；载波频率为低频时，表示二进制"0"，如图 2-4(b)所示。FSK 技术的抗干扰能力优于 ASK 技术，但所占的频带较宽。

(3)相移键控(PSK)

在 PSK 方式下，用载波信号的相位移动来表示数据，如载波不产生相移时，表示二进制"0"；载波有 180°相移时，表示二进制"1"，如图 2-4(c)所示。对于只有 0°或 180°相位变化的方式称为二相调制，而在实际应用中还有四相调制、八相调制、十六相调制等。PSK 方式的抗干扰性能好，数据传输率高于 ASK 和 FSK。

另外，还可以将 PSK 和 ASK 技术相结合，成为相位幅度调制法(Pulse Amplitude Modulation，PAM)。采用这种调制方法可以大大提高数据的传输速率。

3. 宽带传输

宽带传输常采用 75 Ω 的电视同轴电缆(CATV)或光纤作为传输媒体，带宽为 300 MHz。使用时通常将整个带宽划分为若干个子频带，分别用这些子频带来传送音频信号、视频信号以及数字信号。宽带同轴电缆原是用来传输电视信号的，当用它来传输数字信号时，需要利用电缆调制解调器(Cable Modem)把数字信号变换成频率为几十兆赫兹到几百兆赫兹的模拟信号。

因此，可利用宽带传输系统来实现声音、文字和图像的一体化传输，这也就是通常所说的"三网合一"，即语音网、数据网和电视网合一。另外，使用 Cable Modem 上网就是基于宽带传输系统实现的。

宽带传输的优点是传输距离远，可达几十公里，且同时提供了多个信道。但它的技术较复杂，其传输系统的成本也相对较高。

二、并行和串行传输

1. 并行传输

并行传输可以一次同时传输若干比特的数据，从发送端到接收端的信道需要用相应的若干根传输线。常用的并行方式是将构成一个字符的代码的若干位分别通过同样多的并行信道同时传输。例如,计算机的并行口常用于连接打印机,一个字符分为 8 位,因此每次并行传输 8 比特信号,如图 2-5 所示。由于在并行传输时,一次只传输一个字符,因此收发双方没有字符同步问题。

2. 串行传输

串行传输是指构成字符的二进制代码序列在一条数据线上以位为单位,按时间顺序逐位传输的方式。该方式易于实现,但需要解决收发双方同步的问题,否则接收端不能正确区分所传的字符。串行传输速度慢,但只需一条信道,可以节省设备,因而是当前计算机网络中普遍采用的传输方式,如图 2-6 所示。

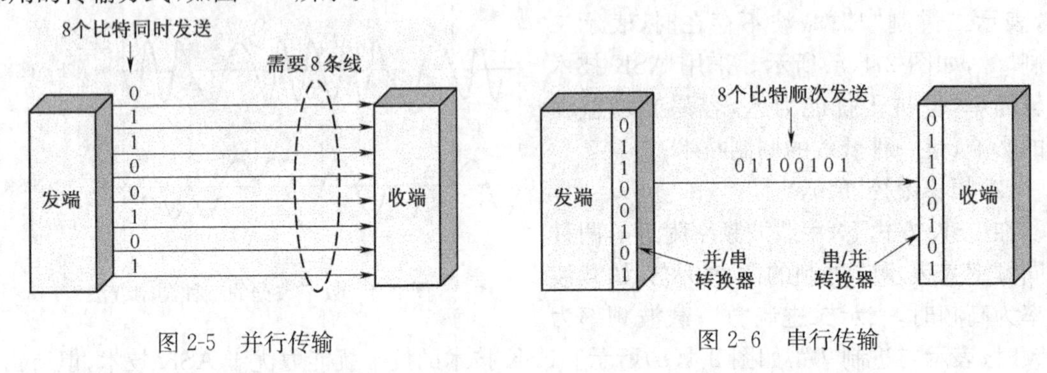

图 2-5　并行传输　　　　图 2-6　串行传输

应当指出,由于计算机内部操作多采用并行传输方式,因此,在实际中采用串行传输时,发送端需要使用并/串转换装置,将计算机输出的二进制并行数据流变为串行数据流,然后送到信道上传输。在接收端,则需要通过串/并转换装置,还原成并行数据流。

三、异步传输和同步传输

在数据通信中,为了保证传输数据的正确性,收发两端必须保持同步。所谓同步就是接收端要按发送端所发送的每个码元的重复率和起止时间接收数据。使数据传输的同步方式有两种:异步传输和同步传输。

1. 异步传输

异步传输又称起止方式。每次只传输一个字符。每个字符用一位起始位引导、一位或二位停止位结束,如图 2-7 所示。在没有数据发送时,发送端可发送连续的停止位。接收端根据"1"到"0"的跳变来判断一个新字符的开始,然后接收字符中的所有位。

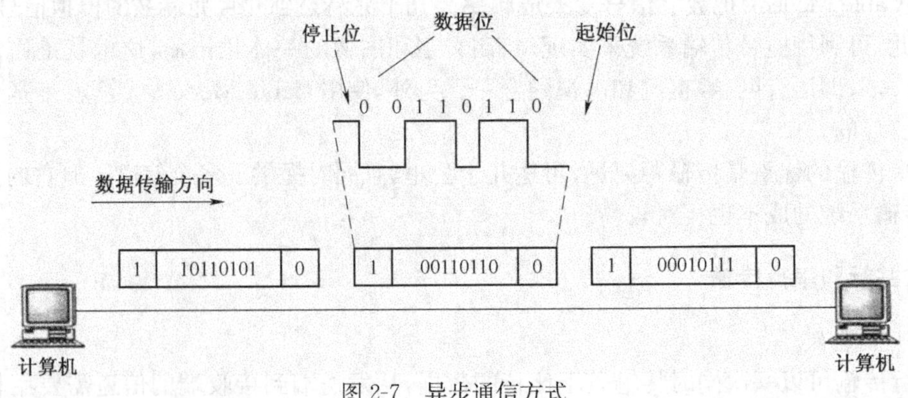

图 2-7　异步通信方式

在异步传输中，由于不需要发送端和接收端之间另外传输定时信号，因而实现起来比较简单。但是每个字符有2～3位额外开销，降低了传输效率，同时由于收发双方时钟的差异，传输速率不能太高。

2. 同步传输

通常，同步传输方式的信息格式是一组字符或一个二进制位组成的数据块（帧）。对这些数据，不需要附加起始位和停止位，而是在发送一组字符或数据块之前先发送一个同步字符SYN（以01101000表示）或一个同步字节（01111110），用于接收方进行同步检测，从而使收发双方进入同步状态。在同步字符或字节之后，可以连续发送任意多个字符或数据块，发送数据完毕后，再使用同步字符或字节来标志整个发送过程的结束，如图2-8所示。

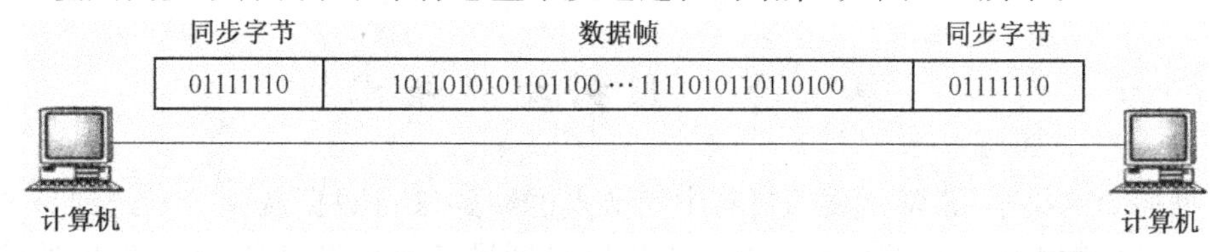

图2-8　同步通信方式

在同步传送时，由于发送方和接收方将整个字符组作为一个单位传送，且附加位又非常少，提高了数据传输的效率。所以这种方法一般用在高速传输数据的系统中，如计算机之间的数据通信。

另外，在同步通信中，要求收发双方之间的时钟严格的同步，而使用同步字符或同步字节，只是用于同步接收数据帧，只有保证了接收端接收的每一个比特都与发送端保持一致，接收方才能正确地接收数据，这就要使用位同步的方法。对于位同步，可以使用一个额外的专用信道发送同步时钟来保持双方同步，也可以使用编码技术将时钟编码到数据中，在接收端接收数据的同时就获取到同步时钟，两种方法相比，后者的效率最高，使用更为广泛。

四、单工、半双工和全双工传输

数据传输通常需要双向通信，能否实现双向传输是信道的一个重要特征。按照信号传送方向与时间的关系，数据传输可以分为三种：单工、半双工和全双工，如图2-9所示。

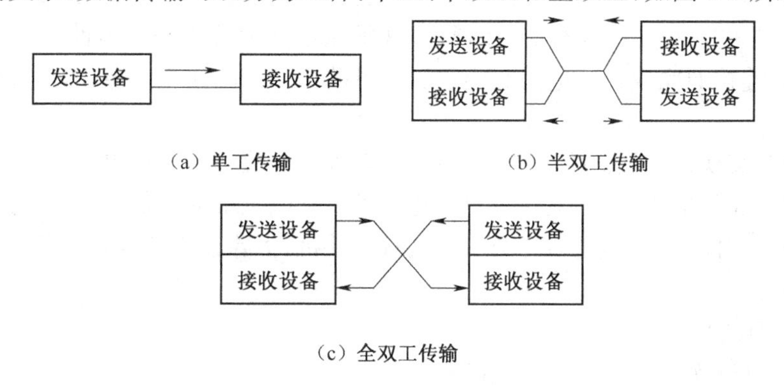

图2-9　单工、半双工和全双工通信方式

1. 单工传输

单工传输指通信信道是单向信道，数据信号仅沿一个方向传输，发送方只能发送不能接收，而接收方只能接收而不能发送，任何时候都不能改变信号传送方向，如图2-9(a)所示。例如，无线电广播和电视都属于单工传输。

2. 半双工传输

半双工传输是指信号可以沿两个方向传送，但同一时刻一个信道只允许单方向传送，即两个方向的传输只能交替进行，而不能同时进行。当改变传输方向时，要通过开关装置进行切换，如图 2-9(b)所示。半双工信道适合于会话式通信。例如，公安系统使用的“对讲机”和军队使用的“步话机”。半双工方式在计算机网络系统中适用于终端与终端之间的会话式通信。

3. 全双工传输

全双工传输是指数据可以同时沿相反的两个方向进行双向传输，如图 2-9(c)。例如，电话机通信。

第三节　数据交换技术

在数据通信网络中，常常需要通过有中间节点的线路来将数据从源端发送到目的端。所谓交换技术是在数据通信网络的公共节点上设置交换设备或转发设备，源端发出的信息经过多个交换节点的转发到达目的终端。交换技术扩大了每一个通信终端的通信范围。

数据交换技术有三种基本类型：电路交换、报文交换和分组交换，ATM 交换是电路交换和分组交换的结合。

根据采用的交换技术的不同，网络为用户提供的通信服务有面向连接的服务和面向非连接的服务。

面向连接的服务在传送数据之前，必须在通信的源端和目的端之间建立物理连接或逻辑连接，在源站和目的站之间实现双向的数据传输，数据传输结束，拆除连接；面向非连接的服务，源站有数据传输时可以立即传输，不必经过连接建立阶段，也没有连接拆除阶段，面向非连接的服务简单，但不可靠。

一、电路交换

1. 电路交换原理

电路交换(Circuit Switching)，也称为线路交换，它是一种直接的交换方式，为一对需要进行通信的节点之间提供一条临时的专用通道，这条通道是由节点内部电路对节点间传输路径经过适当选择、连接而完成的。电路交换在源和目的终端之间建立一条物理电路，提供数据的传输信道。

最早的电路交换是电话交换系统，电话交换系统主要设备是程控电话交换机，程控电话交换机能根据用户拨号信令，为主被叫用户间建立了一条端到端的通信电路；双方利用已经建立的通信电路进行双向通话；当通话完毕单方或双方挂机，拆除建立的物理电路。电话交换系统如图 2-10 所示。

2. 电路交换的数据传输

(1)模拟电话网实现数据的电路交换

电话网络的用户线和用户电路是模拟的，利用电话交换网络传输、交换数据，数据终端与电话网络之间使用调制解调器，目前调制解调器时最高数据传输速率是 56 kbit/s。通过电话网实现数据交换如图 2-11 所示。

(2)综合业务数字交换网(ISDN)实现数据的电路交换

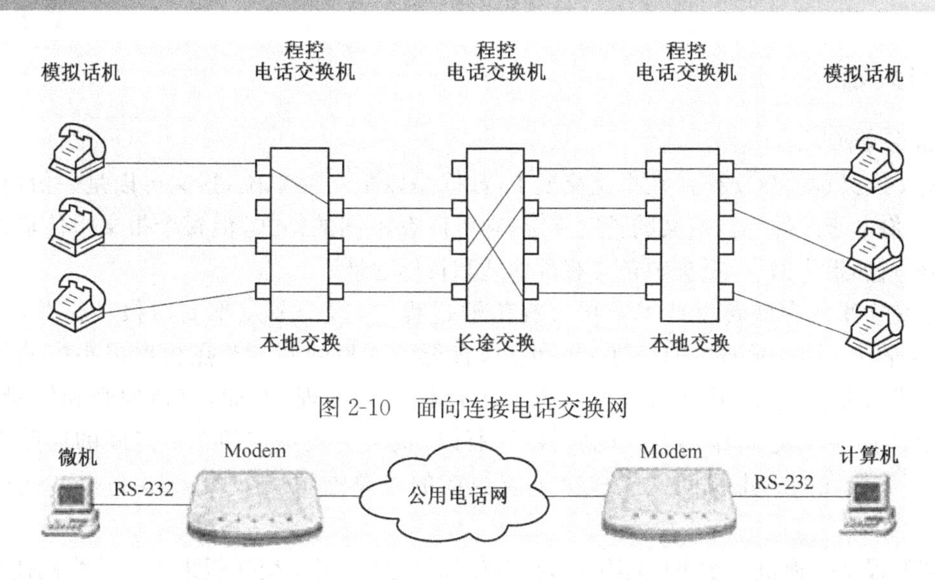

图 2-10　面向连接电话交换网

微机　Modem　Modem　计算机
RS-232　公用电话网　RS-232

图 2-11　通过电话网实现数据传输

综合业务数字网络(ISDN,Integrated Service Digital Network)综合电话业务和数据通信业务,能传输交换电话,也能传输交换数据。ISDN 网络提供模拟电话接口,也提供数字接口,如图 2-12 所示。数字接口有基本速率接口 2B+D、基群速率接口 30B+D。2B+D 数字接口中每个 B 信道带宽 64 kbit/s,用户终端可用 1 个或 2 个 B 信道传输数据或电话,D 信道带宽是 16 kbit/s,用于传输信令和分组数据。2B+D 带宽 144 kbit/s。30B+D 接口的 B 信道速率为 64 kbit/s,D 信道速率为 64 kbit/s,30B+D 的带宽为 2.048 Mbit/s。

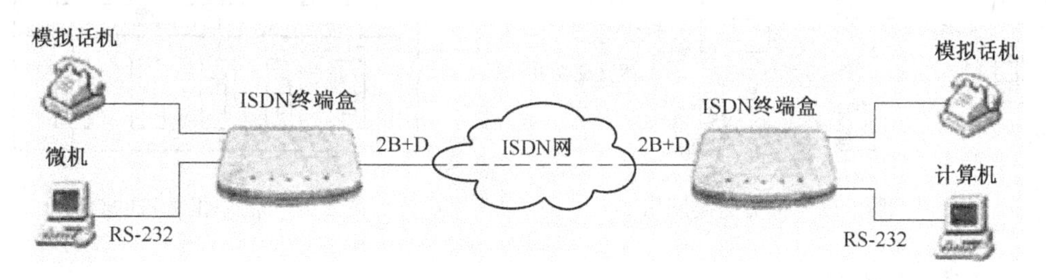

图 2-12　通过 ISDN 网络实现数据传输

3. 电路交换的特点

(1)电路交换方式提供面向连接通信服务。电路交换方式传输数据,必须有建立连接、传输数据、拆除连接三阶段。

(2)电路交换方式传输延迟小。建立连接的时间长,建立连接后,传输延迟小,一次连接,连续数据传输。

(3)电路交换方式独占信道。建立连接期间,源终端、目的终端数据传输过程独占信道,信道利用率低。

(4)电路交换方式无纠错机制。电路交换网络为源终端、目的终端建立的传输电路,提供透明的传输通道,对数据传输过程产生的差错不处理。数据的差错控制、双方的收发速度和传输控制都由源终端、目的终端协调完成。

(5)电路传输带宽固定,不适宜突发的数据传输。

二、报文交换

1. 报文交换原理

报文交换又称消息交换。在报文交换中，数据是以报文为单位，报文可以是一份电报、一个文件、一份电子邮件等。报文的长度不定，它可以有不同的格式，但每个报文除传输的数据外，还必须附加报头信息，报头中包含有源地址和目标地址。

报文交换采用存储转发技术。报文在传输过程中，每个节点都要对报文暂存，一旦线路空闲，接收方不忙，就向目的地址方向传送，直至到达目的站。节点根据报头中的目标地址为报文进行路径选择，并且对收发的报文进行相应的处理，例如，差错检查和纠错、进行流量控制，甚至可以进行编码方式的转换等，所以，报文交换是在两个节点间的链路上逐段传输的，不需要在两个主机间建立多个节点组成的电路通道。如图 2-13 为报文交换网络结构。

早期的报文交换机由逻辑电路组成，在有计算机之后，报文交换机采用了计算机技术。报文交换机实际上是一台专用的计算机，配有较多的接口。报文交换机由 CPU、内存、总线、接口组成，如图 2-14 所示，内部存放有路由表，路由表是转发报文的根据。为了提供更大的存储空间，早期的报文交换机使用外存储器。

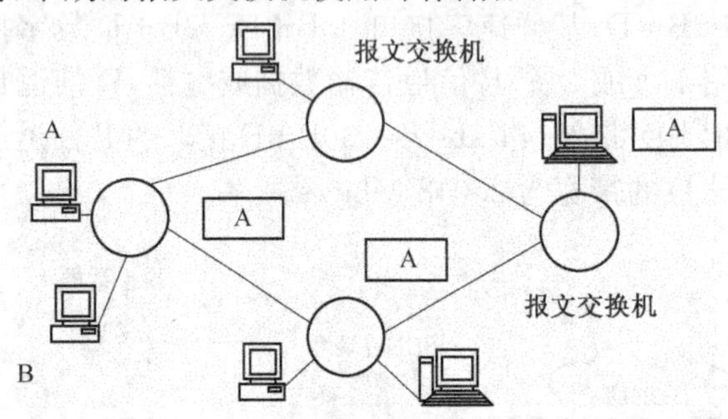

图 2-13 报文交换网络

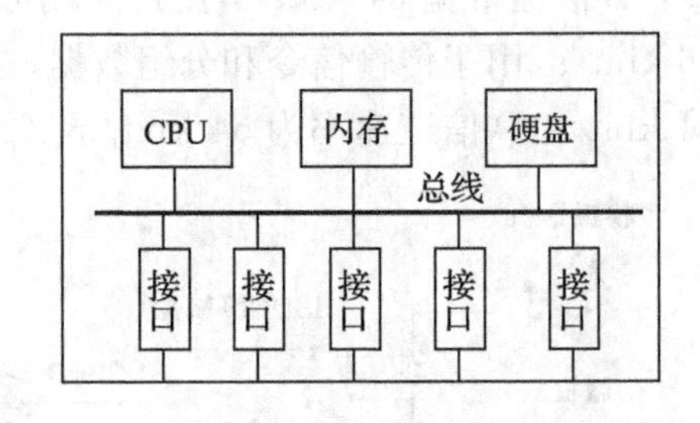

图 2-14 简单报文机的组成

2. 报文交换的特点

与电路交换方式相比，报文交换方式不要求交换网为通信双方预先建立一条专用的数据通路，因此就不存在建立电路和拆除电路的过程。同时由于报文交换系统能对报文进行缓存，可以使许多报文分时共享一条通信介质，也可以将一个报文同时发送至多个目的站，提高了线路的利用率。

但是由于采用了对完整报文的存储/转发，为了存储待发的报文，该系统要有一个容量足够大的存储缓冲区，而且节点存储/转发的时延较大，不适用于交互式通信，如电话通信。由于每个节点都要把报文完整地接收、存储、检错、纠错、转发，产生了节点延迟，并且报文交换对报文长度没有限制，报文可以很长，这样就有可能使报文长时间占用某两节点之间的链路，不利于实时交互通信。

分组交换即所谓的包交换正是针对报文交换的缺点而提出的一种改进方式。

三、分组交换

分组交换(Packet Switching)属于"存储/转发"交换方式，但它不像报文交换那样以报文为单位进行交换、传输，而是以更短的、标准的“报文分组”(Packet)为单位进行交换传输。分组是一组包含数据和呼叫控制信号的二进制数，把它作为一个整体加以转接，这些数据、呼叫控制信号以及可能附加的差错控制信息都是按规定的格式排列的。源数据站把这些分组发送到第一个交换节点的分组交换机，分组交换机为分组选择路由，转发分组。分组交换网一直将分组转发到目的终端。

分组交换网对分组的传输方式有两种方式：数据报分组交换或虚电路分组交换。

1. 数据报分组交换

数据报分组交换类似于报文交换，交换网把进网的任一分组都当作单独的“小报文”来处理，每个分组单独选择路由，不同的分组可以走不同的路径。每个分组经过网络产生的时延不同，到达目的地顺序可能与发送顺序不一致，目的交换节点必须对分组重新排序，恢复组装为与原来顺序相同的报文。

假如 A 站有一份比较长的报文要发送给 B、C 站，则它首先将报文按规定长度划分成若干分组，每个分组附加上地址及纠错等其他信息，然后将这些分组通过分组交换网发送到目的节点。数据报的工作方式如图 2-15 所示。

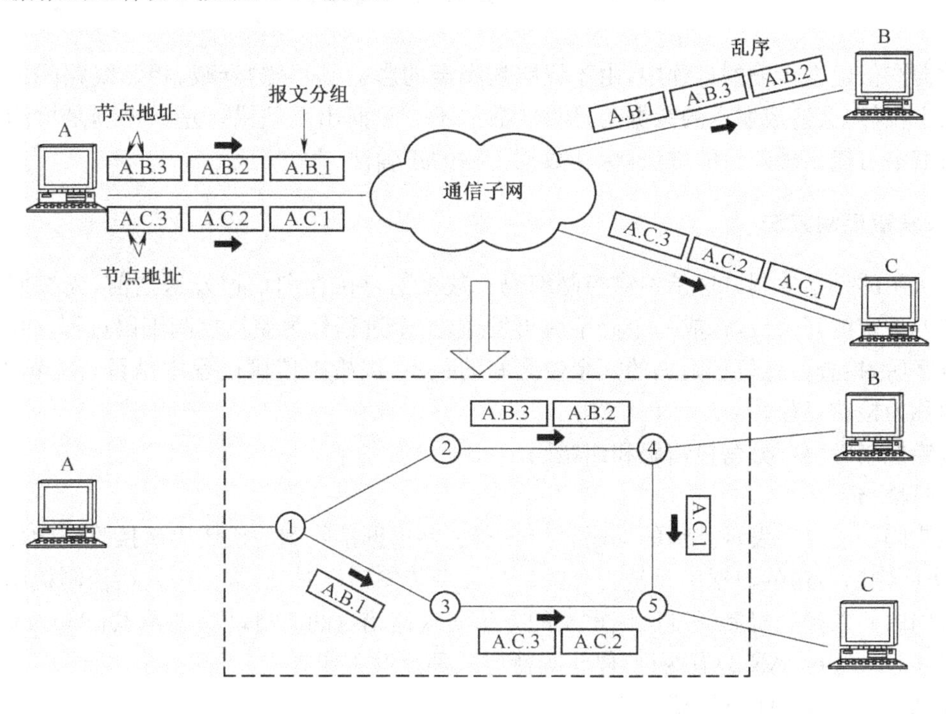

图 2-15　数据报的工作方式

数据报的特点如下：

(1)同一报文的不同分组可以由不同的传输路径通过通信子网。

(2)同一报文的不同分组到达目的节点时可能出现乱序、重复或丢失现象。

(3)每一个报文在传输过程中都必须带有源节点地址和目的节点地址。

由于数据报限制了报文长度，降低了传输时延，从而提高了通信的并发度和传输效率。这种方式适用于短消息突发性通信。

2. 虚电路分组交换

虚电路是面向连接的通信。X. 25、FR 分组网采用的就是虚电路方式。

虚电路就是两个用户终端设备在开始发送和接收数据之前通过分组网络建立逻辑上的连接。"虚"是因为这种逻辑连接通路不是专用的,每个节点到其他节点之间可以并发连接多条虚电路,也可以与多个节点连接虚电路,实现资源共享。

所有分组都必须沿着事先建立的虚电路传输,每个分组不再需要目的地址,分组经过的中间节点不再进行路径选择,一系列分组到达目的节点不会出现乱序、重复与丢失。虚电路适用于大量、交互式通信。

随着网络应用技术的迅速发展,大量的高速数据、声音、图像、影像等多媒体数据需要在网络上传输。因此,对网络的带宽和传输的实时性的要求越来越高。传统的电路交换与分组交换方式已经不能适应新型的宽带综合业务服务的需要。因此,一些新的交换技术应运而生。如 ATM 技术(异步传输模式),它是电路交换和分组交换的结合,具有从实时的话音到高清晰度电视图像等各种综合业务的传送能力。ATM 技术从本质上看也是一种高速的分组交换技术。除此之外,还有下一代网络中的软交换技术、MPLS 等技术。

第四节　差错控制技术

数据在信道上传输的过程中,由于线路热噪声的影响、信号的衰减、相邻线路间的串扰和外界的干扰等,会造成发送的数据与接收的数据不一致而出现差错。差错控制是检测和纠正数据通信中可能出现差错的方法,保证数据传输的正确性。

一、差错控制方法

最常用的差错控制方法是差错控制编码。数据信息位在向信道发送之前,先按照某种关系附加上一定的冗余位,构成一个码字后再发送,这个过程称为差错控制编码过程。接收端收到该码字后,检查信息位和附加的冗余位之间的关系,以检查传输过程中是否有差错发生,这个过程称为检错过程。

差错控制编码可分为检错码和纠错码。

(一)检　错　码

检错码是能自动发现差错的编码。接收端能够根据接收到的检错码对接收到的数据进行检查,进而判断传送的数据单元是否有错。当发现传输错误时,通常采用差错控制机制进行纠正。常用的差错控制机制通过反馈重发的方法实现纠错目的。自动反馈重发(Automatic Request for Repeater,ARQ)有两种:停止等待方式和连续工作方式。

1. 停止等待的 ARQ 协议方式

在停止等待方式中,发送方在发送完一个数据帧后,要等待接收方的应答帧的到来。正确的应答帧表示上一帧数据已经被正确接收,发送方在接收到正确的应答帧(ACK)信号之后,就可以发送下一帧数据。如果收到的是表示出错的应答帧信号(NAK)则重发出错的数据帧。

如图 2-16 说明数据传输时,在各种情况下,停止等待的 ARQ 的工作原理。

(1)数据在传输过程中不出差错的正常情况

如图 2-16(a)所示:节点 B 收到一个正确的数据帧后,立即交付给主机 B,并向主机 A 发送一个确认帧 ACK。当主机 A 收到确认帧 ACK 后,再发送下一个数据帧。由此实现了接收端对发送端的流量控制。

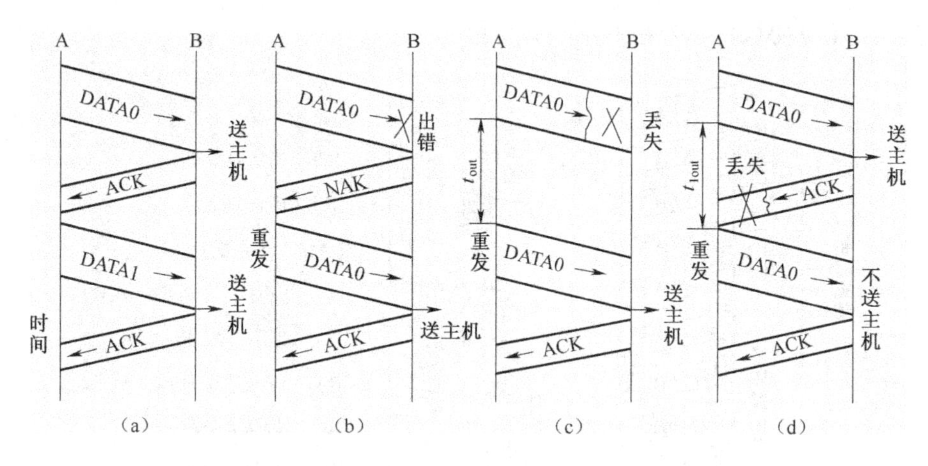

图 2-16　停止等待的工作原理

(2)数据在传输过程中出现差错的情况

如图 2-16(b)所示:接收端检验出收到的数据帧出现差错时,向主机 A 发送一个否认帧 NAK,以表示主机 A 应重发出错的那个数据帧。主机 A 可多次重发,直到收到主机 B 发来的确认帧 ACK 为止。

(3)数据帧丢失的情况

图 2-16(c)所示:A 站发送的 0 号数据帧在传输过程中丢失了,发生帧丢失时,节点 B 不向节点 A 发送任何应答帧。由于节点 A 收不到应答帧,或是应答帧发生了丢失[如 2-16(d)情况]。A 站就会一直等待下去,这时就会出现死锁现象。

解决死锁的方法是使用定时器。发送站 A 每次发送完一个数据帧,就启动一个超时计时器。若到了超时计时器所设置的重传时间。A 站仍收不到接收站 B 的确认帧,A 就重传前面所发送的数据帧。

(4)应答帧丢失的情况

如图 2-16(d)所示:由于应答帧丢失,超时重发使主机 A 重发数据帧,而主机 B 则会收到两个相同的数据帧。由于主机 B 无法识别重发的数据帧,致使在其收到的数据中出现重复帧的差错。

重复帧是一种不允许出现的差错。解决的方法是使每一个数据帧带上不同的发送序号。每发送一个新的数据帧,则将其发送序号加 1。若接收端收到发送序号相同的数据帧,就应将重复帧丢掉。同时必须向主机 A 发送一个确认帧 ACK。

2. 连续的 ARQ 协议方式

实现连续 ARQ 协议的方式有两种:拉回式方式与选择重发方式。

(1)拉回式方式

在拉回方式中,发送方可以连续向接收方发送数据帧,接收方对接收的数据帧进行校验,然后向发送方发回应答帧,如果发送方连续发送了 1～5 号数据帧,从应答帧中得知 2 号帧的数据传输错误。那么,发送方将停止当前数据帧的发送,重发 2、3、4、5 号数据帧。拉回状态结束后,再接着发送 6 号数据帧。图 2-17 为连续 ARQ 的工作原理。

连续 ARQ 协议连续发送数据帧提高了信道的利用率,但在重传时要从出错的那一帧开始连续重传,重传出错帧的同时又重传已经正确传送的数据帧。连续发送帧提高了发送效率,而连续重传使传送效率降低。若传输信道的传输质量较差导致误码率较大时,与停止等待协议相比，连续 ARQ 协议传输效率并不具备优势。

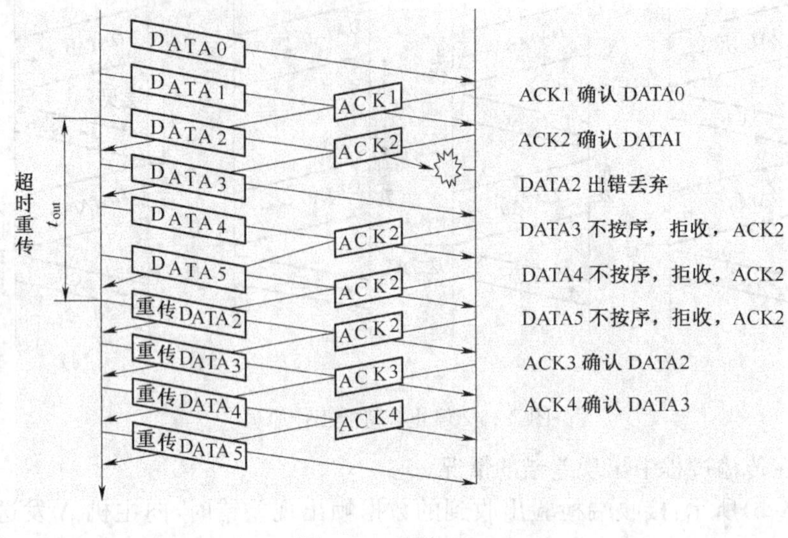

图 2-17　连续 ARQ

(2)选择重发方式

选择重发方式与拉回方式不同之处在于：如果在发送完编号为 5 的数据帧时，接收到编号 2 的数据帧传输出错的应答帧，那么，发送方在发完 5 号数据帧后，只重发 2 号数据帧。选择重发完成之后，再接着发送编号为 6 的数据帧。显然，选择重发方式的效率将高于拉回方式。

检错码在反馈重发的方法中使用。它的生成简单，容易实现，编码和解码的速度较快，目前被广泛应用于有线通信中，如计算机网络中使用。常用的检错码有：奇偶校验码、CRC 循环冗余码等。

(二)纠 错 码

纠错码是不仅能发现差错而且能自动纠正差错的编码。在纠错码编码方式中，接收端不但能发现差错，而且能够确定二进制码元发生错误的位置，从而加以纠正。在使用纠错码纠错时，要在发送数据中含有大量的“附加位”(又称“非信息”位)，因此，传输效率较低，实现起来复杂，编码和解码的速度慢，造价高。因此，一般应用于无线通信场合。如汉明码就是一种纠错码。

二、常用的检错控制编码

1. 奇偶校验码

奇偶校验码是一种最简单的检错码，其编码规则是：首先将所要传送的信息分组，然后在一个码组内诸信息元后面附加有关校验码元，使得该码组中码元“1”的个数为奇数或偶数，前者称为奇校验，后者称为偶校验。

这种码是最简单的检错码，实现起来容易，因而被广泛采用。

在实际的数据传输中，奇偶校验又分为垂直奇偶校验、水平奇偶校验和垂直水平奇偶校验，如图 2-18 所示。

(1)垂直奇偶校验

实际运用中，对数据信息的分组通常是按字符进行的，即一个字符构成一组，又称字符奇偶校验。以 7 单位代码为例，其编码规则是在每个字符的 7 位信息码后附加一个校验位 0 或 1，使整个字符中二进制位 1 的个数为奇数。例如，设待传送字符的比特序列为 1100001，则采

发送方		接收方	
11000010	传输信道 →	11000010	接收的编码无差错
11000010		11001010	接收的编码中1的个数为偶数,因此出现差错
11000010		11011010	接收的编码中1的个数为奇数,因此判断为无差错,但实际上出现了差错,因此不能检测出偶数个差错

(a)垂直奇偶校验示例

字母	前7行为对应字母的ASCⅡ码,最后一行是水平奇校验编码(粗体)
a	1 1 0 0 0 0 1
b	1 1 0 0 0 1 0
c	1 1 0 0 0 1 1
d	1 1 0 0 1 0 0
e	1 1 0 0 1 0 1
f	1 1 0 0 1 1 0
g	1 1 0 0 1 1 1
校验位	**0 0 1 1 1 1 1**

(b)水平奇偶校验示例

字母	最后一行是水平奇校验编码,最后一列是垂直奇校验编码(均为粗体)
a	1 1 0 0 0 0 1 **0**
b	1 1 0 0 0 1 0 **0**
c	1 1 0 0 0 1 1 **1**
d	1 1 0 0 1 0 0 **0**
e	1 1 0 0 1 0 1 **1**
f	1 1 0 0 1 1 0 **1**
g	1 1 0 0 1 1 1 **0**
校验位	**0 0 1 1 1 1 1 0**

(c)垂直水平奇偶校验示例

图 2-18　奇偶校验码示例

用奇校验码后的比特序列形式为11000010。接收方在收到所传送的比特序列后,通过检查序列中的1的个数是否仍为奇数来判断传输是否发生了错误。若比特序列在传送过程中发生错误,就可能会出现1的个数不为奇数的情况。发送序列1100001采用垂直奇校验后可能会出现的三种典型情况,如图2-18(a)所示。显然,垂直奇校验只能发现字符传输中的奇数位错,而不能发现偶数位错。

(2)水平奇偶校验

水平奇偶校验也称为组校验,是将所发送的若干个字符组成字符组或字符块,形式上看相当于一个矩阵,每行为一个字符,每列为所有字符对应的相同位,如图2-18(b)所示。在这一组字符的末尾即最后一行附加上一个校验字符,该校验字符中的第i位分别是对应组中所有字符第i位的校验位。显然,采用水平奇偶校验,也只能检验出字符块中某一列中的1位或奇数位出错。

(3)垂直水平奇偶校验

垂直水平奇偶校验又称方块校验,即既对每个字符做垂直校验,同时也对整个字符块做水平校验,则奇偶校验码的检错能力可以明显提高。图2-18(c)所示为一个垂直水平奇校验的例子。采用这种校验方法,如果有两位传输出错,则不仅从每个字符中的垂直校验位中反映出来,同时也在水平校验位中得到反映。因此,这种方法有较强的检错能力,基本能发现所有一位、两位或三位的错误,从而使误码率降低2～4个数量级。垂直水平奇偶校验被广泛地用在计算机通信和某些计算机外设的数据传输中。

但是从总体上讲,虽然奇偶校验方法实现起来较简单,但检错能力仍然较差。故这种校验一般只用于通信质量要求较低的环境。

2. 循环冗余校验码

循环冗余校验码(Cycle Redundancy Check,CRC)是一种被广泛采用的多项式编码。CRC码由两部分组成,前一部分是$k+1$个比特的待发送信息,后一部分是r个比特的冗余码。由于前一部分是实际要传送的内容,因此是固定不变的,CRC码的产生关键在于后一部分冗余码的计算。冗余码的计算中要用到两个多项式:$f(x)$和$G(x)$。其中,$f(x)$是一个k阶多项式,其系数是待发送的$k+1$个比特序列;$G(x)$是一个r阶的生成多项式,由发收双方预先约定。

CRC 校验的基本工作原理如图 2-19 所示。例如，假设实际要发送的信息序列是 1010001101，收发双方预先约定了一个 5 阶（$r=5$）的生成多项式 $G(x)=x^5+x^4+x^2+1$，那么可参照下面的步骤来计算相应的 CRC 码。

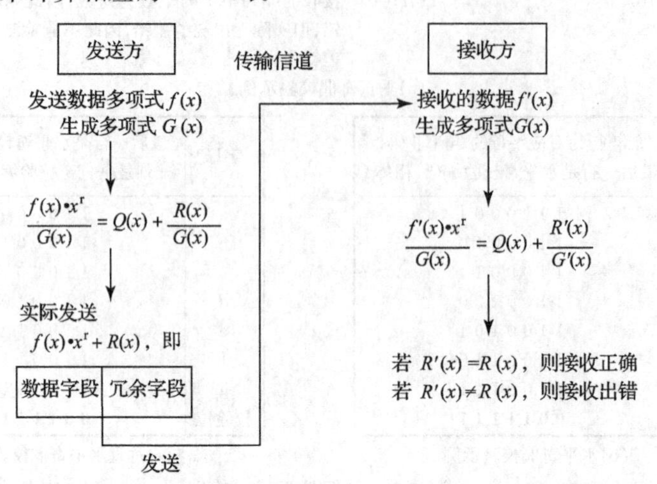

图 2-19　CRC 校验的基本原理

（1）以发送的信息序列 1010001101（10 个比特）作为 $f(x)$ 的系数，得到对应的 $f(x)$ 为 9 阶多项式：

$$f(x)=1\cdot x^9+0\cdot x^8+1\cdot x^7+0\cdot x^6+0\cdot x^5+0\cdot x^4+1\cdot x^3+1\cdot x^2+0\cdot x+1$$

（2）获得 $x^r f(x)$ 的表达式 $x^5 f(x)=x^{14}+x^{12}+x^8+x^7+x^5$，该表达式对应的二进制序列为 101000110100000，相当于信息序列向左移动 r（$=5$）位，低位补 0。

（3）计算 $x^5 f(x)/G(x)$，得到 r 个比特的冗余序列：

$x^5 f(x)/G(x)=(101000110100000)/(110101)$，得余数为 01110，即冗余序列。该冗余序列对应的余式 $R(x)=0\cdot x^4+x^3+x^2+x+0\cdot x^5$（注意：若 $G(x)$ 为 r 阶，则 $R(x)$ 对应的比特序列长度为 r）。

另外，由于模 2 除法在做减法时不借位，故相当于在进行异或运算。上述多项式的除法过程如下：

```
              1101010110
110101 ) 101000110100000
         110101
         0111011
          110101
          00111010
            110101
            00111110
              110101
              00101100
                110101
                0110010
                 110101
                  01110
```

01110 余数，即校验序列（ $r=5$ 位，r 也是 $G(x)$ 的阶）。

(4)得到带 CRC 校验的发送序列：

即将 $f(x) \cdot x^r + R(x)$ 作为带 CRC 校验的发送序列。此例中发送序列为 101000110101110。实际运算时，也可用模 2 减法进行。从形式上看，也就是简单地在原信息序列后面附加上冗余码。

(5)在接收端，对收到的序列进行校验：

对接收数据多项式用同样的生成多项式进行同样的求余运算，若 $R'(x)=R(x)$，则表示数据传输无误，否则说明数据传输过程出现差错。

例如，若收到的序列是 101000110101110，则用它除以同样的生成多项式 $G(x)=x^5+x^4+x^2+1$(即 110101)后，所得余数为 0，因此收到的序列无差错。

CRC 校验方法是由多个数学公式、定理和推论得出的。CRC 中的生成多项式对于 CRC 的检错能力会产生很大的影响。生成多项式 $G(x)$的结构及检错效果是在经过严格的数学分析和实验后才确定的，有着相应的国际标准。常见的标准生成多项式如下：

CRC-12：$G(x) = x^{12}+x^{11}+x^3+x^2+1$

CRC-16：$G(x) = x^{16}+x^{15}+x^2+1$

CRC-32：$G(x) = x^{32}+x^{26}+x^{23}+x^{22}+x^{16}+x^{12}+x^{11}+x^{10}+x^8+x^7+x^5+x^4+x^2+x+1$

CRC 校验具有很强的检错能力，理论证明，CRC 能够检验出下列差错：

①全部的奇数个错。

②全部的两位错。

③全部长度小于或等于 r 位的突发错。其中，r 是冗余码的长度。

可以看出，只要选择足够的冗余位，就可以使漏检率减少到任意小的程度。由于 CRC 码的检错能力强，且容易实现，因此是目前应用最广泛的检错码编码方法之一。CRC 码的生成和校验过程可以用软件或硬件方法来实现。

第五节 通 信 接 口

在实际的数据通信中，通信设备之间使用相应的接口进行连接。为了实现正确的连接，每个接口都要遵守相同的标准，而被广泛使用的通信设备接口标准有 EIA RS-232C、EIARS-499 以及 ITU-T 建议的 V. 24、V. 35 等标准。EIA 是美国电子工业协会(Electronic Industries Association)的英文缩写，Recommended Standard(RS)，RS 表示推荐标准，232、499 等为标识号码，而后缀(如 RS-232C 中的 C)表示该推荐标准被修改过的次数。

下面将介绍几种典型的广域网接口标准。

一、EIA RS-232C 接口

在串行通信中，EIA RS-232C(又称为串口)是应用最为广泛的标准，其后为了改变 RS-232C 的局限性，提供更高的传输距离和数据速率，在 1977 年颁布了 RS-499。

RS-232C 标准提供了一个利用公用电话网络作为传输媒体，并通过调制解调器将远程设备连接起来的技术规定。图 2-20 显示了使用 RS-232C 接口通过电话网实现数据通信的示意图，其中，用来发送和接收数据的计算机或终端系统称为数据终端设备(DTE)，如计算机；用来实现信息的收集、处理和变换的设备称为数据通信设备(DCE)，如调制解调器。

图 2-20　使用 RS-232C 接口的数据通信

1. RS-232C 接口特性

RS-232C 使用 9 针或 25 针的 D 型连接器 DB-9 或 DB-25，如图 2-21 所示。目前，绝大多数计算机使用的是 9 针的 D 型连接器。RS-232C 采用的信号电平－5～－15 V 代表逻辑“1”，＋5～＋15 V 代表逻辑“0”。在传输距离不大于 15 m 时，最大速率为 19.2 kbit/s。

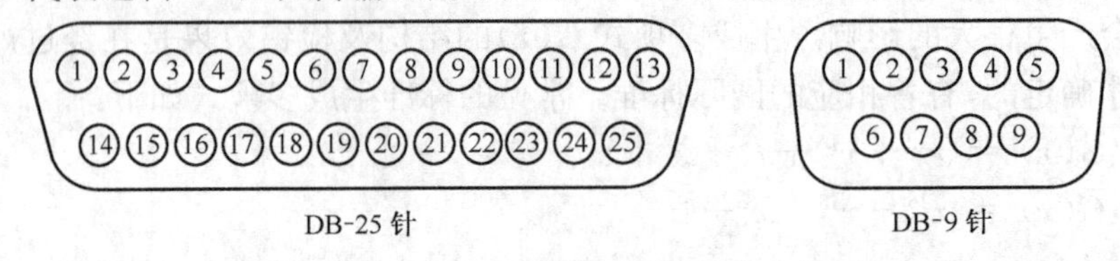

图 2-21　DB-25 和 DB-9 针的 RS-232C 接口

RS-232C 接口中几乎每个针脚都有明确的功能定义，但在实际应用中，并不是所有的针脚都使用，表 2-1 显示了 25 针接口的功能特性。表 2-2 显示了 9 针和 25 针的对应关系。

表 2-1　RS-232C 接口的功能特性

针脚号	信号名称	说明
1	保护地(SHG)	屏蔽地线
7	信号地(SIG)	公共地线
2	发送数据(TxD)	DTE 将数据传送给 DCE
3	接收数据(RxD)	DTE 从 DCE 接收数据
4	请求发送(RTS)	DTE 到 DCE 表示发送数据准备就绪
5	允许发送(CTS)	DCE 到 DTE 表示准备接收要发送的数据
6	数据传输设备就绪(DSR)	通知 DTE，DCE 已连接到线路上准备发送
20	数据终端就绪(DTR)	DTE 就绪，通知 DCE 连接到传输线路
22	振铃指示(RI)	DCE 收到呼叫信号向 DTE 发 RI 信号
8	接收线载波检测(DCD)	DTE 向 DCE 表示收到远端来的载波信号
21	信号质量检测	DCE 向 DTE 报告误码率的高低
23	数据信号速率选择器	DTE 与 DCE 间选择数据速率
24	发送器码元信号定时(TC)	DTE 提供给 DCE 的定时信号
15	发送器码元信号定时(TC)	DCE 发出，作为发送数据时钟
17	接收器码元信号定时(RC)	DCE 提供的接收时钟

表 2-2　DB-9 和 DB-25 的对应关系

DB-9	信号名称	DB-25
1	载波检测(CD)	8
2	发送数据(TD)	2
3	接收数据(RD)	3

续上表

DB-9	信号名称	DB-25
4	数据终端准备(DTR)	20
5	信号地(SIG)	7
6	数据传输设备准备(DSR)	6
7	请求发送(RTS)	4
8	允许发送(CTS)	5
9	振铃指示(RI)	22

2. RS-232C 接口的应用

(1)异步应用

当两个 DTE(计算机)设备通过电话线进行异步通信并使用调制解调器作为数据通信设备时,计算机与调制解调器之间的接口连接如图 2-22 所示,图中使用的是 DB-9 针的 RS-232C 接口。

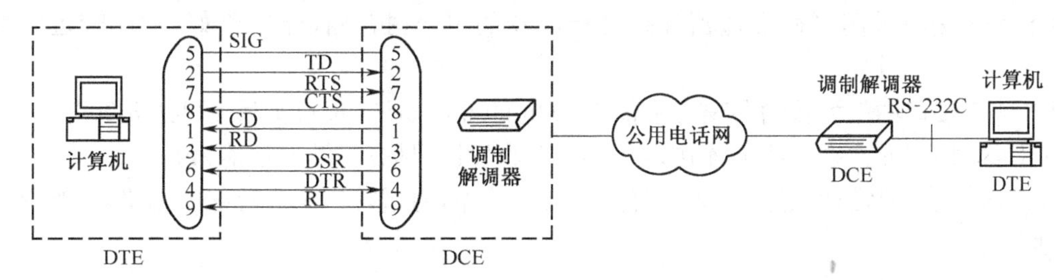

图 2-22　采用 RS-232C 接口的 DTE 与 DCE 之间的异步通信

(2)同步应用

两个 DTE 设备也可以通过 RS-232C 进行同步通信,但需要使用 DB-25 针接口的第 17 和第 24 针脚提供外同步的时钟信号,以实现数据的收发。由于 9 针的 RS-232C 接口不能提供时钟信号,因而不能进行同步通信。

二、EIA RS-449/v. 35

由于 RS-232C 标准采用的信号电平高,为非平衡发送和接收方式,而且其接口电路由于有公共地线,当信号线穿过电气干扰环境时,发送的信号将会受到影响,若干扰影响有足够大,发送的"0"会变成"1","1"会变成"0",所以存在数据传输速率低、传输距离短和串扰信号较大等缺点。为了改善 RS-232C 的性能、提高抗干扰能力以及增加传输距离,EIA 推荐了和 RS-232C 完全兼容的 RS-449 接口标准。

RS-449 标准规定的接口特性为,采用 37 针和 9 针连接器,其中 37 针连接器包含了与 RS-449 相关的所有信号。RS-449 有两个子标准,即平衡式的 RS-422A 标准和非平衡式的 RS-423A 标准。如图 2-23 为 RS-449 的机械特性。

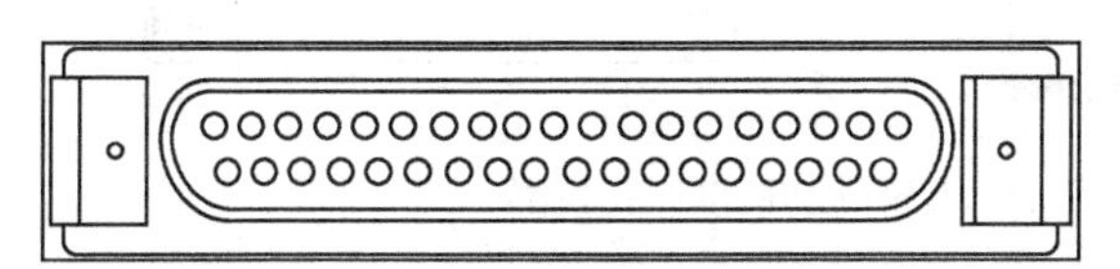
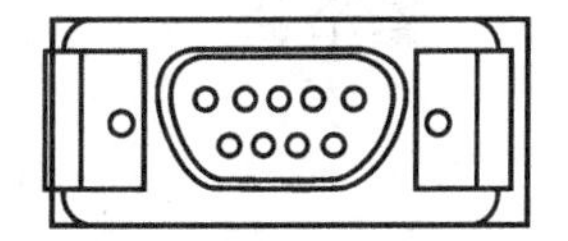

图 2-23　RS-449 的机械特性

1. RS-423-A：规定了在采用非平衡传输时(所有电路共用一个公共地)的电气特性，它采用单端输出和差分输入电路。当连接电缆连接长度为 10 m，数据传输速率可达 300 kbit/s。

2. RS-422 -A：规定了在采用平衡线路传输时的电气特性，它采用平衡输出、差分输入。RS-422 有 4 根信号线：两根发送、两根接收，采用全双工通信方式。数据传输速率可达2 Mbit/s，电缆可以超过 60 m。当连接电缆长度更短时(如 10 m)，则传输速率还可以更高些(如达 10 Mbit/s)。

三、ETA RS-485 接口

终端 DTE 的 RS-485 接口采用 DB-9(孔)，DCE 电路终端的 RS-485 接口也采用 DB-9(针)。

其电气特性：逻辑"1"的两线间的电压差为＋2～＋6 V，逻辑"0"的两线间的电压差为－2～－6 V，与 TTL 电平兼容。

RS-485 的数据最高传输速率为 10 Mbit/s，一般为 115.2 kbit/s、9 600 bit/s，传输速率为 9 600 bit/s 时通信距离可达 75 m。

RS-485 接口采用平衡发送器和差分接收器的组合，抗共模干扰性好，适应较远距离的传输。

RS-485 接口的最大传输距离标准值 1 200m(9 600 bit/s 时)，实际上可达 3 000 m。

RS-485 接口允许在总线上连接多达 127 个收发器，具有多站通信能力。

RS-485 接口只需两根连线，采用屏蔽双绞线传输，通过接口组成总线式网络，有半双工或双工通信方式。

四、USB(Universal Serial Bus)**接口**

USB 是通用串行总线接口，它使用 4 针插头，能为外设提供电源。其中 2、3 两根针传输数据，两边 1、4 两根针为外设供电。USB 支持热插拔，即插即用。USB 最多可连接 127 台外设。USB 有两个规范，即 USB1.1 和 USB2.0。USB 接口已经成为最常用的接口。USB 需要主机硬件、软件和外设的支持才能工作。

USB1.1 传输速率为 12 Mbit/s。USB2.0 规范是 USB1.1 升级版。它的传输速率达到了 480 Mbit/s，能满足大多数外设的要求。

两台设备各通过电缆相连接时，必须使用相同的接口。当没有相同的接口时，可以使用接口转换器。接口转换器实现接口的机械特性、电气特性及其他特性的转换。

RS-485、USB 接口、接口转换器示意图如图 2-24 所示。

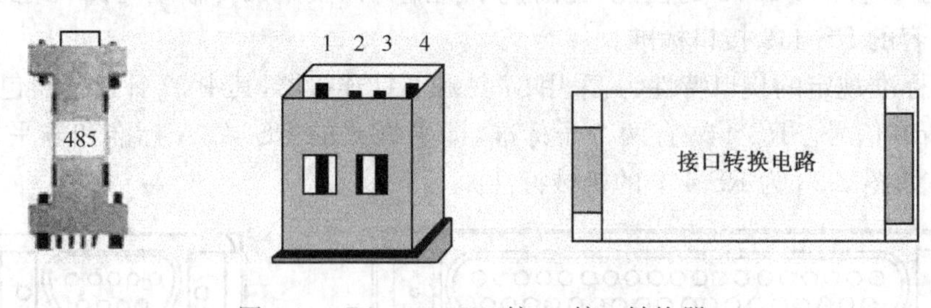

图 2-24　RS-485、USB 接口、接口转换器

本章小结

1. 信息一般指数据、消息中所包含的意义；计算机网络中的数据通常被传输的二进制代码；信号是数据在传输过程中的表示形式。

2. 数据通信是计算机与计算机或计算机与终端之间的通信；数据通信网是传输交换数据的通信网。

3. 数据通信网络的各个数据终端将各种信息封装为 IP 数据报交给网络传输、交换。数据通信网执行 IP 协议，传输交换 IP 数据报，这样的数据通信网称为 IP 信息网络。

4. 数据传输的方式分基带、频带和宽带传输；并行和串行传输；同步和异步传输；单工、半双工和全双工数据传输。

5. 基带传输中数据信号的编码方式主要有：不归零码、曼彻斯特编码、差分曼彻斯特编码和 mB/nB 编码。

6. 数字信号调制有三种基本方式：振幅键控、频移键控和相移键控。

7. 在数据通信中，为了保证传输数据的正确性，收发两端必须保持同步。收发同步的方式有比特同步和帧同步。

8. 数据的交换方式有电路交换、报文交换和分组交换，ATM 交换是电路交换和分组交换的结合。

9. 差错控制编码是指数据信息在向信道发送之前，先按照某种关系附加上一定的冗余位，构成一个码字后再发送。在接收端收到该码字后，检查信息位和附加的冗余位之间的关系，以检查传输过程中是否有差错发生。

10. 差错控制编码分为检错码和纠错码。检错码是能自动发现差错的编码，通过反馈重发的方法实现纠错目的；纠错码不仅能发现差错而且能自动纠正差错的编码。

11. CRC 编码先将要发送的数据除以一个通信双方共同约定的数据串（生成多项式），将余式作为校验码，然后将这个校验码附在数据帧中发送出去。在接收端接收数据帧后，将包括校验码在内的数据再与约定的数据串进行除法运算，若余数为 0，就表示接收的数据正确，反之，则表明数据在传输的过程中出错。CRC 目前应用最广泛的检错码编码方法之一。

12. 在数据通信中，通信设备之间必须使用相应的接口进行连接。每个接口都要遵守相同的标准，广泛使用的接口标准有 EIA RS-232C、EIARS-499 以及 ITU-T 建议的 V.24、V.35 等标准。

复习思考题

1. 数据通信过程中涉及的主要技术问题有哪些？
2. 什么是基带传输和频带传输？它们分别要解决什么样的关键问题？
3. 何谓单工、半双工和全双工传输，请举例说明它们的应用场合。
4. 在串行传输过程中需解决什么问题？采用什么方法解决？
5. 数据交换的方式有哪几种？各有什么优缺点？

6. ARQ 有哪几种方式？分析其过程。

7. 在基带传输中采用哪几种编码方法，试用这几种方法对数据“01001001”进行编码（画出编码图）？

8. 试通过计算求出下面的正确答案。

(1) 条件：

①CRC 校验的生成多项式为：$G(x)=x^5+x^4+x^2+1$；

②要发送的数据比特序列为：100011010101(12 比特)。

(2) 要求：

①经计算求出 CRC 校验码的比特序列；

②写出含有 CRC 校验码的，实际发送的比特序列。

9. DTE 和 DCE 是什么设备，它们分别对应于网络中的哪些设备？

10. 数据通信中常用的接口标准有哪些？简述其特性。

第三章

网络体系结构与网络协议

网络体系结构与网络协议是网络技术中两个最基本的概念，也是初学者比较难于理解的概念。本章从最基本的概念出发，对OSI参考模型、TCP/IP协议及参考模型以及网络协议标准化与制定国际标准的组织进行介绍，以便读者能够循序渐进地学习与掌握以上的主要内容。

第一节　网络体系结构的概念

随着计算机技术和网络技术的飞速发展，计算机网络系统的功能不断加强、规模与应用范围不断扩大，面对越来越复杂的计算机网络系统，必须采用网络体系结构的方法来描述网络系统的组织、结构和功能，将网络系统的功能模块化、接口标准化，使网络具有更大的灵活性，进而简化网络系统的建设、扩大和改造工作，提高网络系统的性能。

世界上第一个网络系统结构是IBM公司于1974年提出的SNA网络。在此之后，许多公司提出了各自的网络体系结构。这些网络体系结构的共同之处在于它们都采用了分层结构，但其层次的划分、功能的分配与采用的技术术语均不相同。随着信息技术的发展，不同种计算机系统互联及不同计算机网络的互联成为人们迫切需要解决的课题。网络体系结构的概念就是在这种条件下应运而生的。

一、网络协议

1．网络协议的定义

计算机网络是由多个互联的节点组成的，节点之间需要不断地交换数据与控制信息。为了让节点间交换信息时做到有条不紊，必须对节点先做一些约定规则，当节点间交换数据时，节点只需遵守这些约定规则就行。一个协议就是一组控制数据通信的规则。网络协议（Network Protocol）是指为进行网络中的数据交换而建立的规则、标准或约定。一个网络协议包括语法、语义和时序三个要素。

（1）语法：语法是指数据与控制信息的结构或格式，确定通信时采用的数据格式、编码及信号电平等。

（2）语义：语义由通信过程的说明构成，它规定了需要发出何种控制信息完成何动作以及做出何种应答，对发布请求、执行动作以及返回应答予以解释，并确定用于协调和差错处理的控制信息。

（3）时序：时序是对事件实现顺序的详细说明，指出事件的顺序以及速度匹配。

人们形象地把它描述为：语法表示怎么讲？语义表示讲什么？时序表示何时讲？

2．网络协议的特点

网络系统的体系结构是有层次的，通信协议也被分为多个层次，在每个层次内又可分为若干子层次，协议各层次有高低之分；只有当通信协议有效时，才能实现系统内各种资源共享。如果通信协议不可靠就会造成通信混乱和中断。

在设计和选择协议时，不仅要考虑网络系统的拓扑结构、信息的传输量、所采用的传输技术、数据存取方式，还要考虑到其效率、价格和适应性等问题。

二、网络体系结构的基本概念

网络体系就是为了完成计算机间的通信合作，把每个计算机互联的功能划分成有明确意义的层次，规定了同层次进程通信的协议及相邻层之间的接口及服务。这些层次进程通信的协议以及相邻层之间的接口统称为网络体系结构。

1. 协议

协议(Protocol)是指一种通信规约。为了保证计算机网络中大量计算机之间有条不紊地交换数据，就必须制定一系列的通信协议。

2. 层次

层次(Layer)是人们对复杂问题处理的基本方法。其解决方法是：将总体要实现的很多功能分配在不同的层次中，每个层次要完成的及实现的过程有明确规定；不同的系统被分成相同的层次；不同系统的同等层具有相同的功能；高层使用低层提供的服务时，并不需要知道低层服务的具体办法。层次结构对复杂问题采取"分而治之"的模块化方法，可以大大降低复杂问题处理的难度。

3. 接口

接口(Interface)是指同一节点内相邻层之间交换信息的连接点。同一节点的相邻层之间存在着明确规定的接口，低层向高层通过接口提供服务。只要接口不变，低层功能不变，低层功能的具体实现方法不会影响整个系统的工作。

4. 体系结构

网络体系结构(Network Architecture)是对计算机网络应该实现的功能进行精确的定义，而这些功能是用什么样的硬件与软件去完成的，则是具体的实现问题。体系结构是抽象的，而实现是具体的，是指能够运行的一些硬件和软件。它是把网络层次结构模型与各层次协议的集合定义为计算机网络体系结构，即体系结构。

三、网络体系结构的分层原理

为了实现计算机之间的通信并减少协议设计的复杂性，大多数网络采用分层结构来进行组织的。在划分层次结构时，通常应遵守以下原则：

①每一个功能层都有自己的通信协议规范，这些协议有着相对的独立性，其自身的修改不会影响其他层次的协议。

②层间接口必须清晰，上下层之间有接口协议规范，跨越接口的信息量应尽可能地少。

③两主机间建立在同等层之间的通信会话，应有同样的协议规范。

④N 层通过接口向 $N-1$ 层提出服务请求，而 $N-1$ 层则通过接口向 N 层提供服务。

⑤层数应适中，既不能太多，又不能太少。若层数太少，就会使每一层的协议太复杂；层数太多又会在描述和综合各层功能的系统工程任务时遇到较多的困难。

⑥一般为四到七层。

在分层结构中,N 层是 $N-1$ 层的用户,也是 $N+1$ 层服务的提供者。分层结构的好处如下。

①独立性强:高层并不需要知道低层是如何实现的,而仅需要知道该层通过层间接口所提供的服务。

②灵活性好:当任何一层发生变化时,只要层间接口保持不变,则其他各层均不受影响。此外,当某一层提供的服务不再需要时,甚至可以将该层取消。

③各层都可采用最合适的技术来实现:各层实现技术的改变不影响其他层。

④易于实现和维护:整个系统分解为若干个易处理的部分,使得一个庞大而复杂的系统的实现和维护变得容易控制。

⑤有利于促进标准化:这主要是因为每层的功能与所提供的服务已有明确的说明。

通常每一层所要实现的一般功能往往是下面的一种功能或多种功能。

①差错控制:目的是使网络端对端的相应层次的通信更加可靠。

②流量控制:避免发送端送数据过快,造成接收端还来不及接收。

③分段和重装:发送端把要发送的数据块划分为更小的单位,在接收端再将其还原。

④复用和分用:发送端几个高层会话复用一条低层的连接,在接收端再进行分用。

⑤连接建立和释放:在交换数据前,先交换一些控制信息,以建立一条逻辑连接。当数据传送结束时,将连接释放。

四、通信协议

所谓通信协议是指为了保证通信双方能正确而自动地进行数据通信制定的一整套约定。约定包括对数据格式、同步方式、传送速度、传送步骤、检纠错方式以及控制字符定义等问题做出统一规定,通信双方必须共同遵守。因此,也叫做通信控制规程,或称传输控制规程,它属于ISO 的 OSI 七层参考模型中的数据链路层。

目前,采用的通信协议有两类:异步协议和同步协议。同步协议又有面向字符和面向比特以及面向字节计数三种。其中,面向字节计数的同步协议主要用于 DEC 公司的网络体系结构中。

第二节　ISO/OSI 参考模型

ISO(International Standard organization)即国际标准化组织,成立于 1947 年,是世界上最大的国际标准化组织。其宗旨是促进世界范围内的标准化工作,以便于国际的物资、科学、技术和经济方面的合作与交流。

随着网络技术的进步和各种网络产品的涌现,不同的网络产品和网络系统互连问题摆在了人们的面前。为此,ISO1977 年专门成立了一个委员会。

一、OSI 参考模型的基本概念

1. OSI 参考模型的提出

在计算机网络标准制定方面,国际上有两大组织起主要作用,它们是:国际电报与电话咨询委员会 CCITT(Consultative Committee on International Telegraph and Telephone)和国际标准化组织 ISO。CCITT 与 ISO 的工作领域是不同的,CCITT 原来主要从通信的角度考虑一些标准的制定,而 ISO 则关心的是信息处理和网络体系结构。但是,随着科学技术的发展,通信与信息处理之间的界限变得越来越模糊了，于是它们成了 CCITT 与 ISO 共同关心的领域。

1974 年，ISO 发布了著名的 ISO/IEC7498 标准，它定义了网络互联的七层框架，即开放系统互联参考模型 OSI/RM（Open Systems Interconnection/Reference Model）。在 OSI 框架下，进一步详细规定了每一层的功能，以实现开放系统环境中的互联性、互操作性和应用的可移植性。CCITT 的建议书 X. 400 也定义了一些相似的内容。

2. OSI 参考模型的概念

在 OSI 中，所谓“开放”是指只要遵循 OSI 标准，系统就可以与位于世界上任何地方、同样遵守同一标准的其他任何系统进行通信。在 OSI 标准的制定过程中，采用的方法是将整个庞大而复杂的问题划分为若干个容易处理的小问题。在 OSI 标准中，采用如下三级抽象。

(1)体系结构（Architecture）：OSI/RM 定义了开放系统的层次结构、层次之间的相互关系及各层所包括的可能的服务。它作为一个框架来协调和组织各层协议的制定，也是对网络内部结构最精炼的概括与描述。

(2)服务定义（Service Definition）：OSI 的服务定义详细地说明了各层提供的服务。某一层的服务就是该层及其以下各层的一种能力，它通过接口提供给更高一层。各层提供的服务与这些服务怎样实现无关。同时，各种服务定义还定义了层与层之间的接口与各层使用的原语，但不涉及接口是怎样实现的。

(3)协议规格说明（Protocol Specification）：OSI 标准中的各种协议精确地定义了应当发送什么样的控制信息以及应当用什么样的过程来解释这个控制信息。协议的规格说明有最严格的约束。

OSI/RM 并没有提供一个可以实现的方法，只是描述了一些概念，用来协调进程间通信标准的规定。在 OSI 范围内，只有各种协议是可以被实现的，各种产品只有与 OSI 协议相一致才能互联。也就是说，OSI 参考模型并不是一个标准，而是一个制定标准时所使用的概念性框架。

二、OSI 参考模型的结构

ISO 组织将整个网络的通信功能划分为七个层次，并规定了每层的功能以及不同层如何协作完成网络通信。OSI 的七层协议由低层到高层的次序分别为：物理层、数据链路层、网络层、传输层、会话层、表示层和应用层，如图 3-1 所示。划分层次的主要原则是：

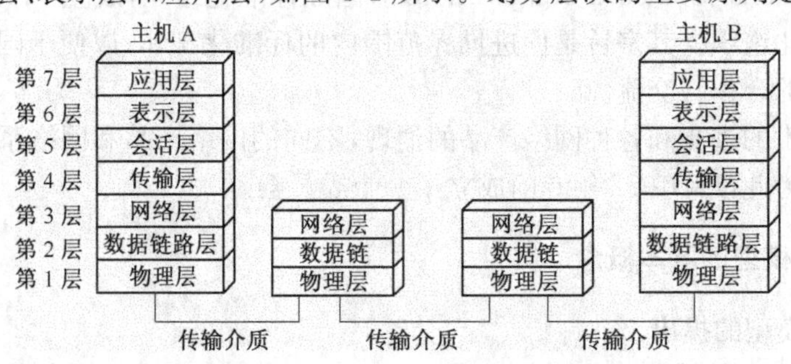

图 3-1　OSI 参考模型的结构

(1)网络中各节点都有相同的层次。

(2)不同节点的同等层次具有相同的功能。

(3)同一节点内相邻层间通过接口通信。

(4)每一层可以使用下一层提供的服务,并向上层提供服务。

(5)不同节点的同等层通过协议来实现对等层之间的通信。

三、OSI 参考模型的各层功能

OSI 参考模型的各层功能如下。

1. 物理层

在 OSI 参考模型中,物理层(Physical layer)是参考模型的最低层,其目的是提供网内两系统间的物理接口并实现它们之间的物理连接。物理层的主要功能是:为通信的网络节点之间建立、管理和释放数据电路的物理连接,并确保在通信信道上传输可识别的透明比特流信号和时钟信号;为数据链路层提供数据传输服务。服务层的数据传输单元是比特(bit)。

物理层的 4 个基本特性如下:

①机械特性,指明接口所用接线器的形状和尺寸、引线数目和排列、固定和锁定装置等。

②电气特性,指明在接口电缆上什么样的电压表示 0 或 1。

③功能特性,指明某条线上出现的某一电平的电压表示何种意义。

④规程特性,指明对于不同功能的各种可能事件的出现顺序及各信号线的工作规则。

⑤物理层完成的其他功能,数据的编码、调制技术、通信接口标准。

2. 数据链路层

在 OSI 参考模型中,数据链路层(Data link layer)是 OSI 参考模型的第二层。其目的是屏蔽物理层特征,面向网络层提供几乎无差错、高可靠传输的数据链路,确保数据通信的正确性。数据链路层的主要功能是:数据链路的建立与释放,数据链路服务单元的定界、同步、定址、差错控制顺序和流量控制以及数据链路层管理。

在数据链路层中需要解决如下两个问题:

①数据传输管理,包括信息传输格式、差错检测与恢复、收发之间的双工传输争用信道等。

②流量控制,协调主机与通信设备之间数据传输的匹配。

数据链路层协议可分为两类:面向字符的通信规程和面向比特的通信规程。高级数据链路控制规程 HDLC 是典型的面向比特的通信规程。

数据链路层的具体功能如下:

(1)成帧,数据链路层要将网络层传来的数据分成可以管理和控制的数据单元,称为帧。因此,数据链路层的数据传输是以帧为数据单位的。

(2)物理地址寻址,数据帧在不同的网络中传输时,需要标识出发送数据帧和接收数据帧的节点。因此,数据链路层要在数据帧中的头部加入一个控制信息(DH),其中包含了源节点和目的节点的地址。

(3)流量控制,数据链路层对发送数据帧的速率必须进行控制,如果发送的数据帧太多,就会使目的节点来不及处理而造成数据丢失。

(4)差错控制,为了保证物理层传输数据的可靠性,数据链路层需要在数据帧中使用一些控制方法,检测出错或重复的数据帧,并对错误的帧进行纠错或重发。数据帧中的尾部控制信息(DT)就是用来进行差错控制的。

(5)接入控制,当两个或更多的节点共享通信链路时,由数据链路层确定在某一时间内该由哪一个节点发送数据,接入控制技术也称为介质访问控制技术。

3. 网络层

在 OSI 参考模型中,网络层(Network layer)是参考模型的第 3 层。网络层的主要功能是:通过路由选择算法为分组通过通信子网选择最适当的路径,并为分组中继,激活和终止网络连接,数据的分段与合段,差错的检验和恢复以及实现流量控制、拥塞控制。网络层的数据传输单元是分组(packet)。

(1)逻辑地址寻址:数据链路层的物理地址只是解决了在同一网络内部的寻址问题,而当一个数据包要从一个网络传送到另一个网络时,就需要使用网络层的逻辑寻址。当传输层传递给网络层一个数据包时,网络层就在这个数据包的头部加入控制信息,其中就包含了源节点和目的节点的逻辑地址。

(2)路由功能:在网络层中怎样选择一条合适的传输路径将数据从源节点传送到目的节点是至关重要的,尤其是从源节点到目的节点存在多条路径时,就存在选择最佳路径的问题。路由选择是根据一定的原则和算法在存在的传输通路中选出一条通向目的节点的最佳路径。

(3)流量控制:尽管在数据链路层中有流量控制问题,而在网络层中同样有流量控制问题,但是它们两者不相同。数据链路层中的流量控制是在两个相邻节点间进行的,而网络层中的流量控制完成数据包从源节点到目的节点过程中的流量控制。

(4)拥塞控制:在通信子网中,由于出现过量的数据包而引起网络性能下降的现象称为拥塞。为了避免出现拥塞现象,要采用能防止拥塞的一系列方法对网络进行拥塞控制。拥塞控制的目的主要是解决如何获取网络中发生拥塞的信息,从而利用这些信息进行控制,以避免由于拥塞出现数据包丢失。

4. 传输层

在 OSI 参考模型中,传输层(Transport layer)是参考模型的第 4 层。传输层的主要功能是:向用户提供可靠的端到端(end-to-end)服务。传输层向高层屏蔽了下层数据通信的细节,因此,它是计算机通信体系结构中关键的一层。

传输层是资源子网与通信子网的接口和桥梁。传输层下面的网络层、数据链路层和物理层都属于通信子网,可完成有关的通信处理,向传输层提供网络服务;而其上的会话层、表示层和应用层都属于资源子网,完成数据处理功能。传输层在这里起承上启下的作用,是整个网络体系结构中的关键部分。

传输层在网络层提供服务的基础上为高层提供两种基本的服务:面向连接的服务和面向无连接的服务。

5. 会话层

在 OSI 参考模型中,会话层(Session layer)是参考模型的第 5 层。它是利用传输层提供的端到端的服务向表示层或会话用户提供会话服务。会话层的主要功能是:负责维护两个节点之间的会话连接的建立、管理和终止,以及数据的交换。在 ISO/OSI 环境中,所谓一次会话,就是指两个用户进程之间为完成一次完整的通信而进行的过程,包括建立、维护和结束会话连接。我们平时下载文件时使用的“断点续传”就是工作在会话层。

6. 表示层

在 OSI 参考模型中,表示层(Presentation layer)是参考模型的第 6 层。表示层的主要功能是:用于处理在两个通信系统中交换信息的表示方式,主要包括数据格式变换、数据加密与解密、数据压缩与恢复等功能。

7. 应用层

在OSI参考模型中，应用层（Application layer）是参考模型的第7层，为最高层，是直接面向用户的一层，是计算机网络与最终用户间的界面。从功能划分看，OSI的下面6层协议解决了支持网络服务功能所需的通信和表示问题。应用层的主要功能是：为应用程序提供网络服务。应用层需要识别并保证通信对方的可用性，使得协同工作的应用程序之间的同步，建立传输错误纠正与保证数据完整性控制机制。

四、OSI参考模型的工作原理

在OSI参考模型中，通信是在系统实体之间进行的。除了物理层外，通信实体的对等层之间只有逻辑上的通信，并无直接的通信，较高层的通信要使用较低层提供的服务。在物理层以上，每个协议实体顺序向下送到较低层，以便使数据最终通过物理信道达到它的对等层实体。

图3-2描述了数据在OSI参考模型中的流动过程。如网络用户A向网络用户B传送文件，则传输过程如下：

①当应用进程A的数据传送到应用层时，应用层数据加上本层控制报头后，组织成应用层的数据服务单元，然后再传输到表示层。

②表示层接收到应用层传输过来的数据单元后，加上本层的控制报头，组成表示层的数据服务单元，再传输给会话层。依此类推，数据传送到传输层。

③传输层接收到会话层传送过来的数据单元后，加上本层的控制报头，组成传输层的数据服务单元，即人们通常所说的报文（Message），然后再传送到网络层。

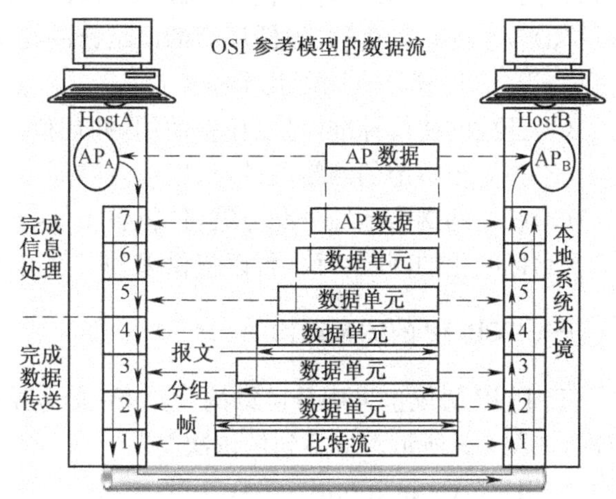

图3-2 OSI环境中的数据流

④网络层对接收到传输层传过来的报文进行分组。因为网络数据单元的长度有限，而且传输层的报文较长，为了更方便的传输，必须将报文分成多个较短的数据段，每段前加上网络层的控制报头，形成网络层的数据服务单元，然后再传送到数据链路层。

⑤数据链路层接收到网络层传过来的数据单元后，加上数据链路层的控制信息，构成数据链路层的数据服务单元，它被称为帧（Frame），然后再传送到物理层。

⑥物理层接收到数据链路层的数据单元后以比特流的方式通过传输介质传输出去。当比特流到达目的节点计算机B后，再从物理层依次上传。在传输过程中，每层对各层的控制报头进行处理，处理完后将数据上交其上层，最后将进程A的数据送给计算机B的进程。

尽管应用进程A的数据在OSI环境中经过复杂的处理过程才能送到另一台计算机的应用进程B，但对于每台计算机的应用进程来说，OSI环境中数据流的复杂处理过程是透明的。应用进程A的数据好像是“直接”传送给应用进程B，这就是开放系统在网络通信过程中最本质的作用。

第三节 TCP/IP 参考模型

TCP/IP(Transmission Control Protocol/Internet Protocol)的中文名是传输控制协议/网际协议。它起源于美国 ARPAnet 网，起初是为美国国防部高级计划局网络间的通信设计的。由于 TCP/IP 协议是先于 OSI 模型开发的，因此并不符合 OSI/RM 标准。但是现在的 TCP/IP 协议已成为一个完整的协议簇(并已成为一种网络体系结构)。该协议簇除了传输控制协议 TCP 和网际协议 IP 之外，还包括多种其他协议，如管理性协议及应用协议等。当今 TCP/IP 协议已被公认为网络中的工业标准，是互联网的标准协议。

TCP/IP 协议之所以非常受重视，有以下几个原因：

(1)Internet 采用 TCP/IP 协议，各类网络都要和 Internet 或借助于 Internet 相互连接。

(2)TCP/IP 已被公认为是异种计算机、异种网络彼此通信的可行协议，OSI/RM 虽然被公认为网络的发展方向，但目前尚难用于异种机和异种网间的通信。

(3)各主要计算机软、硬件厂商的网络产品几乎都支持 TCP/IP 协议。

TCP/IP 协议具有以下几个特点：

(1)开放的协议标准，可以免费使用，并且独立于特定的计算机硬件与操作系统。

(2)独立于特定的网络硬件，可以运行在局域网、广域网，更适用于互联网中。

(3)统一的网络地址分配方案，使得整个 TCP/IP 设备在网络中都具有唯一的 IP 地址。

(4)标准化的高层协议，可以提供多种可靠的用户服务。

一、TCP/IP 的体系结构

TCP/IP 协议也采用分层结构，与 OSI 参考模型相比，TCP/IP 协议的体系结构分为四个层次，如图 3-3 所示。从高到低依次是：

应用层(Application layer)；

传输层(Transport layer)；

网络互联层(Internet layer)；

网络接口层(Network interface layer)。

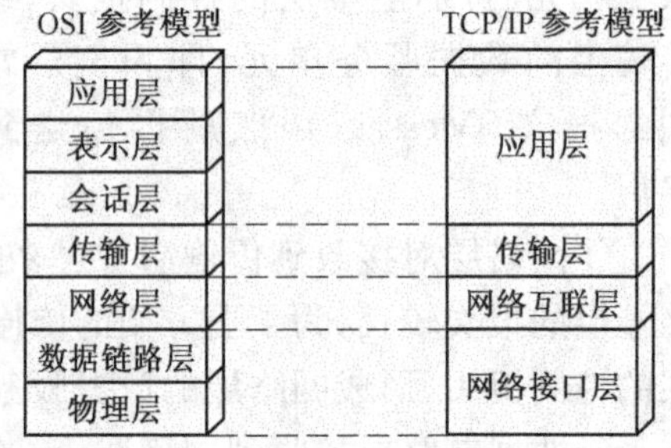

图 3-3 OSI 参考模型与 TCP/IP 参考模型

其中 TCP/IP 参考模型的应用层与 OSI 参考模型的应用层、表示层和会话层相对应；TCP/IP 参考模型的传输层与 OSI 参考模型的传输层对应；TCP/IP 参考模型的网络互联层与 OSI 参考模型的网络层对应；TCP/IP 参考模型的网络接口层与 OSI 参考模型的数据链路层和物理层相对应。

二、TCP/IP 参考模型各层的功能

TCP/IP 参考模型的各层功能如下：

1. 网络接口层

在 TCP/IP 参考模型中，网络接口层是最低层，包括能使用 TCP/IP 与物理网络进行通信的协议，其作用是负责通过网络发送和接收数据报。网络接口层与 OSI 参考模型的数据链路层和物理层相对应，TCP/IP 标准对网络接口层并没有给出具体的规定。

2. 网络互联层

在 TCP/IP 参考模型中，网络互联层是参考模型的第二层，它相当于 OSI 参考模型的网络层。网络互联层所执行的主要功能是处理来自传输层的分组，将源主机的报文分组发送到目的主机上，源主机与目的主机既可以在同一个网上，又可以在不同的网上。

网络层有四个主要的协议：网际协议 IP、Internet 控制报文协议 ICMP、地址解析协议 ARP 和逆地址解析协议 RARP。网络层的主要功能是使主机可以把分组发往任何网络并使分组独立地传向目标（可能经由不同的网络）。这些分组到达的顺序和发送的顺序可能不同，因此如果需要按顺序发送及接收时，高层必须对分组排序。这就像一个人邮寄一封信，不管他准备邮寄到哪个国家，他仅需要把信投入邮箱，这封信最终会到达目的地。这封信可能会经过很多的国家，每个国家可能有不同的邮件投递规则，但这对用户是透明的，用户是不必知道这些投递规则。另外，网络层的网际协议 IP 的基本功能是：无连接的数据报传送和数据报的路由选择，即 IP 协议提供主机间不可靠的、无连接数据报传送。互联网控制报文协议 ICMP 提供的服务有：测试目的地的可达性和状态、报文不可达的目的地、数据报的流量控制、路由器路由改变请求等。地址转换协议 ARP 的任务是查找与给定 IP 地址相对应主机的网络物理地址。反向地址转换协议 RARP 主要解决物理网络地址到 IP 地址的转换。

3. 运输层

TCP/IP 的运输层提供了两个主要的协议，即传输控制协议 TCP 和用户数据报协议 UDP，它的功能是使源主机和目的主机的对等实体之间可以进行会话。其中 TCP 是面向连接的协议。所谓连接，就是两个对等实体为进行数据通信而进行的一种结合。面向连接服务是在数据交换之前，必须先建立连接。当数据交换结束后，则应终止这个连接。面向连接服务具有连接建立、数据传输和连接释放这三个阶段。在传送数据时是按序传送的。用户数据协议是无连接的服务。在无连接服务的情况下，两个实体之间的通信不需要先建立好一个连接，因此其下层的有关资源不需要事先进行预定保留。这些资源将在数据传输时动态地进行分配。无连接服务的另一特征就是它不需要通信的两个实体同时是活跃的（即处于激活态）。当发送端的实体正在进行发送时，它才必须是活跃的。无连接服务的优点是灵活方便和比较迅速。但无连接服务不能防止报文的丢失、重复或失序。无连接服务特别适合于传送少量零星的报文。

4. 应用层

在 TCP/IP 体系结构中并没有 OSI 的会话层和表示层，TCP/IP 把它都归结到应用层。所以，应用层包含所有的高层协议，并且总是不断增加新的协议。目前，应用层协议主要有以下几种：

①远程登录协议（Telnet）；

②简单邮件传送协议（Simple Mail Transfer Protocol，SMTP）；

③域名服务（Domain Name System，DNS）；

④文件传输协议（File Transfer Protocol，FTP）；

⑤超文本传输协议（Hyper Text Transfer Protocol，HTTP）；

⑥简单网络管理协议（Simple Network Management Protocol，SNMP）。

三、OSI 参考模型与 TCP/IP 参考模型的比较

ISO 组织制定的 OSI/RM 国际标准，并没有成为事实上的国际标准，取而代之的是 TCP/IP。OSI/RM 和 TCP/IP 有着共同之处，那就是都采用了层次结构模型。它们在某些层次上

有着相似的功能,但也有不同,各自有各自的特点。

1. OSI 参考模型与 TCP/IP 参考模型的共同点

(1)OSI 参考模型与 TCP/IP 参考模型的设计目的都是网络协议和网络体系结构标准化。

(2)都采用了层次结构,而且都是按功能分层。

(3)两者都是计算机通信的国际性标准。OSI 是国际通用的,而 TCP/IP 则是当前工业界的事实标准。

(4)两者都是基于一种协议集的概念。协议集是一簇完成特定功能的相互独立的协议。

(5)各协议层次的功能大体上相同,都存在网络层、传输层和应用层。两者都可以解决异构网互联。

2. OSI 参考模型与 TCP/IP 参考模型的不同点

(1)OSI 参考模型与 TCP/IP 参考模型层数不同。OSI 参考模分为七层,而 TCP/IP 参考模型分为四层。

(2)OSI 模型定义了服务、接口和协议 3 个主要的概念,并将它们严格区分。而 TCP/IP 参考模型最初没有明确区分服务、接口和协议。

(3)TCP/IP 虽然也分层,但其层次间的调用关系不像 OSI 那样严格。在 OSI 中,两个第 N 层实体间的通信必须涉及下一层,即第($N-1$)层实体。但 TCP/IP 则不一定,它可以越过紧挨着的下层而使用更低层提供的服务。这样做可以提高协议的效率,减少不必要的开销。

(4)TCP/IP 从一开始就考虑到异种网的互联问题,并将互联网协议 IP 作为 TCP/IP 的重要组成部分,但 ISO 和 CCITT 最初只考虑到用一种标准的公共数据网将各种不同的系统互联在一起。并没有考虑网络互联问题,只是后来在网络层中划分出一个子层来完成类似 IP 的功能。

(5)TCP/IP 并重考虑面向连接和无连接服务功能,而 OSI 到后来才考虑无连接服务功能。

(6)TCP/IP 有较好的网络管理功能,而 OSI 到后来才开始考虑这个问题。

(7)对可靠性的强调不同。所谓可靠性是指网络正确传输信息的能力。OSI 对可靠性的强调是第一位的,协议的所有各层都要检测和处理错误。因此遵循 OSI 协议组网在较为恶劣的条件下也能做到正确传输信息,但它的缺点是额外开销较大、传输效率比较低。

TCP/IP 则不然,它认为可靠性主要是端到端的问题,为此应该由传输层来解决,因此通信子网本身不进行错误检测与恢复,丢失或损坏的数据恢复只由传输层完成,即由主机承担,这样做的结果是使得 TCP/IP 成为效率最高的体系结构,但如果通信子网可靠性较差,主机的负担就会加重。

(8)系统中体现智能的位置不同。OSI 认为,通信子网是提供传输服务的设施。因此,智能性问题,如监视数据流量、控制网络访问、记账收费甚至路由选择、流量控制等都由通信子网解决,这样留给本端主机的事情就不多了。

相反,TCP/IP 则要求主机参与几乎所有的智能性活动。

(9)OSI 参考模型大而全并且效率很低,难于实现,但是其很多的研究结果、方法与概念对今后网络的发展具有很好的指导意义。TCP/IP 协议虽然应用相当广泛,但是 TCP/IP 参考模型的研究却很薄弱。

3. OSI 参考模型与 TCP/IP 参考模型的缺点

(1)OSI 参考模型自身缺陷

①OSI 模型各层的功能和重要性相差较大。会话层和表示层在大多网络中没有，数据链路层和网络层任务繁重。

②服务定义和协议较复杂，难以完全实现。

③受通信思想所支配，较少考虑计算机的特点。

④OSI 模型大而全，运行效率较低。

(2)TCP/IP 模型自身缺陷

①TCP/IP 模型中的网络接口层本身不是一层，应该把物理层和数据链路层区分开来。

②TCP/IP 在服务、接口和对协议上区别不是很清楚。

1. 网络体系结构与网络协议是网络技术中两个最基本的概念。

2. 计算机网络是由多个互联的计算机节点组成的，要想节点之间做到有条不紊地交换数据，每个节点必须遵守事先约定好的规则。这些为网络数据交换而制定的规则、约定或标准被称之为协议。

3. 对于结构复杂的网络来说，最好的组织形式是层次结构模型。计算机网络协议就是按照层次结构模型来组织的。网络层次结构模型与各层协议的集合定义为计算机网络体系结构。

4. ISO 组织定义的 OSI/RM 模型，即开放系统互联参考模型为 7 层结构的模型，它定义了开放系统的层次结构、层次之间的相互关系及各层所包括的可能的服务。

5. TCP/IP 协议是 Internet 中的标准协议，它是一个协议簇，对 Internet 的发展起到了重要的推动作用，目前已成为了事实上的工业标准。

6. IP 协议是 TCP/IP 协议簇中一个较重要的协议。

1. 简述网络通信协议的三要素。

2. 简述网络体系结构分层原理。

3. 简述 OSI 层次结构及各层功能。

4. 试描述在 OSI 参考模型中数据传输的基本过程。

5. 比较 OSI 参考模型与 TCP/IP 参考模型的异同点。

第四章

局域网技术

在计算机网络发展过程中，局域网技术一直是最为活跃的领域之一。局域网是在一个较小的范围，如一个办公室、一幢楼或一个校园，利用通信线路将众多计算机及外设连接起来，以达到高速数据、视频等通信及资源共享的目的。以太网(Ethernet)是其典型代表。目前局域网技术已经在企业、机关、学校乃至家庭中得到了广泛的应用。采用局域网技术的校园网、企业网是学校、企业的统一通信平台，依据此平台，可以开发各种通信子业务。本章介绍局域网体系结构、以太网技术、以太网交换机工作原理、虚拟局域网技术交换机性能优化、交换机的基本管理与配置等实用知识和技能。

第一节　局域网概述

一、局域网的特点

同事或朋友之间的信息共享是最重要、最基本的信息共享方式之一，速度快、错误少、效率高是对这种共享方式的最基本要求。总的来说，局域网具有如下主要特点：

1. 局域网覆盖有限的地理范围，可以满足机关、公司、学校、部队、工厂等有限范围内的计算机、终端及各类信息处理设备的联网需求。

2. 局域网具有传输速率高(通常在 10 Mbit/s～10 000 Mbit/s 之间)、误码率低(通常低于 10^{-8})的特点，因此，利用局域网进行的数据传输快速可靠。

3. 局域网通常由一个单位或组织建设和拥有，服务于本单位的用户，其网络易于建立、维护和管理。

4. 局域网可以根据不同的性能需要选用多种传输介质，如双绞线、同轴电缆、光纤等有线传输介质和微波、红外线等无线传输介质。

5. 局域网协议模型只包含 OSI 参考模型低三层(即通信子网)的内容，但其介质访问控制比较复杂，所以局域网的数据链路层又细分为两层。

二、常见的局域网拓扑结构

局域网与广域网的一个重要区别在于它们的地理覆盖范围，并由此两者采用了明显不同的技术。“有限的地理范围”使得局域网在基本通信机制上选择了“共享介质”方式和“交换”方式，并相应的在传输介质的物理连接方式、介质访问控制方法上形成了自己的特点。一般来说，决定局域网特性的主要技术要素是网络拓扑结构、传输介质与介质访问控制方法。

在网络拓扑上，局域网所采用的基本拓扑结构包括总线型、环型与星型。

1. 总线型拓扑结构

总线型拓扑如图 4-1 所示，所有的节点都直接连接到一条作为公共传输介质的总线上。总线通常采用同轴电缆作为传输介质，所有节点都可以通过总线发送或接收数据，但一段时间内只允许一个节点利用总线发送数据。当一个节点利用总线以"广播"方式发送信号时，其他节点都可以"收听"到所发送的信号。

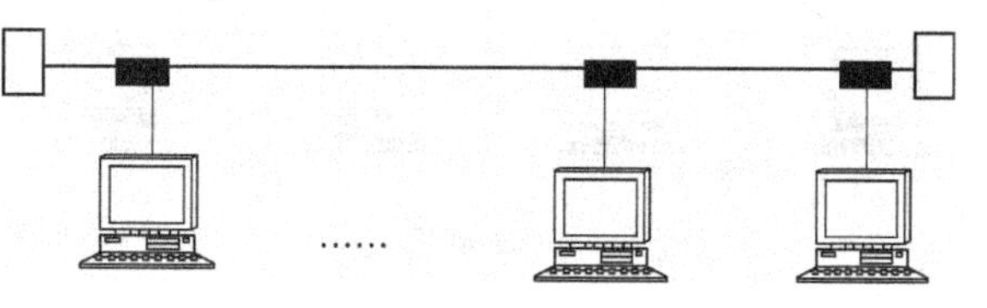

图 4-1 典型的总线型局域网

由于总线作为公共传输介质为多个节点所共享，因此在总线型拓扑结构中就有可能出现同一时刻有两个或两个以上节点利用总线发送数据的情况，从而导致冲突(collision)。冲突会使接收节点无法从所接收的信号中还原出有效的数据从而造成数据传输的失效，因此需要提供一种机制用于解决冲突问题。

总线拓扑的优点是：结构简单，实现容易，易于安装和维护，可靠性较好，价格低廉。

总线型结构的缺点是：传输介质故障难以排除，并且由于所有节点都直接连接在总线上，因此主干线上的任何一处故障都会导致整个网络的瘫痪。

2. 环型拓扑结构

在环型拓扑结构中，所有的节点通过相应的网卡，使用点对点线路连接，并构成一个闭合的环，如图 4-2(a)所示。环型拓扑也是一种共享介质环境，多个节点共享一条环通路，数据在环中沿着一个方向绕环逐站传输。为了确定环中每个节点在什么时候可以传送数据帧，这种结构同样要提供介质访问控制以解决冲突问题。

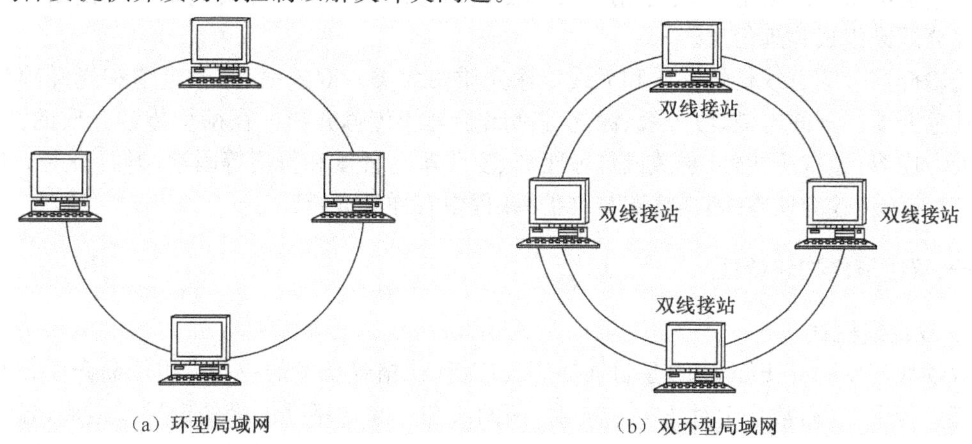

图 4-2 环型、双环型局域网示意图

由于信息包在封闭环中必须沿每个节点单向传输，因此环中任何一段的故障都会使各站之间的通信受阻。为了增加环型拓扑的可靠性，还引入了双环拓扑，如图 4-2(b)所示。双环拓扑在单环拓扑的基础上在各节点之间又连接了一个备用环。这样，当主环发生故障时，可利用备用环继续工作。

环型拓扑结构的优点是能够较有效地避免冲突，其缺点是环型结构中的网卡等通信部件比较昂贵且环的管理相对复杂。

3. 星型拓扑结构

星型拓扑结构由一个中央节点和一系列通过点到点链路接到中央节点的末端节点组成。图 4-3 所示为星型拓扑结构的示例，各节点以中央节点为中心相连接，各节点与中央节点以点

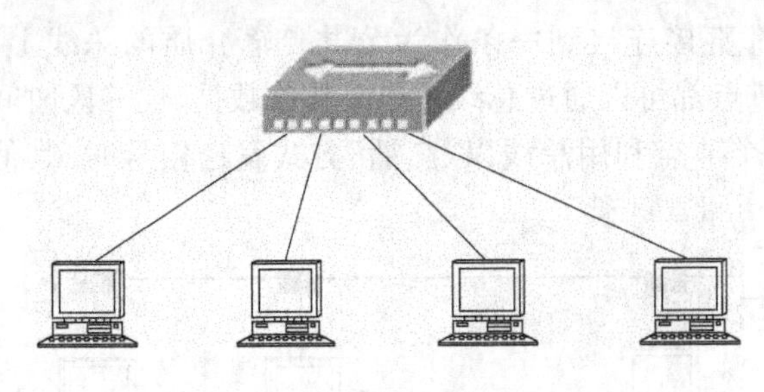

图 4-3　星型局域网

对点的方式连接。任何两节点之间的数据通信都要通过中央节点，中央节点集中执行通信控制策略，完成各节点间通信连接的建立、维护和拆除。

星型拓扑的优点是：结构简单，管理方便，可扩充性强，组网容易。利用中央节点可方便地提供和重新配置网络连接，且单个连接点的故障只影响一个设备，不会影响全网，容易检测和隔离故障，便于维护。

星型拓扑的缺点是：每个节点直接与中央节点相连，需要大量电缆；另一方面如果中央节点产生故障，则全网不能工作，因此对中央节点的可靠性和冗余度要求很高。

应该指出，不同的局域网拓扑各有优劣。在实际组网时，应根据具体情况，选择一种合适的拓扑结构或采用混合拓扑结构。顾名思义，混合拓扑结构由几种基本的局域网拓扑结构共同组成。

第二节　局域网的传输介质

传输介质泛指计算机网络中用于连接各个计算机和通信设备的物理介质。传输介质是构成物理信道的重要组成部分，是通信中实际传送信息的载体。计算机网络中可使用多种不同的传输介质来组成物理信道。

传输介质分为有线传输介质和无线传输介质两大类。双绞线、同轴电缆和光纤等都属于有线传输介质。无线电波、红外线、激光等都属于无线传输介质。在衡量传输介质的性能时，主要要考虑容量、抗干扰性、衰减或传输距离、安装难易程度和价格等因素，下面将主要介绍双绞线，其他的传输介质在《通信线路与维护》课程中有详细介绍。

一、双绞线结构和特性

1. 双绞线概述

双绞线(Twisted Pair，TP)是目前使用最广泛、价格最低廉的一种有线传输介质。双绞线在内部由若干对(通常是 1 对、2 对或 4 对)两两绞在一起的相互绝缘的铜导线组成，导线的典型直径为 1 mm 左右(通常在 0.4～1.4 mm)。之所以采用这种两两相绞的绞线技术，是为了抵消相邻线对之间所产生的电磁干扰并减少线缆端接点处的近端串扰。

双绞线既可以传输模拟信号，也可以传输数字信号。用双绞线传输数字信号时，它的数据传输速率与电缆的长度有关。距离短时，数据传输速率可以高一些。典型的数据传输率为 10 Mbit/s、100 Mbit/s 和 1 000 Mbit/s。

双绞线按照是否有屏蔽层又可以分为屏蔽双绞线(Shielded Twisted Pair，STP)和非屏蔽双绞线(Unshielded Twisted Pair，UTP)，如图 4-4 所示。与 UTP 相比，STP 由于采用了良好的屏蔽层，因此抗干扰性较好。

关于双绞线的工业标准主要来自 EIA(电子工业协会)的 TIA(远程通信工业分会)，即通常所说的 EIA/TIA。到目前为止，EIA/TIA 已颁布了 6 类(Category，简写为 Cat)线缆的标准。其中：

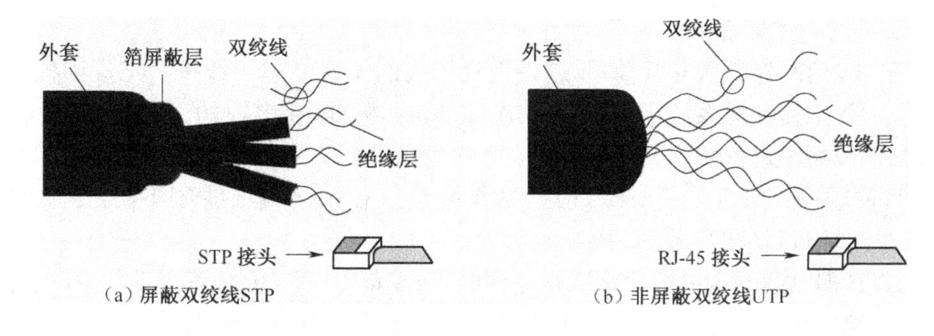

图 4-4　UTP 和 STP 的示意图

(1)cat1:适用于电话和低速数据通信。

(2)cat2:适用于话音 ISDN 及 T1/E1,支持的数据传输速率为 4 Mbit/s。

(3)cat3:适用于 10 Base-T 或 100 Mbit/s 的 100 Base-T4,支持的数据传输速率为10 Mbit/s。

(4)cat5(e):适用于 100 Mbit/s 的 100 Base-TX 和 100 Base-T4,支持的数据传输速率为 100 Mbit/s。Cat5(e)在近端串扰、串扰总和、衰减和信噪比四个指标上有较大改进。

(5)cat6(e):适用于 1 000 Mbit/s 的 1 000 Base-T 以太网中,支持的数据传输速率高达 1 000 Mbit/s。Cat6(e)在串扰、衰减和信噪比上有较大的改善。

(6)cat7:目前标准还未正式颁布,但它是一种屏蔽双绞线,带宽至少是 500 MHz,是六类线和超六类的 2 倍以上。

目前一、二类双绞线在以太网中已没人用了,三类在市场上也几乎没有。目前建局域网时应用最多的是五类线、超五类线和六类线,超六类线在一些大型网络中可见到,七类线因正式的标准还未颁布,所以基本还没得到应用。五类线和六类线(包括超五类线和超六类线)的单段网线长度都不得超过 100 m,这在实际组网中要特别注意,否则网络很可能因距离过长,信号衰减太大而不通。为了使用方便,UTP 的 8 芯导线采用了不同颜色标志。其中橙和橙白形成一对,绿和绿白形成一对,蓝和蓝白、棕和棕白也分别形成一对。双绞线大部分只用了其中的两对(橙和绿),即 4 根芯线。但它与电话线的 4 根插针分布不一样,因此不能用电话线水晶头代替 RJ-45 水晶头。

双绞线的品牌主要有:安普(AMP),日常见得最多,也最常用,质量好,价格便宜;西蒙(Simon),在综合布线系统中经常见到,它与安普相比,档次要高许多,当然,价格也高许多;另外还有朗讯(Lucent)、丽特(NORDX/CDT)、IBM 等。

使用双绞线作为传输介质的优越性在于其技术和标准非常成熟,价格低廉,而且安装也相对简单。缺点是双绞线对电磁干扰比较敏感,并且容易被窃听。双绞线目前主要在室内环境中使用。

2. RJ-45 接头

RJ-45 接头俗称水晶头,双绞线的两端必须都安装 RJ-45 插头,以便插在以太网卡、集线器(Hub)或交换机(Switch)RJ-45 接口上。

水晶头也可分为几种档次,一般如安普这样的名牌大厂的质量好些,价格也很便宜,约为 1.5 元一个。质量不好主要体现为接触探针是镀铜的,容易生锈,造成接触不良,网络不通。质量差的另一明显表现为塑扣位扣不紧(通常是变形所致),也很容易造成接触不良,网络中断。

水晶头虽小,但在网络中却很重要,在许多网络故障中有相当一部分是因为水晶头质量不好而造成的。

3. 双绞线的制作标准

双绞线网线的制作方法非常简单,就是把双绞线的 4 对 8 芯导线按一定规则插入到水晶头中。插入的规则在布线系统中是采用 EIA/TIA568 标准,在电缆的一端将 8 根线与 RJ-45 水晶头根据连线顺序进行相连,连线顺序是指电缆在水晶头中的排列顺序。EIA/TIA568 标准提供了两种顺序:568A 和 568B。根据制作网线过程中两端的线序不同,以太网使用的 UTP 电缆分直通 UTP 和交叉 UTP。

直通 UTP 即电缆两端的线序标准是一样的,两端都是 T568B 或都是 T568A 的标准。而交叉 UTP 两端的线序标准不一样,一端为 T568A,另一端为 T568B 标准,如图 4-5(a)所示。例如 10BASE-T 以太网的连接规范如图 4-5(b)所示,只用了两对线,橙和绿。

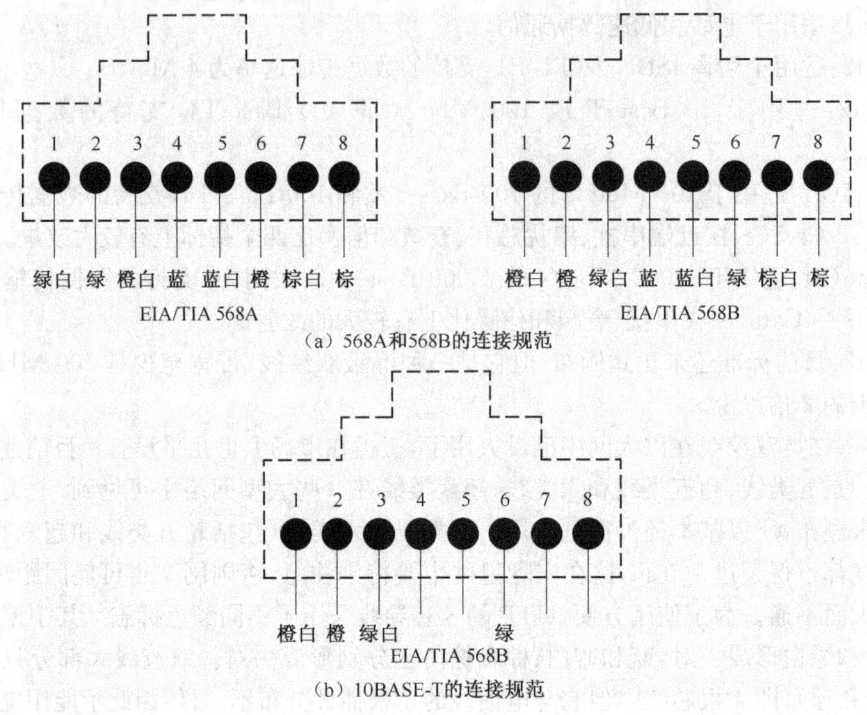

图 4-5　连接规范

下面小节内容是按照标准的情况进行的建议,如使用一些自适应交换机时,可不必考虑双绞线的适用场合的限制。

4. 双绞线的适用场合

在实际的网络环境中,一根双绞线的两端分别连接不同设备时,必须根据标准确定两端的线序,否则将无法连通。通常,在下列情况下,双绞线的两端线序必须一致才可连通。如图 4-6 所示。

(1)主机与交换机的普通端口连接。

(2)交换机与路由器的以太口相连。

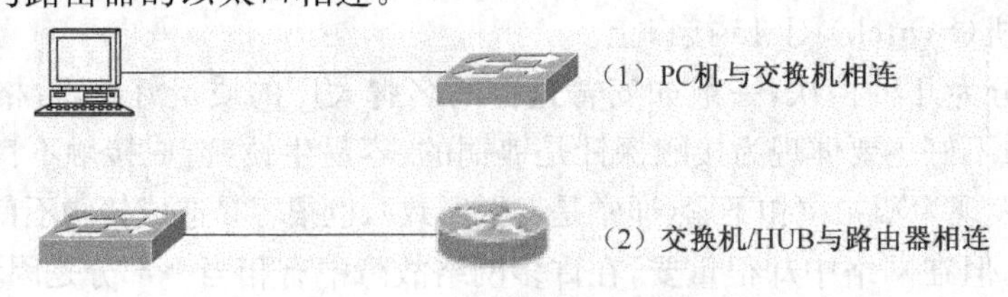

图 4-6　采用直通缆的场合

在下列情况下，双绞线的两端线序必须将一端中的 1 与 3 对调，2 与 6 对调才可连通，如图 4-7 所示。

(1)主机与主机的网卡端口连接。

(2)交换机与交换机的非 uplink 口相连。

(3)路由器的以太口互连。

(4)主机与路由器以太口相连。

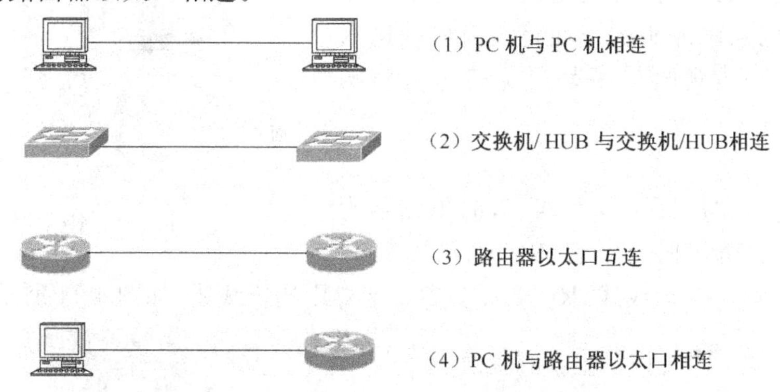

图 4-7　采用交叉缆的场合

二、网线制作与测试

1. 必备工具

网线制作与测试的必备工具有双绞线、水晶头、剥线/夹线钳、测试仪，如图 4-8 所示。

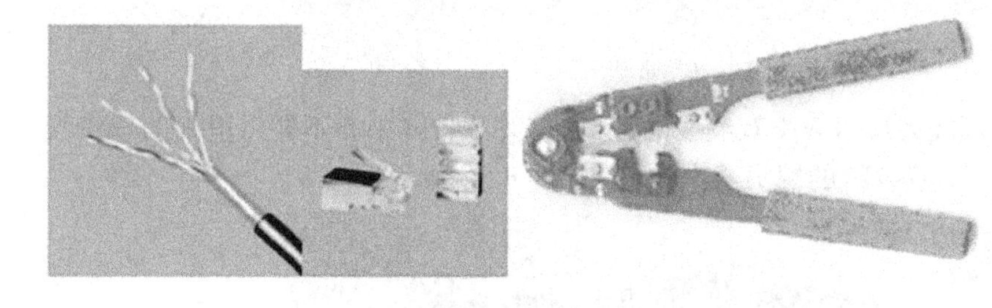

图 4-8　网线制作工具和材料

2. 连线规则

制作两种网线电缆，一种用于连接计算机与集线器(或交换机)，这类电缆为直通缆。另一种用于计算机与计算机、集线器之间(或交换机之间)的连接，为交叉缆，如图 4-9 所示。

A 端线序	橙白	橙	绿白	蓝	蓝白	绿	棕白	棕
B 端线序	橙白	橙	绿白	蓝	蓝白	绿	棕白	棕

(a)直通缆线序

A 端线序	橙白	橙	绿白	蓝	蓝白	绿	棕白	棕
B 端线序	绿白	绿	橙白	蓝	蓝白	橙	棕白	棕

(b)交叉缆线序

图 4-9　直通缆和交叉缆线序

3. 认识水晶头

水晶头如图 4-10 所示，侧面图中我们看到了一个翘起的压片，这个压片的作用是：当线缆插入设备或网卡端口中时，压片可以锁住线缆，起到固定连接的作用；当准备将线缆从设备或网卡端口中拔出时，用手轻压此压片，线缆与端口的连接才可松动，能够轻松拔出线缆。

在本课程中，我们将水晶头有压片的一面称为背面，没有压片的一面称为正面。

制作双绞线的两端时，将线缆线序按标准线序排列好之后，应面向水晶头的正面将线缆慢慢送入水晶头中，并进一步观察线序是否保持送入前的顺序。

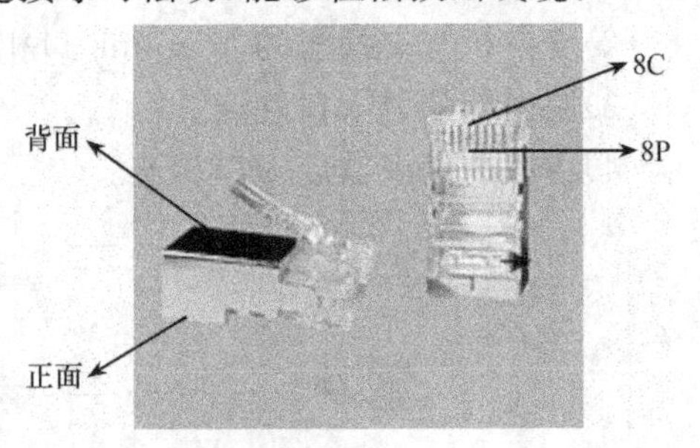

图 4-10　水晶头结构

4. 制作步骤

双绞线线缆制作过程可分为四步，简单归纳为“剥”、“理”、“查”、“压”四个字。具体如下：

步骤 1：准备好 5 类双绞线、RJ-45 插头和一把专用的压线钳，如图 4-11 所示。

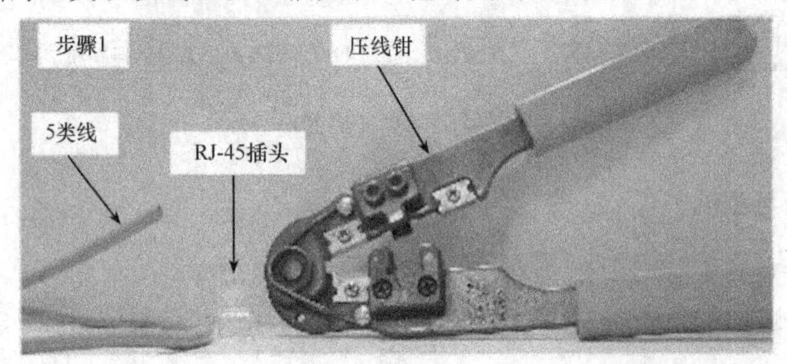

图 4-11　步骤 1

步骤 2：用压线钳的剥线刀口将 5 类双绞线的外保护套管划开（小心不要将里面的双绞线的绝缘层划破），刀口距 5 类双绞线的端头至少 2 cm，如图 4-12 所示。

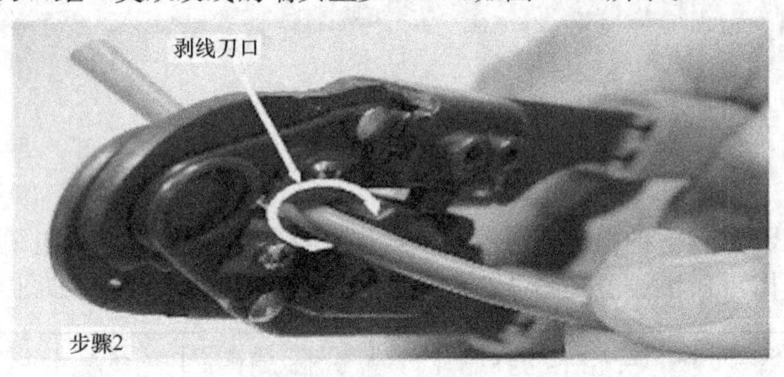

图 4-12　步骤 2

步骤 3：轻轻旋转向外抽，将划开的外保护套管剥去，如图 4-13 所示。

步骤 4：将露出超 5 类线电缆中的 4 对双绞线，按橙、绿、蓝、棕排列好，如图 4-14 所示。

步骤 5：按照 EIA/TIA-568B 标准（橙白、白、绿白、蓝、蓝白、绿、棕白、棕）和导线颜色将导线按规定的序号排好，如图 4-15 所示。

步骤 6：将 8 根导线平坦整齐地平行排列，导线间不留空隙，如图 4-16 所示。

步骤 7：用压线钳的剪线刀口将 8 根导线剪断，只剩约 14 mm 的长度，如图 4-17 所示。

步骤 8：剪断电缆线。请注意：一定要剪得很整齐。剥开的导线长度不可太短。可以先留长一些。不要剥开每根导线的绝缘外层，如图 4-18 所示。

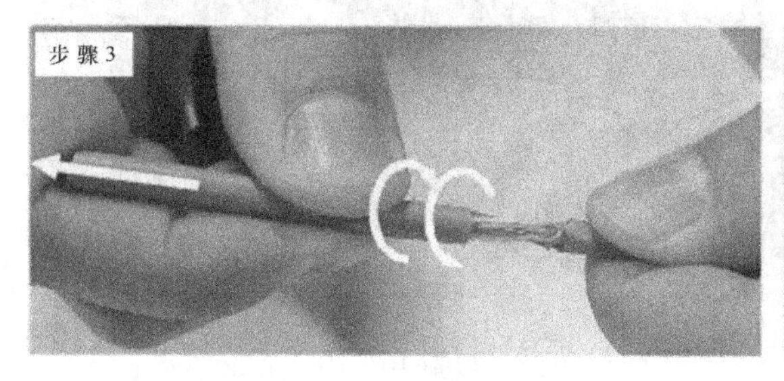

图 4-13　步骤 3

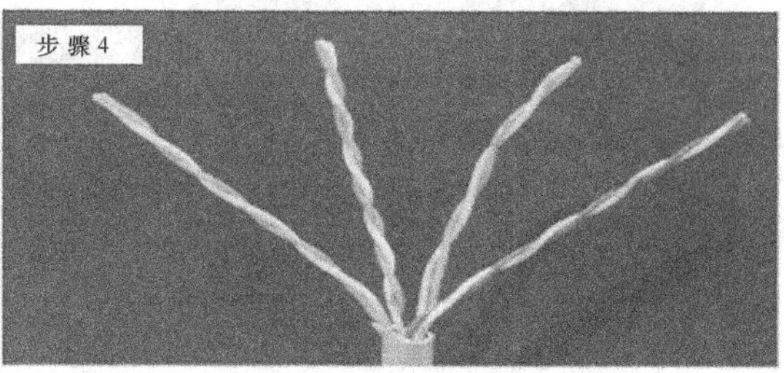

图 4-14　步骤 4

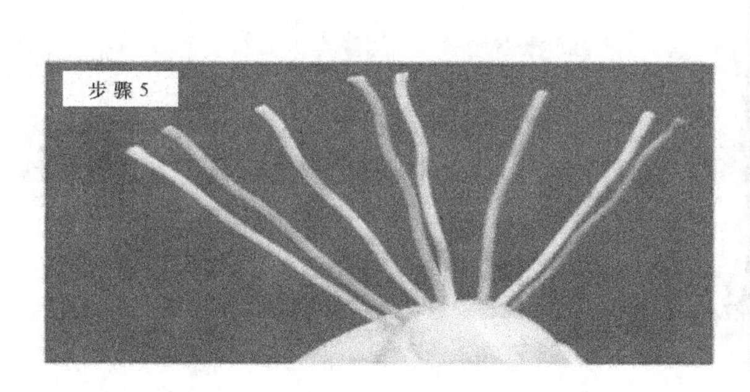

图 4-15　步骤 5

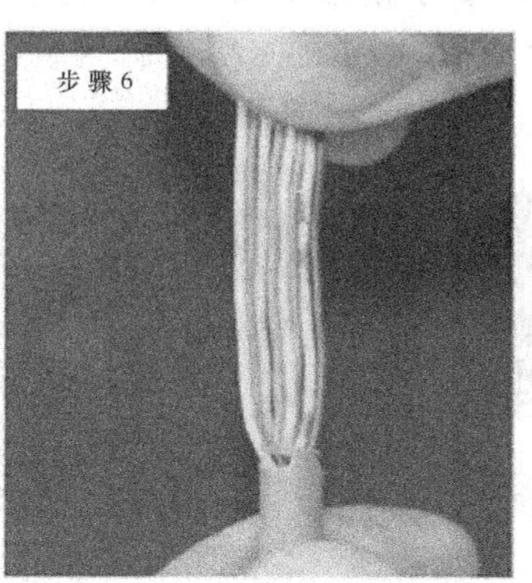

图 4-16　步骤 6

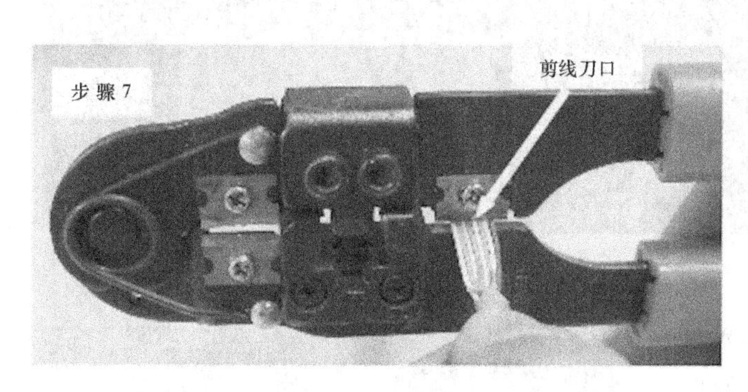

图 4-17　步骤 7

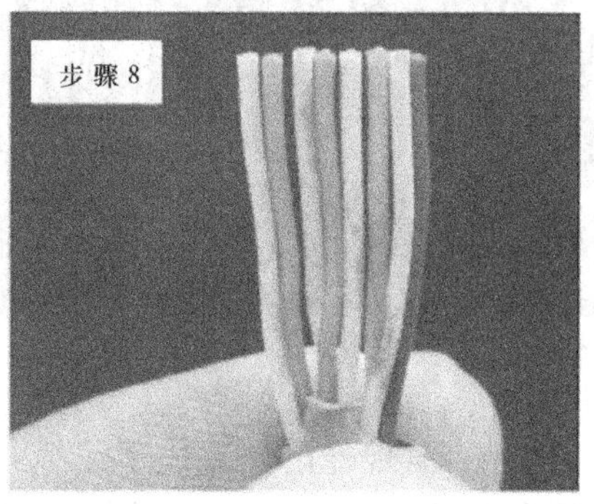

图 4-18　步骤 8

步骤 9：将剪断的双绞线的每一根线依序放入 RJ-45 插头的引脚内，第一只引脚内放白橙色的线，以此类推，将电缆线要插到 RJ-45 插头底部，电缆线的外保护层最后应能够在 RJ-45 插头内的凹陷处被压实。反复进行调整，如图 4-19 所示。

步骤 10：在确认一切都正确后（特别要注意不要将导线的顺序排列放反），将 RJ-45 插头放入压线钳的压头槽内，准备最后压实，如图 4-20 所示。

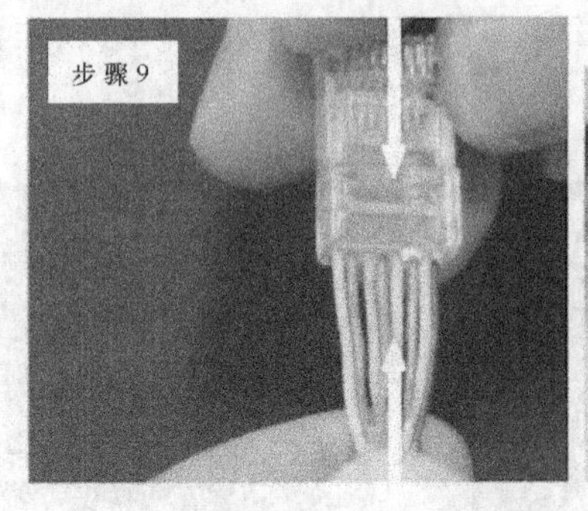

图 4-19　步骤 9

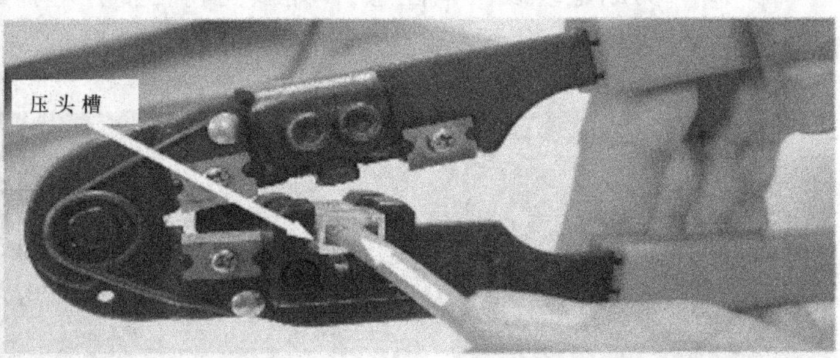

图 4-20　步骤 10

步骤 11:双手紧握压线钳的手柄,用力压紧,如图 4-21(a)和图 4-21(b)所示。请注意,在这一步骤完成后,插头的 8 个针脚接触点就穿过导线的绝缘外层,分别和 8 根导线紧紧地压接在一起。

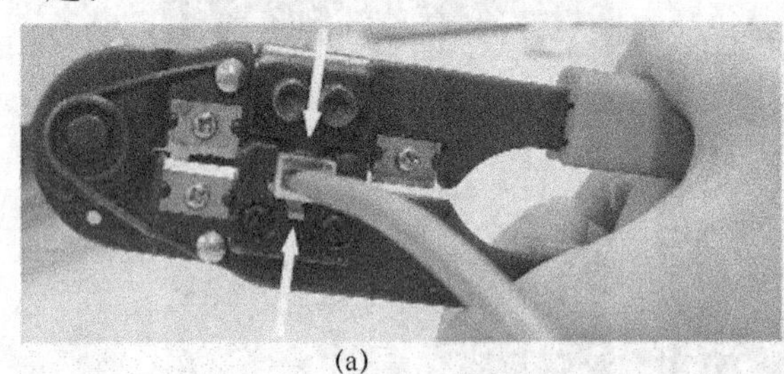

(a)

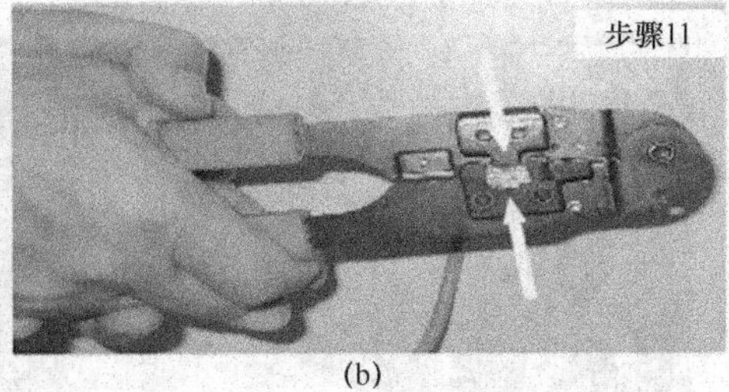

(b)

图 4-21　步骤 11

步骤 12:完成,如图 4-22 所示。

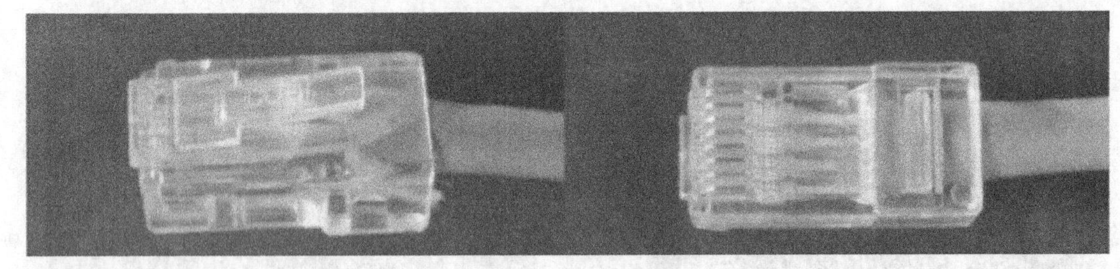

图 4-22　步骤 12

步骤 13:现在已经完成了线缆一端的水晶头的制作,重复以上的步骤制作双绞线的另一端的水晶头,做好一根完整的双绞线。

5. 测线

双绞线制作完成后,需要检测它的连通性,以确定是否有连接故障。通常使用电缆测试仪进行检测,如图 4-23 所示。

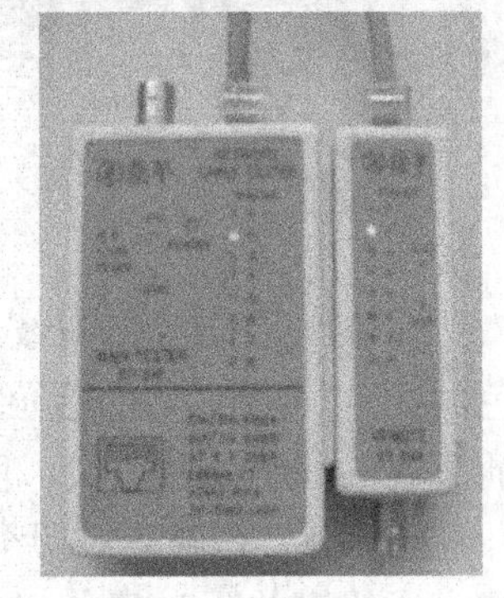

图 4-23　简易测试仪

测试时将双绞线两端的水晶头分别插入主测试仪和远程测试端的 RJ-45 端口,

如图 4-23 所示。将开关开至“ON”(S 为慢速挡),连通的线对,主机指示灯从 1 至 8 逐个顺序闪亮,未连通的线对则指示灯不亮。若经过测试发现电缆不通,且线缆的连接顺序没错时,可以再使用压线钳重新压线一次,再进行测试,若还是不通,则剪断该电缆的一端,重新做线,直到测试通过为止。

交叉线的制作与直通线的制作步骤类似,只是两端线序的排列不一样,同时在测试时,主测试仪和远程测试端的指示灯对应关系为:1 对 3、2 对 6、3 对 1、4 对 4、5 对 5、6 对 2、7 对 7、8 对 8。

第三节　局域网的模型、标准

一、IEEE802 局域网参考模型

20 世纪 80 年代初,局域网的标准化工作迅速发展起来,IEEE802 委员会(美国电气和电子工程师协会委员会)是局域网标准的主要制定者。

局域网的参考模型与 OSI 模型既有一定的对应关系,又存在很大的区别。局域网标准涉及了 OSI 的物理层和数据链路层,并将数据链路层又分成了链路控制与介质访问控制两个子层,如图 4-24 所示。

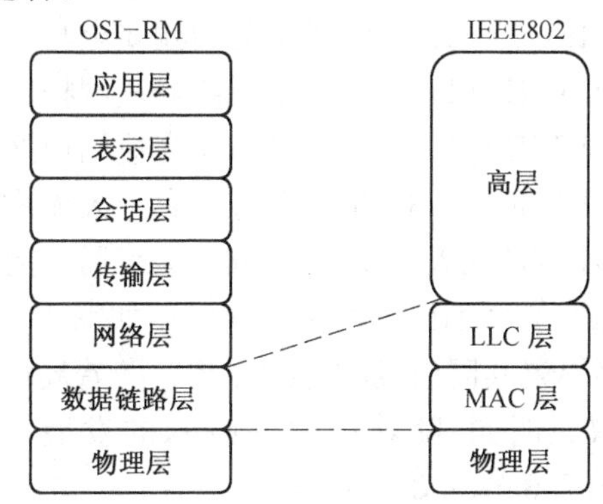

图 4-24　IEEE802 的 LAN 参考模型与 OSI-RM 的对应关系

局域网标准不提供 OSI 网络层及网络层以上的有关层,对不同局域网技术来说,它们的区别主要在物理层和数据链路层。当这些不同的 LAN 需要在网络层实现互联时,可以借助现有的网络层协议,如在第 5 章中将要介绍的 IP 协议。

1. LAN 物理层

IEEE 802 局域网参考模型中的物理层的功能与 OSI 参考模型中的物理层的功能相同:实现比特流的传输与接收以及数据的同步控制等。IEEE 802 还规定了局域网物理层所使用的信号与编码、传输介质、拓扑结构和传输速率等规范。

2. LAN 的数据链路层

LAN 的数据链路层分为两个功能子层,即逻辑链路控制子层(LLC)和介质访问控制子层(MAC)。LLC 和 MAC 共同完成类似 OSI 数据链路层的功能。但在共享介质的局域网网络环境中,如果共享介质环境中的多个节点同时发送数据时就会产生冲突(collision),冲突是指由于共享信道上同时有两个或两个以上的节点发送数据而导致信道上的信号波形不等于任何发送节点原始信号的情形。冲突会导致数据传输失效,因而需要提供解决冲突的介质访问控制机制。

MAC 子层负责介质访问控制机制的实现,即处理局域网中各站点对共享通信介质的争用问题,不同类型的局域网通常使用不同的介质访问控制协议,同时 MAC 子层还负责局域网中的物理寻址。LLC 子层负责屏蔽掉 MAC 子层的不同实现机制,将其变成统一的 LLC 界面,从而向网络层提供一致的服务。LLC 子层向网络层提供的服务通过它与网络层之间的逻

辑接口实现，这些逻辑接口又被称为服务访问点（Service Access Point，SAP）。

二、IEEE802 标准

IEEE 802 为局域网制定了一系列标准，主要有如下 14 种：

（1）IEEE 802.1 概述，局域网体系结构以及寻址、网络管理和网络互联。

（2）IEEE 802.2 定义了逻辑链路控制（LLC）子层的功能与服务。

（3）IEEE 802.3 定义了 CSMA/CD 总线式介质访问控制协议及相应物理层规范。

（4）IEEE 802.4 定义了令牌总线（token bus）式介质访问控制协议及相应物理层规范。

（5）IEEE 802.5 定义了令牌环（token ring）式介质访问控制协议及相应物理层规范。

（6）IEEE 802.6 定义了城域网（MAN）介质访问控制协议及相应物理层规范。

（7）IEEE 802.7 定义了宽带时隙环介质访问控制方法及物理层技术规范。

（8）IEEE 802.8 定义了光纤网介质访问控制方法及物理层技术规范。

（9）IEEE 802.9 定义了语音和数据综合局域网技术。

（10）IEEE 802.10 定义了局域网安全与解密问题。

（11）IEEE 802.11 定义了无线局域网技术。

（12）IEEE 802.12 定义了用于高速局域网的介质访问方法及相应的物理层规范。

（13）IEEE 802.15 定义了近距离个人无线网络标准。

（14）IEEE 802.16 定义了宽带无线局域网标准。

IEEE802 系列标准的关系与作用如图 4-25 所示。从图中可以看出，IEEE802 标准是一个由一系列协议共同组成的标准体系。随着局域网技术的发展，该体系还在不断地增加新的标准与协议。例如，随着以太网技术的发展，802.3 家族出现了许多新的成员，如 802.3u、802.3z、802.3ab、802.3ae 等。

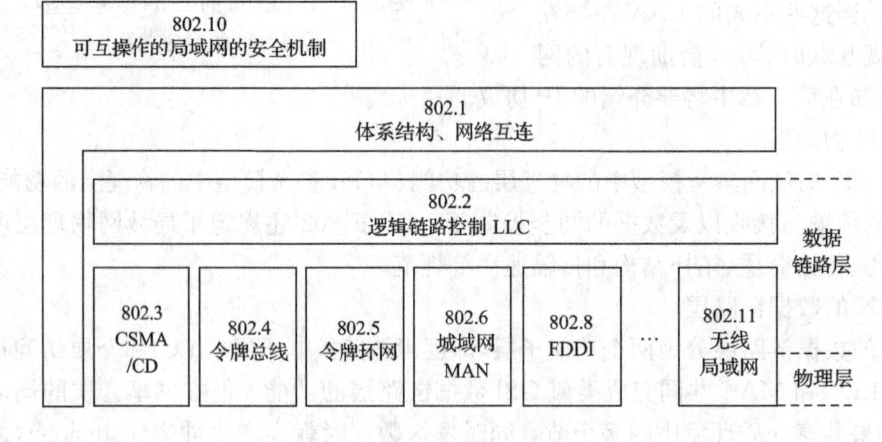

图 4-25　IEEE802 标准体系

第四节　局域网的介质访问控制

传统的局域网是“共享”式局域网。在共享式局域网中，局域网中的传输介质是共享的。所有节点都可以通过共享介质发送和接收数据，但不允许两个或多个节点在同一时刻同时发送数据，也就是说数据传输应该是以半双工方式进行的。但是，需要注意，利用共享介质进行数据信息传输时,也有可能出现两个或多个节点同时发送、相互干扰的情况,这时,接收节点收到的信息就有可能出现错误,即所谓的冲突问题。冲突问题的产生就如一个有多人参加的讨论会议,一个人发言不会产生问题,如果两个或多个人同时发言,就会出现混乱,听众被干扰。

在共享式局域网的实现过程中,可以采用不同的方式对其共享介质进行控制。所谓介质访问控制就是解决"当局域网中共用信道的使用产生竞争时,如何分配信道使用权问题"。局域网中目前广泛采用的两种介质访问控制方法是:

(1)争用型介质访问控制协议,又称随机型的介质访问控制协议,如 CSMA/CD 方式。

(2)确定型介质访问控制协议,又称有序的访问控制协议,如 Token(令牌)方式。

下面分别就这两类介质访问控制的工作原理和特点进行介绍。

一、CSMA/CD 访问控制

CSMA/CD 是带冲突检测的载波侦听多址访问 Carrier Sense Multiple Access / Collision Detection 的英文缩写。其中,载波侦听 CS 是指网络中的各个站点都具备一种对总线上所传输的信号或载波进行监测的功能;多址 MA 是指当总线上的一个站点占用总线发送信号时,所有连接到同一总线上的其他站点都可以通过各自的接收器收听,只不过目标站会对所接收的信号进行进一步的处理,而非目标站点则忽略所收到的信号;冲突检测 CD 是指一种检测或识别冲突的机制,当碰撞发生时使每个设备都能知道。在总线环境中,冲突的发生有两种可能的原因:一是总线上两个或两个以上的站点同时发送信息;另一种就是一个较远的站点已经发送了数据,但由于信号在传输介质上的延时,使得信号在未到达目的地时,另一个站点刚好发送了信息。CSMA/CD 通常用于总线型拓扑结构和星型拓扑结构的局域网中。

CSMA/CD 的工作原理可概括成 4 句话,即先听后发,边发边听,冲突停止,随机延时后重发。其具体工作过程如图 4-26 所示。

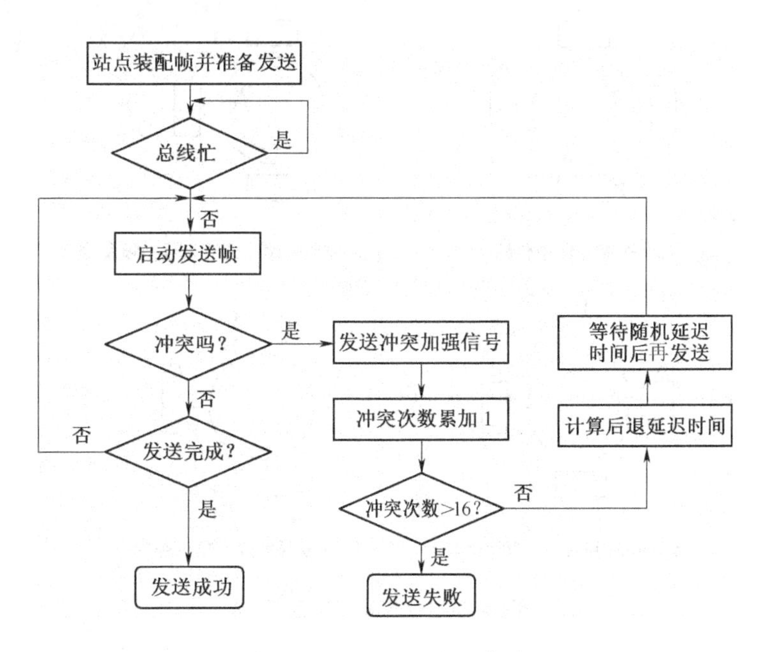

图 4-26 CSMA/CD 的工作流程

总之,CSMA/CD采用的是一种“有空就发”的竞争型访问策略,因而不可避免地会出现信道空闲时多个站点同时争发的现象。只要网络上有一台主机在发送帧,网络上所有其他的主机都只能处于接收状态,无法发送数据。也就是说,在任何一时刻,所有的带宽只分配给了正在传送数据的那台主机。举例来说,虽然一台100 Mbit/s的集线器连接了20台主机,表面上看起来这20台主机平均分配5 Mbit/s带宽。但是实际上在任何一时刻只能有一台主机在发送数据,所以带宽都分配给它了,其他主机只能处于等待状态。之所以说每台主机平均分配有5 Mbit/s带宽,是指较长一段时间内的各主机获得的平均带宽,而不是任何一时刻主机都有5 Mbit/s带宽。CSMA/CD无法完全消除冲突,它只能减少冲突,并对所产生的冲突进行处理。另外,网络竞争的不确定性,也使得网络延时变得难以确定,因此采用CSMA/CD协议的局域网通常不适合于那些实时性很高的网络应用。

二、令牌环访问控制

令牌环(Token Ring)是令牌传送环的简写,它只有一条环路,信息引环单向流动,不存在路径选择问题,令牌环的技术基础是使用一个称为令牌的特殊帧在环中引固定方向逐站传送。当网上所有的站点都处于空闲时,令牌就沿环绕行。当某一个站点要求发送数据时,必须等待,直到捕获到经过该站的令牌为止。这时,该站点可以用改变令牌中一个特殊字段的方法把令牌标记成已被使用,并把令牌改造为数据帧发送到环上。与此同时,环上不再有令牌,因此有发送要求的站点必须等待。环上的每个站点检测并转发环上的数据帧,比较目的地址是否与自身站点地址相符,从而决定是否复制该数据帧。数据帧在环上绕行一周后,由发送站点将其删除。发送站点在发完其所有信息帧(或者允许发送的时间间隔到达)后,释放令牌,并将令牌发送到环上。如果该站点下游的某一个站点有数据要发送,它就能捕获这个令牌,并利用该令牌发送数据,如图4-27所示。

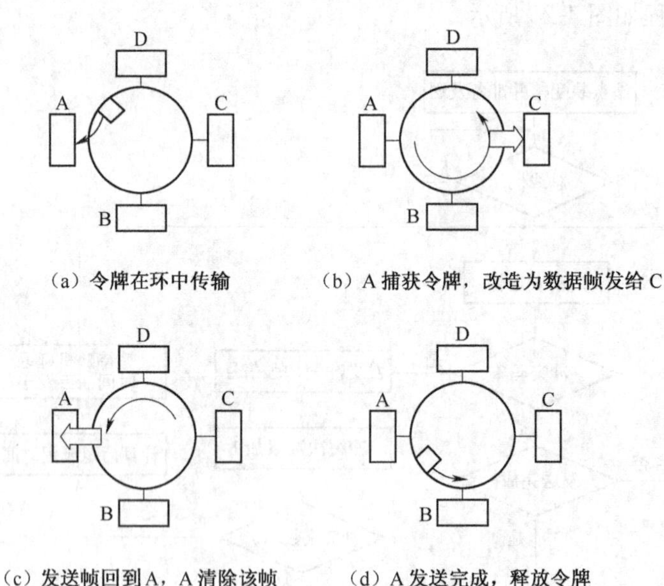

图4-27　令牌环访问控制

第五节　局域网的组网设备

不论采用哪种局域网技术来组建局域网，都要涉及局域网组件的选择，包括硬件和软件。其中，软件组件主要是指以网络操作系统为核心的软件系统，硬件组件则主要指计算机及各种设备，包括服务器和工作站、网卡、网络传输介质、网络连接部件与设备等。

一、服务器和工作站

组建局域网的主要目的是为了在不同的计算机之间实现资源共享。局域网中的计算机根据其功能和作用的不同被分为两大类，一类主要是为其他计算机提供服务，称为服务器(server)；而另一类则使用服务器所提供的服务，称为工作站(workstation)或客户机(client)。服务器是网络的服务中心。为满足众多用户的大量服务请求，服务器通常由高档计算机承担，且要满足响应多用户的请求、处理速度快、存储容量大、安全性及可靠性好等性能。

根据所提供服务的不同，网络服务器可分为以下几种。

(1)用户管理或身份验证服务器：提供包括用户添加、删除，用户权限设置等在内的用户管理功能，并在用户登录网络时完成对其身份合法性的验证。

(2)文件服务器：为网络用户提供各种文件操作和管理功能，类似于操作系统中的文件系统，用户可以利用服务器的外存创建、存储、删除文件。服务器还提供了一种文件保护机制，保证只有被授权的用户才可访问指定的文件。

(3)数据库服务器：服务器上装有数据库管理系统和共享数据库，提供数据查询、数据处理服务并且进行数据的管理。用户提出数据服务请求后，数据库服务器会进行数据的查询或处理。然后把结果返回给用户。

(4)打印服务器：高速、高质量打印设备的成本往往比较高，为降低成本，在局域网环境中可以只配备少量高档打印机由所有用户所共享，这些打印机通过打印服务器连接在网络上，打印服务器负责对打印机进行管理，协调多个用户的打印请求，管理打印队列。

另外，当在局域网环境中提供TCP/IP应用时，还可能会有E-mail服务器、DNS服务器、FTP服务器和Web服务器等。

对于工作站或客户机而言，在性能和配置上的要求通常没有服务器那么高。根据个人实际需要的不同，可以用配置较为简单的无盘工作站，也可以用配置很高的智能工作站或个人PC。随着PC硬件水平的提高和成本的下降，PC机在客户机市场中所占的份额越来越大。用户通过客户机使用服务器提供的网络服务和网络资源，客户机向网络服务器发出请求，并且把从网络服务器返回的处理结果用于本地计算之中，或显示在显示器上供用户浏览。

二、网　　卡

网卡称为网络适配器或网络接口卡(NIC，Net－work Interface Card)，是局域网中提供各种网络设备与网络通信介质相连的接口，用于网络中的各种网卡如图4-28所示。

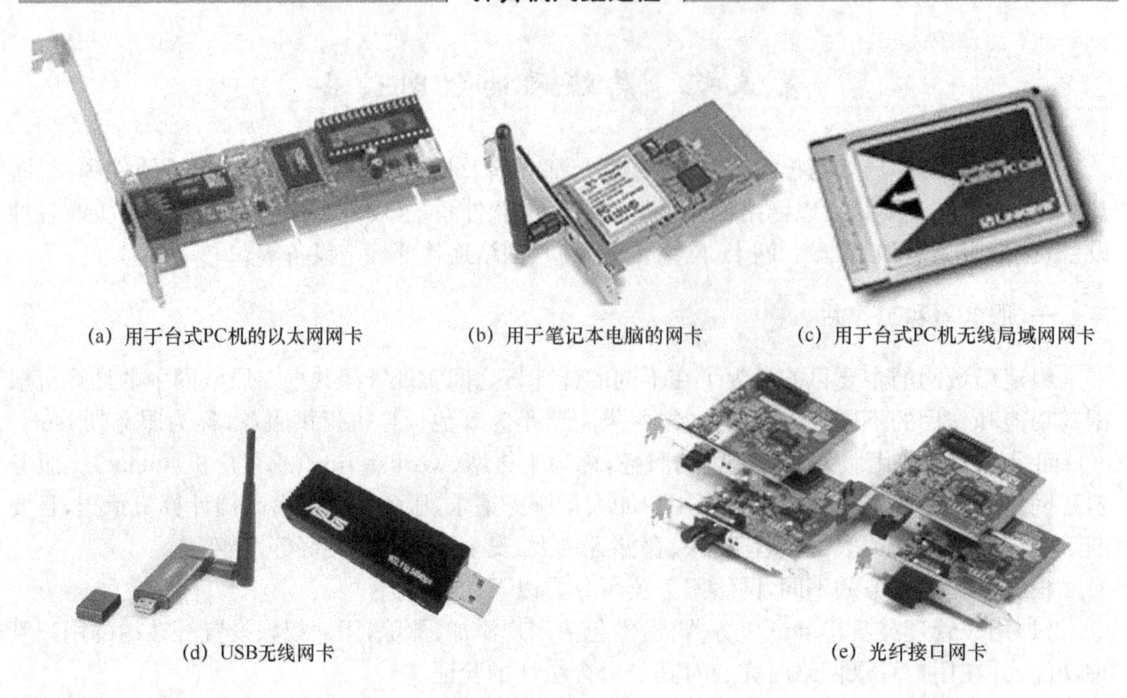

(a) 用于台式PC机的以太网网卡　(b) 用于笔记本电脑的网卡　(c) 用于台式PC机无线局域网网卡

(d) USB无线网卡　(e) 光纤接口网卡

图 4-28　几种类型的网卡

1. 网卡结构与功能

网卡作为一种 I/O 接口卡插在主机板的扩展槽上或集成在主板上，其基本结构包括数据缓存及帧的装配与拆卸、MAC 层协议控制电路、编码与解码器、收发电路、介质接口装置等六大部分，它负责将设备所要传递的数据转换为网络上其他设备能够识别的格式，通过网络介质传输数据，如图 2-29 所示。

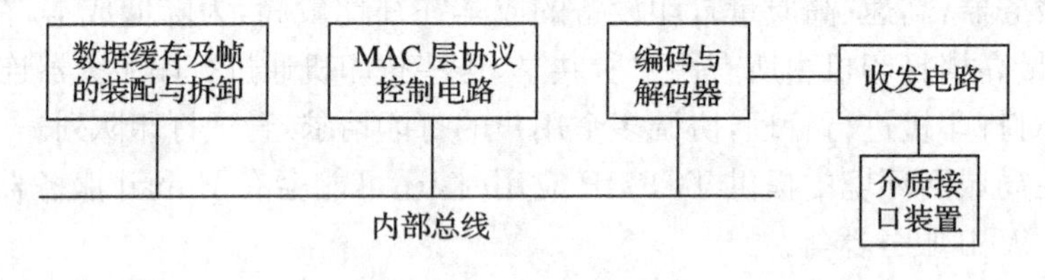

图 4-29　网卡的基本结构

网卡由驱动程序和网卡硬件组成。驱动程序使网卡和网络操作系统兼容，实现计算机与网络的通信。支持硬件通过数据总线实现计算机和网卡之间的通信。在网络中，如果一台计算机没有网卡，或者没有安装驱动程序，那么这台计算机也将不能和其他计算机通信。网卡硬件和驱动程序安装成功后，可以在设备管理器窗口中查看。

2. 网卡地址

如图 4-30 在 MS-DOS 界面下用 IPCONFIG/ALL 命令显示了网卡的地址。由 48 位二进制数组成，一般用十六进制表示，前 6 位十六进制数表示厂商号，后 6 位十六进制数表示由厂商分配的产品序列号。该 ID 号烧入在每块网卡的 EPROM(一种闪存芯片，通常可以通过程序擦写或在生产 NIC 时编程于 NIC 卡上的 EPROM 中。)，标志安装这块网卡的主机在网络上的硬件地址。

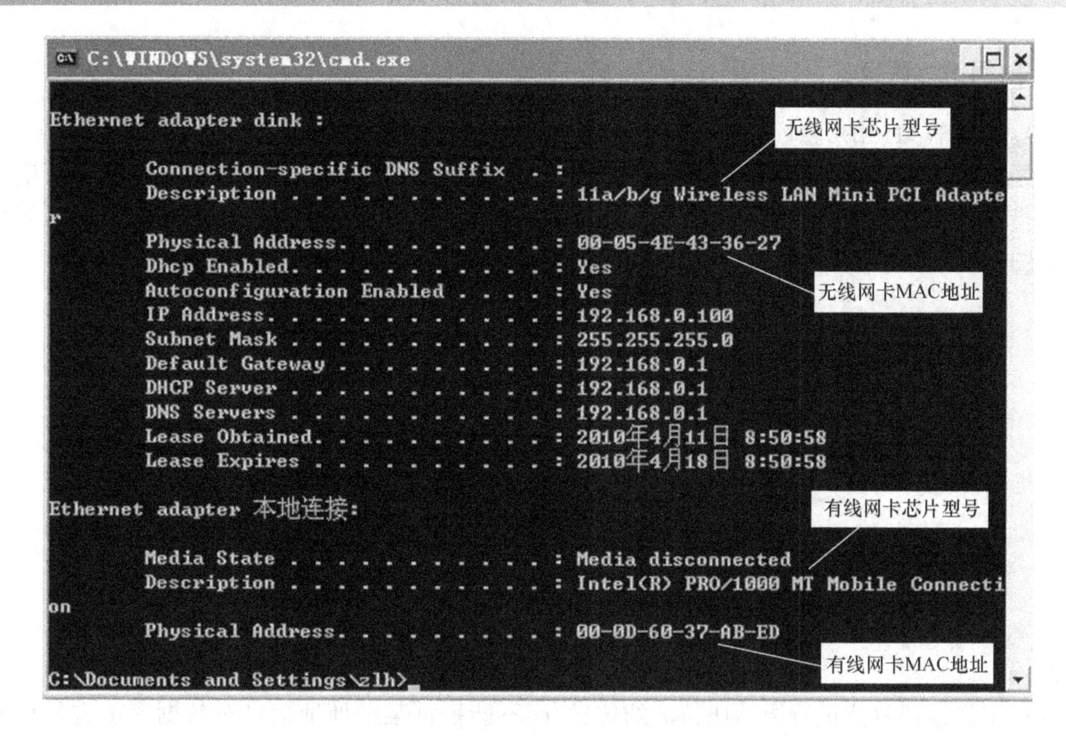

图 4-30　IPCONFIG/ALL 查看的网络信息

3. 网卡的分类

网卡的分类方法有多种，可以按照传输速率、按照总线类型、按照所支持的传输介质、按照用途或按照网络技术来进行分类等。

按照网络技术的不同可分为以太网卡、令牌环网卡、FDDI 网卡等。据统计，目前约有 80%的局域网采用以太网技术，因此以太网网卡最常见。本书以后所提到的网卡主要是指以太网网卡。

按照传输速率，单以太网卡就提供了 10 Mbit/s、100 Mbit/s、1 000 Mbit/s 和 10 Gbit/s 等多种速率。数据传输速率是网卡的一个重要性能指标。

按照总线类型，网卡可分为 ISA 总线网卡、EISA 总线网卡、PCI 总线网卡和 PCMCIA 及其他总线网卡等。由于 16 位 ISA 总线网卡的带宽一般为 10 Mbit/s，因此 ISA 接口的网卡已不能满足网络高带宽的需求，目前在市场上已基本上销声匿迹。目前，PCI 网卡最常用。32 位的 PCI 总线网卡的带宽主要有 10 Mbit/s、100 Mbit/s 和 1 000 Mbit/s。目前，用于桌面环境的 PCI 网卡有 10 Mbit/s 的 PCI 网卡、10/100 Mbit/s 的 PCI 自适应网卡、100 Mbit/s 的 PCI 网卡等。EISA 网卡速度很快，但其价格较贵，故常用于服务器设备中。

按照所支持的传输介质，网卡可分为双绞线网卡、粗缆网卡、细缆网卡、光纤网卡和无线网卡。当网卡所支持的传输介质不同时，其对应的接口也不同。连接双绞线的网卡带有 RJ-45 接口，连接粗同轴电缆的网卡带有 AUI 接口，连接细缆的网卡带有 BNC 接口，连接光纤的网卡则带有光纤接口。某些网卡会同时带有多种接口，如同时具备 RJ-45 口和光纤接口等。目前，市场上还有带 USB 接口的网卡，这种网卡可以用于具备 USB 接口的各类计算机。

另外，按照网卡的使用对象，还可分为工作站网卡、服务器网卡和笔记本网卡等。

三、网络互联设备

1. 集线器(Hub)

是单一总线共享式设备,提供很多网络接口,负责将网络中多个计算机连在一起。所谓共享是指集线器所有端口共用一条数据总线,同一时刻只能有一个用户传输数据。集线器的组成如图 4-31 所示。

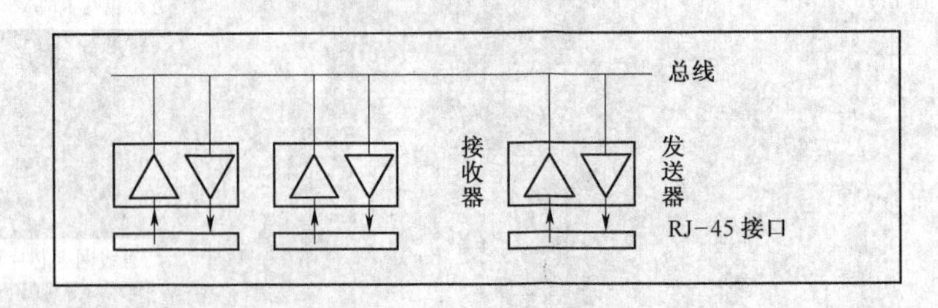

图 4-31 集线器的组成

集线器是网络连接中最常用的设备,其多个端口可为多路信号提供放大、整形和转发功能。

由于集线器只能进行原始比特流的传送,而不能根据某种地址信息对数据流量进行任何隔离和过滤,因此由集线器互连的网络仍然属于一个大的共享介质环境。因为所有由集线器互连的主机仍然位于同一个冲突域中,因此伴随着网络扩展所带来的主机数的增加,主机之间产生冲突的概率也随之增大。因此,依据实际的工程经验,采用 100 Mbit/s 集线器的站点不宜超过三四十台,否则很可能会导致网络速度非常缓慢。

其次,当网络的物理距离增大时,也会影响局域网冲突检测的有效性。一个远端节点的信号由于在过长的传输介质上传输,会产生相对较长的传输时延,从而导致冲突无法检测。

出于上述两个原因,将中继器或集线器用于局域网中进行网络扩展时,对其数量就有了一定的限制。这种限制被称为集线器的 5-4-3 原则。其中 5 表示至多 5 个网段,4 表示至多 4 个集线器,3 表示 5 个网段中只有 3 个为主机段。

2. 交换机(Switch)

交换机工作在数据链路层的网络互联设备,也称交换式集线器(Switched Hub)。它同样具备许多接口,提供多个网络节点互连。但它的性能却较共享集线器(Shared Hub)大为提高,相当于拥有多条总线,使各端口设备能独立地作数据传递而不受其他设备影响,表现在用户面前即是各端口有独立、固定的带宽。此外,交换机还具备集线器所欠缺的功能,如数据过滤、网络分段、广播控制等。

在交换机内部保存了一张关于“端口号/MAC 地址映射”关系的交换表。当交换机收到一个帧时,提取帧头部的目的 MAC 地址,由交换机控制部件根据交换表找出目的 MAC 地址对应的输出端口号,然后在输入端口和输出端口之间建立一条连接,并将帧从输入端口经过输出端口转发出去,数据传送完毕后撤销连接。若交换机同时收到多个数据帧,但它们的输出端口不同,交换机则会建立多条连接,在这些连接上同时转发各自的帧,从而实现数据的并发传输。因此,交换机是并行工作的,它可以同时支持多个信源和信宿端口之间的通信,从而大幅提高了数据转发的速度。

另外,当帧的目的地址不在 MAC 地址表中时,交换机会同时向其每一个端口转发此帧,这一过程被称为洪泛(flood)。

交换机的种类很多,如以太网交换机、FDDI 交换机、帧中继交换机、ATM 交换机和令牌环交换机等。部分以太网交换机如图 4-32 所示。

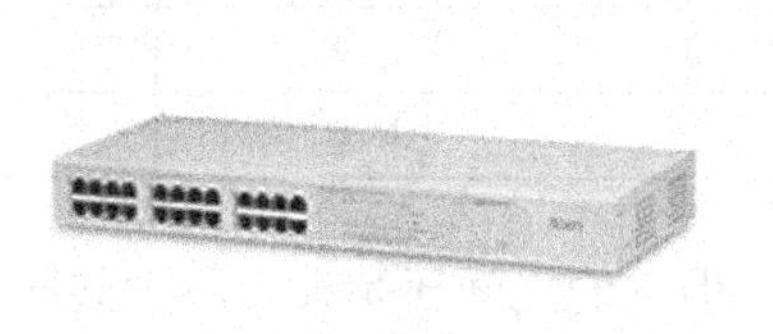

(a) 3COM 10/100 24端口交换机

(b) Cisco Catalyst 3750系列交换机

图 4-32 部分以太网交换机示意图

3. 路由器(Router)

路由器是一个重要的网络互联设备,它的主要作用是为收到的报文寻找正确的路径,并把它们转发出去。在局域网中,路由器把数据包从一个子网传递到另一个子网。在网络建设中具有不可替代的作用。

和交换机相比较,路由器通常用于进行局域网和广域网的互联,其传输速率低于交换机的传输速率。

交换机和路由器的工作原理在后面章节中有重点介绍。

第六节 以太网技术

以太网是最早的局域网,也是目前最流行的局域网。由美国 Xerox(施乐)公司于 20 世纪 70 年代初期开始研究并于 1975 年推出。由于它具有结构简单、工作可靠、易于扩展等优点,因而得到了广泛的应用。1980 年,美国 Xerox、DEC 与 Intel 三家公司联合提出了以太网规范,这是世界上第一个局域网的技术标准。后来的以太网国际标准 IEEE802.3 就是参照以太网的技术标准建立的。进入 90 年代以后,愈来愈多的个人计算机加入到网络之中,导致了网络流量快速增加,这使人们对网络的需求以及对网络的容量、传输数据速度的要求大大提高,从而导致了快速以太网、交换式以太网、千兆位以太网和吉位以太网的产生。为了相区别,通常又将这种按 IEEE802.3 规范生产的以太网产品称为标准以太网。

一、10 Mbit/s 以太网

1. 标准以太网的物理层标准

10 Mbit/s 以太网又称为标准以太网,由 IEEE802.3 定义。在总线型拓扑结构中,所有用户共享 10 Mbit/s 的带宽。在交换式 LAN 中,每个交换机端口都可以看成是一个以太网总线,这种连接方式可以提供全双工的连接,此时,带宽可以达到 20 Mbit/s。

下表 4-1 列出了 10 Mbit/s 以太网的标准。10Base-T 是使用最为广泛的一种以太网线缆标准,它具有一个显著优势就是易于扩展,维护简单,价格低廉,一个集线器(交换机)加上几根双绞线,就能构成一个实用的小型局域网。10Base-T 的缺点是电缆的最大有效传输距离是 100 m。

表 4-1　常见标准以太网的比较

标准	10BASE-5	10BASE-2	10BASE-T	10BASE-F
数据速率(Mbit/s)	10	10	10	10
网段的最大长度(m)	500	185	100	2 000
网络介质	粗同轴电缆	细同轴电缆	UTP	光缆
拓扑结构	总线型	总线型	星型	点对点

尽管不同的以太网在物理层存在较大的差异,但它们之间还是存在不少共同点:在使用中继器或集线器进行网络扩展时都必须遵循 5—4—3 规则;在数据链路层都采用 CSMA/CD 作为介质访问控制协议;在 MAC 子层使用统一的 IEEE802.3 帧格式,保证了 10BASE-T 网络与 10BASE-2、10BASE-5 的相互兼容性。事实上,即使在以太网后来的发展过程中,以太网技术也仍然保留了这种标准的帧格式,从而使得所有的以太网系列技术之间能够相互兼容。

2. 以太网的帧格式

图 4-33 所示为 IEEE802.3 的帧格式,其中有关字段的说明如下:

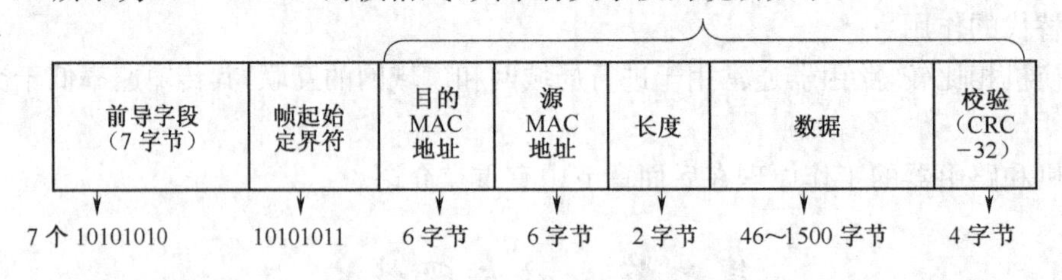

图 4-33　IEEE802.3 的帧结构

(1)前导字段:长度为 7 字节,每个字节的内容为 10101010,用于接收方与发送方的时钟同步。

(2)帧起始定界符:长度为 1 字节,内容为 10101011,标志着帧的开始。

(3)目的地址和源地址:长度均为 6 字节,分别表示接收节点和目标节点的 MAC 地址。当目的地址为二进制全 1(相当于 12 位的十六进制 F)时,表示该帧要被传送至网络上的所有节点,即所谓的广播帧。

(4)长度:长度为 2 字节,用于指明数据字段中的字节数。

(5)数据:长度为 46~1 500 字节,IEEE802.3 中数据长度可为 0,当数据长度小于 46 字节时,需要使用填充字段以达到帧长度≥64 字节的要求。

(6)帧校验(FCS):长度 4 字节,为帧校验序列。CSMA/CD 协议的发送和接收都采用 32 位的循环冗余校验。校验范围从目的地址到 FCS 本身。

注意:在以太网环境下,所有设备能够识别的帧的有效范围为 64~1 518 字节。而且在 10BASE-T 中引入了交换机取代集线器作为星型拓扑的核心,使以太网从共享式以太网进入了交换式以太网阶段。

二、100 Mbit/s 以太网

快速以太网技术 100BASE-T 由 10 BASE-T 标准以太网发展而来,主要解决网络带宽在局域网络应用中的瓶颈问题。其协议标准为 IEEE802.3u,可支持 100 Mbit/s 的数据传输速率,并且与 10BASE-T 一样可支持共享式与交换式两种使用环境,在交换式以太网环境中可以实现全双工通信。IEEE802.3 u 在 MAC 子层仍采用 CSMA/CD 作为介质访问控制协议，并保留了 IEEE802.3 的帧格式。但是，为了实现 100 Mbit/s 的传输速率，它在物理层做了一些重要的改进。例如，在编码上，快速以太网没有采用曼彻斯特编码，而是效率更高的 4B/5B 编码方式。IEEE802.3 u 协议的体系结构如图 4-34 所示。

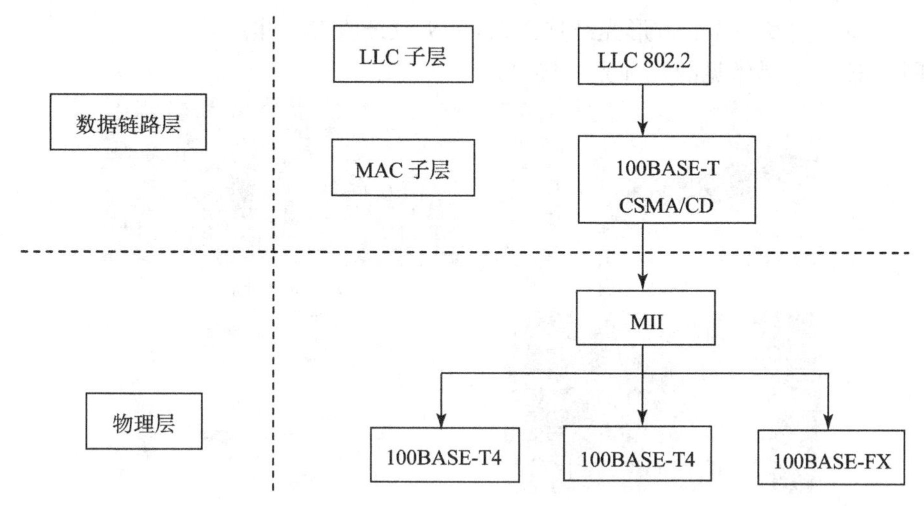

图 4-34　IEEE802.3 u 协议的体系结构

从图 4-34 可以看出，快速以太网在物理层支持 100BASE-T4、100BASE-TX 和 100BASE-FX 三种介质标准。这三种物理层标准的简单描述如表 4-2 所示。

表 4-2　快速以太网的 3 种物理层标准

物理层协议名称	线缆类型及连接器	线缆对数	最大分段长度	编码方式	主要优点
100BASE-T4	3/4/5 类 UTP	4 对（3 对用于数据传输，1 对用于冲突检测）	100 m	8B/6T	用于在 3 类非屏蔽双绞线上实现 100 Mbit/s 的数据传输速率
100BASE-TX	5 类 UTP/RJ-45 接头	2 对（1、2 针用于发送数据，3、6 针用于接收数据）	100 m	4B/5B	支持全双工通信
	1 类 STP/DB-9 接头	5、9 针发送数据 1、6 针接收数据			
100BASE-FX	62.5 μm/125 μm 多模光纤，8 μm/125 μm 单模光纤，ST、SC 等光纤连接器	2 芯	半双工方式下 2 km，全双工方式下 10 km	4B/5B	支持全双工、长距离通信

在 100BASE-FX 中采用光纤，其常用的光纤连接器，也就是接入光模块的光纤接头，有多种多样，且相互之间不可以互用。如 SFP 模块接 LC 光纤连接器，而 GBIC 接的是 SC 光纤连接器。下面对网络工程中几种常用的光纤连接器进行说明。

（1）FC 型光纤连接器：外部加强方式是采用金属套，紧固方式为螺丝扣。一般在 ODF 侧采用（配线架上用得最多）。

（2）SC 型光纤连接器：连接 GBIC 光模块的连接器，它的外壳呈矩形，紧固方式是采用插拔销闩式，不需旋转（路由器交换机上用得最多）。

(3)ST 型光纤连接器:常用于光纤配线架,外壳呈圆形,紧固方式为螺丝扣(对于 10Base-F 连接来说,连接器通常是 ST 型,常用于光纤配线架)。

(4)LC 型光纤连接器:连接 SFP 模块的连接器,它采用操作方便的模块化插孔(RJ)闩锁机理制成(路由器常用)。

(5)MT-RJ:收发一体的方形光纤连接器,一头双纤收发一体。

如图 4-35 所示是常见的几种光纤接口。

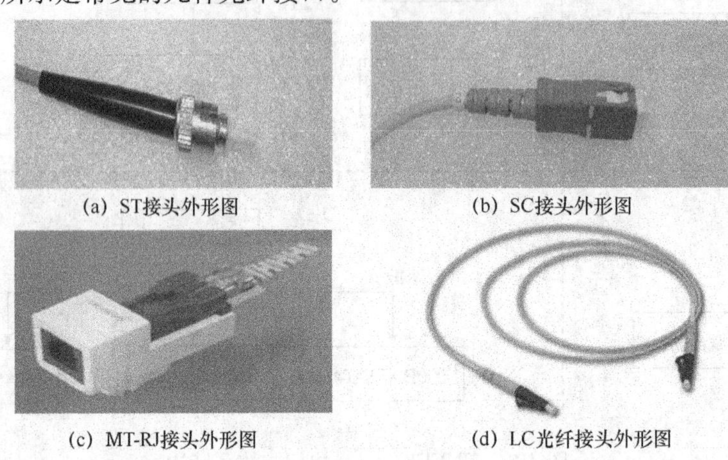

(a) ST接头外形图　(b) SC接头外形图

(c) MT-RJ接头外形图　(d) LC光纤接头外形图

图 4-35　ST、SC、MT-RJ、LC 光纤连接器

为了使物理层的 3 种标准在实现 100 Mbit/s 速率时所使用的传输介质和信号编码方式等物理细节不对 MAC 子层产生影响,IEEE802.3 u 在物理层和 MAC 子层之间还定义了一种独立于介质种类的介质无关接口(Medium Independent Interface,MII),该接口将 MAC 子层与物理层隔离开,可以有效屏蔽掉 3 种物理层标准的差异而向 MAC 子层提供统一的物理传输服务。

快速以太网的最大优点是结构简单、实用、成本低并易于普及。目前,它主要用于快速桌面系统,也被用于一些小型园区网络的主干。

三、1 000 Mbit/s 以太网

随着多媒体技术、高性能分布计算和视频应用等的不断发展,用户对局域网的带宽提出了越来越高的要求,特别是局域网主干带宽和服务器的访问带宽。在这种需求的驱动下,人们开始酝酿速度更高的以太网技术。1998 年 6 月正式公布了关于千兆以太网的标准。

IEEE802.3z 标准定义了千兆以太网,IEEE802.3ab 标准专门定义了双绞线上的千兆以太网规范。千兆以太网保留了传统以太网的大部分简单特征,以 1 000 Mbit/s/2 000 Mbit/s 的带宽提供半双工/全双工通信。千兆以太网对电缆的长度的要求更为严格,多模光纤的长度至多为 500 m,5 类双绞线为 100 m。

千兆以太网有自动协商的功能,可以进行半双工或全双工流量控制以及速率的协商。在同一冲突域中,千兆以太网不允许中继器的互联,以免对数据的高速传输产生影响。

1. 1 000 Mbit/s 以太网物理层标准

千兆以太网定义了一系列物理层接口标准:1000Base-SX、1000Base-LX、1000Base-T、1000BASE-CX 等。1 000 Mbit/s 以太网协议体系结构如图 4-36 所示。

(1)1000BASE-SX,"S"表示短波长激光,使用 770~860 nm(850 nm)激光器,纤芯直径为 62.5 μm 和 50 μm 的多模光纤,传输距离分别为 275 m 和 550 m。

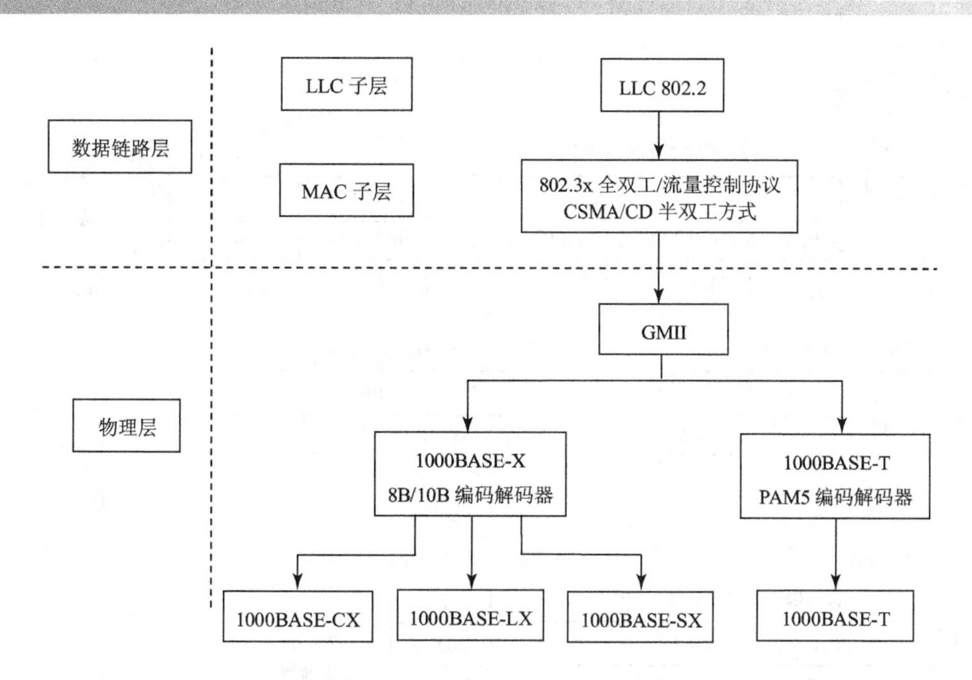

图 4-36　IEEE802.3Z 和 IEEE802.3ab 标准的千兆以太网协议体系结构

(2)1000BASE -LX,"L"表示长波长激光,使用 1 300 nm 激光器,纤芯直径为 62.5 μm 和 50 μm 的多模光纤,传输距离为 550 m。使用纤芯直径为 10 μm 的单模光纤时,传输距离可达 5 km。

(3)1000BASE-CX,"C"表示铜线,使用两对 150 Ω 屏蔽双绞线(STP),传输距离为 25 m。

(4)1000BASE-T 使用 4 对 5 类或增强 5 类 UTP 双交线,在每对线上实际传输的信号是一个 5 电平(−2、−1、0、+1、+2)脉冲幅度调制信号 PAM5。在四对线上连续传输的 4 个信号形成一个代码组,代表一个 8 帧的字节。每对线的码元速率降低为 125 Mbit/s。数据传输率为 250 Mbit/s。IEEE 802.3ab 传送距离为 100 m。

与全双工快速以太网相似,1000BASE-T 发送和接收信号同时进行。不同之处是 1000BASE-T 使用四对双绞线发送、接收数据,每对双绞线能同时发送 250 Mbit/s、接收 250 Mbit/s的速率。

2. 1 000 Mbit/s 以太网的应用

千兆以太网主要作为校园局域网的主干网和企业局域网的主干网,也用于电信服务商、广电服务商的城域网。图 4-37 所示是校园网的一部分。

网络规划和设计通常将网络分为核心层、汇聚层、接入层。

(1)核心层网络

图中,千兆以太网交换机 1 是网络的核心交换机,设在网络的根部。网络中访问服务器的数据、通过路由器进出网关的数据、汇聚层交换机之间的数据交换都通过核心层交换机完成交换。千兆以太网交换机 1、服务器、路由器、硬件防火墙安放在核心层机房,服务器、路由器通过电接口 1GBASE-CX、STP 双绞线与千兆以太网交换机 1 连接。

(2)汇聚层网络

千兆以太网交换机 2-1、千兆以太网交换机 2-*n* 是汇聚层交换机,通常设在各栋楼内,内部连接各个楼层的交换机,外部连接核心层交换机。其功能是汇聚楼内的数据,或散发到达本栋楼的数据流量。千兆以太网交换机 1、千兆以太网交换机 2-1、千兆以太网交换机 2-*n*,通过

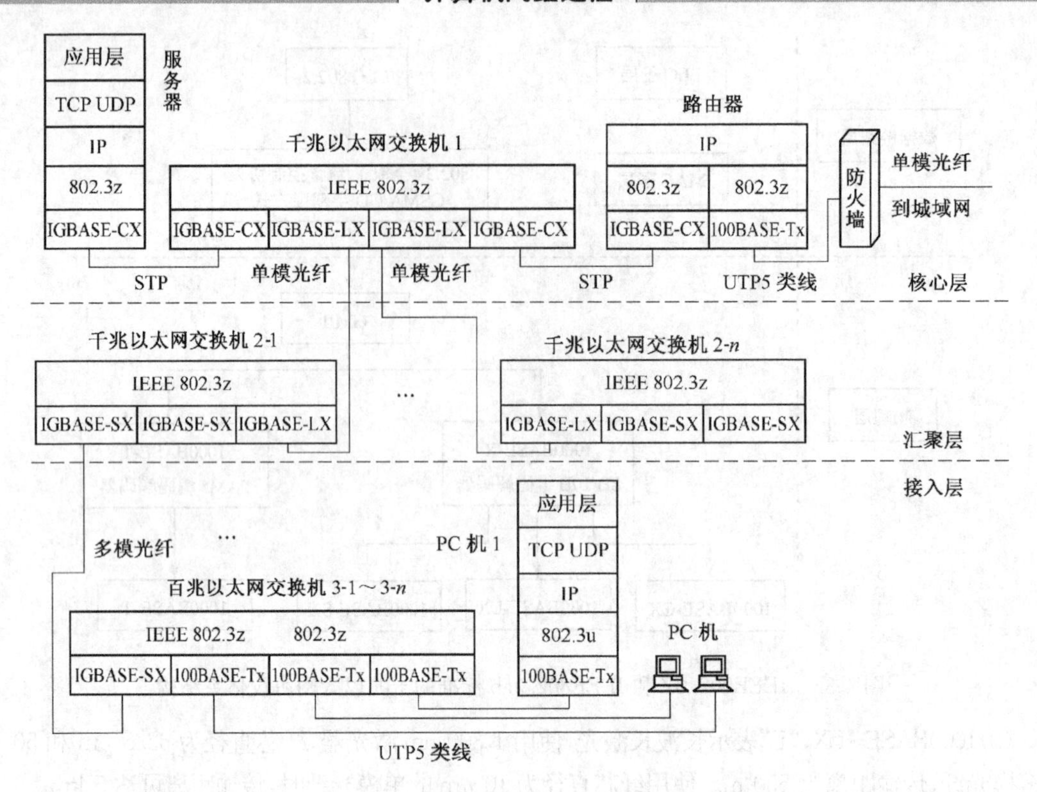

图 4-37　千兆以太网用于校园的主干网

1GBASE-LX 物理层光接口、单模光纤互连，组成校园的传输主干网。

(3)接入层网络

以太网交换机 3-1～3-n 是接入层交换机，每个楼层设若干个交换机，视同一楼层各个通信接入点对交换机端口的需求的数量而定，通常接入层交换机安放在各个楼层机房。接入层交换机通过光接口 1GBASE-SX 上联汇聚层交换机的 1GBASE-SX 物理层光接口，其余的电接口 100BASE-TX 用于连接桌面计算机。

(4)IP 地址管理

校园网一般使用私有网络地址，地址分配采用动态 IP 地址分配和固定 IP 地址分配相结合的方法。通常服务器、交换机、网关的 IP 地址采用人工静态分配，一般通信设备才用动态 IP 地址分配。

动态 IP 地址分配由 DHCP(Dynamic Host Configuration Protocol)服务器完成。DHCP 服务器可以是独立的一台计算机服务器，也可以内置在接入路由器内部。私有网络地址不能用于公网(城域网、广域网)通信，网络地址转换(NAT，Network Address Translation)将私有网络地址转换为公网地址，是校园网的所有通信设备都能参与因特网通信。NAT 服务器通常集成在接入路由器中。

(5)接入路由器

接入路由器互联两个网络，在校园网和城域网之间转发 IP 报文，通常接入路由器还提供 DHCP 服务和 NAT 服务。

(6)防火墙

防火墙防止外网对校园网的攻击，外网的攻击主要有 rap 恶意攻击、UDP 大流量攻击、

ICMP 攻击等。可以使用独立的硬件防火墙或接入路由器附带的防火墙。

四、10 Gbit/s 以太网

在以太网技术中，快速以太网是重要的里程碑之一，它确立了以太网技术在桌面的统治地位。随后出现的千兆以太网更是稳固了以太网技术在局域网中的绝对统治地位。然而，在很长的一段时间中，由于带宽以及传输距离等原因，人们普遍认为以太网技术不能用于城域网和广域网，特别是在城域网的汇聚层以及骨干层。2002 年发布了 802.3ae 10GE 标准。万兆以太网的问世不仅再度扩展了以太网的带宽和传输距离，更重要的是使得以太网技术从此开始由局域网领域向城域网和广域网领域渗透。

为了提供 10 Gbit/s 的传输速率，802.3ae 10GE 标准在物理层只支持光纤作为传输介质。10G 以太网可以作为局域网(LAN)也可以作为广域网(WAN)使用，而这两者工作环境和系统各项指标不尽相同，针对这种情况，IEEE802.3ae 提出了 10G 以太网两个物理层标准。以 10 Gbit/s 运行的局域网版本(LAN PHY)，它实际上是运行速度更快的千兆以太网，工作速率为 10 Gbit/s，并能以最小的代价升级现有的局域网，使局域网的网络范围最大达 40 km。另一个是以 9.584 64 Gbit/s 运行的广域网版本(WAN PHY)，严格地说它不是以太网，而是通过 SONET 链路支持以太网帧。通过引入 WAN PHY，提供了以太网帧与 SONET OC-192 帧结构的融合，WAN PHY 可与 OC-192、SONET/SDH 设备一起运行，从而在保护现有网络投资的基础上，能够在不同地区通过 SONET 城域网提供端到端的以太网连接，可与现有的电信网络兼容，传输距离跨越数千公里。

在物理拓扑上，万兆以太网既支持星型连接或扩展星型连接，也支持点到点连接以及星型连接与点到点连接的组合。星型连接或扩展星型连接主要用于局域网组网，点到点连接主要用于城域网和广域网组网，星型连接与点到点连接的组合则用于局域网与城域网的互联。

在万兆以太网的 MAC 子层，已不再采用 CSMA/CD 机制，只支持全双工方式。事实上，尽管在千兆以太网协议标准中提到了对 CSMA/CD 的支持，但基本上已经只采用全双工方式，而不再采用共享带宽方式。

另外，EEE802.3ae 10GE 标准继承了 802.3 以太网的帧格式和最大/最小帧长度，从而能充分兼容已有的以太网技术，进而降低了对现有以太网进行万兆位升级的风险。

五、组建简单的以太网

通过前面知识的学习，现在，我们可以自己动手组建一个简单的以太网。通过组装以太网，可以熟悉组建局域网所需的软硬件设备，包括各种服务、协议的安装和配置。实践中的简单的以太网结构如下图 4-38 所示。

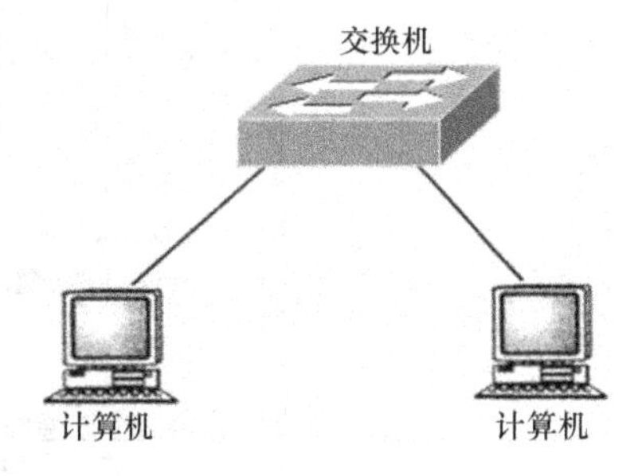

图 4-38　简单的以太网示意图

1. 硬件安装

(1)安装以太网卡

网卡是计算机与网络的接口，目前，大部分以太网卡都支持即插即用的配置方式，系统将对参数(中断请求、I/O 范围和内存范围)进行自动配置，不需要手工配置。但应保证网卡使用的资源与计算机中其他设备不发生冲突。

安装网卡的过程很简单，但是需要注意，在打开计算机的机箱前，一定要切断计算机的电源。在将设置好的网卡插入计算机扩展槽中后，拧上固定网卡用的螺丝，再重新装好机箱。

(2)将计算机接入网络

利用制作的直通 UTP 电缆将计算机与交换机连接，形成如图 4-38 所示简单以太网结构。

2. 网络软件的安装和配置

网络硬件安装完成后，就可以安装和配置网络软件了。网络软件通常捆绑在网络操作系统之中，既可以在安装网络操作系统时安装，也可以在安装网络操作系统之后安装。Windows XP、Unix 和 Linux 都提供了很强的网络功能。下面以 Windows XP 为例，介绍网络软件的安装和配置过程。

网卡驱动程序的安装和配置是网络软件安装的第一步。它的主要功能是实现网络操作系统上层程序与网卡的接口。由于操作系统集成了常用的网卡驱动程序，所以安装这些常见品牌的网卡驱动程序就比较简单，不需要额外的软件。如果选用的网卡较为特殊，那么安装就必须利用随同网卡发售的驱动程序。

Windows XP 是一种支持"即插即用"的操作系统。如果使用的网卡也支持"即插即用"，那么，Windows XP 会自动安装该网卡的驱动程序，不需要手工安装和配置。在网卡不支持"即插即用"的情况下，需要进行驱动程序的手工安装和配置工作。手工安装网卡驱动程序可以通过 Windows XP 桌面上的"开始"→"设置"→"控制面板"→"添加/删除硬件"实现。

3. 网络协议的安装和配置

为了实现资源共享，操作系统需要安装网络通信协议。网络协议有多种，TCP/IP 是其中之一。Windows XP 操作系统已默认安装有合适的网络协议如 TCP/IP，此时不需要选择网络协议的安装。但如果选择使用 windows 98 操作系统，则需要按照如下的步骤安装网络协议。

一般来说要进行局域网通信需要"Microsoft 客户端、TCP/IP 协议、Microsoft 网络的文件和打印机共享"三个组件，如图 4-39 所示。

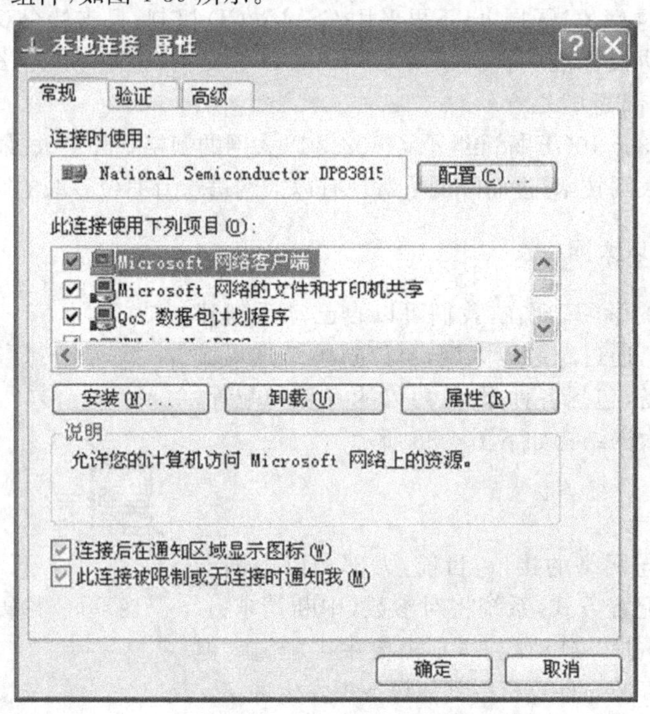

图 4-39　本地连接属性对话框

(1)要安装这三个组件,可依次打开“我的电脑”→“控制面板”→“网络”。然后选择“添加”按钮用鼠标双击打开“客户”,选择“Microsoft”中的“Microsoft 网络客户”,然后“确定”。接下来可添加协议,同样选择“添加”按钮,鼠标双击打开“协议”在其中同样选择“Microsoft”,然后选择“TCP/IP”确定后退出;接下来,同样在“服务”一列中选择“Microsoft 网络的文件和打印机共享”。最后选择“确定”按钮。系统复制完文件后重启计算机即完成了这几个文件的安装。

(2)TCP/IP 协议安装完成后,选中“此连接使用下列选定的组件”列表中的“Internet 协议(TCP/IP)”,单击“属性”按钮,进行 TCP/IP 配置。

(3)在“Internet 协议(TCP/IP)属性”界面中,选中“使用下面的 IP 地址”。在 192.168.1.1 至 192.168.1.254 之间任选一个 IP 地址填入“IP 地址”文本框(注意网络中每台计算机的 IP 地址必须不同),同时将“子网掩码”文本框填入“255.255.255.0”,如图 4-40 所示。单击“确定”,返回“本地连接属性”对话框。

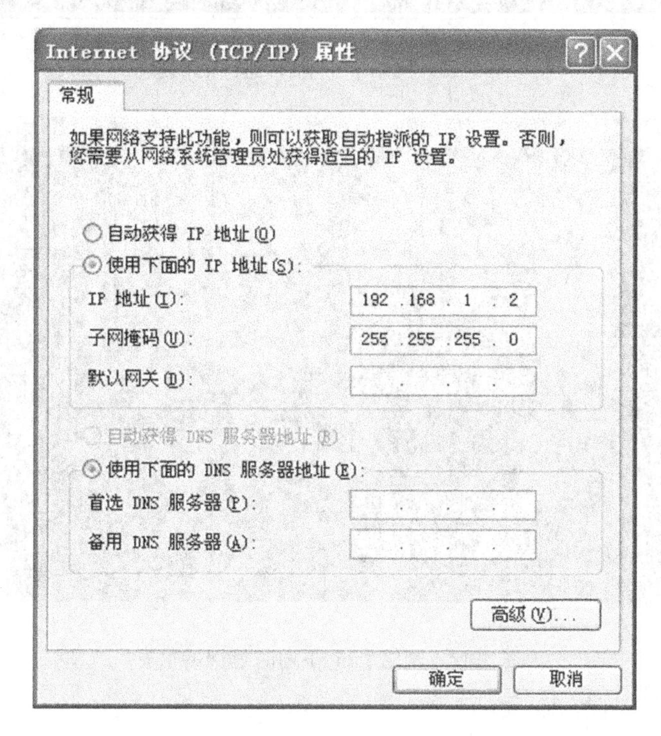

图 4-40　配置 IP 地址和子网掩码

4. 用 ping 测试网络连通性

ping 命令是测试网络连通性最常用的命令之一。它通过发送数据包到对方主机,再由对方主机将该数据包返回来测试网络的连通性。ping 命令的测试成功不仅表示网络的硬件连接是有效的,而且也表示操作系统中网络通信模块的运行是正确的。

ping 命令非常容易使用,只要在 ping 之后加上对方主机的 IP 地址即可。如果测试成功,命令将给出测试包发出到收回所用的时间,如图 4-41 所示,在以太网中,这个时间通常小于 10 ms。如果网络不通,ping 命令将给出超时提示,如图 4-42 所示,需要重新检查网络的硬件和软件,直到 ping 通为止。

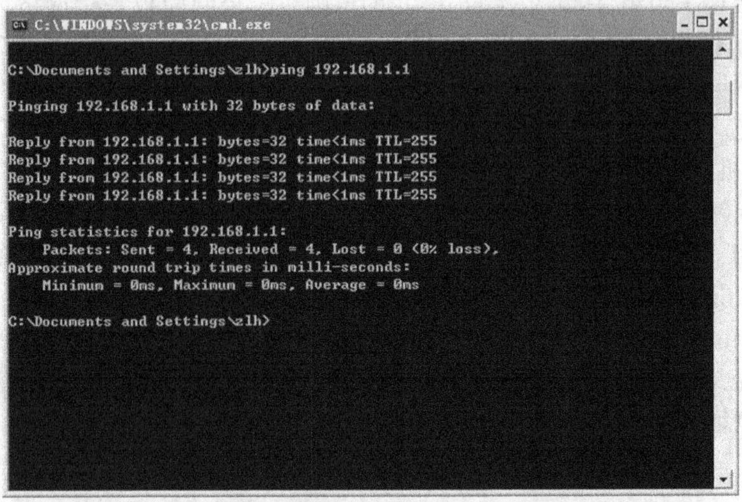

C:\WINDOWS\system32\cmd.exe
C:\Documents and Settings\zlh>ping 192.168.1.1
Pinging 192.168.1.1 with 32 bytes of data:
Reply from 192.168.1.1: bytes=32 time<1ms TTL=255
Reply from 192.168.1.1: bytes=32 time<1ms TTL=255
Reply from 192.168.1.1: bytes=32 time<1ms TTL=255
Reply from 192.168.1.1: bytes=32 time<1ms TTL=255
Ping statistics for 192.168.1.1:
Packets: Sent = 4, Received = 4, Lost = 0 (0% loss),
Approximate round trip times in milli-seconds:
Minimum = 0ms, Maximum = 0ms, Average = 0ms
C:\Documents and Settings\zlh>

图 4-41　网络 ping 通时返回的信息

C:\WINDOWS\system32\cmd.exe
C:\Documents and Settings\zlh>ping 192.168.1.2
Pinging 192.168.1.2 with 32 bytes of data:
Request timed out.
Request timed out.
Request timed out.
Request timed out.
Ping statistics for 192.168.1.2:
Packets: Sent = 4, Received = 0, Lost = 4 (100% loss),
C:\Documents and Settings\zlh>

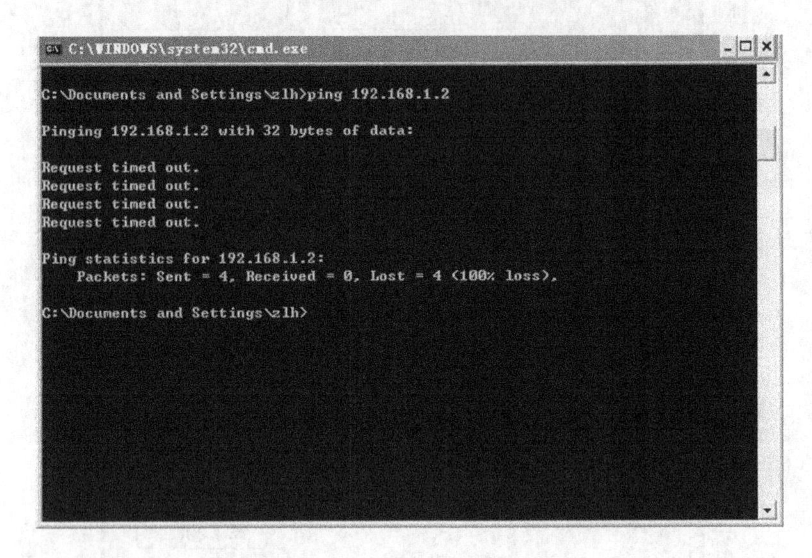

图 4-42　网络 ping 不通时返回的信息

5. 在网络上标识计算机

如何在同一个局域网中识别每一台计算机呢？这就需要为这台计算机做上标识。方法是，右键单击“我的电脑”，选择“属性”在打开的对话框中选择“计算机名”选项，可以看见如图 4-43所示的对话框。

单击“更改”按钮，得到如图 4-44 对话框。

(1)“工作组”输入框——用于标识你的计算机所在的工作组。如果你有几台计算机要组成一个局域网，并且使这几台计算机互相共享数据，那么它们就应该处于同一个工作组内，所以同一局域网络内的“工作组”名应该取为相同的名称，如 Windows 默认的“WORKGROUP(建议)”。

(2)“计算机名”输入框——“计算机名”输入框用于输入你给这台计算机所取的名称，用于区别和网络上的其他计算机。需要说明的是计算机名必须是唯一的，网络中不能有同名计算机。所以我们建议你可将你的“计算机名”取为易记又不易重复的名字，如在此例中我们将这台计算机命名为“zlh”。

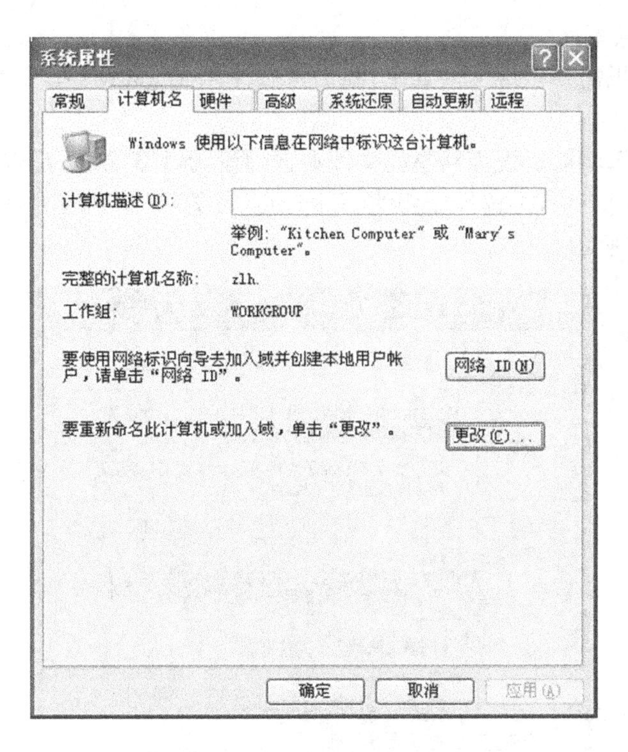

图 4-43　计算机网络标识

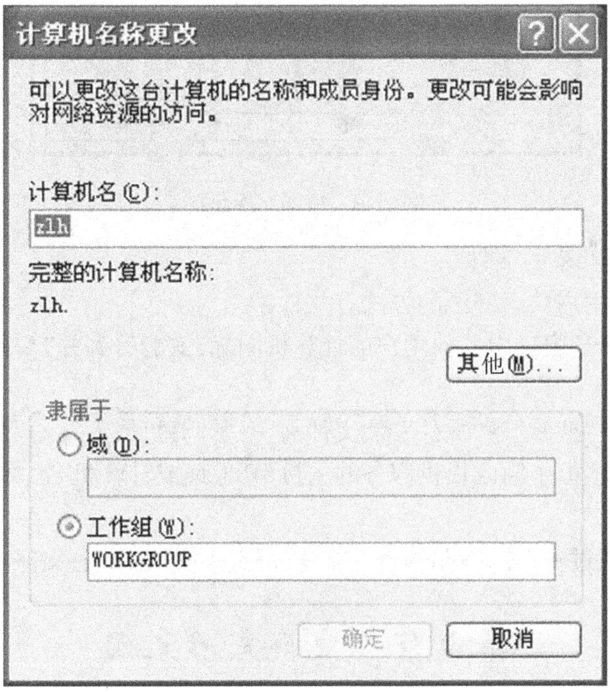

图 4-44　计算机名称更改

(3)"计算机描述"输入框——可不用填写。

最后，"确定"后重启计算机即可，这时再打开"网上邻居"就可在里边看见本机计算机名和其他连在该局域网内的计算机的名称了。

6. 设置文件的共享

连通网络后，如果需要实现文件共享，我们可以使用 Windows 操作系统的文件共享来实现文件资源共享。

打开“我的电脑”，将需要设为共享的文件夹选项设为共享，方法是选定该文件夹，然后右击，选“属性”中的“共享”项，再选择需要的“只读”或“完全”等共享权力，然后单击“确定”按钮即可完成，如图 4-45 所示。

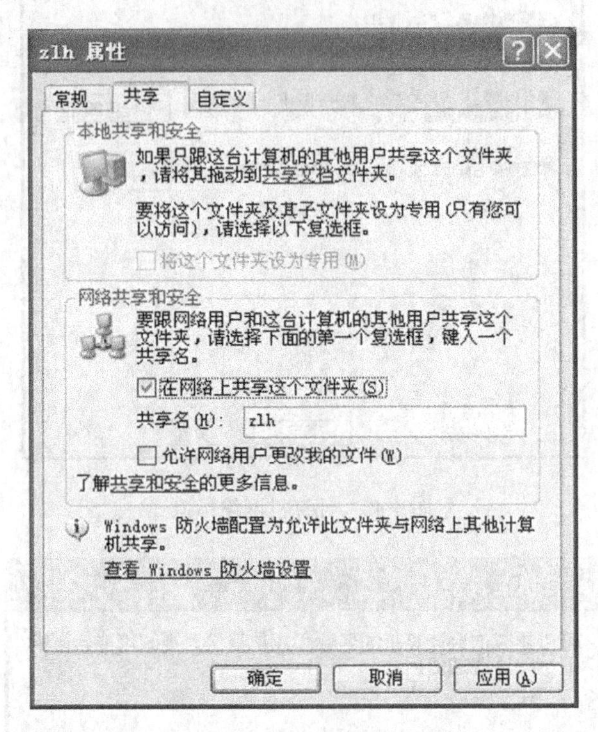

图 4-45　设置文件共享

7. 网络用户访问共享的文件

访问网络中其他用户共享资源的方法有几种：

(1)双击“网上邻居”窗口中其他用户的计算机图标，就能看到并“享用”该机提供的共享文件了。

(2)通过“开始”→“搜索”→“文件”或“文件夹”→“计算机或人”→“网络上的一个计算机”，然后在“计算机名”文本框中输入提供服务的主机 IP 地址或计算机名。单击“搜索”按钮，计算机就会开始搜索。

(3)可在客户端通过映射网络驱动器的方法使用网络上共享的文件夹。

第七节　交换式以太网

在交换式(switched)以太网出现以前，以太网均为共享式(shared)以太网。对共享式以太网而言，整个网络系统都处在一个冲突域中，网络中的每个站点都可能在往共享的传输介质上发送帧，所有的站点都会因为争用共享介质而产生冲突，共享带宽为所有站点所共同分割。在某一时刻一个站点将数据帧发送到集线器的某个端口，它会将该数据帧从其他所有端口转发(或称广播)出去,如图 4-46 所示。在这种方式下,当网络规模不断扩大时,网络中的冲突就会大大增加,而数据经过多次重发后,延时也相当大,造成网络整体性能下降。在网络站点较多时,以太网的带宽使用效率只有 30%~40%。前面所介绍的 10 Base-5、10 Base -2 和采用集线器组网的 10 Base-T 及 100 Base -T 都属于共享式以太网,共享式以太网要受到 CSMA/CD 介质访问控制机制的制约。

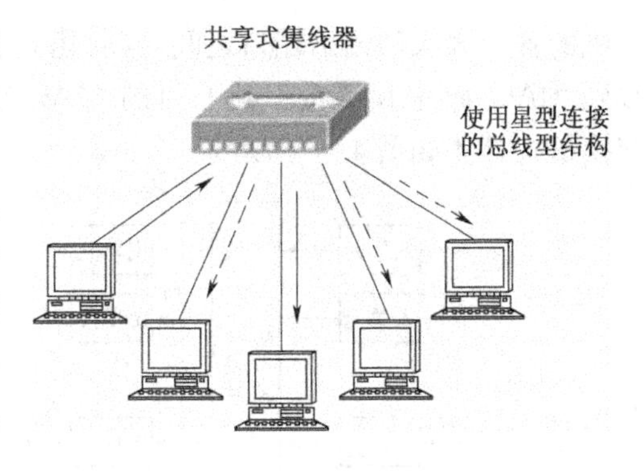

图 4-46 使用共享式集线器的数据传输

为了提高网络的性能和通信的效率,采用以太网交换机为核心的交换式网络技术被广泛使用。特别是到了 20 世纪 90 年代,快速以太网的交换技术和产品更是发展迅速。到了千兆和万兆以太网阶段,已经取消了对共享式以太网的支持,而转向只支持交换式以太网。交换式以太网的显著特点是采用交换机作为组网设备。

交换机连接的每个网段都是一个独立的冲突域,因为一个网段上发生冲突不会影响其他网段。交换机的每个端口都属于不同的网段或冲突域,因此与交换机端口直接相连的每台设备都属于不同的网段,不与其他设备共享该网段的带宽,也就是说这些设备有专用带宽。使用交换机来连接终端设备消除了冲突和争用的问题。

一、交换机的基本结构与组成

1. 结构与组成

以太网交换机由连接器、接口缓存、交换机构和地址表组成,如图 4-47 所示。连接器 RJ-45 用于连接网线,SC、LC、MT-RJ 连接器用于连接光纤;接口缓存包括发送缓存、接收缓存,用于存放 MAC 帧;交换机构用于交换以太网的 MAC 帧;地址表存放有交换机的端口和连接在端口的数据终端的 MAC 地址,是交换机转发的依据。

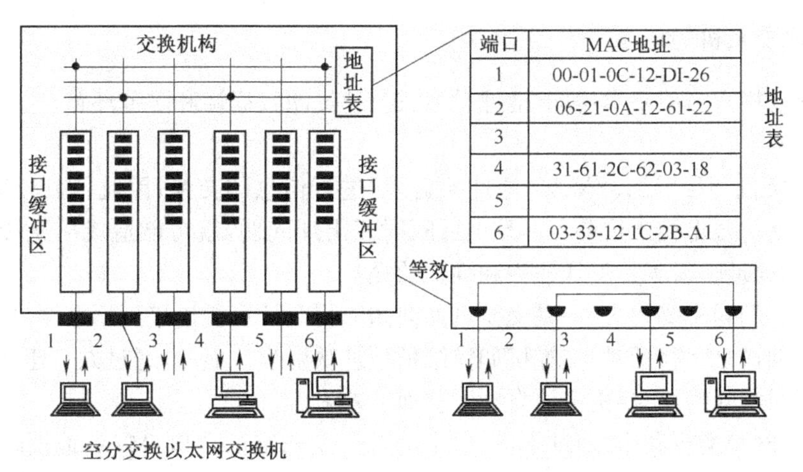

图 4-47 以太网交换机的组成

(1)交换机构

以太网交换机的交换机构是一个高性能的数字交叉网络(交换矩阵),每条输入和输出线路都有一个交叉点,在 CPU 或交换矩阵控制器的控制下,将交叉点的开关连接,从而能在交换机的各个输入和输出端口之间，同时建立多条并行双工传输数据的通道。交换机在端口接收到 MAC 帧，利用该数据帧的目的 MAC 地址来查找地址表，寻找一个端口转发 MAC 帧。交换机构具体如图 4-48 所示。

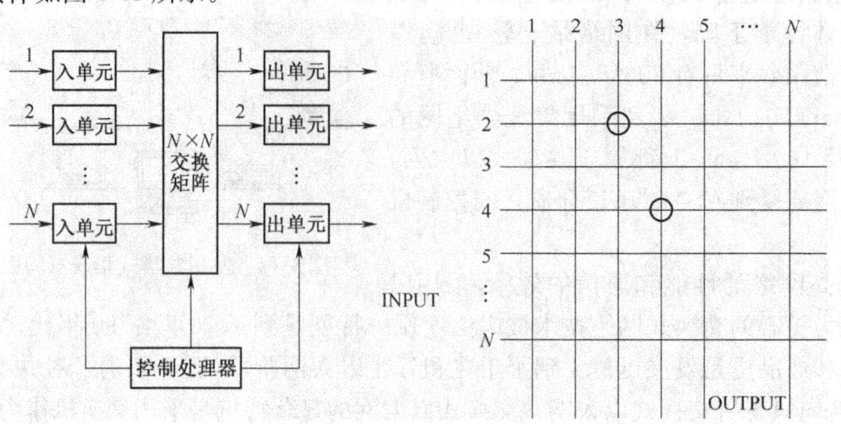

图 4-48　交换矩阵

(2)接口缓存

各个接口有一个组接收缓存和一组发送缓存，用于缓存数据帧。利用接口的缓存可以实现队列服务，提高通信服务质量(QoS)。如为每个端口设计三个发送队列，将这三个队列分成低、中、高三个优先级。根据数据帧的优先级字段，把数据帧放到相应的优先级队列中传输。有 QoS 以太网，可以用于实时语音通信、实时活动视频通信。

(3)地址表

地址表是端口和端口所连接的计算机 MAC 地址的映照表，地址表是交换 MAC 帧的依据。通常地址表交换机通过源地址学习建立地址表。地址表包含端口号、端口连接数据终端的 MAC 地址，如果交换机划分了虚拟网 VLAN，端口还对应了 VLAN ID 号。

二、以太网交换机的功能

第二层交换机有三项基本功能：地址学习、转发/过滤数据帧和防范环路。

(一)地址学习

以太网交换机利用“端口/MAC 地址映射表”进行信息的交换，因此，端口/MAC 地址映射表的建立和维护显得相当重要。一旦地址映射表出现问题，就可能造成信息转发错误。那么，交换机中的地址映射表是怎样建立和维护的呢？

这里有两个问题需要解决，一是交换机如何知道哪台计算机连接到哪个端口；二是当计算机在交换机的端口之间移动时，交换机如何维护地址映射表。显然，通过人工建立交换机的地址映射表是不切实际的，交换机应该自动建立地址映射表。

通常，以太网交换机利用“地址学习”法来动态建立和维护端口/MAC 地址映射表。以太网交换机的地址学习是通过读取帧的源地址并记录帧进入交换机的端口进行的。当得到 MAC 地址与端口的对应关系后，交换机将检查地址映射表中是否已经存在该对应关系。如果不存在，交换机就将该对应关系添加到地址映射表；如果已经存在，交换机将更新该表项。因此，在以太网交换机中，地址是动态学习的。只要这个节点发送信息，交换机就能捕获到它的 MAC 地址与其所在端口的对应关系。

在每次添加或更新地址映射表的表项时，添加或更改的表项被赋予一个计时器。这使得该端口与 MAC 地址的对应关系能够存储一段时间。如果在计时器溢出之前没有再次捕获到该端口与 MAC 地址的对应关系，该表项将被交换机删除。通过移走过时的或老的表项，交换机维护了一个精确且有用的地址映射表。

（二）转发/过滤数据帧

交换机建立起端口/MAC 地址映射表之后，它就可以对通过的信息进行转发/过滤了。以太网交换机在地址学习的同时还检查每个帧，并基于帧中的目的地址做出是否转发或转发到何处的决定。

图 4-49 显示了两个以太网和两台计算机通过以太网交换机相互连接的示意图。通过一段时间的地址学习，交换机形成了图 4-49 所示的端口/MAC 地址映射表。

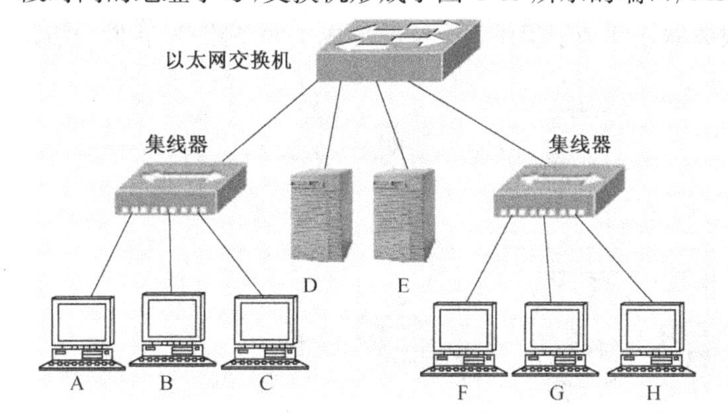

地址映射表		
端口	MAC地址	计时
1	00-30-80-7C-F1-21（A）	…
1	52-54-4C-19-3D-03（B）	…
1	00-50-BA-27-5D-A1（C）	…
2	00-D0-09-F0-33-71（D）	…
4	00-00-B4-BF-1B-77（F）	…
4	00-E0-4C-49-21-25（H）	…

图 4-49　交换机的转发/过滤

假设站点 A 需要向站点 F 发送数据，因为站点 A 通过集线器连接到交换机的端口 1，所以，交换机从端口 1 读入数据，并通过地址映射表决定将该数据转发到哪个端口。在图 4-49 所示的地址映射表中，站点 F 与端口 4 相连。于是，交换机将信息转发到端口 4，不再向端口 1、端口 2 和端口 3 转发。

假设站点 A 需要向站点 C 发送数据，交换机同样在端口 1 接收该数据。通过搜索地址映射表，交换机发现站点 C 与端口 1 相连，与发送的源站点处于同一端口。遇到这种情况，交换机不再转发，简单地将数据过滤（即丢弃），数据信息被限制在本地流动。

以太网交换机隔离了本地信息，从而避免了网络上不必要的数据流动。这是交换机通信过滤的主要优点，也是它与集线器截然不同的地方。集线器需要在所有端口上重复所有的信号，每个与集线器相连的网段都将听到局域网上的所有信息流。而交换机所连的网段只听到发给他们的信息流，减少了局域网上总的通信负载，因此提供了更多的带宽。但是，如果站点 A 需要向站点 G 发送信息，交换机在端口 1 读取信息后检索地址映射表，结果发现站点 G 在地址映射表中并不存在。在这种情况下，为了保证信息能够到达正确的目的地，交换机将向除端口 1 之外的所有端口转发信息。当然，一旦站点 G 发送信息，交换机就会捕获到它与端口的连接关系，并将得到的结果存储到地址映射表中。

如果站点发送一个广播帧，交换机将把它从除入站端口之外的所有端口转发出去，所有的站点都会将收到广播帧，这就意味着交换型网络中的所有网段都位于同一个广播域中。

（三）防范环路

在交换型网络中，为了提供可靠的网络连接，避免由于单点故障导致整个网络失效的情况发生，就需要网络提供冗余链路。所谓“冗余链路”，道理和走路一样，这条路不通，走另一条路就可以了。冗余就是准备两条以上的通路，如果哪一条不通了，就从另外的路走。但为了提供冗余而创建了多个连接，网络中可能产生交换回路，交换机使用 STP(Spanning Tree Protocol，生成树协议)避免环路。

1. “冗余链路”的危害

交换机之间具有冗余链路本来是一件很好的事情，但是它有可能引起的问题比它能够解决的问题还要多。如果真的准备两条以上的路，就必然形成了一个环路，交换机并不知道如何处理环路，只是周而复始地转发帧，形成一个“死循环”。最终这个死循环可能会造成整个网络处于阻塞状态，导致网络瘫痪。

(1)广播风暴

如图 4-50 网络中在工作站和服务器之间为了提供冗余链路形成了两条路径，我们分析从工作站到服务器的数据帧发送过程。

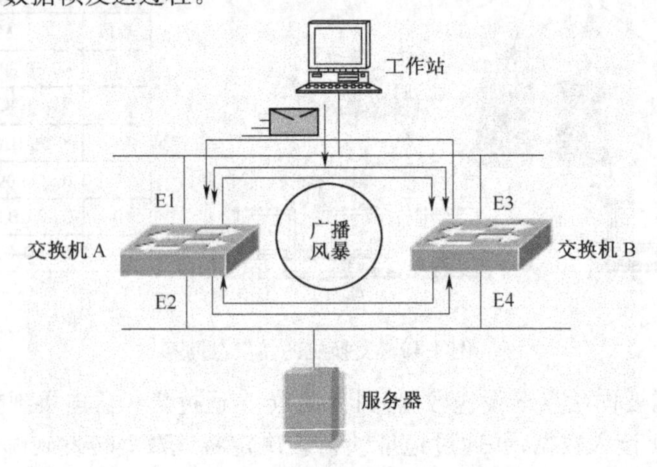

图 4-50　广播风暴的形成

工作站发送的数据帧到达交换机 A 和 B。当 A、B 刚刚加电，MAC 地址表还没有形成的时候，A、B 收到此帧的第一个动作是在地址表中添加一项，将工作站的物理地址分别与 A 的 E1 和 B 的 E3 对应起来。第二个动作则是将此数据帧原封不动的发送到所有其他的端口。

此数据帧从 A 的 E2 和 B 的 E4 发送到服务器所在网段，服务器可以收到这个数据帧，但同时 B 的 E4 和 A 的 E2 也均会收到另一台交换机发送过来的同一个数据帧。

如果此时在两台交换机上还没有学习到服务器的物理地址与各自端口的对应关系，则当两台交换机分别在另一个端口收到同样一个数据帧的时候，它们又将重复前一个动作，即先把帧中源地址和接收端口对应，然后发送数据帧给所有其他端口。

这样我们发现在工作站和服务器之间的冗余链路中，由于存在了第二条互通的物理线路，从而造成了同一个数据帧在两点之间的环路内不停地被交换机转发的状况。这种情况造成了网络中广播过多，形成广播风暴。从而导致网络极度拥塞、浪费带宽，严重地影响网络和主机的性能。

(2)MAC 系统失效

第 2 层的交换机和网桥作为交换设备都具有一个相当重要的功能，能够记住在一个接口上所收到的每个数据帧的源设备的硬件地址，也就是源 MAC 地址，而且会把这个硬件地址信息写到转发/过滤 MAC 地址表中。当在某个接口收到数据帧的时候，交换机就查看其目的硬件地址，并在 MAC 地址表中找到其外出的接口，这个数据帧只会被转发到指定的目的端口。

整个网络开始启动的时候，交换机初次加电，还没有建立 MAC 地址表。

如图 4-51 所示，当工作站发送数据帧到网络的时候，交换机要将数据帧的源 MAC 地址写进 MAC 地址表，然后只能将这个帧扩散到网络中，因为它并不知道目的设备在什么地方。于是交换机 A 的 E1 接口和交换机 B 的 E3 接口都会把工作站发来的数据帧的源 MAC 地址写进各自的 MAC 地址表，交换机 A 用 E1 接口对应工作站的源 MAC，而交换机 B 用 E3 接口对应工作站的源 MAC；同时将数据帧广播到所有的端口。E2 收到该数据帧，也进行扩散，会扩散到 E4 上，交换机 B 收到这个数据帧，也会将数据帧的源 MAC 地址写到自己的 MAC 地址表，这时它发现 MAC 地址表中已经具有这个源 MAC 地址，但是它会认为值得信赖的是最新发来的消息，它会改写 MAC 地址表，用 E4 对应工作站的源 MAC 地址；同理交换机 A 也在 E2 接口收到该数据帧，会用 E2 对应工作站的 MAC 地址，改写 MAC 地址表。

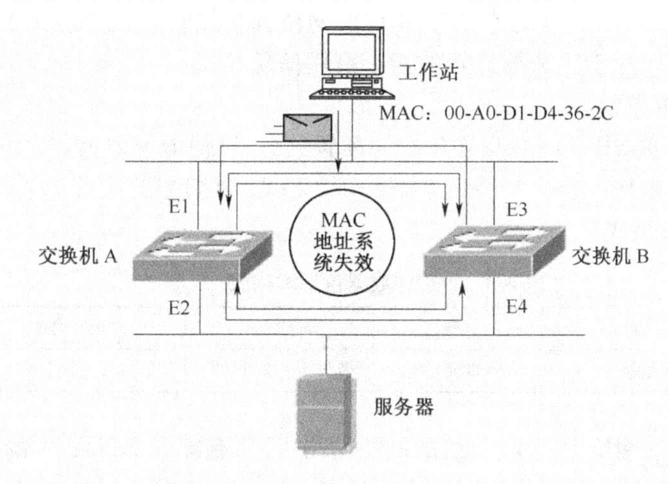

交换机的MAC地址表		
端口	源MAC地址	
E1	00-A0-D1-D4-36-2C	
E2	00-A0-D1-D4-36-2C	
E1	00-A0-D1-D4-36-2C	
……	……	

交换机的MAC地址表		
端口	源MAC地址	
E3	00-A0-D1-D4-36-2C	
E4	00-A0-D1-D4-36-2C	
E3	00-A0-D1-D4-36-2C	
……	……	

图 4-51　MAC 地址系统失效

数据帧继续上行，交换机 B 的 E3 接口又会从交换机 A 的 E1 接口收到该帧，因此又会用 E3 对应源 MAC。同时，交换机 A 的 E1 接口又会从交换机 B 的 E3 接口收到该帧，因此又会用 E1 对应源 MAC；周而复始，交换机完全被设备的源地址搞糊涂了，它不断用源 MAC 地址更新 MAC 地址表，根本没有时间来转发数据帧了，这种现象我们称之为 MAC 地址系统失效。

2. 解决的方法——生成树协议

如何解决由于冗余链路产生的这种问题，比较容易想到的方法是为网络提供冗余链路，在网络正常时自动将备份链路断开，在网络故障时自动启用备份链路，生成树协议就是为解决这一问题而产生的为了解决冗余链路引起的问题。IEEE 规范了 IEEE802.1d 协议，即生成树协议。

生成树协议的基本思想十分简单，众所周知，自然生长的树是不会出现环路的，如果网络也能够像树一样生长就不会出现环路。因此生成树协议的根本目的是通过定义根桥、根端口、指定端口、路径开销等概念，将一个存在物理环路的交换网络变成一个没有环路的逻辑树形网络，同时实现链路备份和路径最优化。

IEEE802.1d 协议通过在交换机上运行一套复杂的算法 STA(Spanning－Tree Algorithm)，使冗余端口置于"阻断状态"，使得接入网络的计算机在与其他计算机通信时，只有一条链路有效，而当这个链路出现故障无法使用时，IEEE802.1d 协议会重新计算网络链路，将处于"阻断状态"的端口重新打开，从而既保障了网络正常运转，又保证了冗余能力。

要实现这些功能，网桥之间必须要进行一些信息的交流，这些信息交流单元就称为桥接协议数据单元(Bridge Protocol Data Unit，BPDU)。STP BPDU 是一种二层报文，目的 MAC 是多播地址 01-80-C2-00-00-00，所有支持 STP 协议的网桥都会接收并处理收到的 BPDU 报文。该报文的数据区里携带了用于生成树计算的所有有用信息。

(1)生成树协议数据单元

交换机之间定期发送 BPDU 包，交换生成树配置信息，以便能够对网络的拓扑、开销或优先级的变化做出及时的响应。首先让我们了解一下 BPDU 数据包的主要内容，如表 4-3 所示为 BPDU 数据包的基本格式。

表 4-3　BPDU 数据包基本格式

协议 ID(2)	版本(1)	消息类型(1)	标志(1)	根 ID(8)	根开销(4)
网桥 ID(8)	端口 ID(2)	消息寿命(2)	最大生存时间(2)	Hello 计时器(2)	转发延迟(2)

根 ID：包括根网桥的网桥 ID。收敛后的网桥网络中，所有配置 BPDU 中的该字段都应该具有相同值(单个 VLAN)。可以细分为两字段：根桥优先级和根桥 MAC 地址。

根开销：通向根网桥(Root Bridge)的所有链路的累积花销。

网桥 ID：创建当前 BPDU 的网桥 ID。

端口 ID：每个端口值都是唯一的。例如端口 1/1 值为 0x8001，而端口 1/2 值为 0x8002。

(2)生成树形成过程

对于一个存在环路的物理网络而言，若想消除环路，形成一个树形结构的逻辑网络，首要解决的问题就是：哪台交换机可以作为"根"。

STP 协议中，首先推举一个 Bridge ID(桥 ID)最低的交换机作为生成树的根节点，交换机之间通过交换 BPDU(桥协议数据单元)，获取各个交换机的参数信息，得出从根节点到其他所有节点的最佳的路径。

Bridge ID 是 8 个字节长，包含了 2 个字节的优先级和 6 个字节的设备 MAC 地址，STP 默认情况下，优先级都是 32768，BPDU 每 2 s 发送一次，桥 ID 最低的将被选举为根桥。

对于其他交换机到根交换机的冗余的链路，根据到根桥的路径成本和各个端口的开销，决定路径成本和端口开销最低的链路加到生成树中。

生成树形成过程分为以下三步。

①选举根网桥：在给定广播域中，只有一台网桥被指定为根网桥。根网桥的网桥 ID 最小，根网桥上的所有端口都处于转发状态，被称为指定端口。处于转发状态时，端口可以发送和接

收数据流。

②对于每台非根网桥，选举一个根端口，要求根端口到根网桥的路径成本最低。根端口处于转发状态，提供到根网桥的连接性。生成树路径成本是基于接收端口带宽的累积成本。

③在每个网段上选举一个指定端口，要求指定端口在到根网桥的路径成本最低的网桥中选择。指定端口处于转发状态，负责为相应网段转发数据流，每个网段只能有一个指定端口。非指定端口处于阻断状态，以断开环路。处于阻断状态的端口不发送和接收数据流，但这并不意味着它被禁用，而意味着生成树禁止它发送和接收用户数据流，但它仍接收 BPDU。

(3)生成树路径成本

生成树路径成本是基于路径中所有链路的带宽得到的累积成本。表 4-4 列出了 IEEE802.1D 规定的路径成本。

表 4-4 生成树路径成本

链路速率	成本(修订后的 IEEE 规范)	成本(修订前的 IEEE 规范)
10 Gbit/s	2	1
1 Gbit/s	4	1
100 Mbit/s	19	10
10 Mbit/s	100	100

IEEE 802.1D 规范在 2003 年 1 月经过了修订，在修订前的规范中，成本的计算公式为 1 000 Mbit/s/带宽。新规范调整了计算方式，以适应高速接口，包括 1 Gbit/s 和 10 Gbit/s。

(4)生成树端口状态

正常情况下，端口要么处于转发状态，要么处于阻断状态。当设备发现拓扑发生变化时，将出现两种过渡状态。拓扑发生变化导致转发状态的端口不可用时，处于阻断状态的端口将依次进入侦听和学习状态，最后进入转发状态。

所有端口一开始都处于阻断状态，以防止形成环路。如果存在其他成本更低的、到根网桥的路径，端口将保持阻断状态。处于阻断状态的端口仍能够接收 BPDU，但不发送 BPDU。

端口处于侦听状态时，将查看 BPDU，并发送和接收 BPDU 以确定最佳拓扑。

端口处于学习状态时，能够获悉 MAC 地址，但不转发帧。这种状态表明端口正为传输做准备，它获悉网段上的地址，以防止进行不必要的泛洪。

处于转发状态时，端口能够发送和接收数据。

在 Catalyst 交换机上，默认情况下，端口从阻断状态切换到转发状态需要 50 s。

3. 快速生成树协议 RSTP(Rapid Spanning Tree Protocol)

快速生成树协议 RSTP 由 IEEE 802.1w 定义，在 STP 的基础上做了很多改进，主要是加快了网络拓扑变化时的收敛速度。由原来的 50 s 减少为现在的 4 s 左右。RSTP 的端口角色相对于 STP 而言也有了一些变化，主要是为根端口和指定端口各增加了一个备份端口，分别为替换端口(Alternate port)和备份端口(Backup port)。当根端口或指定端口因为链路故障而无法转发数据时，替换端口和备份端口可以很快参与转发数据，从而大大提高网络拓扑变化时的收敛速度。

当网络中拓扑发生变化时，例如交换机中某条链路断开，端口进入转发状态时，此交换机迅速向其他交换机发送拓扑变更通知，收到此变更通知的交换机也迅速地向其他交换机公布此通知，从而让整个网络拓扑迅速再次稳定为树形结构。RSTP 与 STP 之间的主要区别如下。

(1)RSTP 端口角色与状态和 STP 的区别。在 RSTP 协议中,增加了两个端口角色,替换端口和备份端口,替换端口是作为根端口的备份端口,当根端口正常工作时,替换端口也接收 BPDU 报文、学习 MAC 地址,只是不转发数据,当根端口一旦阻塞,替换端口就可以很快地进入转发状态,同样地,当指定端口阻塞时,备份端口也可以很快地进入转发状态,无须经过侦听和学习两个状态,也无须等待两倍的 Forward Delay 时间。

(2)RSTP 收敛机制与 STP 的区别。运行 STP 的网络中拓扑发生变化时,交换机将拓扑变更通知发送到根交换机,由根交换机向网络中发送配置 BPDU,此 BPDU 在网络中被组播到所有交换机,由此每个交换机得知网络拓扑发生改变,将自己 MAC 地址表的过期时间改为 Forward Delay。

运行 RSTP 的网络中拓扑发生变化时,拓扑变更通知影响每一个接收到它的交换机,并且交换机迅速做出调整。

可见,RSTP 协议相对于 STP 协议的确改进了很多。为了支持这些改进,BPDU 的格式也做了一些修改,但 RSTP 协议仍然向下兼容 STP 协议,可以混合组网。

三、交换机数据转发方式

以太网交换机的数据交换与转发方式可以分为直接交换、存储转发交换和改进的直接交换(碎片隔离)3 类。

(1)直接交换

在直接交换方式中,交换机边接收边检测。一旦检测到目的地址字段,立即将该数据转发出去,而不管这一数据是否出错,出错检测任务由节点主机完成。这种交换方式的优点是交换延迟时间短,缺点是缺乏差错检测能力,不支持不同输入/输出速率的端口之间的数据转发。

(2)存储转发交换

在存储转发方式中,交换机首先要完整地接收站点发送的数据,并对数据进行差错检测。如接收数据是正确的,再根据目的地址确定输出端口号,将数据转发出去。这种交换方式的优点是具有差错检测能力,并能支持不同输入/输出速率端口之间的数据转发,缺点是交换延迟时间相对较长。

(3)改进的直接交换(碎片隔离)

改进的直接交换方式将直接交换与存储转发交换结合起来,它通过过滤掉无效的碎片帧来降低交换机直接交换错误帧的概率。在以太网的运行过程中,一旦发生冲突,就要停止帧的继续发送并加入帧冲突的加强信号,形成冲突帧或碎片帧。碎片帧的长度必然小于 64 B,在改进的直接交换模式中,只转发那些帧长度大于 64 B 的帧,任何长度小于 64 B 的帧都会被立即丢弃。显然,无碎片交换的延时要比快速转发交换方式要大,但它的传输可靠性得到了提高。

四、以太网交换机端口的协商功能

现在以太网上的设备存在许多种不同的通信方式,在速度上有 10 Mbit/s、100 Mbit/s、1 000 Mbit/s、10 Gbit/s 等;通信方式有全双工和半双工;有流量控制和无流量控制之分。通信时链路两端的终端通信方式应该一致才能协同完成通信,自动协商技术能使双方通信方式一致。

在线路上，传输的脉冲代表几类信息：数据、数据开始、数据结束、填充、配置等信息。如果没有数据传输，链路并不是一直在空闲，而是不断地互相发送填充信息编码，以保持发送和接收的时钟同步。数据开始、数据结束之间是数据。

配置就是数据传输开始之前，发送端和接收端自动协商一些双方支持的通信参数。

在计算机的网卡、以太网交换机的端口中有一个 16 比特配置寄存器，该寄存器内部保留了该网卡、交换机能够支持的工作模式。在网卡、交换机加电后，如果允许自动协商，发起协商的网卡、交换机就把自己的配置寄存器内容读出来，编码后以链路脉冲的形式发送给对方。

发送的同时，可以接收对端发送过来的自动协商数据。接收到对方发送的自动协商数据后，选择自己支持的通信模式。比如自己支持全双工模式、100 Mbit/s 的速率，对端也支持该配置，则选择的运行模式就是 100 Mbit/s、全双工模式；如果对端支持半双工模式、10 Mbit/s 的速率，则运行模式就定为半双工模式、10 Mbit/s。一旦协商通过，交换机、网卡可以传输数据。

五、交换机的分类

交换机的分类方法有很多种，按照不同的原则，交换机可以分成各种不同的类别，从广义上来说，可以分为广域网交换机和局域网交换机；按照采用的网络技术不同，可以分为以太网交换机，ATM 交换机、程控交换机等。在本章中，我们讨论的交换机特指在局域网中所使用的以太网交换机，这些交换机也是我们在日后的工作中接触最多的一类交换机。

（一）按照 OSI 七层模型来划分

按照网络 OSI 七层模型来划分，可以将交换机划分为二层交换机、三层交换机、四层交换机直到七层交换机。

1. 二层交换机

二层交换机是按照 MAC 地址进行数据帧的过滤和转发，这种交换机是目前最常见的交换机。不论是在教材中还是在市场中，如果没有特别指明的话，说到交换机我们一般都特指二层交换机。二层交换机的应用范围非常广，在任何一个企业网络或者校园网络中，二层交换机的数量应该是最多的，二层交换机以其稳定的工作能力和优惠的价格在网络行业中具有重要的地位。

2. 三层交换机

三层交换机采用“一次路由，多次交换”的原理，基于 IP 地址转发数据包。部分三层交换机也具有四层交换机的一些功能，譬如依据端口号进行转发。

三层交换机的应用如下：

（1）网络骨干中

三层交换机在诸多网络设备中的作用，用“中流砥柱”形容并不为过。在校园网、教育城域网中，从骨干网、城域网骨干、汇聚层都有三层交换机的用武之地，尤其是核心骨干网中一定要用三层交换机，否则整个网络成千上万台的计算机都在一个子网中，不仅毫无安全可言，也会因为无法分割广播域而无法隔离广播风暴。如果采用传统的路由器，虽然可以隔离广播，但是性能又得不到保障。而三层交换机的性能非常高，既有三层路由的功能，又具有二层交换的网络速度。二层交换是基于 MAC 寻址，三层交换则是转发基于第三层地址的业务流；除了必要的路由决定过程外，大部分数据转发过程由二层交换处理，提高了数据包转发的效率。

三层交换机通过使用硬件交换机构实现了 IP 的路由功能，其优化的路由软件使得路由过程效率提高，解决了传统路由器软件路由的速度问题。因此可以说，二层交换机具有"路由器的功能、交换机的性能"。

(2)连接子网中

同一网络上的计算机如果超过一定数量(通常在 200 台左右)，就很可能会因为网络上大量的广播而导致网络传输效率低下。为了避免在大型交换机上进行广播所引起的广播风暴，可将其进一步划分为多个虚拟网(VLAN)。但是这样会导致一个问题：VLAN 之间的通信必须通过路由器来实现。但是传统路由器难以胜任 VLAN 之间的通信任务，因为相对于局域网的网络流量来说，传统的普通路由器路由能力太弱。

千兆级路由器的价格也是非常难以接受。如果使用三层交换机上的千兆端口或百兆端口连接不同的子网或 VLAN，就能在保持性能的前提下，经济地解决了子网划分之后子网之间必须依赖路由器进行通信的问题，因此三层交换机是连接子网的理想设备。

3. 多层交换机

四层交换机以及四层以上的交换机都可以称为内容型交换机，原理与三层交换机很类似，一般使用在大型的网络数据中心。

(二)按照网络设计三层模型来划分

按照网络设计三层模型来划分，可以将交换机划分为核心层交换机、汇聚层交换机和接入层交换机。

1. 核心层交换机

核心层对于网络中每一个目的地具有充分的可达性，它是网络所有流量的最终承受者和汇聚者，可靠性和高速是核心层设备选择的关键。核心层的中心任务是高速的数据交换，不要在核心层执行任何网络策略，使核心层设备成为专门交换数据包的设备，避免任何降低核心层处理能力或是增加数据包延迟时间的任务，如过滤和策略路由。避免核心层设备配置复杂，它可能导致整个网络瘫痪。只有在特殊的情况下，才可以将策略放在核心层或者核心层和汇聚层之间。

2. 汇聚层交换机

汇聚层把大量的来自接入层的访问路径进行汇聚和集中，在核心层和接入层之间提供协议转换和带宽管理。

汇聚层的交换机原则上既可以选用三层交换机，也可以选择二层交换机。这要视投资和核心层交换能力而定，同时最终用户发出的流量也将影响汇聚层交换机的选择。

如果选择三层交换机，则可以大大减轻核心层交换机的路由压力，有效地进行路由流量的均衡；如果汇聚层仅选择二层设备，则核心层交换机的路由压力加大，我们需要在核心层交换机上加大投资，选择稳定、可靠、性能高的设备。

建议在汇聚层选择性能价格比高的设备，同时功能和性能都不应太低。作为本地网络的逻辑核心，如果本地的应用复杂、流量大，应该选择高性能的交换机。

3. 接入层交换机

接入层是最终用户与网络的接口，它应该提供较高的端口密度和即插即用的特性，同时应该便于管理和维护。

接入层交换机没有太多的限制，但是接入层交换机对环境的适应力一定要强。有很多接入的交换机都放置在楼道中，不可能为每一个设备提供一个通风良好、防外界电磁干扰条件优良的设备间。所以接入层的设备还需要对恶劣环境有很好的抵抗力，不需要太多的功能，在端口满足的情况下，稳定就好。一般情况下，接入层交换机都会是二层交换机。

（三）按照外观进行分类

按照外观和架构的特点，可以将局域网交换机划分为机箱式交换机、机架式交换机、桌面式交换机。

1. 机箱式交换机

机箱式交换机外观比较庞大，这种交换机所有的部件都是可插拔的部件（一般称之为模块），灵活性非常好。在实际的组网中，可以根据网络的要求选择不同的模块。机箱式交换机一般都是三层交换机或者多层交换机，在网络设计中，由于机箱式交换机性能和稳定性都比较卓越，因此价格比较昂贵，一般定位在核心层交换机或者汇聚层交换机。如图4-52所示。

图 4-52　机箱式交换机

2. 机架式交换机

机架式交换机顾名思义就是可以放置在标准机柜中的交换机，机架式交换机中有些交换机不仅仅固定了 24 个或者 48 个 RJ-45 的网口，另外还有一个或两个扩展插槽，可以插入上联模块，用于上联千兆或者百兆的光纤，我们称之为带扩展插槽机架式交换机。另外一种不带扩展插槽，称之为无扩展插槽机架式交换机。

机架式交换机可以是二层交换机也可以是三层交换机，一般会作为汇聚层交换机或者接入层交换机使用，不会作为核心层交换机，如图 4-53 所示。

图 4-53　机架式交换机

3. 桌面型变换机

桌面型交换机不具备标准的尺寸，一般体形较小，因可以放置在光滑、平整、安全的桌面上而得名。桌面型交换机一般具有功率较小、性能较低、噪音低的特点，适用于小型网络桌面办公或家庭网络。桌面交换机一般都是二层交换机，作为接入层交换机使用，如图4-54所示。

图 4-54　桌面型交换机

（四）按照传输速率不同来划分

按照交换机支持的最大传输速率的不同来划分，可以将交换机划分成 10 Mbit/s 交换机，100 Mbit/s 交换机，1 000 Mbit/s 交换机以及 10 Gbit/s 交换机。一般传输速率较高的交换机都会兼容低速率交换机。譬如：万兆交换机一般也都供应千兆的网络接口模块，而千兆交换机也支持百兆的模块，百兆的交换机一般都是 10 Mbit/s/100 Mbit/s 自适应的交换机。

从应用层面上来讲，万兆交换机当之无愧应当是核心层交换机，千兆交换机也可以用于核心层；汇聚层可以使用千兆或者百兆交换机；接入层使用百兆或者十兆交换机。

（五）按照是否可以网络管理来划分

按照交换机的可管理性，又可把交换机分为可网管交换机（又称为智能交换机）和不可网管交换机，它们的区别在于对 SNMP、RMON 等网管协议的支持。可网管交换机便于网络监控、流量分析，但成本也相对较高。大中型网络在汇聚层应该选择可网管交换机，在接入层则视应用需要而定，核心层交换机则全部是可网管交换机。

（六）按照是否可以进行堆叠来划分

按照交换机是否可堆叠，交换机又可分为可堆叠交换机和不可堆叠交换机两种。设计堆叠技术的一个主要目的是为了增加端口密度，便于管理。关于堆叠的技术，在下面一节中给大家介绍。

交换机分类的方法多种多样，上文描述的是主要的几种方法。一款交换机在不同原则的分类制下可以隶属多个类别，分类不是重点，重要是明白该款交换机的功能特性，适用于什么样的场合。

六、局域网性能优化技术

1. 交换机级联技术

所谓级联，是指使用普通的网线（双绞线），将交换机通过普通端口（RJ45 端口）连接在一起，实现相互之间的通信。

使用级联技术连接网络，一方面解决了单交换机端口数不足的问题，另一方面就是快速延伸网络范围，解决离机房较远的客户端和网络设备的连接。无论是 10Base-T 以太网、100Base-TX 快速以太网还是 1000Base-T 千兆以太网和 10Gbase-T 万兆位以太网，级联交换机所使用的电缆长度均可达到 100 m，这个长度与交换机到计算机之间长度完全相同。因此，每级联一个交换机就可扩展 100 m 的距离，当有 4 台交换机级联时，网络跨度就可以达到 500 m，这样的距离对于位于同一座建筑物内的中型网络而言已经足够了。

需要注意的是，交换机也不能无限制地级联下去，超过一定数量的交换机进行级联，最终会引起广播风暴，导致网络性能严重下降。因为线路过长，一方面信号在线路上的衰减较多，另一方面下级交换机是通过共享级交换机的一个端口可用带宽，层次越多，最终的客户端可用带宽也就越低，这样对于网络的连接性能影响非常大。

级联扩展模式是最常规、最直接的一种扩展模式。交换机的级联根据交换机的端口配置情况又有两种不同的连接方式。

(1)交换机有"UpLink(级联)"端口

如果交换机备有"UpLink(级联)"端口，Uplink 端口是专门为上行连接提供的，通过直通线将该端口连接至其他交换机上除"Uplink 端口"外的任意端口，这种连接方式跟计算机与交换机之间的连接完全相同。通过 Uplink 端口使得交换机之间的连接变得更加简单。

这种级联方式性能比较好，因为级联端口的带宽通常较高。交换机间的级联网线必须是直通线，不能采用交叉线，而且每段网络不能超过双绞线单段网线的最大长度(100 m)。

(2)交换机没有"UpLink(级联)"端口

如果交换机没有"UpLink(级联)"端口，那也可以采用交换机的普通端口进行交换机的级联，但这种方式的性能稍差，因为下级交换机的有效总带宽实际上就相当于上级交换机的一个端口带宽，也就是说 Uplink 端口的带宽通常比普通端口宽。由于交换机的连接端口都是采用交换机普通端口，交换机间的级联网线必须是交叉线，不能采用直通线，同样单段长度不能超过 100 m。

2. 交换机堆叠技术

在有多台计算机的场合(如实验室、机房和网吧)需要使用多台交换机，单独管理每台交换机很麻烦。而每台交换机的端口是有限的，这时就需要使用堆叠技术。堆叠就是用专用端口把多台交换机连接起来，当一个交换机使用。

堆叠技术是目前在以太网交换机上扩展端口使用较多的一类技术，是一种非标准化技术。各个厂商之间不支持混合堆叠，堆叠模式为各厂商制定，不支持拓扑结构。堆叠技术的最大的优点就是提供简化的本地管理，将一组交换机作为一个对象来管理。堆叠与级联不同，级联通常是用普通网线把几个交换机连接起来，使用普通的网口或 Uplink 口，级联层次较多时，将出现一定的时延。

目前流行的堆叠模式主要有两种：菊花链模式和星型模式，如图 4-55 所示。

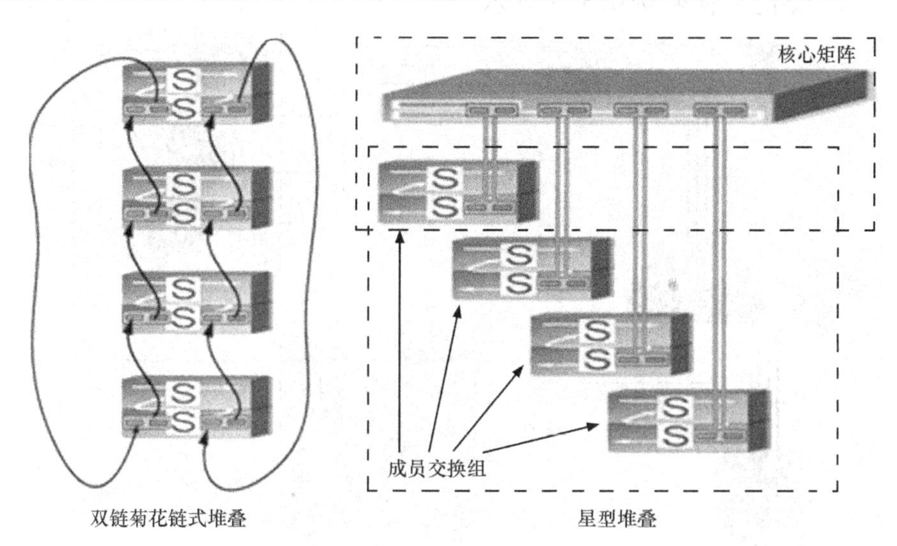

图 4-55　堆叠的两种方式

(1)菊花链堆叠

菊花链堆叠是一种基于级联结构的堆叠技术，通过堆叠模块接口首尾相连形成一个环路，如图 4-55 所示，对于交换机硬件上没有特殊的要求，但就交换效率来说，相同的交换机级联模式处于同一层次。

菊花链堆叠形成的环路可以在一定程度上实现冗余，这样即使一台交换机出现故障，整个网络也不会中断。堆叠连接时，每台交换机都有两个堆叠模块，通过随机附带的堆叠电缆和相邻的交换机堆叠接口相连。如果要实现链路冗余，可将最后一台交换机的另一个堆叠接口与第一台交换机的另一个堆叠接口连接，从而形成环路。环路可以实现冗余，但也会带来广播风暴。

菊花链堆叠的层数一般不应超过 4 层，在堆叠层数较多时，堆叠端口会成为严重的系统瓶颈，因为任何两台成员交换机之间的数据交换都需绕环一周，经过所有交换机的交换端口，效率较低。菊花链堆叠与级联相比，不存在拓扑管理，一般不能进行分布式布置，适用于高密度端口需求的单节点机构，可以使用在网络的边缘，而且要求所有的堆叠成员摆放的位置足够近（一般在同一个机架上）。

(2)星型堆叠

星型堆叠技术是一种更高级堆叠技术，对交换机而言，需要提供一个独立的高速交换中心（堆叠中心），所有堆叠主机通过专用的高速堆叠端口，也可以通过通用的高速端口，上行到统一的堆叠中心，如图 4-55 所示。堆叠中心一般是一个基于专用 ASIC 的硬件交换单元，根据其交换容量，一般在 10～32 Gbit/s 之间。

星型堆叠需要一个主交换机，其他是从交换机，每台交换机都通过堆叠模块或接口与主交换机相连，这种方式要求主交换机的交换容量（背板带宽）要比从交换机大。

星型堆叠模式克服了菊花链式堆叠模式多层次转发时的高时延影响，但成本较高。

可堆叠交换机一般都是二层交换机，定位于网络接入层，并且应该都是可网管的交换机。

3. 交换机链路聚合

链路聚合，顾名思义是将几个链路作聚合处理，这几个链路必须是同时连接两个相同的设备。即将交换机的多个低带宽端口捆绑成一条高带宽链路，以实现链路负载平衡，提升整个网络的带宽，提高网络的可靠性，如图 4-56 所示。

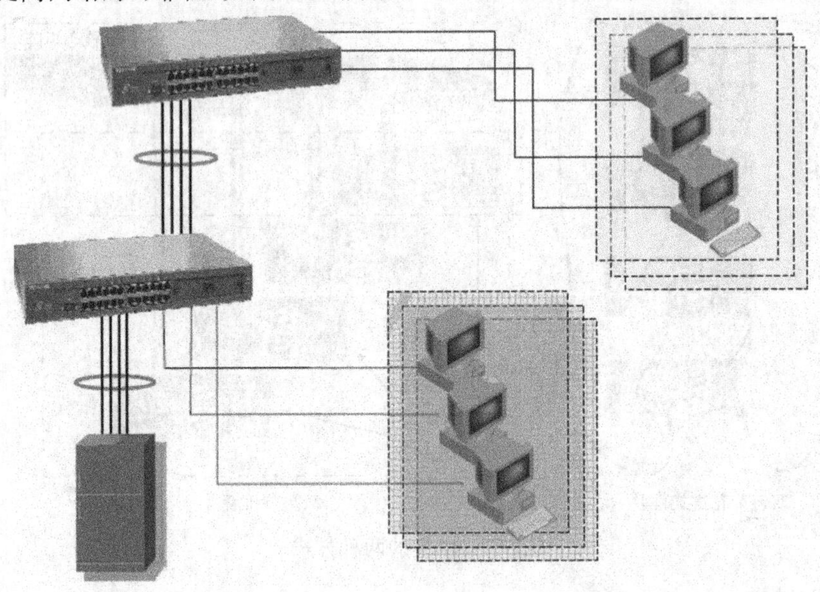

图 4-56　链路聚合

其优点是：价格便宜，性能接近千兆以太网；不需要重新布线，也无须考虑千兆网传输距离极限问题；可以捆绑任何相关的端口，也可以随时取消，灵活性很高；可以提供负载均衡能力以及系统容错。

其缺点是：捆绑的数目越多，消耗掉的交换机端口就越多；容易给服务器带来重荷（大多采用 4 条捆绑链路）；宏观来看还是级连（交换机之间需要分别管理）。

链路聚合的条件：端口均为全双工模式；端口速率相同；端口类型相同。

4. 交换机端口与 MAC 地址绑定

端口绑定就是交换机的端口和主机的 MAC 地址绑定，可以解决 IP 地址冲突的问题。特定主机只有在某个特定端口下发出数据帧，才能被交换机接收并传输到网络上，如果这台主机移动到其他位置，则无法实现正常的联网，如图 4-57 所示。

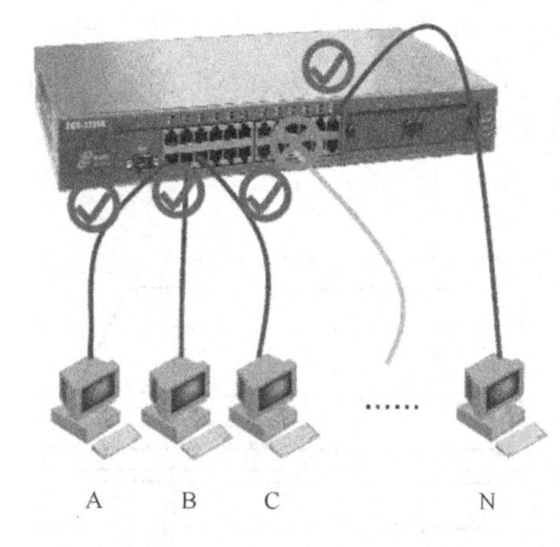

端口号	MAC地址	
1	01-9E-D1-4D-3F-EC	
2	01-9E-D1-4D-3C-E1	
3	01-9E-D1-4D-3D-11	
N	01-9E-D1-4D-31-BF	

图 4-57　端口与地址绑定

第八节　虚拟局域网 VLAN

一、VLAN 的概述

随着以太网技术的普及，以太网的规模也越来越大，从小型的办公环境到大型的园区网络，网络管理变得越来越复杂。在采用共享介质的以太网中，所有节点位于同一冲突域中，同时也位于同一广播域中（广播域是一组相互接收广播帧的设备。例如，如果设备 A 发送的广播帧将被设备 B 和 C 接收，则这三台设备位于同一个广播域中）。为了解决共享式以太网的冲突域问题，采用了交换机来对网段进行逻辑划分，将冲突限制在某一个交换机端口。但是，交换机虽然能解决冲突域问题，却不能克服广播域问题，交换型网络仍然只包含一个广播域。在默认情况下，交换机将广播帧从所有端口转发出去，因此与同一台交换机相连的所有设备都位于同一个广播域中。广播不仅会浪费带宽，还会因过量的广播产生广播风暴。当交换网络规模增加时，网络广播风暴问题会更加严重，并可能因此导致网络瘫痪。

为降低广播帧带来的开销，控制广播传遍整个网络。我们可以用路由器控制广播。路由器是运行在 OSI 模型的第 3 层，其每个接口属于一个不同的广播域。通过使用虚拟 LAN（VLAN），交换机也能够提供多个广播域。

虚拟局域网（Virtual LAN，简称 VLAN）是以局域网交换机为基础，通过交换机软件实现根据功能、部门、应用等因素将设备或用户组成虚拟工作组或逻辑网段的技术。VLAN 技术可以把一个 LAN 划分成多个逻辑的 LAN 即 VLAN,每个 VLAN 是一个广播域。VLAN 间的主机通信就和在一个 LAN 中一样,而 VLAN 间则不能直接互通,这样广播报文被限制在一个 VLAN 内。

VLAN 一般基于工作功能、部门或项目团队来逻辑地分割交换网络。其最大的特点是在组成逻辑网时无须考虑用户或设备在网络中的物理位置。虚拟局域网可以在一个交换机或者跨交换机实现。不在同一物理位置范围的主机可以属于同一个 VLAN,同组内全部的工作站和服务器共享在同一 VLAN,不管物理连接和位置在哪里。VLAN 用于将连接到交换机的设备划分成逻辑广播域,防止广播影响其他设备。

图 4-58 给出一个关于 VLAN 划分的示例。图中使用了四个交换机的网络拓扑结构。有 9 个工作站分配在三个楼层中,构成了三个局域网,即:

LAN1:(A1,B1,C1),LAN2:(A2,B2,C2),LAN3:(A3,B3,C3)。但这 9 个用户划分为三个工作组,也就是说划分为三个虚拟局域网 VLAN。即:VLAN1:(A1,A2,A3),VLAN2:(B1,B2,B3),VLAN3:(C1,C2,C3)。

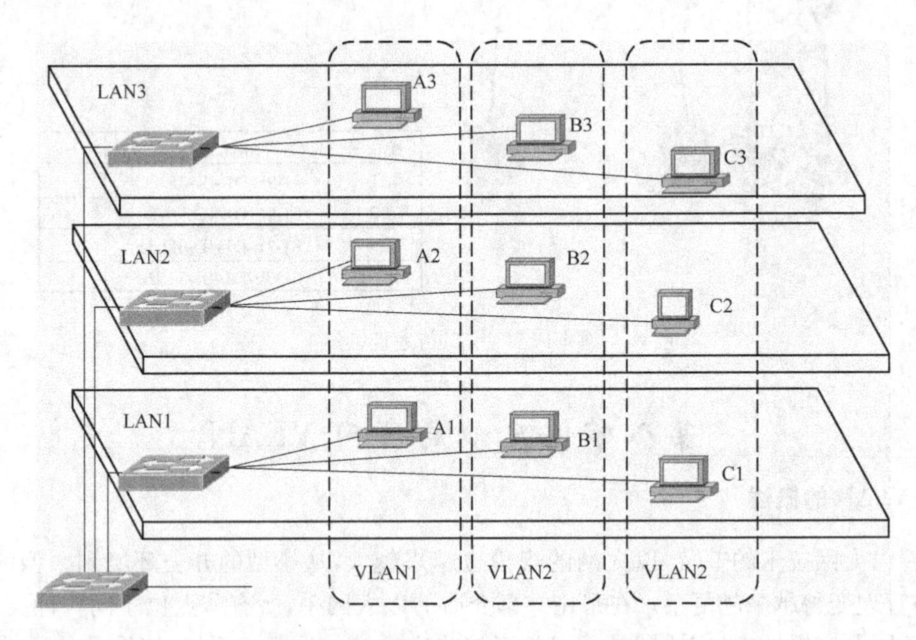

图 4-58　虚拟局域网 VLAN 的示例

在虚拟局域网上的每一个站都可以听到同一虚拟局域网上的其他成员所发出的广播。

如工作站 B1,B2,B3 同属于虚拟局域网 VLAN2。当 B1 向工作组内成员发送数据时,B2 和 B3 将会收到广播的信息(尽管它们没有连在同一交换机上),但 A1 和 C1 都不会收到 B1 发出的广播信息(尽管它们连在同一个交换机上)。

二、虚拟局域网 VLAN 的实现与标识

1. VLAN 的实现方式

从实现的方式上看,所有的 VLAN 均是通过交换机软件来实现的。按实现的机制或策略分,VLAN 分为静态 VLAN 和动态 VLAN。

(1)静态 VLAN

在静态 VLAN 中,由网络管理员根据交换机端口进行静态的 VALN 分配,当在交换机上将其某一个端口分配给一个 VLAN 时,其将一直保持不变直到网络管理员改变这种配置,所以又被称为基于端口的 VLAN。也就是根据以太网交换机的端口来划分广播域。图 4-59 和表 4-5 所示为一个静态 VLAN 的示例。

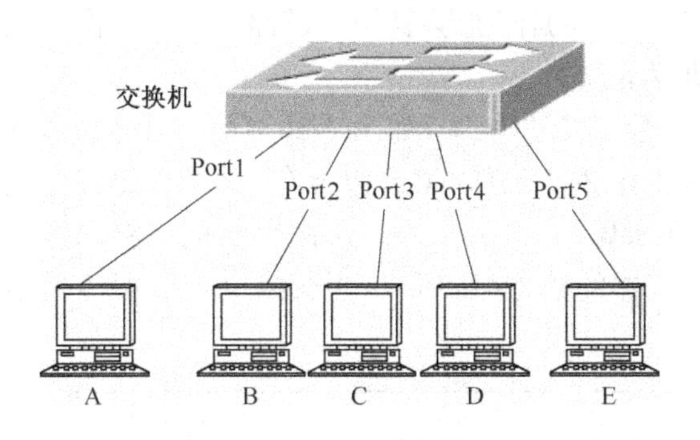

图 4-59 静态配置 VLAN

表 4-5 VLAN 映射简化表

端口	VLAN ID
Port1	VLAN2
Port2	VLAN3
Port3	VLAN2
Port4	VLAN3
Port5	VLAN2

假定指定交换机的端口 1、3、5 属于 VLAN2,端口 2、4 属于 VLAN3,此时,主机 A、主机 C、主机 E 在同一 VLAN,主机 B 和主机 D 在另一 VLAN 下。如果将主机 A 和主机 B 交换连接端口,则 VLAN 表仍然不变,而主机 A 变成与主机 D 在同一 VLAN。基于端口 VLAN 配置简单,网络的可监控性强,但缺乏足够的灵活性,当用户在网络中的位置发生变化时,必须由网络管理员将交换机端口重新进行配置。所以静态 VLAN 比较适合用户或设备位置相对稳定的网络环境。

(2)动态 VLAN

动态 VLAN 是指交换机上以联网用户的 MAC 地址、逻辑地址(如 IP 地址)或数据包协议等信息为基础将交换机端口动态分配给 VLAN 的方式。当用户的主机连入交换机端口时,交换机通过检查 VLAN 管理数据库中相应的 MAC 地址、逻辑地址(如 IP 地址)或数据包协议的表项,以相应的数据库表项内容动态地配置相应的交换机端口。以基于 MAC 地址的动态 VLAN 为例,网络管理员可以通过指定具有哪些 MAC 地址的计算机属于哪一个 VLAN 进行配置,不管这些计算机连接到哪个交换机的端口。这样,如果计算机从一个位置移动到另一个位置,连接的端口从一个换到另一个,只要计算机的 MAC 地址不变,它仍将属于原 VLAN 的成员,无须网络管理员对交换机软件进行重新配置。这种 VLAN 划分方法,对于小型园区网的管理是很好的,但当园区网的规模扩大后,网络管理员的工作量也将变得很大。因为在新的节点加入网络中时,必须要为他们分配 VLAN 以正常工作,而统计每台机器的 MAC 地址将耗费管理员很多时间。因此在现代园区网络的实施中,这种基于 MAC 地址的 VLAN 划分办法已经慢慢被人们舍弃了。

2. VLAN 标识

在交换式以太网中引入 VLAN 后,不仅在同一台交换机上可存在多个 VLAN,同一个 VLAN 还可以跨越多个交换机。即从交换机到交换机的每条连接上都可能传输来自多个 VLAN 的不同数据,从而需要提供一种机制帮助交换机来识别来自不同 VLAN 的数据,以进行正确的转发。但是,传统的以太网帧并没有提供这种机制,因为那时还没有 VLAN 技术。为此,人们引入了 VLAN 的帧标记方法。在第二层帧中加入 VLAN 标识符有两种方法:

IEEE802.1Q 和 Cisco 专有的 ISL 打标记方法。

(1)ISL 干线

ISL 是 Cisco 公司私有的协议，当有数据在多个交换机间流动的时候，它控制 VLAN 信息并且使这些交换机互联起来。

ISL 是专门用于在 Trunk 链路上标记不同 VLAN 数据流的一种数据链路层协议。通过在 Trunk 链路上配置 ISL 使得来自不同 VLAN 的数据流能够复用该链路。ISL 工作在数据链路层，通过重新封装数据帧以获得独立于协议的能力。

ISL 在每个原始以太数据帧头附加一个 26 字节 ISL 帧头，如图 4-60 所示，同时为新的数据帧产生一个 4 字节的 CRC 附加在帧的末尾。在 26 字节的头部包含有一个 10 比特位长的 VLAN ID 字段，该字段中的值就是被封装数据所属的 VLAN 号。这样交换机就能识别属于不同 VLAN 的数据流。但主机(网卡)不识别这样的数据帧，所以，当交换机把数据传递给主机之前需要将 ISL 封装剥去。

ISL Header 26 bytes	Encapsulated Ethernet Frame	CRC 4 bytes

图 4-60　ISL 帧格式

(2)IEEE 802.1Q

IEEE 802.1Q 标准定义了 VLAN 的以太网帧格式，在传统的以太网的帧格式中插入一个 4 字节的标识符，称为 VLAN 标记，也称为 tag 域，用来指明发送该帧的工作站属于哪一个 VLAN，如图 4-61 所示。如果使用的是传统的以太网帧格式，那么就无法划分 VLAN。

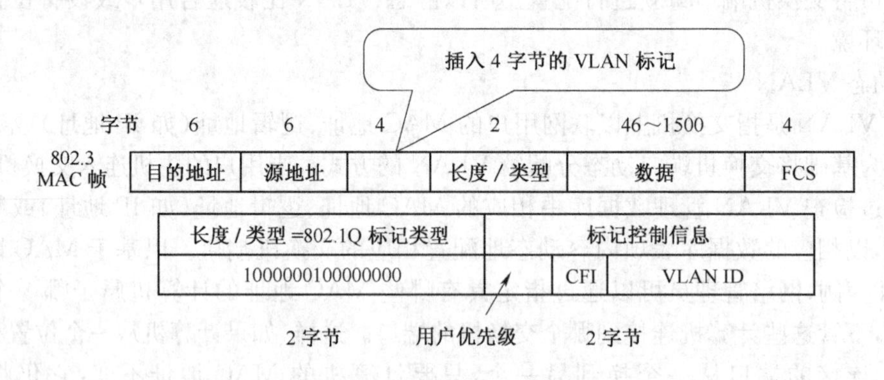

图 4-61　IEEE802.1Q 帧格式

VLAN 标记字段的长度是 4 字节，插入在以太网 MAC 帧的源地址字段和长度/类型字段之间。VLAN 标记的前两个字节和原来的长度/类型字段的作用一样，但它总是设置为 0x8100(这个数值大于 0x0600，因此不是代表长度)，称为 802.1Q 标记类型。当数据链路层检测到在 MAC 帧的源地址字段的后面的长度/类型字段的值是 0x8100 时，就知道现在插入了 4 字节的 VLAN 标记。于是就检查该标记的后两个字节的内容。在后面的两个字节中，前 3 比特是用户优先级字段，接着的比特是规范格式指示符(CFI：Canonical Format Indicator)，最后的 12 比特是该 VLAN 的标识符 VID，它唯一地标志这个以太网帧是属于哪一个 VLAN。在 801.1Q 标记(4 个字节)后面的两个字节是以太网帧的长度/类型段。因为用于 VLAN 的以太网帧的首部增加了 4 个字节，所以以太网帧的最大长度从原来的 1 518 字节变为 1 522 字节。

三、VLAN数据帧的传输

目前任何主机都不支持带有Tag域的以太网数据帧，即主机只能发送和接收标准的以太网数据帧，而将VLAN数据帧视为非法数据帧。所以支持VLAN的交换机在与主机和交换机进行通信时，需要区别对待。当交换机将数据发送给主机时，必须检查该数据帧，并删除tag域。而发送给交换机时，为了让对端交换机能够知道数据帧的VLAN ID，它应该给从主机接收到的数据帧增加一个tag域后再发送，其数据帧传输过程中的变化如图4-62所示。

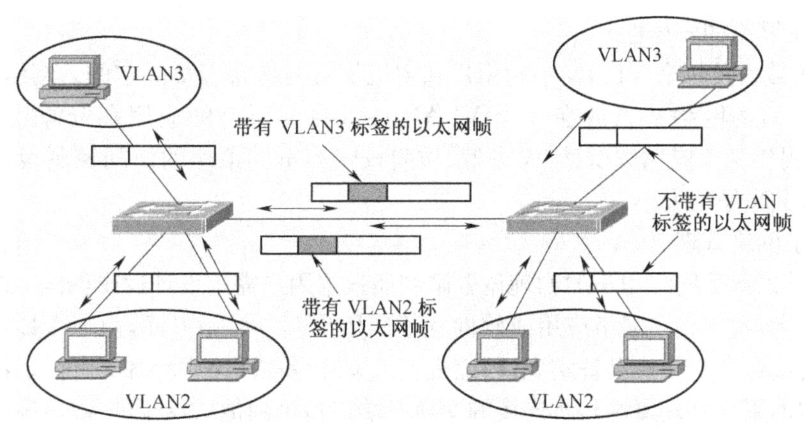

图4-62　VLAN数据帧的传输

当交换机接收到某数据帧时，交换机根据数据帧中的tag域或者接收端口的默认VLAN ID来判断该数据帧应该转发到哪些端口，如果目标端口连接的是普通主机，则删除Tag域（如果数据帧中包含tag域）后再发送数据帧；如果目标端口连接的是交换机，则添加Tag域（如果数据帧中不包含tag域）后再发送数据帧。为了保证在交换机之间的trunk链路上能够接入普通主机，以太网将还能够当检查到数据帧的VLAN ID和Trunk端口的默认VLAN ID相同时，数据帧不会被增加tag域。而到达对端交换机后，交换机发现数据帧中没tag域时，就认为该数据帧为接收端口的默认VLAN数据。

根据交换机处理数据帧的不同，可以将交换机的端口分为两类。

(1)Access端口：只能传送标准以太网帧的端口，一般是指那些连接不支持VLAN技术的端设备的接口，这些端口接收到的数据帧都不包含VLAN标签，而向外发送数据帧时，必须保证数据帧中不包含VLAN标签。

(2)Trunk端口：既可以传送有VLAN标签的数据帧也可以传送标准以太网帧的端口，一般是指那些连接支持VLAN技术的网络设备（如交换机）的端口，这些端口接收到的数据帧一般都包含VLAN标签（数据帧VLAN ID和端口默认VLAN ID相同除外），而向外发送数据帧时，必须保证接收端能够区分不同VLAN的数据帧，故常需要添加VLAN标签（数据帧VLAN ID和端口默认VLAN ID相同除外）。

四、VLAN的优点

采用VLAN后，在不增加设备投资的前提下，可在许多方面提高网络的性能，并简化网络管理。具体表现在以下几方面：

(1)提供了一种控制网络广播的方法

基于交换机组成的网络的优势在于可提供低时延、高吞吐量的传输性能,但会将广播包发送到所有互联的交换机、所有的交换机端口、干线联接及用户,从而引起网络中广播流量的增加,甚至产生广播风暴。通过将交换机划分到不同的 VLAN 中,一个 VLAN 的广播不会影响到其他 VLAN 的性能。即使是同一交换机上的两个相邻端口,只要它们不在同一 VLAN 中,则相互之间也不会渗透广播流量。VLAN 越小,VLAN 中受广播活动影响的用户就越少。这种配置方式大大地减少了广播流量,提高了用户的可用带宽,弥补了网络易受广播风暴影响的弱点。

(2)提高了网络的安全性

VLAN 的数目及每个 VLAN 中的用户和主机是由网络管理员决定的。网络管理员通过将可以相互通信的网络节点放在一个 VLAN 内或将受限制的应用和资源放在一个安全 VLAN 内,并提供基于应用类型、协议类型、访问权限等不同策略的访问控制表,就可以有效限制广播组或共享域的大小。

(3)简化了网络管理

一方面,可以不受网络用户的物理位置限制而根据用户需求设计逻辑网络,如同一项目或部门中的协作者,共享相同网络应用或软件的不同用户群。另一方面,由于 VLAN 可以在单独的交换设备或跨多个交换设备实现,因此也会大大减少在网络中增加、删除或移动用户时的管理开销。增加用户时只要将其所连接的交换机端口指定到他所属于的 VLAN 中即可;而在删除用户时只要将其 VLAN 配置撤销或删除即可;在用户移动时,只要他们还能连接到任何交换机的端口,则无须重新布线。

总之,VLAN 是交换式网络的灵魂,它不仅从逻辑上对网络用户和资源进行有效、灵活、简便管理提供了手段,同时提供了极高的网络扩展和移动性,是一种基于现有交换机设备的网络管理技术或方法,是提供给用户的一种服务。

五、静态 VLAN 的配置

在建立 VLAN 之前,必须考虑是否使用 VLAN 中继协议(VLAN Trunk Protocol,VTP)来为网络进行全局 VLAN 的配置。

VTP 是一种第二层管理协议,用于在整个网络中管理 VLAN 的添加、删除和重命名,确保 VLAN 配置在整个管理域中的一致性。VTP 域是一台或一组互联的共享相同 VTP 环境的交换机,每台交换机只能属于一个 VTP 域。

大多数 Catalyst 桌面交换机支持最多 64 个激活的 VLAN。Catalyst2950 系列交换机最大可支持的 VLAN 号为 4096。Catalyst 交换机的默认配置是为每一个 VLAN 运行一个单独的生成树实例。

Catalyst 交换机的原厂默认配置使得 VLAN 被预先配置好,以支持多种介质和协议类型。默认的以太网 VLAN 叫做 VLAN 1。

为了便于与远程的 Catalyst 交换机通信并管理,交换机必须有一个 IP 地址。这个 IP 地址必须在管理的 VLAN 内,默认是 VLAN 1。在建立 VLAN 之前,交换机必须处于 VTP 服务器模式或 VTP 透明模式。Catalyst 交换机默认处于 VTP 服务器模式下。

1. 配置静态 VLAN

(1)配置 VLAN 的 ID 和名字

配置 VLAN 最常见的方法是在每个交换机上手工指定端口－LAN 映射。在全局配置模式下使用 VLAN 命令。

```
Switch(config)#vlan vlan-id
```

其中:Vlan-id 是要被添加的 VLAN 的 ID,如果要安装增强的软件版本,范围为 1～4096,如果安装的是标准的软件版本,范围为 1～1 005。每一个 VLAN 都有一个唯一的 4 位的 ID(范围:0001～1005)。

```
Switch(config-vlan) #name vlan-name
```

定义一个 VLAN 的名字,可以使用 1～32 个 ASCII 字符,但是必须保证这个名称在管理域中是唯一的。

为了添加一个 VLAN 到 VLAN 数据库,需要给 VLAN 分配给一个 ID 号和名字。VLAN1(包括 VLAN1002、VLAN1003、VLAN1004 和 VLAN1005)是一些厂家默认 VLAN ID 号。

默认配置中,交换机处在 VTP 服务器模式,所以可以添加、更改或删除 VLAN。如果交换机设置为 VTP 客户模式,就不能添加、更改或删除 VLAN。

为了添加一个以太网 VLAN,必须至少指定一个 VLAN ID。如果不为 VLAN 输入一个名字,默认配置会在"VLAN"这个字母后自动添加 VLAN 的号码。例如,如果不加以命名,VLAN0004 将使用 VLAN 4 的默认名字。

如果要修改一个已存在的 VLAN 名字或号码,需要使用与添加 VLAN 时相同的命令。

(2)分配端口

在新创建一个 VLAN 之后,可以为之手工分配一个端口号或多个端口号。一个端口只能属于唯一一个 VLAN。这种为 VLAN 分配端口号的方法称为静态－接入端口。

在接口配置模式下,分配 VLAN 端口命令为:

```
Switch(config-if) #switch port access vlan vlan-id
```

默认情况下,所有的端口都属于 VLAN 1。

2. 检验 VLAN 配置

在特权模式下,可以检验 VLAN 的配置,常用的命令有:

```
Switch# show vlan          //显示所有 VLAN 的配置消息
Switch# show interface interface switch port          //显示一个指定的接口的 VLAN 信息
```

3. 添加、更改和删除 VLAN

为了添加、更改和删除 VLAN,需要把交换机设在 VTP 服务器或透明模式。当要为整个域内的交换机做一些 VLAN 更改时,必须处于 VTP 服务器模式,在 VTP 范围内更新的内容会自动传播到其他交换机上,在 VTP 透明模式下做的 VLAN 更改只能影响本地交换机,更改不会在 VTP 范围内传播。

为了修改 VLAN 的属性(如 VLAN 的名字),应使用全局配置命令 vlan vlan-id,但不能更改 VLAN 编号,为了使用不同的 VLAN 编号,需要创建新的 VLAN 编号,然后再分配相应的端口到这个 VLAN 中。

为了把一个端口移到一个不同的 VLAN 中，要用一个和初始配置相同的命令。在接口配置模式下使用 switch port access 命令来执行这项功能。无须将端口移出 VLAN 来实现这项转换。

当在一个 VTP 服务器模式的交换机上删除一个 VLAN 时，这个 VLAN 就会在所有这个 VTP 域中的交换机上被删除。当在一个 VTP 透明模式的交换机上删除一个 VLAN，这个 VLAN 只是在这台交换机上被删除。在 VLAN 配置模式下，使用命令 no vlan vlan-id 删除VLAN。删除 VLAN 之前，要确定原来在该 vlan 下的所有端口移到了另一个 VLAN 中。

在接口配置模式下，使用 no switch port access vlan 命令，可以将该端口重新分配到默认 VLAN(VLAN 1)中。

第九节 以太网交换机管理与配置

交换机是局域网最重要的连通设备，实际上局域网的管理大多涉及交换机。为了更充分地发挥交换机的转发效率优势，在网络中实施交换机时，往往需要针对网络环境需求对交换机的端口和其他应用技术进行调整和配置。本节将以 Cisco Catalyst 系列交换机为例介绍交换机管理和配置。

一、交换机配置基础

(一)交换机的组成

交换机是由硬件和软件系统构成的综合体，只不过它没有键盘、鼠标和显示器等外设。

1. 交换机的硬件构成

(1)CPU

CPU 提供控制和管理交换的功能，控制和管理所有网络通信的运行，在交换机中，CPU 的作用通常没有那么重要。因为大部分的交换计算由一种称为专用集成电路 ASIC 的芯片来完成。

(2)交换机背板的 ASIC 芯片

ASIC 芯片是交换机内部的硬件集成电路，用于交换机所有端口之间直接并行转发数据，以提高交换机高速转发数据性能。

(3)RAM、ROM

和计算机一样，RAM 主要用于辅助 CPU 工作，对 CPU 处理的数据进行暂时存储；ROM 主要用于保存交换机操作系统的引导程序，固化保存设备启动引导程序。

(4)FLASH

FLASH 用来保存交换机的操作系统程序以及交换机的配置文件信息等，它可读、可写、可存储，具有读写速度快的特点。

(5)交换机端口

交换机端口主要有 RJ-45 端口、光纤端口和 Console 端口，如图 4-63 所示。

图 4-63　交换机接口

①RJ-45 端口：这种接口就是现在最常见的网络设备接口，俗称“水晶头”，专业术语为RJ-45连接器，属于双绞线以太网接口类型，如图 4-63 所示。RJ-45 插头只能沿固定方向插入，并设有一个塑料弹片与 RJ-45 插槽卡住以防止脱落。

这种接口在 10Base-T 以太网、100Base-TX 以太网、1000Base-TX 以太网中都可以使用，传输介质都是双绞线，不过根据带宽的不同对介质也有不同的要求，特别是 1000Base-TX 千兆以太网连接时，至少要使用超五类线，如果要保证稳定高速还需使用 6 类线。

②1 000M GBIC 接口：Cisco GBIC(Gisco Gigabit Interface Converter)是一个通用的、低成本的千兆位以太网模块，可提供 Cisco 交换机间的高速连接，既可建立高密度端口的堆叠，又可实现与服务器或千兆位主干的连接。此外，借助于光纤，还可实现与远程高速主干网络的连接。如图 4-64 所示。

在 GBIC 接口中可以插入 1000Base-T 模块(如图 4-64 所示，用于双绞线连接)和 SC 模块(如图 4-65 所示，用于光纤连接，支持 1000Base-SX/LX 技术)。

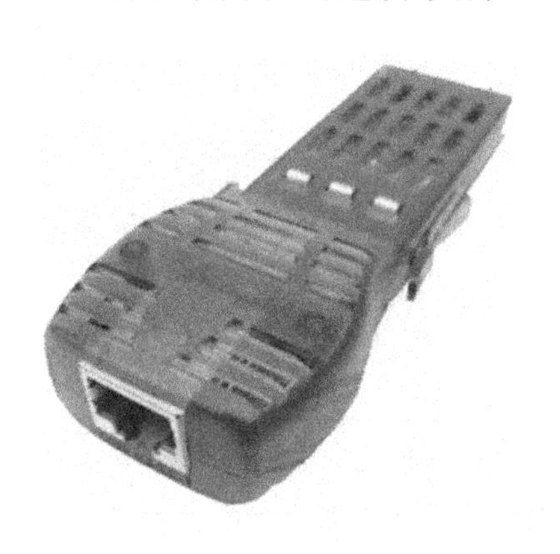

图 4-64　1000Base-T GBIC 模块

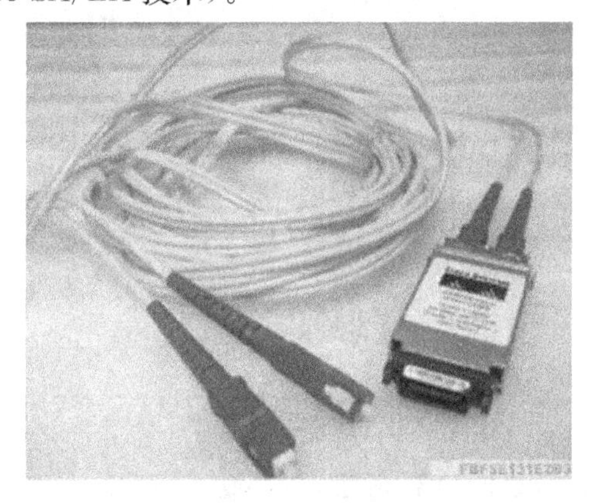

图 4-65　1000Base-SX GBIC 模块

③SFP 接口：SFP(Small Form-factor Pluggable)可以简单理解为 GBIC 的升级版本。SFP 模块(如图 4-66 所示)体积比 GBIC 模块减少一半，可以在相同面板上配置多出一倍以上的端口数量。由于 SFP 模块在功能上与 GBIC 基本一致，因此，也被有些交换机厂商称为小型化 GBIC(Mini-GBIC)。在许多交换机上都包含了小封装的可热插拔的(SFP)插槽供 SFP

模块接入,从而替代了 DBIC 插槽。SFP 插槽更小,在 SFP 接口中插入 SFP 模块,支持 1000Base-SX/LX 技术。

图 4-66 SFP 模块

④Console 端口:可网管交换机上都有一个 Console 端口,它是专门用于对交换机进行配置和管理的端口。如图 4-63 所示。用于交换机配置的 Console 端口并不是所有交换机都一样,有的采用与 Cisco 路由器一样的 RJ-45 类型 Console 接口。而有的则采用串口作为 Console 接口。

2. 交换机软件系统

Cisco catalyst 系列交换机所使用的操作系统是 IOS 或 COS(Catalyst Operating System)。利用操作系统所提供的命令,可实现对交换机的配置与管理。其中 IOS 使用最为广泛,它们的操作系统和路由器所使用的操作系统都基于相同的内核和 Shell。COS 的优点在于命令体系比较易用。

(二)交换机的配置线缆

1. RJ-45 接头扁平配置线:两端均为 RJ-45 接头(RJ-45-to-RJ-45),如图 4-67 所示。又称为反转线,实际内部是双绞线线序标准,一端为 EIA/TIA 568A 或 EIA/TIA 568B 标准,另一端为与此相反线序标准。

图 4-67 RJ-45 接头扁平配置线

图 4-68 DB9-RJ45 的转接头

2. 一端是 DB9 母头,另一端是 RJ45 头的配置线缆:计算机的串口和交换机的 Console 口是通过反转线进行连接的,反转线的一端接在交换机的 Console 口上,另一端接到一个 DB9-RJ45 的转接头(如图 4-68 所示)上,DB9 则接到计算机的串口上。

3. 有些 RJ-45 接头扁平配置线一端固定为 RJ-45 接头,另一端直接为串行接头(DB9)。如图 4-69 所示。

图 4-69　固定 DB9 接口配置线

(三)交换机配置方式

对交换机的配置与管理一般都是由计算机来进行,通过配置线把交换机的 Console 端口和计算机连接起来,并在计算机上安装仿真终端,也就是把一台计算机配置成为相连交换机的仿真终端设备,这样就可以通过计算机来配置和管理交换机。

一般来说,Cisco 交换机可以通过 4 种方式来进行配置。

1. 使用 PC 计算机通过 Console 口对交换机进行配置和管理

交换机在进行第一次配置时必须通过 Console 口访问交换机。计算机的串口和交换机的 console 口是通过反转线(roll over)进行连接的,反转线的一端接在交换机的 console 口上,另一端接到一个 DB9-RJ45 的转接头上,DB9 则接到计算机的串口上。计算机和交换机连接好后,可以使用各种各样的终端软件配置交换机了。

2. 通过 Telnet 对交换机进行远程管理

如果管理员不在交换机旁边,可以通过 telnet 远程配置交换机,当然这需要预先在交换机上配置了 IP 地址和密码,并保证管理员的计算机和交换机之间是 IP 可达的(简单讲就是能 ping 通)。CISCO 交换机通常支持多人同时 telnet,每一个用户称为一个虚拟终端(VTY)。第一个用户为 vty 0,第二个用户为 vty 1,以此类推,交换机通常达 vty 4。现在的设备可以到达 vty15。

3. 通过 Web 对交换机进行远程管理

4. 通过 Ethernet 上的 SNMP 网管工作站对交换机进行管理

通过网管工作站进行配置,这就需要在网络中有至少一台运行 Cisco works 及 Cisco View 等的网管工作站,还需要另外购买网管软件。

在以上 4 种管理交换机的方式中,后面三种方式都要连接网络。都会占用网络带宽,称带内管理。交换机第一次使用时,必须采用第 1 种方式对交换机进行配置,这种方式并不占用网络的带宽,通过控制线连接交换机和计算机,称为带外管理(Out of band)。

(四)交换机配置模式及转换

1. 配置模式

根据配置管理的功能的不同,可网管交换机可分为几种不同工作模式,如图 4-70 所示。

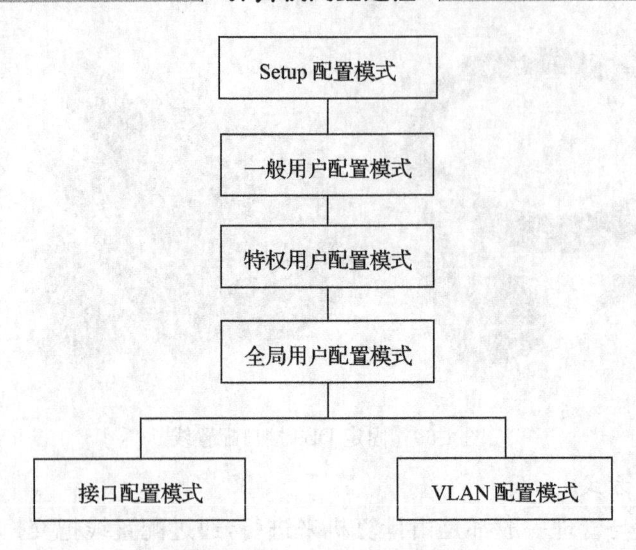

图 4-70 交换机的配置模式

(1)Setup 配置模式

一般在交换机第一次启动的时候进入 Setup 配置模式,并不是所有的交换机都支持 Setup 配置模式。

Setup 配置大多是以菜单的形式出现的,在 Setup 配置模式中可以做一些交换机最基本的配置,譬如修改交换机提示符、配置交换机 IP 地址、启动 Web 服务等。

(2)一般用户配置模式

用户进入 CLI(Command Line Interface)界面,首先进入的就是一般用户配置模式,提示符为"Switch>",当用户从特权用户配置模式使用命令 exit 退出时,可以回到一般用户配置模式。

在一般用户配置模式下有很多限制,用户不能对交换机进行任何配置,只能查询交换机时钟和交换机的版本信息。所有的交换机都支持一般用户配置模式。

(3)特权用户配置模式

在一般用户配置模式使用 Enable 命令,如果已经配置了进入特权用户的口令,则输入相应的特权用户口令,即可进入特权用户配置模式"Switch#"。当用户从全局配置模式使用 exit 退出时,也可以回到特权用户配置模式。

在特权用户配置模式下,用户可以查询交换机配置信息、各个端口的连接情况、收发数据统计等。而且进入特权用户配置模式后,可以进入到全局模式对交换机的各项配置进行修改,因此进行特权用户配置模式必须要设置特权用户口令,防止非特权用户的非法使用,对交换机配置进行恶意修改,造成不必要的损失。

(4)全局配置模式

进入特权用户配置模式后,只需使用命令 Configure terminal,即可进入全局配置模式"Switch(Config)#"。当用户在其他配置模式,如接口配置模式、VLAN 配置模式时,可以使用命令 exit 退回到全局配置模式。

在全局配置模式,用户可以对交换机进行全局性的配置,如对 MAC 地址表、端口镜像、创建 VLAN、启动 IGMP Snooping、STP 等。用户在全局模式还可通过命令进入到端口,对各个端口进行配置。

(5)接口配置模式

在全局配置模式，使用命令 Interface 端口，就可以进入到相应的接口配置模式。

(6)VLAN 配置模式

在全局配置模式，使用命令“vlan database”的命令可以进入 VLAN 配置模式。如下所示：

```
Console(config) #vlan database
Console(vlan) #
```

在 VLAN 配置模式，用户可以配置本 VLAN 的成员以及各种属性。

2. 配置技巧

(1)支持快捷键

交换机为方便用户的配置，特别提供了多个快捷键，如上、下、左、右键及删除键 BackSpace 等。如果超级终端不支持上下光标键的识别，可以使用 Ctrl+P 和 Ctrl+N 键来替代。

(2)帮助功能

交换机为用户提供了两种方式获取帮助信息，其中一种方式为使用“help”命令，另一种为“?”方式。两种方式的使用方法和功能见表 4-6。

表 4-6　交换机的帮助功能和信息

帮助	使用方法及功能
help	在任一命令模式下，输入“help”命令均可获取有关帮助系统的简单描述
?	1. 在任一命令模式下，输入“?”获取该命令模式下的所有命令及其简单描述； 2. 在命令的关键字后，输入以空格分隔的“?”，若该位置是参数，会输出该参数类型、范围等描述；若该位置是关键字，则列出关键字的集合及其简单描述；若输出“<cr>”，则此命令已输入完整，在该处键入回车即可。 3. 在字符串后紧接着输入“?”，会列出以该字符串开头的所有命令

(3)对输入的检查

通过键盘输入的所有命令都要经过 Shell 程序的语法检查。当用户正确输入相应模式下的命令后，且命令执行成功，不会显示信息。如输入不正确，则返回一些出错的信息。

(4)命令简写

在输入一个命令时可以只输入各个命令字符串的前面部分，只要长到系统能够与其他命令关键字区分就可以。或在敲入一个命令字符串的部分字符后键入 Tab 键，系统就会自动显示该命令的剩余字符串形成一个完整的命令。

(5)否定命令的作用

对于许多配置命令可以输入前缀 no 来取消一个命令的作用或者是将配置重新设置为默认值。

(五)交换机的存储介质及启动过程

交换机中具有以下四种存储介质，分别具有不同的作用，如图 4-71 所示。

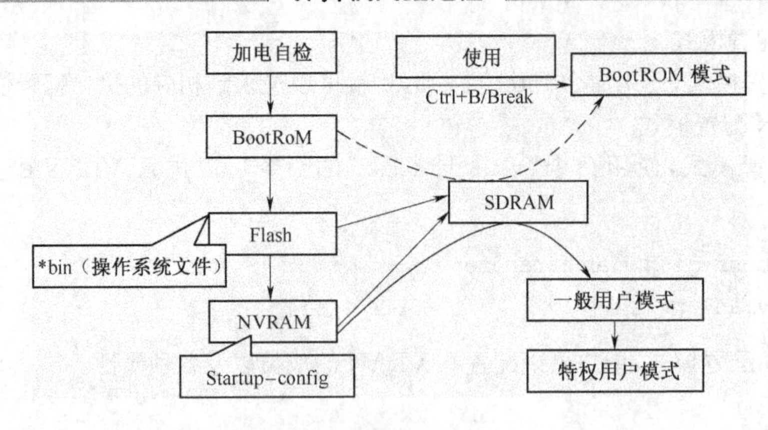

图 4-71　交换机的存储介质

(1)Boot Rom:交换机的基本启动版本即硬件版本的存放位置,交换机加电启动时,由它引导交换机进行基础的启动过程,主要任务包括对硬件版本的识别和常用网络功能的启用等。在开机提示出现 10 s 之内按 Ctrl＋B 或者 Ctrl＋Break 键可以进入交换机的 Boot Rom 方式。

(2)SDRAM:交换机的运行内存,主要用来存放当前运行文件,譬如 running-config。它是掉电丢失的。

(3)Flash:存放当前运行的操作系统版本,即交换机的软件版本或者操作代码。

(4)NVRAM:存放交换机配置好的配置文件,即 startup-config。NVRAM 中的内容是掉电不丢失的,交换机有无配置文件存在都应该可以正常启动。

部分交换机的 Flash 和 NVRAM 可能会共用一个存储介质。

二、以太网交换机的基本配置

对以太网交换机进行配置可以有多种方法,其中使用终端控制台查看和修改交换机的配置是最基本、最常用的一种。不同厂家的以太网交换机,其配置方法和配置命令有很大的差异。本课程中,我们以思科系列交换机为例。

1. 以太网交换机

Catalyst 2950-24 Switch 为 24 口 10/100 Mbit/s 二层可管理交换机。面板结构包括:系统指示灯(System LED)、冗余电源指示灯(RPS LED)、状态指示灯(STAT)、带宽利用指示灯(UTIL)、双工通信方式指示灯(DUPLX)、快速指示灯(SPEED)和端口模式转换按钮(Mode button)。在每一个端口之上都有一个端口状态指示灯(Port status LED)。

Cisco Catalyst 2950-24 Switch 背面主要有交流电源接口(AC power connector)、冗余电源接口(RPS connector)、风扇(Fan)和 RI-45 控制台接口(RJ-45 Console port)四个部分。

2. 终端控制台的连接和配置

使用自带的 RJ-45-to-DB-9 连接线将交换机背面的 RJ-45 Console port 与计算机的通信口(如 COM1 或 COM2)相连,接好电源。启动计算机上的超级终端,设置端口如图 4-72 所示。

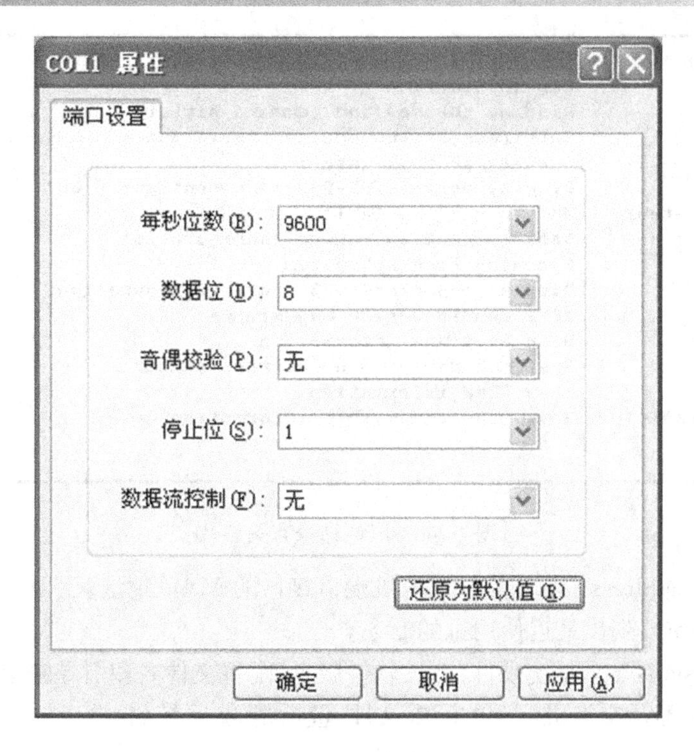

图 4-72　设置超级终端的串行口

进入超级终端，传回交换机信息，进入特权用户管理的控制台状态(enable 或 en，输入口令)，结果显示如图 4-73 所示。

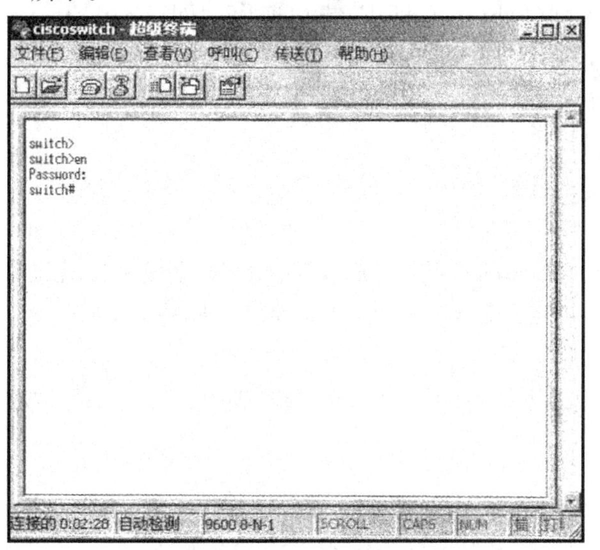

图 4-73　交换机控制台管理状态

3. Catalyst 2950 Switch 的常见管理命令

使用“show?”可以显示 show 之后的参数，如图 4-74 所示。

```
switch#show ?
cdp                  cdp information
history              Display the session command history
interfaces           Interface status and configuration
ip                   Display IP configuration
line                 Display console/RS-232 port configuration
mac-address-table    MAC forwarding table
running-config       Show current operating configuration
spantree             Spanning tree subsystem
terminal             Display console/RS-232 port configuration
tftp                 TFTP configuration and status
trunk                Display trunk information
version              System hardware and software status
vlan                 Show VLAN information
vlan-membership      Show VLAN membership information
switch#
```

图 4-74　show 命令有关参数

(1)show mac-address-table:显示交换机端口接口的 MAC 地址表。

(2)show history:列出最近使用过的命令。

(3)show version:显示系统硬件信息、软件版本、配置文件名和引导映象等。

(4)show run:显示交换机活动的配置文件,包括密码、系统名、接口、控制端口和辅助端口的设置等。

(5)show interfaces:显示交换机所有接口配置统计情况。交换机主干和接入端口都被当作接口,输出结果依赖于网络上接口的配置方式。通常使用带有 type 和 slot/number 选项的命令,其中 type 为以太网(Ethernet,即 E)或快速以太网(Fast Ethernet,即 F),slot/number 为选中接口的插槽(Cisco 2950 为 0)和端口号(如 0~24)。如 show interface fa0/1。

(6)show ip:显示交换机当前的 IP 配置。

4. 交换机基础配置

(1)交换机管理地址配置

在默认情况下,交换机仅允许用户通过控制台端口进行访问。即一台交换机工作在第二层,交换机超级用户出于管理的目的(如通过 Telnet 对交换机进行操作),仍然必须在第三层维护一个 IP 栈。然后可以给交换机分配 IP 地址和子网掩码,使得交换机超级用户进行远程通信成为可能。

可以在全局配置模式下执行如下的命令,为管理 VLAN(默认情况下是 VLAN 1)分配 IP 地址。

```
Switch(config)#interface vlan1
Switch(config-if)#IP address ip-address net mask
Switch(config-if)#no shutdown
```

VLAN1 是交换机上的默认 VLAN,也称为管理 VLAN,即管理交换机所用的 VLAN。为交换机设置的 IP 地址应该设置在管理 VLAN 上,要想访问这台交换机必须能够访问管理 VLAN 所在的子网。使用 show run 或 show interface 命令可以查看该参数。

(2)设置默认网关

设置默认网关的目的是让数据能够到达其他网络。对于多层交换机来说,如果 IP 路由功能打开的话就不需要设置默认网关了。设置默认网关的命令如下：

```
Switch(config)#IP default-gateway ip-address
```

(3)设置交换机的主机名

所有出厂的交换机都有默认的配置和默认的系统名称或提示。可以更改这个名字，便于每一台交换机在网络中能够惟一地进行认证。为了改变主机或系统的名称，配置命令如下：

```
Switch(config)#hostname hostname
```

主机名称是一个1～255个字母或数字组成的字符串。一旦执行这条命令，系统做出改变提示，反映新的主机名称。

(4)交换机口令安全性配置

通常，网络设备应该配置为对于未被授权的访问是安全的。Catalyst交换机通常提供一个简单安全的形式，通过设置密码来限制注册到用户接口的人。两种可用的用户访问级别：用户模式和特权模式。用户模式是访问的第一级，准许访问基本的端口。特权模式需要第二密码，准许设置或改变交换机操作参数以及配置。

为用户模式设置注册密码，需要在全局配置模式下输入下列命令：

telnet访问时登录口令(注册密码)：

```
Switch(config)#line vty 0 15
Switch(config-line)#login
Switch(config-line)#password password
```

控制台(console)访问时：

```
Switch(config)#line con 0
Switch(config-line)#login
Switch(config-line)#password password
```

当进入全局配置模式后，使用enable password和enable secret命令配置，特权模式明文密码和加密密码，配置命令如下：

```
Switch(config)#enable password password
Switch(config)#enable secret password
```

注意在2950交换机中enable password和enable secret不可以设成一样的，而且enable secret比enable password更安全，如设置了两者，只有前者起作用。

(5)交换机端口设置

端口速度：可以通过交换机配置命令给交换机端口指定一个特殊的速度，快速以太网10/100端口可以为自协商模式，设置速度为10、100或Auto(默认)。

使用如下接口配置命令，在一个特殊的以太网端口上指定端口速度：

```
Switch(config-if)#speed{10|100|auto}
```

端口模式：为一个基于以太网的交换机端口指定一个特殊的连接模式。端口可以在半双工、全双工或自协商模式下操作。

使用如下接口配置命令，在交换机端口上设置连接模式：

```
Switch(config-if)#duplex{auto|full|half}
```

(6)通过 Telnet 管理交换机设置

Telnet 协议是一种远程访问协议,可以用它登录到远程计算机、网络设备或专用 TCP/IP 网络。Windows 系统、UNIX/Linux 等系统中都内置有 Telnet 客户端程序,可以用它来实现与远程交换机的通信。

在使用 Telnet 连接至交换机前,应当确认已经做好以下准备工作:

①在用于管理的计算机中安装有 TCP/IP 协议,并配置好了 IP 地址信息。

②在被管理的交换机上已经配置好 IP 地址信息。如果尚未配置 IP 地址信息,则必须通过 Console 端口进行设置。

③在被管理的交换机上建立了具有管理权限的用户账户。如果没有建立新的账户,则 Cisco 交换机默认的管理员账户为"Admin"。

Telnet 命令的一般格式如下:

```
telnet [Hostname/port]
```

这里要注意的:Hostname 包括了交换机的名称,但更多的是指交换机的 IP 地址。格式后面的"Port"一般是不需要输入的,它是用来设定 Telnet 通信所用的端口的,一般来说Telnet 通信端口,在 TCP/IP 协议中有规定,为 23 号端口,最好不用改它,也就是说可以不输入这个参数。

三、STP 协议配置

2950 交换机默认运行的是 PVST+生成树协议,所以每一个 VLAN 启动一个生成树实例(instance)。

1. PVST 解析

PVST 是解决在虚拟局域网上处理生成树的 Cisco 特有解决方案。PVST 为每个虚拟局域网运行单独的生成树实例。一般情况下 PVST 要求在交换机之间的中继链路上运行 Cisco 的 ISL 协议。

每 VLAN 生成树(PVST)为每个在网络中配置的 VLAN 维护一个生成树实例。它使用 ISL 中继和允许一个 VLAN 中继当被其他 VLANs 的阻塞时将一些 VLANs 转发。尽管 PVST 对待每个 VLAN 作为一个单独的网络,它有能力(在第 2 层)通过一些在主干和其他在另一个主干中的不引起生成树循环的 VlANs 中的一些 VLANs 来负载平衡通信。

2. STP 协议配置命令

对于 Cisco 交换机,默认情况下 STP 是开启的。

关闭 STP 协议的命令:

```
Switch(config)#no spanning-tree vlan vlan-id
```

打开 STP 协议的命令:

```
Switch(config)#spanning-tree vlan vlan-id
```

可以使用下面的命令指定某台交换机作为某个 VLAN 的根桥:

```
Switch(config)#spanning-tree vlan vlan-id root primary
```

可以使用下面的命令通过改变网桥优先级指定某个交换机为根桥：

```
Switch(config)#spanning-tree vlan vlan-id priority priority
```

显示 STP 协议运行情况的命令：

```
Switch#show spanning-tree vlan vlan-id
```

显示结果如下：

```
Switch#show spanning-tree vlan 1
VLAN0001
  Spanning tree enabled protocol ieee
  Root ID     Priority    32769
              Address     0050.0FEA.0C7B
              This bridge is the root
              Hello Time 2 sec max Age 20 sec Forward Delay 15 sec

   Bridge ID  Priority    32769  (priority 32768 sys-id-ext 1)
              Address     0050.0FEA.0C7B
              Hello Time 2 sec Max Age 20 sec Forward Delay 15 sec
              Aging Time 20

Interface       Role Sts Cost       Prio.Nbr Type
--------------- ---- --- --------- -------- --------------------------------
Fa0/1           Desg FWD 19         128.1    P2p
```

输出内容分 3 部分："Root ID"部分显示有关根桥参数；"Bridge ID"部分显示输出该信息的交换机的参数；第三部分显示了在该 VLAN 中的端口参数。

四、Cisco Catalyst2950-24 Switch 的 VLAN 配置

将 Cisco Catalyst 2950-24 Switch 端口 1、2、3 划分到 vlan20，将连接交换机 2 的端口 f0/24 配置为 trunk，允许多个 VLAN 通过。

(1)查看 VLAN 配置

使用 show vlan 命令查看原默认 VLAN 配置情况：

```
switch #show vlan
```

结果如图 4-75 所示。

(2)添加 VLAN

默认状态下只有 VLAN1，新添加的 VLAN 可以从 VLAN2 开始。在特权模式下，进入 VLAN 数据库维护模式设置 VLAN：

```
switch#vlan database
switch(vlan)#vlan vlan_number[name vlan_name]
```

中括号内是可选项。如果需要设置多个 VLAN，在 VLAN 数据库模式下重复使用该命令。

例：生成编号为 20，名字为 TEST 的虚拟网络：

switch(vlan)#vlan 20 name TEST

使用exit退出至特权模式，添加过程如图4-76所示。

```
Switch#show vlan

VLAN Name                             Status    Ports
---- -------------------------------- --------- -------------------------------
1    default                          active    Fa0/1, Fa0/2, Fa0/3, Fa0/4
                                                Fa0/5, Fa0/6, Fa0/7, Fa0/8
                                                Fa0/9, Fa0/10, Fa0/11, Fa0/12
                                                Fa0/13, Fa0/14, Fa0/15, Fa0/16
                                                Fa0/17, Fa0/18, Fa0/19, Fa0/20
                                                Fa0/21, Fa0/22, Fa0/23, Fa0/24
1002 fddi-default                     active
1003 token-ring-default               active
1004 fddinet-default                  active
1005 trnet-default                    active

VLAN Type  SAID       MTU   Parent RingNo BridgeNo Stp  BrdgMode Trans1 Trans2
---- ----- ---------- ----- ------ ------ -------- ---- -------- ------ ------
1    enet  100001     1500  -      -      -        -    -        0      0
1002 enet  101002     1500  -      -      -        -    -        0      0
1003 enet  101003     1500  -      -      -        -    -        0      0
1004 enet  101004     1500  -      -      -        -    -        0      0
1005 enet  101005     1500  -      -      -        -    -        0      0
```

图4-75　查看原默认VLAN配置情况

```
Switch#vlan database

Switch(vlan)#vlan 20 name TEST
VLAN 20 added:
    Name: TEST
Switch(vlan)#EXIT
APPLY completed.
Exiting....
```

图4-76　添加VLAN

使用"show vlan"再次查看交换机VLAN配置，如图4-77所示，确认新的VLAN已经添加成功。

```
VLAN Name                             Status    Ports
---- -------------------------------- --------- -------------------------------
1    default                          active    Fa0/1, Fa0/2, Fa0/3, Fa0/4
                                                Fa0/5, Fa0/6, Fa0/7, Fa0/8
                                                Fa0/9, Fa0/10, Fa0/11, Fa0/12
                                                Fa0/13, Fa0/14, Fa0/15, Fa0/16
                                                Fa0/17, Fa0/18, Fa0/19, Fa0/20
                                                Fa0/21, Fa0/22, Fa0/23, Fa0/24
20   TEST                             active
1002 fddi-default                     active
1003 token-ring-default               active
1004 fddinet-default                  active
1005 trnet-default                    active

VLAN Type  SAID       MTU   Parent RingNo BridgeNo Stp  BrdgMode Trans1 Trans2
---- ----- ---------- ----- ------ ------ -------- ---- -------- ------ ------
1    enet  100001     1500  -      -      -        -    -        0      0
20   enet  100020     1500  -      -      -        -    -        0      0
1002 enet  101002     1500  -      -      -        -    -        0      0
1003 enet  101003     1500  -      -      -        -    -        0      0
1004 enet  101004     1500  -      -      -        -    -        0      0
 --More--
```

图4-77　添加VLAN后的状态

(3)为 VLAN 分配端口(建立静态 VLAN)

步骤 1:进入配置终端模式。

```
switch#configure terminal
```

步骤 2:配置 1 号端口。

```
switch(config)#interface Fa0/1
```

步骤 3:设置端口访问模式,将端口 1 分配给 VLAN20。

```
switch(config-if)# switch port mode access
switch(config-if)# switch port access vlan 20
```

重复步骤 2～3,添加 2 和 3 端口。

步骤 4:退出至特权模式。

```
switch(config-if)#end
```

步骤 5:显示配置后的结果。

```
Switch#show vlan
```

结果如图 4-78 所示。

```
VLAN Name                             Status    Ports
---- -------------------------------- --------- -------------------------------
1    default                          active    Fa0/4, Fa0/5, Fa0/6, Fa0/7
                                                Fa0/8, Fa0/9, Fa0/10, Fa0/11
                                                Fa0/12, Fa0/13, Fa0/14, Fa0/15
                                                Fa0/16, Fa0/17, Fa0/18, Fa0/19
                                                Fa0/20, Fa0/21, Fa0/22, Fa0/23
                                                Fa0/24
20   TEST                             active    Fa0/1, Fa0/2, Fa0/3
1002 fddi-default                     active
1003 token-ring-default               active
1004 fddinet-default                  active
1005 trnet-default                    active

VLAN Type  SAID       MTU   Parent RingNo BridgeNo Stp  BrdgMode Trans1 Trans2
---- ----- ---------- ----- ------ ------ -------- ---- -------- ------ ------
1    enet  100001     1500  -      -      -        -    -        0      0
20   enet  100020     1500  -      -      -        -    -        0      0
1002 enet  101002     1500  -      -      -        -    -        0      0
1003 enet  101003     1500  -      -      -        -    -        0      0
1004 enet  101004     1500  -      -      -        -    -        0      0
 --More--
```

图 4-78　VLAN20 分配端口 1、2、3 端口后的结果

(4)将 f0/24 设置为 trunk

设置 TRUNK 端口的语法如下:

```
switch(config-if)#switch port mode {dynamic{auto | desirable} | trunk}
```

Dynamic auto:如果对应端口设为 trunk 并协商模式或 desirable 模式,该端口就成为 trunk 端口。

Dynamic desirable：如果对应端口设为 trunk 并协商模式、desirable 模式或 auto，该端口就成为 trunk。

Trunk：把端口设为 trunk 并发送协商数据。

例：switch(config-if)＃switch port mode trunk

在 2950 交换机上，端口被设置为 trunk 后使用 802.1Q 帧格式并处于协商模式，且不能更改。

(5)使用 show running-config 查看以上设置的结果

(6)删除 VLAN

当某个 VLAN 不必存在时，可以将该 VLAN 删除。其步骤如下。

进入全局配置模式：

switch＃configure terminal

将 VLAN20 从数据库中删除：

switch(config)＃no vlan 20

退出至特权模式：

switch(config)＃ exit

删除后再用"show vlan"显示其结果。

本章小结

1. 局域网是一种较小范围内的计算机网络，利用通信线路将众多计算机及外设连接起来，以传输数据、视频、音频等信息及资源共享为目的。通常局域网是学校、企业的统一通信平台。

2. 双绞线是目前使用最广泛的一种有线传输介质。典型的数据传输率为 10 Mbit/s、100 Mbit/s 和 1 000 Mbit/s。

3. 局域网的体系结构是 IEEE 802 参考模型，该模型共分为物理层、MAC 子层、LLC 子层。

4. CSMA/CD 是较早总线式以太网的半双工通信协议；现在的局域网使用以太网交换机、双绞线、光纤的以太网，实现全双工通信，也支持 CSMA/CD 半双工协议。

5. 局域网的组网设备包括硬件和软件。软件主要是指以网络操作系统为核心的软件系统，硬件组件则主要指计算机及各种设备，包括服务器和工作站、网卡、网络传输介质、网络连接部件与设备等。

6. 以太网的速率有 10 Mbit/s、100 Mbit/s、1 000 Mbit/s、10 Gbit/s，通信方式有半双工、全双工。以太网的端口协商功能使不同速率、不同通信方式的网络设备能在一个网络中。

7. 以太网交换机在交换机的各个端口之间交换 MAC 帧，以太网交换机由连接器、接口缓存、交换机构、地址表组成。通常交换机通过源地址学习建立 MAC 地址表，交换机的地址表用于交换、过滤数据帧。

8. 第二层交换机有三项基本功能：地址学习、转发/过滤数据帧和防范环路

9. 为了保证局域网通信不中断，局域网使用了冗余链路，冗余链路的存在，在网络中可能产生交换回路，交换机通过运行生成树协议，使物理上有回路的网络变成逻辑上没有回路的树型网络，避免环路，同时实现链路备份和路径最优化。

10. 以太网交换机的分类可以按照网络 OSI 七层模型来划分二层交换机、三层交换机、四层交换机直到七层交换机；按照网络设计三层模型来划分为核心层交换机、汇聚层交换机和接入层交换机；按照外观和架构的特点划分为机箱式交换机、机架式交换机、桌面式交换机；也可以按照传输速率和是否可网管来划分。

11. 交换机堆叠是在以太网交换机上扩展端口，集中管理的一种技术。链路聚合是将交换机的多个低带宽端口捆绑成一条高带宽链路，以实现链路负载平衡，提升整个网络的带宽，提高网络的可靠性。端口绑定是交换机的端口和主机的 MAC 地址绑定，可以解决 IP 地址冲突的问题。

12. 影响局域网性能的主要因素是冲突和广播，交换机能隔离冲突，将冲突隔离在交换机的每个端口，通过使用虚拟 LAN，交换机也能够隔离广播域，将广播隔绝在每个 VLAN。

13. 对交换机的管理主要有通过 Console，利用 PC 超级终端进行带外配置管理；通过 Telnet 程序登录到交换机；通过 HTTP 协议访问交换机；通过厂商配备的网管软件对交换机进行带内配置管理。

复习思考题

1. 局域网有哪几种常见的拓扑结构，各有何特点？

2. 局域网使用哪些类型的传输介质？

3. 分析 IEEE802 局域网的体系结构及各层功能。

4. 简述 CSMA/CD 和令牌传递的工作原理。

5. 网卡有哪些分类方式？其主要作用是什么？

6. 当人们采用 100 Mbit/s 集线器组建局域网时，尽管理论上其速度可达 100 Mbit/s，但实际上的速度一般只有 20～30 Mbit/s，而在数据传输量大时还会变得更慢，试分析这是什么原因造成的？

7. 分析组建局域网所需的设备。

8. 标准以太网、快速以太网和千兆以太网标准定义了哪几种规范以支持不同的物理介质？分析其基本物理层特性。

9. 在某个单位的办公室要组建一个小局域网，其中有 6 台计算机(已安装了 Windows2000 操作系统)，一台打印机，要求：

(1)为了充分利用现有的软硬件资源，应使用什么模式的网络结构？

(2)如果采用 100BASE-TX 的网络结构，请列出需要购买的网络设备及配件，并画出该网络的物理拓扑结构图。

(3)简要写出组建过程。

10. 简述以太网交换机的基本结构与组成。

11. 试说明以太网交换机的基本功能。

12. 试比较局域网交换机的 3 种帧转发模式各有什么优劣。

13. 分析如下图所示的网络，当各交换机运行 STP 后，哪个交换机为根网桥？哪些是指定端口？哪些是根端口？哪些端口被阻塞？

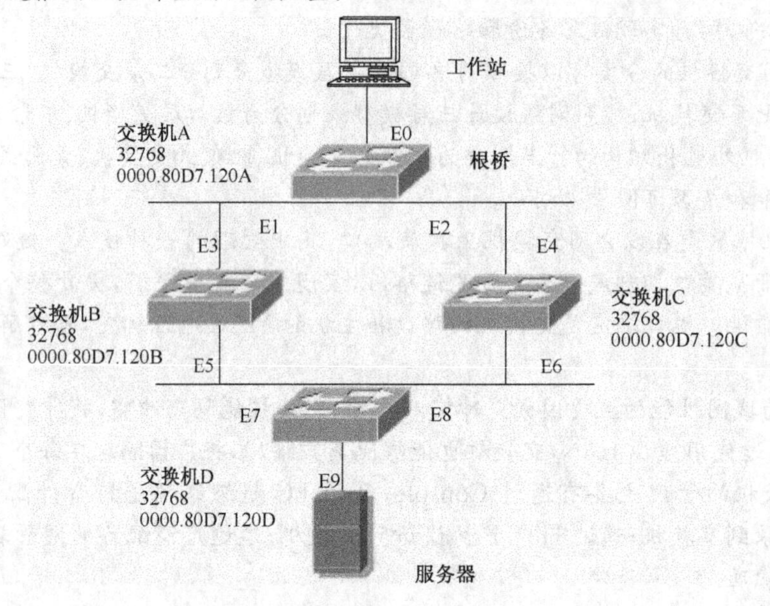

图 4-79　13 题网络图

14. 试比较集线器和交换机在以太网组网中的不同性能。

15. 简述以太网交换机的分类。

16. 解析堆叠、链路聚合、端口地址绑定的概念和作用。

17. 什么是 VLAN，引入 VLAN 有哪些优越性，VLAN 是如何实现的？

18. 交换机有哪几种管理配置的方式？

第五章 网络互联技术

作为一种局域网，以太网仅能够在较小的地理范围内提供高速可靠的服务。实际上，世界上存在着各种各样的网络，而每种网络都有其与众不同的技术特点。这些网络有的提供短距离高速服务，有的则提供长距离大容量服务。只有当它们被互联在一起时，才能为用户提供实现全方位的通信服务。

网络互联是 OSI 参考模型的网络层或 TCP/IP 体系结构的网际互联层需要解决的问题。

在本章中，我们着重围绕 TCP/IP 的网络层和传输层展开讨论，包括 IP 协议、IP 地址及其规划、ARP 协议、ICMP 协议、路由与路由协议、IPv6 技术、TCP 和 UDP 协议等内容。

第一节 网络层功能概述

在数据链路层已经能利用物理层所提供的比特流传输服务实现相邻节点之间的可靠数据传输，那为什么还要在数据链路层之上提供一个网络层呢？

首先是有关跨越互联网络的主机寻址问题。数据链路层能够以物理地址如 MAC 地址来标识网络中的每一个节点，如果源节点和目的节点处于同一个局域网中(如以太网)，就可以直接利用 MAC 地址，将数据从一个节点传递到局域网中的另一个节点。但是，当网络互联规模增大时，由于各种物理网络使用的技术不同，物理地址的长度、格式等表示方法也不相同。因此，在绝大多数情况下必须提供一种统一节点的地址表示方式，实现跨越网络的主机逻辑寻址。

其次，是有关源到目标主机的最佳路径选择问题，数据链路层只能将数据以“帧”的形式从一个节点发送到位于同一物理网络中的其他相邻节点。也就是说，数据链路层只解决了相邻节点之间的数据传输问题。但是，从源节点到目标节点可能要历经一些中间节点，这些中间节点构成了从源到目标的多条网络路径，从而导致了路径选择问题。而数据链路层并没有提供这种实现从源到目标的数据传输所必需的路径选择功能。

第三，当网络互连规模增大时，还会涉及异构网络的互联问题。所谓异构是指网络技术、通信协议、计算机体系结构或操作系统上的差异性。

网络层利用下两层提供的服务为传输层提供通信服务，网络层隐蔽各种链路的具体特性，因此，从传输层向下看网络层时，看到的是一种将分组从源端经由各种网络路径传送到目的端的服务。

为了有效地实现源主机到目标主机的分组传输服务，网络层需要提供多方面的具体功能。

(1)需要规定该层协议数据单元的类型和格式。网络层的协议数据单元被称为分组(Packet)。与其他各层的协议数据单元类似，分组是网络层协议功能的集中体现，其中要包括实现该层功能所必需的控制信息，如收发双方的网络地址等。

(2)要了解通信子网的拓扑结构,并通过一定的路由算法为实现分组进行最佳路径选择。

(3)在为分组选择路径时还要注意既不要使某些路径或通信线路处于超负载状态,也不能让另一些路径或通信线路处于空闲状态,即所谓的拥塞控制和负载平衡。通常,当网络负载过重、带宽不够或通信子网中的路由设备性能不足时都可能导致拥塞。

网络层提供给传输层的服务有面向连接(connection-oriented)和无连接(connectionless)之分。面向连接就是指在数据分组传输之前通信双方需要为此建立一种连接(虚连接),然后在该连接上实现有次序的分组传输,直到数据分组传送完毕连接才被释放;无连接则不需要为数据分组传输事先建立连接,网络中数据分组被独立对待,这些数据分组经过一系列的网络和路由器最终到达目的节点。

网络层所提供的服务主要取决于通信子网的内部结构。无连接的服务在通信子网内部通常以数据报(datagram)方式实现。而面向连接的服务通常采用虚电路方式实现。无连接的数据报服务类似于邮政的信件服务,而虚电路则更像电话服务。

TCP/IP 的网络层被称为网络互联层或网际层(internet layer),它处在 TCP/IP 模型的第二层。该层负责以数据报形式向 TCP/IP 的传输层提供无连接的分组传输服务,如图 5-1 所示。为了有效地实现从源节点到目标节点的数据报传输,TCP/IP 的网络层除了 IP 协议外,还提供了 ARP 协议、RARP 协议、ICMP 等协议。下面各节将详细介绍这些协议。

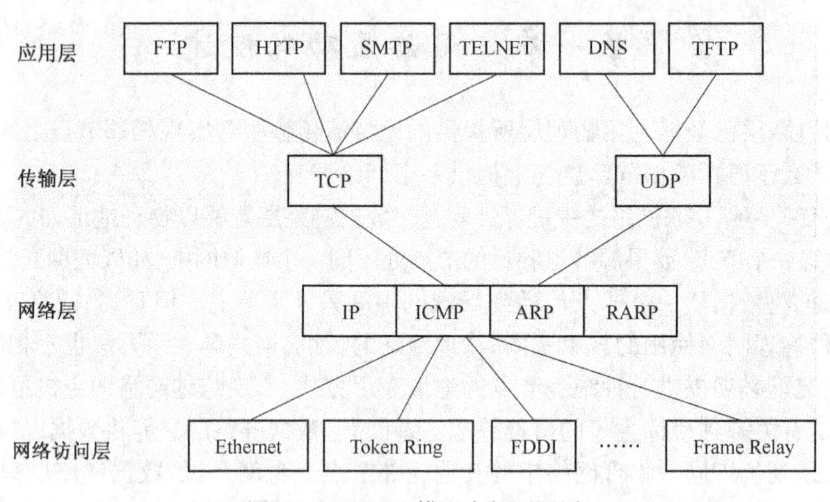

图 5-1 TCP/IP 模型中的网际层

第二节 IP 协议

一、IP 协议提供的服务与特点

IP 协议是 TCP/IP 网际层的核心协议,也是整个 TCP/IP 模型中的核心协议之一。运行 IP 协议的网际层可以为高层用户提供的服务有如下 3 个:

(1)不可靠的数据投递服务。这意味着 IP 不能保证数据报的可靠投递,IP 本身没有能力证实发送的报文是否被正确接收。数据报可能在线路延迟、路由错误、数据报分片和重组等过程中受到损坏,但 IP 不检测这些错误。在错误发生时,IP 也没有可靠的机制来通知发送方或接收方。

(2)面向无连接的传输服务。IP 协议不维护 IP 数据报发送后的状态信息。从源节点到目的节点的每个数据报可能经过不同的传输路径，并且每个数据报的处理是相对独立的，数据报在传输过程中数据报有可能丢失，有可能正确到达。

(3)尽最大努力投递服务。尽管 IP 层提供的是面向非连接的不可靠服务，但是，IP 并不随意地丢弃数据报。只有当系统的资源用尽、接收数据错误或网络故障等状态下，IP 才被迫丢弃报文。

IP 是一个支持异构网络互联的网络层协议。在前面章节中曾经强调，无论是局域网、城域网还是广域网技术，不同网络技术的主要区别在数据链路层和物理层。当这些异构的网络互联在一起时，在物理层、数据链路层的实现细节上都会有很大的差异。这些差异若不能有效地消除，网络互联就会面临很大的困难。IP 协议通过对 IP 数据报的有效定义，以统一的 IP 数据报传输提供了对异构网络互联的支持，将各种网络技术在物理层和数据链路层的差异统一在了 IP 协议之下，向传输层屏蔽了通信子网的差异。尤其是 IP 协议中所定义的 IP 寻址模式，有效实现了跨越不同 LAN、MAN 和 WAN 的主机寻址能力。正是由于这种对异构网络互联的强大支持能力，IP 协议才成为当今最为主流的网络互联协议。

二、IP 数据报

在 IP 层，需要传输的数据首先需要加上 IP 头信息，封装成 IP 数据报。IP 数据报是 IP 协议使用的数据单元，互联层数据信息和控制信息的传递都需要通过 IP 数据报进行。

1. IP 数据报的格式

IP 数据报是由 IP 协议来定义的，整个 IP 数据报可以分为报头区和数据区两大部分，其中数据区包括高层需要传输的数据，而报头区是为了正确传输高层数据而增加的控制信息。IP 数据报的具体格式如图 5-2 所示。

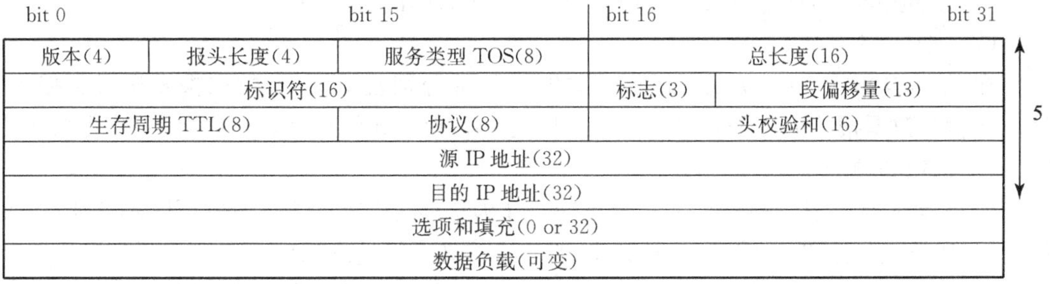

bit 0		bit 15	bit 16	bit 31
版本(4)	报头长度(4)	服务类型 TOS(8)	总长度(16)	
标识符(16)			标志(3)	段偏移量(13)
生存周期 TTL(8)		协议(8)	头校验和(16)	
源 IP 地址(32)				
目的 IP 地址(32)				
选项和填充(0 or 32)				
数据负载(可变)				

（前 5 行：5）

图 5-2　IP 数据报的基本格式

报头中各字段功能说明如下：

(1)版本与协议类型

在 IP 报头中，版本字段表示该数据报对应的 IP 协议版本号，不同 IP 协议版本规定的数据报格式稍有不同，目前使用的 IP 协议版本号为"4"。为了避免错误解释报文格式和内容，所有 IP 软件在处理数据报之前都必须检查版本号，以确保版本正确。

协议字段表示该数据报数据区数据的高级协议类型(如 TCP)，用于指明数据区数据的格式。

(2)长度

报头中有两个表示长度的字段，一个为报头长度，一个为总长度。

报头长度指出该报头区的长度。在没有选项和填充的情况下，该值为 5。一个含有选项的报头长度则取决于选项域的长度。但是,报头长度应当是 32 位的整数倍,如果不是,需在填充域加 0 凑齐。

总长度表示整个 IP 数据报的长度(其中包含头部长度和数据区长度)。数据报的总长以字节为单位。由于总长字段的长度为 16 位,因此 IP 数据报的最大长度为($2^{16}-1$)B,即65 535 B。

(3)服务类型

服务类型字段规定对本数据报的处理方式。利用该字段,发送端可以为 IP 数据包分配一个转发优先级,并可以要求中途转发路由器尽量使用低延迟、高吞吐率或高可靠性的线路投递。但是,中途的路由器能否按照 IP 数据报要求的服务类型进行处理,则依赖于路由器的实现方法和底层物理网络技术。

(4)生存周期 TTL(Time To Live)

IP 数据报的路由选择具有独立性,因此从源主机到目的主机的传输延迟也具有随机性。如果路由表发生错误,数据报有可能进入一条循环路径,无休止地在网络中流动。生存周期是用以限定数据报生存期的计数器,最大值为 $2^8-1=255$。数据报每经过一个路由器其生存时间就要减 1,当生存时间减到 0 时,报文将被删除。利用 IP 报头中的生存周期字段,就可以有效地控制这一情况的发生,避免死循环的发生。

(5)头部校验和

头部校验和用于保证 IP 数据报报头的完整性。在 IP 数据报中只含有报头校验字段,而没有数据区校验字段。这样做的最大好处是可大大节约路由器处理每一数据报的时间,并允许不同的上层协议选择自己的数据校验方法。

(6)标识、标志、分片偏移

与数据报分片与重组有关的字段,具体含义在后面内容介绍。

(7)地址

在 IP 数据报报头中,源 IP 地址和目的 IP 地址分别表示该 IP 数据报发送者和接收者地址。在整个数据报传输过程中,无论经过什么路由,无论如何分片,此两字段一直保持不变。

(8)选项和填充字段

IP 选项主要用于控制和测试两大目的。作为选项,用户可以使用也可以不使用它们。但作为 IP 协议的组成部分,所有实现 IP 协议的设备必须能处理 IP 选项。

在使用选项过程中,有可能造成数据报的头部不是 32 位整数倍的情况,如果这种情况发生,则需要使用填充域凑齐。

2. IP 封装、分片与重组

IP 数据报在互联网上传输时,它可能要跨越多个网络。作为一种高层网络数据,IP 数据报最终也需要封装成帧进行传输。如图 5-3 显示了一个 IP 数据报从源主机至目的主机被多次封装和解封装的过程。

从图 5-3 中可以看出,主机和路由器只在内存中保留了整个 IP 数据报而没有附加的帧头信息。只有当 IP 数据报通过一个物理网络时,才会被封装进一个合适的帧中。帧头的大小依赖于相应的网络技术。例如,如果网络 1 是一个以太网,帧 1 有一个以太网头部;如果网络 2 是一个 FDDI 环网,则帧 2 有一个 FDDI 头部。请注意,在数据报通过互联网的整个过程中,帧头并没有累积起来。当数据报到达它的最终目的地时,数据报的大小与其最初发送时是一样的。

(1)MTU 与分片

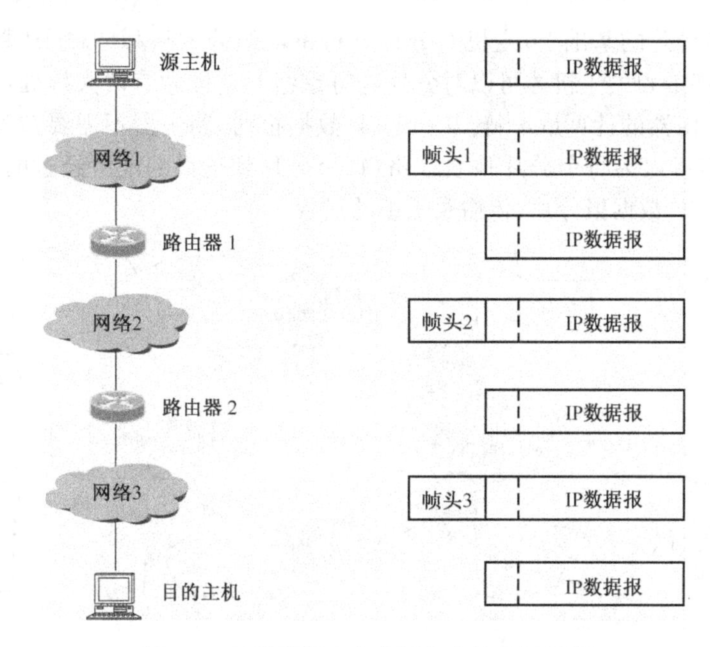

图 5-3　IP 数据报在各个网络中被重新封装

根据网络使用的技术不同，每种网络都规定了一个帧最多能够携带的数据量，这一限制称为最大传输单元(MTU，Maximum Transmission Unit)。例如以太网的 MTU 为 1 500 B，FDDI 的 MTU 为 4 352 B，PPP 的 MTU 为 296 B。因此，一个 IP 数据报的长度只有小于或等于一个网络的 MTU，才能在这个网络中进行传输。

互联网可以包含各种各样的异构网络，一个路由器也可能连接着具有不同 MTU 值的多个网络，能从一个网络上接收 IP 数据报并不意味着一定能在另一个网络上发送该数据报。在如图 5-4 中，一个路由器连接两个网络，其中一个网络的 MTU 为 1 500 B，另一个为 1 000 B。

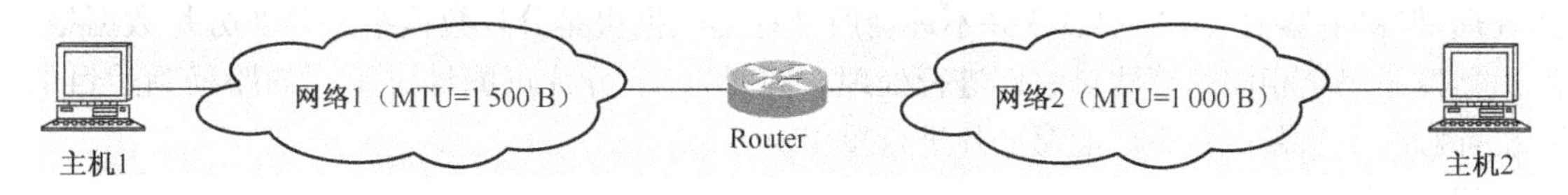

图 5-4　路由器连接具有不同 MTU 的网络

主机 1 连接着 MTU 值为 1 500 B 的网络 1，因此，每次传送 IP 数据报字节数不超过 1 500 B。而主机 2 连接着 MTU 值为 1 000 B 的网络 2，因此，主机 2 可以传送的 IP 数据报最大尺寸为 1 000 B。如果主机 1 需要将一个 1 400 B 的数据报发送给主机 2，路由器 R 尽管能够收到主机 1 发送的数据报却不能在网络 2 上转发它。

为了解决这一问题，IP 互联网通常采用分片与重组技术。当一个数据报的尺寸大于将发往网络的 MTU 值时，路由器会将 IP 数据报分成若干较小的部分，称为分片，然后再将每片独立地进行发送。

与未分片的 IP 数据报相同，分片后的数据报也由报头区和数据区两部分构成，而且除一些分片控制域(如标志域、片偏移域)之外，分片的报头与原 IP 数据报的报头非常相似。

一旦进行分片，每片都可以像正常的 IP 数据报一样经过独立的路由选择等处理过程，最终到达目的主机。

(2)重组

在接收到所有分片的基础上，主机对分片进行重新组装的过程叫做 IP 数据报重组。IP 协议规定，只有最终的目的主机才可以对分片进行重组。这样做有两大好处，首先，目的主机进行重组减少了路由器的计算量，当转发一个 IP 数据报时，路由器不需要知道它是不是一个分片；其次，路由器可以为每个分片独立选路，每个分片到达目的地所经过的路径可以不同。图 5-5 显示了一个 IP 数据报分片、传输及重组的过程。

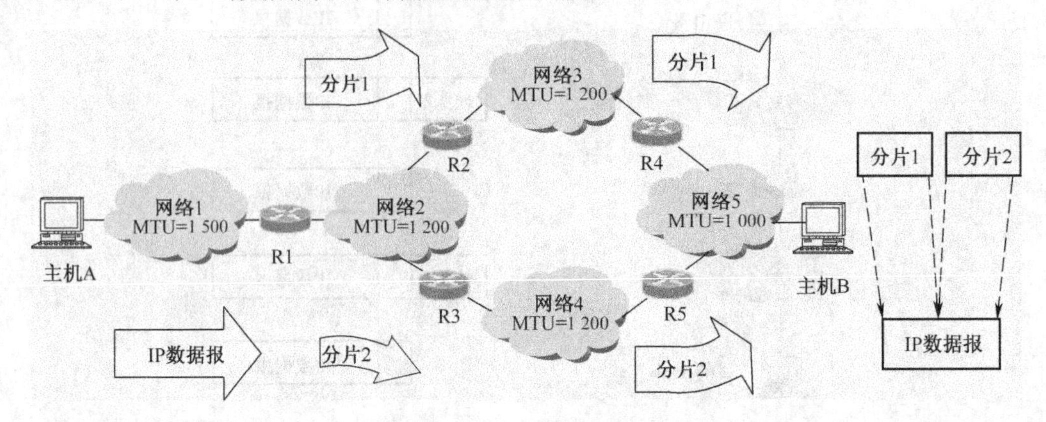

图 5-5　分片、传输及重传

如果主机 A 需要发送一个 1 400 B 长的 IP 数据报到主机 B，那么，该数据报首先经过网络 1 到达路由器 R1。由于网络 2 的 MTU＝1 000 B，因此，1 400 B 的 IP 数据报必须在 R1 中分成 2 片才能通过网络 2。在分片完成之后，分片 1 和分片 2 被看成独立的 IP 数据报，路由器 R1 分别为它们进行路由选择。于是，分片 1 经过网络 2、路由器 R2、网络 3、路由器 R4、网络 5 最终到达主机 B；而分片 2 则经过网络 2、路由器 R3、网络 4、路由器 R5、网络 5 到达主机 B。当分片 1 和分片 2 全部到达后，主机 B 对它们进行重组，并将重组后的数据报提交高层处理。

从 IP 数据报的整个分片、传输及重组过程可以看出，尽管路由器 R1 对数据报进行了分片处理，但路由器 R2、R3、R4、R5 并不理会所处理的数据报是分片数据报还是非分片数据报，路由器按照完全相同的算法对它们进行处理。同时，由于分片可能经过不同的路径到达目的主机，因此，中间路由器不可能对分片进行重组。

(3)分片控制

在 IP 数据报报头中，标识、标志和片偏移 3 个字段与控制分片和重组有关。

标识：用以标识被分片后的数据报。目的主机利用此域和目的地址判断收到的分片属于哪个数据报，以便数据报重组。所有属于同一数据报的分片被赋予相同的标识值。

标志：该字段用来告诉目的主机该数据报是否已经分片，是否是最后一个分片，长度为 3 位。最高位为 0；次高位为 DF，该位的值若为“1”表示不可分片，例如在无盘工作站启动时，就要求从服务器端传送一个完整无缺的包含内存映象的单个数据包；第三位为 MF。其值若为 1 代表还有进一步的分片，其值若为 0 表示接收的是最后一个分片。

片偏移：该字段指出本片数据在初始 IP 数据报数据区中的位置，位置偏移量以 8 个字节为单位。由于各分片数据报独立地进行传输，其到达目的主机的顺序是无法保证的，而路由器也不向目的主机提供附加的片顺序信息，因此，重组的分片顺序由片偏移提供。

三、IP 地址

1. IP 地址的作用

以太网利用MAC地址(物理地址)标志网络中的一个节点,两个以太网节点的通信需要知道对方的MAC地址。但是,以太网并不是唯一的网络,世界上存在着各种各样的网络,这些网络使用的技术不同,物理地址的长度、格式等表示方法也不相同。显而易见,统一物理地址的表示方法是不现实的,因为物理地址表示方法是和每一种物理网络的具体特性联系在一起的(例如以太网的物理地址采用48位二进制数表示,而电话网则采用14位十进制数表示)。因此,互联网对各种物理网络地址的“统一”必须通过上层软件完成。确切地说,互联网对各种物理网络地址的“统一”要在IP层完成。

IP协议提供了一种互联网通用的地址格式,该地址由32位的二进制数表示,用于屏蔽各种物理网络的地址差异。IP协议规定的地址叫做IP地址,IP地址由IP地址管理机构进行统一管理和分配,保证互联网上运行的设备(如主机、路由器等)不会产生地址冲突。

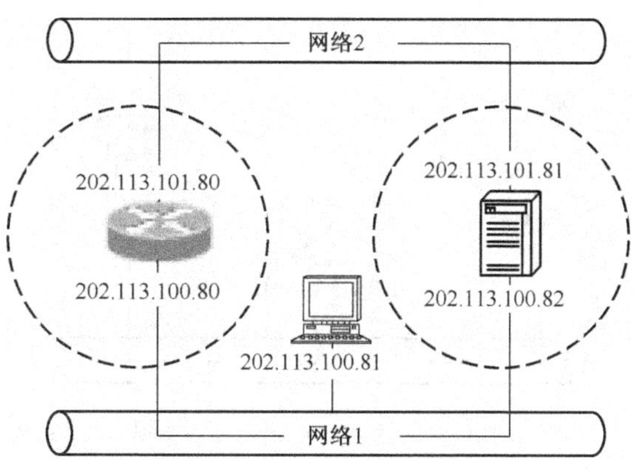

图5-6 IP地址的作用是标志网络连接

在互联网上,主机可以利用IP地址来标志。但是,一个IP地址标志一台主机的说法并不准确。严格地讲,IP地址指定的不是一台计算机,而是计算机到一个网络的连接。因此,具有多个网络连接的互联网设备就应具有多个IP地址。在图5-6中,路由器分别与两个不同的网络相连,因此它应该具有两个不同的IP地址。装有多块网卡的计算机由于每一块网卡都可以提供一条物理连接,因此它也应该具有多个IP地址。在实际应用中,还可以将多个IP地址绑定到一条物理连接上,使一条物理连接具有多个IP地址。

2. IP地址的组成

(1)IP地址的层次结构

一个互联网包括了多个网络,而一个网络又包括了多台主机,因此,互联网是具有层次结构的,如图5-7所示。与互联网的层次结构对应,互联网使用的IP地址也采用了层次结构,如图5-8所示。

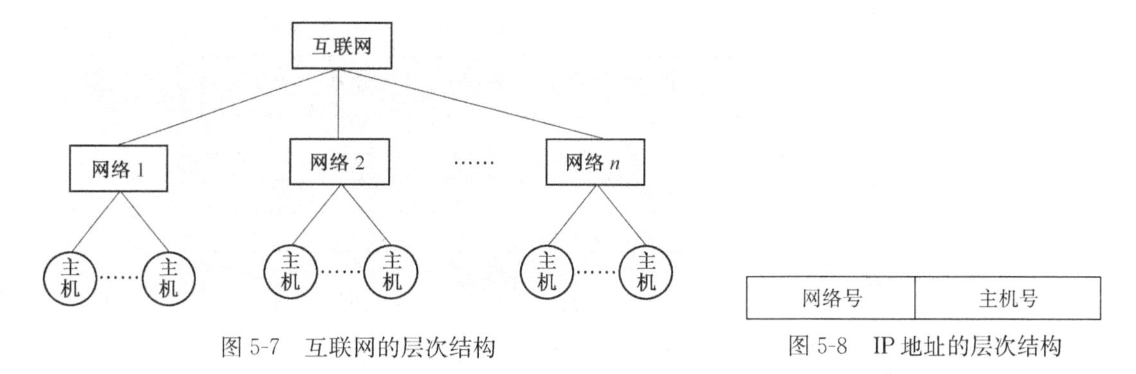

图5-7 互联网的层次结构

图5-8 IP地址的层次结构

IP地址由网络号(netid)和主机号(hostid)两个层次组成。网络号用来标志互联网中的一个特定网络,而主机号则用来表示该网络中主机的一个特定联接。因此,IP地址的编址方式明显地携带了位置信息。如果给出一个具体的IP地址,马上就能知道它位于哪个网络,这给IP互联网的路由选择带来很大好处。

由于IP地址不仅包含了主机本身的地址信息，而且还包含了主机所在网络的地址信息，因此，在将主机从一个网络移到另一个网络时，主机IP地址必须进行修改以正确地反映这个变化。在图5-9中，如果具有IP地址202.113.100.81的计算机需要从网络1移动到网络2，那么，当它加入网络2后，必须为它分配新的IP地址(如202.113.101.66)，否则就不可能与互联网上的其他主机正常通信。

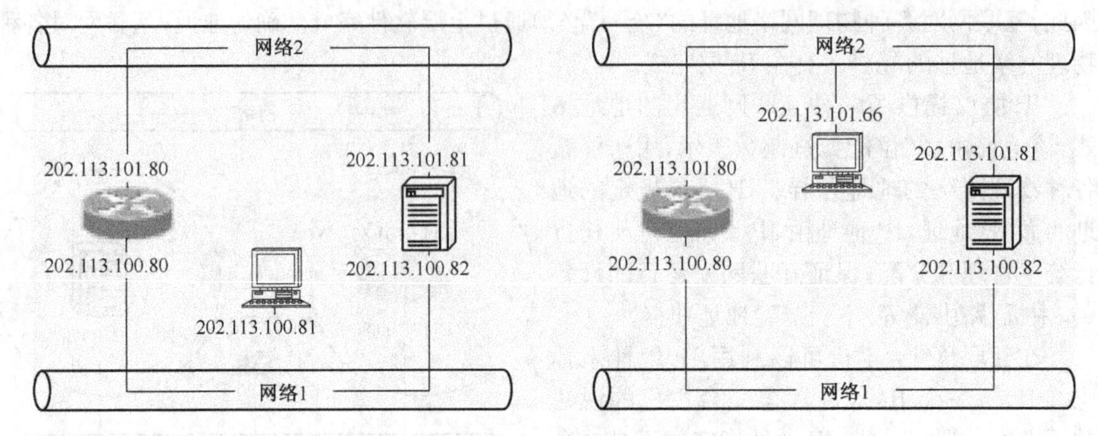

图5-9 主机在网络间的移动

(2)IP地址的分类与表示

IPv4协议规定，IP地址的长度为32位。这32位包括了网络号部分(netid)和主机号部分(hostid)。在这32位中，哪些位代表网络号，哪些代表主机号呢?

在互联网中，有的网络具有成千上万台主机，而有的网络仅仅有几台主机。为了适应各种网络规模的不同，IP协议将IP地址分成A、B、C、D和E五类，它们分别使用IP地址的前几位加以区分，如图5-10所示。从图5-10中可以看到，利用IP地址的前4位就可以分辨出它的地址类型。

图5-10 5类IP地址

每类地址所包含的网络数与主机数不同，用户可根据网络的规模进行选择。A类IP地址用8位表示网络，24位表示主机，因此，它可以用于大型网络。B类IP地址用于中型规模的网络，它用16位表示网络，16位表示主机。而C类IP地址仅用8位表示主机，24位用于表示网络，在一个网络中最多只能连接256地址，因此，适用于较小规模的网络。D类IP地址用来提供网络组播服务，而E类则保留给实验和未来扩充使用。

组播(multicast)又被称为多播，它是相对于单播(unicast)而言的。在网络中，大部分的分组传输都是以一对一的单播方式实现的，即一个源节点只向一个目标节点发送数据。但另外一些时候也需要以一对多的组播方式实现分组传输，例如在传送路由更新信息和交互式的音频与视频流时。在组播中，同一个或同一组源节点一次所发送的相同内容的分组可以被多个接收者接收到，这些具有相同接收需求的主机被看成是一个组播组，并要被赋予一个相同的组地址，这个地址就是组播地址。

IP地址的分类是经过精心设计的，它能适应不同的网络规模，具有一定的灵活性。表5-1简要地总结了A、B、C三类IP地址可以容纳的网络数和主机数。

表5-1　A、B、C 3类地址可以容纳的网络数和主机数

类别	第一字节范围	网络地址长度(B)	最大的主机数	适用的网络规模
A	1～126	1	16 777 214	大型网络
B	128～191	2	65 534	中型网络
C	192～223	3	254	小型网络

IP地址由32位二进制数值组成(4 B)，但为了方便用户的理解和记忆，它采用了点分十进制标记法，即将4 B的二进制数值转换成4个十进制数值，每个数值小于等于255，数值中间用“.”隔开，表示成w.x.y.z的形式。

3. 特殊的IP地址及其作用

IP地址除了可以表示主机的一个物理连接外，还有几种特殊的表现形式。

(1)网络地址

在互联网中，经常需要使用网络地址，那么，怎么来表示一个网络呢？IP地址方案规定，网络地址包含了一个有效的网络号和一个全“0”的主机号。例如，在A类网络中，地址113.0.0.0就表示该网络的网络地址。而一个具有IP地址为202.93.120.44的主机所处的网络为202.93.120.0，它的主机号为44。

(2)广播地址

当一个设备向网络上所有的设备发送数据时，就产生了广播。为了使网络上所有设备能够注意到这样一个广播，必须使用一个可进行识别和侦听的IP地址。通常这样的IP地址以全“1”结尾。

IP广播有两种形式，直接广播和有限广播。

①直接广播

如果广播地址包含一个有效的网络号和一个全“1”的主机号，那么技术上称之为直接广播(directed broadcasting)地址。在IP互联网中，任意一台主机均可向其他网络进行直接广播。

例如C类地址202.93.120.255就是一个直接广播地址。互联网上的一台主机如果使用该IP地址作为数据报的目的IP地址，那么这个数据报将同时发送到202.93.120.0网络上的所有主机。

②有限广播

32位全为"1"的IP地址(255.255.255.255)用于本网广播,该地址叫做有限广播(limited broadcasting)地址。实际上,有限广播将广播限制在最小的范围内。如果采用标准的IP编址,那么有限广播将被限制在本网络之中;如果采用子网编址,那么有限广播将被限制在本子网之中。

(3)回送地址

在A类网络中,当网络号部分为127、主机部分为任意值时的地址被称为回送地址。该地址用于网络软件测试以及本地进程之间的通信。例如,在网络测试中常用的ping工具命令常常会发送一个以回送地址为目标地址的IP分组 ping 127.0.0.1,以测试本地IP软件能否正常工作。一个本地进程可以将回送地址作为目标地址发送分组给另一个本地进程,以测试本地进程之间能否正常通信。无论什么网络程序,一旦使用了回送地址作为目标地址,则所发送的数据都不会被传送到网络上。

这些特殊地址不能分配给主机作主机的IP地址。

(4)私有地址

除上述保留地址外,在IPv4的地址空间中,还保留了一部分被称为私有地址(private address)的地址资源,供企业、公司或组织机构内部组建IP网络时使用。私有地址包含了A类、B类和C类地址空间中的3个小部分,私有地址如表5-2所示。根据规定,所有以私有地址为源地址的IP数据包都不能被路由至外面的Internet上,否则就会违背IP地址在互联网络环境中具有全局唯一性的约定。这些以私有地址作为逻辑标志的主机若要访问外面的Internet,必须采用网络地址翻译(Network Address Translation,NAT)。

表5-2 私有IP地址

类别	IP地址范围
1个A类	10.0.0.0～10.255.255.255
16个B类	172.16.0.0～172.31.255.255
256个C类	192.168.0.0～192.168.255.255

四、IP地址的规划

在IP网络中,为了确保IP数据报的正确传输,必须为网络中的每一台主机分配一个全局唯一的IP地址。因此,当决定组建一个IP网络时,必须首先考虑IP地址的规划问题。通常IP地址的规划可参照下面步骤进行:

(1)分析网络规模,明确网络中所拥有的独立网段数量以及每个网段中所可能拥有的最大主机数。通常,路由设备的每一个接口所连的网段都被认为是一个独立的IP网段。

(2)根据网络规模确定所需要的网络类别和每类网络的数量,如B类网络几个、C类网络几个等。

(3)确定使用公用地址、私有地址还是两者混用。若采用公有地址,需要向Internet赋号管理局(IANA)提出申请,并获得相应的地址使用权。

(4)最后,根据可用的地址资源为每台主机指定IP地址并在主机上进行相应的配置,在配置地址之前,还要考虑地址分配的方式。

IP地址的分配可以采用静态和动态两种方式。所谓静态分配是指由网络管理员为主机指定一个固定不变的 IP 地址并手工配置到主机上。动态分配目前主要以客户机一服务器模式,通过动态主机配置协议(Dynamic Host Configuration Protocol,DHCP)来实现。采用 DHCP 进行动态主机 IP 地址分配的网络环境中至少具有一台 DHCP 服务器,DHCP 服务器上拥有可供其他主机申请使用的 IP 地址资源,客户机通过 DHCP 请求向 DHCP 服务器提出关于地址分配或租用的要求。

考虑一个大的组织,它建有 4 个物理网络,现需要通过路由器将这三个物理网络组成专用的 IP 互联网。

在这个专用互联网中,如果 3 个是小型网络,一个是中型网络,那么,可以为 3 个小型网络分配 3 个 C 类地址(如 202.113.27.0、202.113.28.0 和 202.113.29.0),为一个中型网络分配一个 B 类地址(如 128.211.0.0)。图 5-11 显示了这 4 个物理网络互联的情况。

(5)连接到同一网络中所有的 IP 地址共享同一网络号。在图 5-11 中,计算机 A 和计算机 B 都接入了物理网络 1,由于网络 1 分配到的网络地址为 202.113.27.0,所以,计算机 A 和 B 都应共享 202.113.27.0 这个网络号。

(6)路由器可以连接多个物理网络,每个连接都应该拥有自己的 IP 地址,而且该 IP 地址的网络号应与分配给这个网络网络号相同。如图 5-11 所示,由于路由器 R 分别连接 202.113.27.0、202.113.28.0 和 128.211.0.0 三个网络,因此该路由器被分配了 3 个不同的 IP 地址。

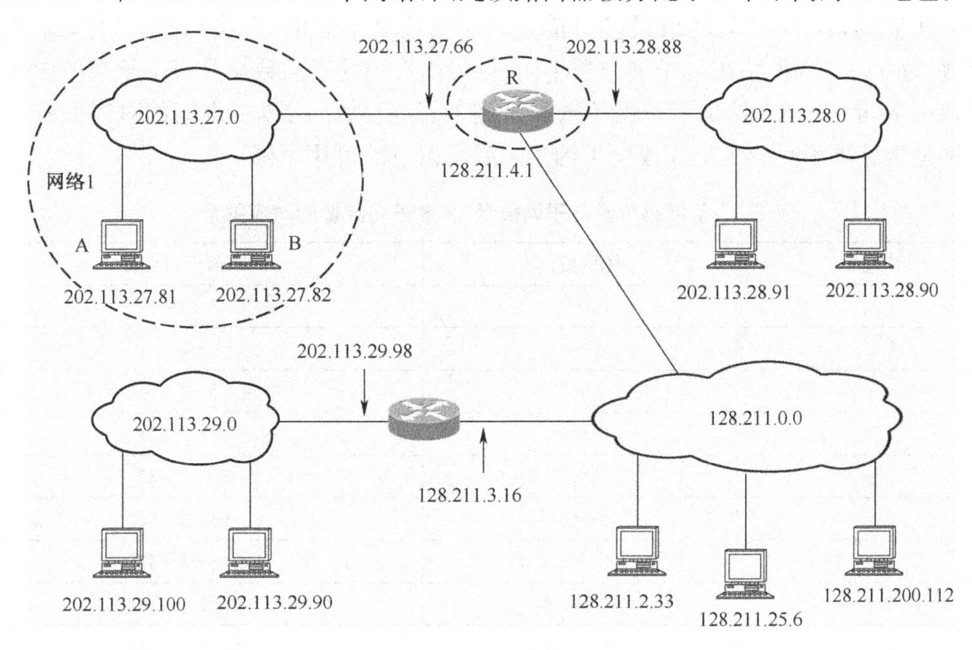

图 5-11　IP 地址规划

然而这种 IP 地址的规划,会造成很大的 IP 地址资源浪费。因为,当一个公司或组织机构获得一个网络号时,即使它的 IP 地址剩余很多,也不能为其他网络所使用。因此为提高 IP 地址资源的利用率,同时也为了解决日益短缺的 IP 地址资源,在实际网络规划中引入子网划分、无类域间路由和网络地址翻译技术。

五、子网划分

1. 子网划分的概念

我们已经知道,IP 地址具有层次结构,标准的 IP 地址分为网络号和主机号两层。为了避免 IP 地址的浪费,子网划分将 IP 地址的主机号部分进一步划分成子网部分和主机部分。

为了创建子网,网络管理员需要从原有 IP 地址的主机位中借出连续的若干高位作为子网络标识,于是 IP 地址从原来两层结构的“网络号＋主机号”形式变成了三层结构的“网络号＋子网络号＋主机号”形式,如图 5-12 所示。可以这样理解,经过划分后的子网因为其主机数量减少,已经不需要原来那么多位作为主机标识,从而人们可以借用那些多余的主机位用作子网标识。

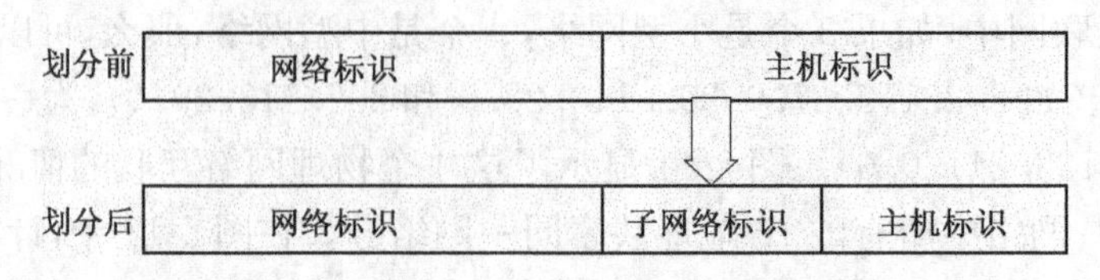

图 5-12　子网划分的示意图

2. 子网划分的方法

理论上,根据全 0 和全 1 的 IP 地址的保留规定(现在的网络设备一般也支持全 0 和全 1 子网),子网划分时至少要从主机位的高位中选择两位作为子网位,且要能保证保留两位作为主机位。相应的,A、B、C 类网络最多可借出的子网位是不同的,A 类可达 22 位,B 类为 14 位,C 类则为 6 位。当所借出的子网位数不同时,可以得到的子网数量及每个子网中所能容纳的主机数也不同。表 5-3 给出了子网位数与子网数量、有效子网数量之间的对应关系。所谓有效子网是指除去子网位为全 0 或全 1 的子网后所留下的可用子网。

表 5-3　子网络位数与子网数量、有效子网数量的对应关系

子网络位数	子网数量	有效子网数量
1	$2^1=2$	2－2＝0
2	$2^2=4$	4－2＝2
3	$2^3=8$	8－2＝6
4	$2^4=16$	16－2＝14
5	$2^5=32$	32－2＝30
6	$2^6=64$	64－2＝62
7	$2^7=128$	128－2＝126
8	$2^8=256$	256－2＝254
9	$2^9=512$	512－2＝510
…	…	…

下面以一个 C 类网络为例来说明子网划分的具体方法。假设一个由路由器相连的网络,拥有 3 个相对独立的物理网段,每个网段的主机数不超过 30 台,如图 5-13 所示。现要求我们以子网划分的方法为其完成 IP 地址规划。

由于该网络中所有物理网段合起来的主机数没有超出一个 C 类网络所能容纳的最大主机数,因此完全可以通过一个 C 类网络的子网划分来实现。现假定为该网络申请了一个 C 类网络 202.11.2.0,那么在子网划分时需要从主机位中借出其中的高 3 位作为子网络位,这样一共可得到 8 个主机规模为 30 的子网络,每个子网络的相关信息,如表 5-4 所示。其中,第 1 个子网因为子网部分为全 0,从而子网号与未进行子网划分前的原网络号 202.11.2.0 重复而不用;第 8 个子网因为子网部分为全 1,导致子网内的广播地址与未进行子网划分前的网络广播地址 202.11.2.255 重复也不可用,这样,一共得到 6 个可用的子网,可以选择这 6 个可用子网中的任何 3 个为现有的 3 个物理网段分配 IP 地址,并留下 3 个可用的子网作为未来网络扩充之用。

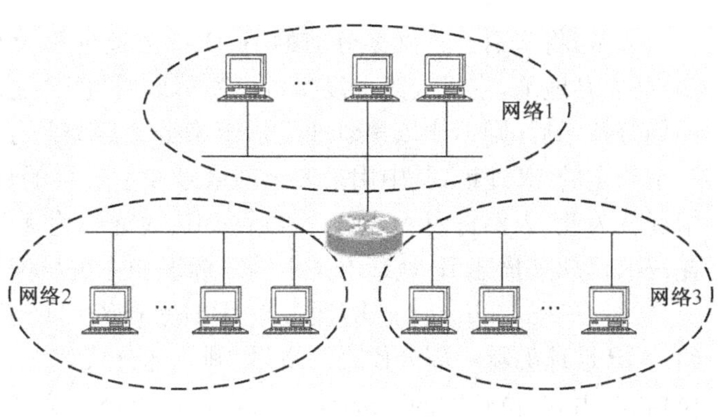

图 5-13　一个由路由器相连的网络实例

表 5-4　对 C 类网络 202.11.2.0 进行子网划分的例子

第 n 个子网	地址范围	子网号	子网广播地址
1	202.11.2.0～202.11.2.31	202.11.2.0	202.11.2.31
2	202.11.2.32～202.11.2.63	202.11.2.32	202.11.2.63
3	202.11.2.64～202.11.2.95	202.11.2.64	202.11.2.95
4	202.11.2.96～202.11.2.127	202.11.2.96	202.11.2.127
5	202.11.2.128～202.11.2.159	202.11.2.128	202.11.2.159
6	202.11.2.160～202.11.2.191	202.11.2.160	202.11.2.191
7	202.11.2.192～202.11.2.223	202.11.2.192	202.11.2.223
8	202.11.2.224～202.11.2.255	202.11.2.224	202.11.2.255

子网划分技术除了能更有效地提高 IP 地址的利用率外,另一方面也是改善网络逻辑结构的有效手段。以一个具有 30 000 个主机节点的校园网为例,假如将这些节点直接纳入一个 B 类网络进行管理,那么这些节点由于共享了所有的广播流量而被认为在同一个广播域中。广播域的主机规模越大,由广播风暴造成的网络性能下降就越明显。如果采用子网划分技术,按照部门、学院或系将校园网内部分成若干个子网,那么一个子网内的广播就不会渗透到其他子网中,网络的性能与可管理性就会明显提高。

必须指出,一个公司或组织机构的网络即使在内部进行了某种形式的子网划分,但对于外部的 Internet 用户来说,仍然是一个整体,即这些子网通过边界路由器反映给外部网络的网络号仍然是未划分前的网络号。

3. 子网掩码

(1)子网掩码的作用

网络号对于网络通信来讲非常重要。主机在发送一个 IP 数据包之前,首先需要判断源主机和目标主机是否具有相同的网络号,具有相同网络号的主机被认为位于同一网络中,它们之间可以直接相互通信;而网络号不同的主机之间则不能直接进行相互通信,必须经过第三层网络设备进行转发。但引入子网划分技术后,主机或路由设备如何区分一个给定的 IP 地址是否已被进行了子网划分,如何正确地从给定的地址中分离出相应的网络号(包括子网络号的信息)。

通常，将未引进子网划分前的A、B、C类地址称为有类别(classified)的IP地址。对于有类别的IP地址，主机或路由设备可以简单地通过IP地址中的前几位进行判断。但是，引入子网划分技术后，则不能依靠地址类标识来分离网络号了。IP地址类的概念已不复存在，对于一个给定的IP地址，其中用来表示网络号和主机号的位数可以是变化的，取决于子网划分的情况。为此，人们将引入子网技术后的IP地址称为无类别的(classless)IP地址，并引入子网掩码的概念来描述IP地址中关于网络标识和主机号位数的组成情况。

子网掩码(subnet mask)通常与IP地址配对出现，其功能是告知主机或者路由设备，一个给定IP地址的哪一部分代表网络号，哪一部分代表主机号。子网掩码采用与IP地址相同的位格式，由32位长度的二进制比特位构成，也被分为4个8位组并采用点十进制来表示。但在子网掩码中，所有与IP地址中的网络与子网络位部分对应的二进制位取值为1，而与IP地址中的主机位部分对应的位则取值为0。

(2)掩码运算

引入子网掩码后，不管是否进行过某种方式的子网划分，主机或路由器都可以通过将子网掩码与相应的IP地址进行求“与”操作，来提取出给定IP地址所属的网络号(包括子网络号)信息。对主机来说，在发送一个IP数据报之前，它会通过将本机IP地址的子网掩码分别与源IP地址和目标IP地址进行求“与”操作，提取出相应的源网络号和目标网络号以判断源主机和目标主机是否在同一网络中。对路由设备而言，一旦从某一个接口接收到一个数据包，则会以该接口IP地址所对应的子网掩码与所收到的IP数据包中给出的目标IP地址进行求“与”操作，提取出目标网络号后再作为下一步路径选择的依据。

对于每个子网上的主机以及路由器的两个端口都需要分配一个唯一的主机号，因此，在计算需要多少主机号来标识主机时，要把所有需要IP地址的设备都考虑进去。根据图5-14(a)，网络中有100台主机，如果再考虑路由器两个端口，则需要标识的主机数为102个。假定每个子网的主机数各占一半，即各有51个。

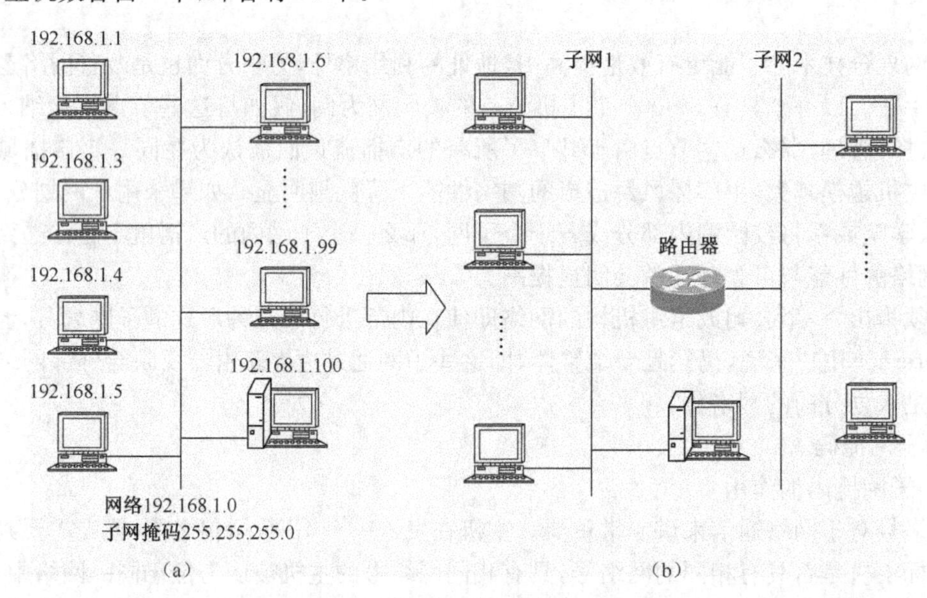

图5-14　使用路由器将一个网络划分为两个子网

将一个C类的地址划分为两个子网，必然要从代表主机号的第四个字节中取出若干个位用于划分子网。若取出 1 位，根据子网划分规则，无法使用；若取出 3 位，可以划分 6 个子网，似乎可行，但子网的增多也表示了每个子网容纳的主机数减少，6 个子网中每个子网容纳的主机数为 30，而实际的要求是每个子网需要 51 个主机号，若取出两位，可以划分两个子网，每个子网可容纳 62 个主机号（全为 0 和全为 1 的主机号不能分配给主机），因此，取出两位划分子网是可行的，子网掩码为 255.255.255.192。

确定了子网掩码后，就可以确定可用的网络地址：使用子网号的位数列出可能的组合，在本例中，子网号的位数为 2，而可能的组合为 00.01.10.11。根据子网划分的规则，全为 0 和全为 1 的子网不能使用，因此将其删去，剩下 01 和 10 就是可用的子网号，再加上这个 C 类网络原有的网络号 192.168.1，因此，划分出的两个子网的网络地址分别为 192.168.1.64 和 192.168.1.128，如图 5-15 所示。

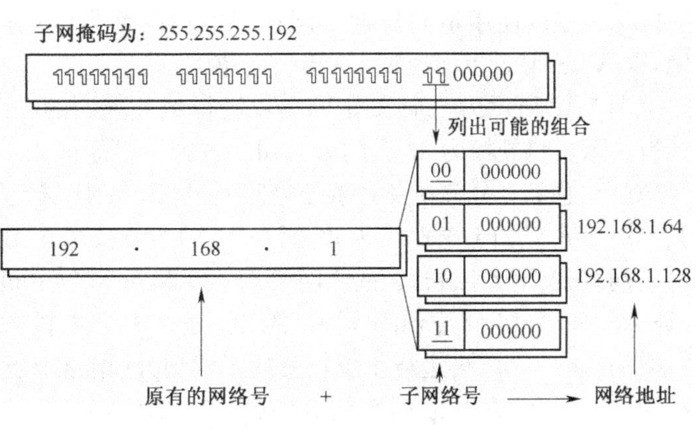

图 5-15　确定每个子网的网络地址

根据每个子网的网络地址就可以确定每个子网的主机地址的范围，如图 5-16 所示。图 5-17 给出了对每个子网各台主机的地址配置。

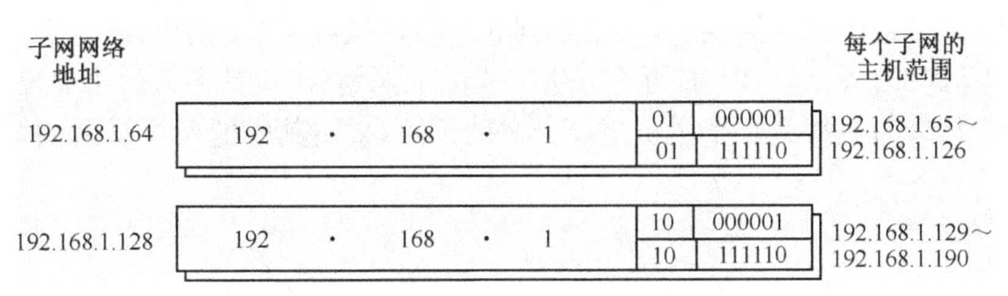

图 5-16　每个子网的主机地址范围

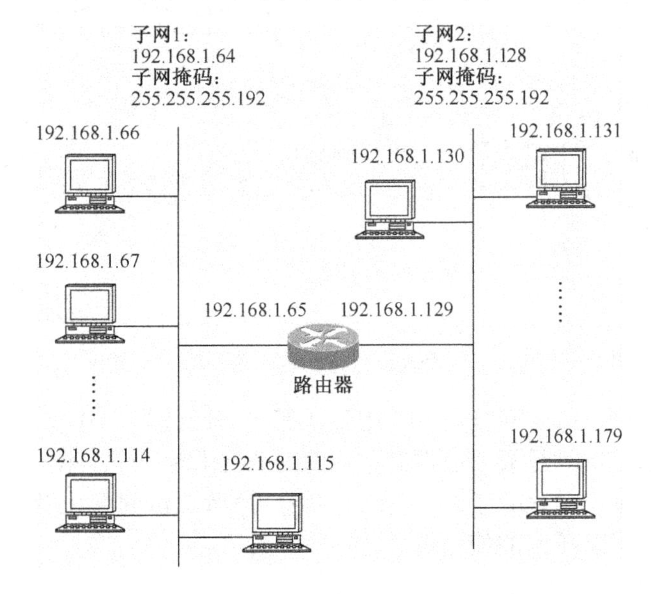

图 5-17　每个子网中每台主机的地址分配

4. 可变长子网掩码 VLSM

当利用子网划分技术来进行 IP 地址规划时，经常会遇到各子网主机规模不一致的情况。例如，对一家企业或公司来说，可能在公司总部会有较多的主机，而分公司或部门的主机数会相对较少。为了尽可能地提高地址利用率，必须根据不同子网的主机规模来进行不同位数的子网划分，从而会在网络内出现不同长度的子网掩码长度并存的情况。通常将这种允许在同一网络范围内使用不同长度子网掩码的情况称为可变长子网掩码(Variable Length Subnet Mask，VLSM)。下面通过一个例子来说明。

图 5-18 所示为一个采用 VLSM 进行地址规划的企业网实例。该企业在总部之外，分别拥有一家主机规模为 30 台的分公司和一家主机规模为 10 台的远程办事处，总部的主机规模为 60 台，总部与分公司及办事处之间通过 ISP 的广域网链路相连，该企业只申请到了一个 C 类网络 218.75.16.0/24。为此，需采用 VLSM 技术。第一步，为满足总部网络规模的要求，对该网络进行 2 位长度的子网划分，共得到 4 个主机规模为 62 的子网，将其中的子网 218.75.16.0/26 分配给公司总部，还冗余 3 个主机规模为 62 的子网。第二步，对子网 218.75.16.64/26 再进行 1 位长度的子网划分(相当于子网掩码长度为 27)，得到两个主机规模为 30 的规模更小的子网，将其中的子网 218.75.16.64/27 分配给分公司，冗余一个主机规模为 30 的子网 218.75.16.96/27。第三步，为满足远程办事处网络规模的需求。再对子网 218.75.16.96/27 进行 1 位长度的子网划分(相当于子网掩码长度为 28)，得到两个主机规模为 14 的更小的子网络，将其中的子网 218.75.16.96/28 分配给这家远程办事处，还冗余一个 218.75.16.112/28 的子网。第四步，为了得到 3 个主机规模为 2 的子网供 3 条广域网链路使用，需要对子网 218.75.16.112/28 再进行进一步的子网划分，从其主机位再借出 2 位(相当于子网掩码长度为 30)，可得到 4 个主机规模为 2 的子网，拿出其中的两个子网供 3 条广域网链路使用。

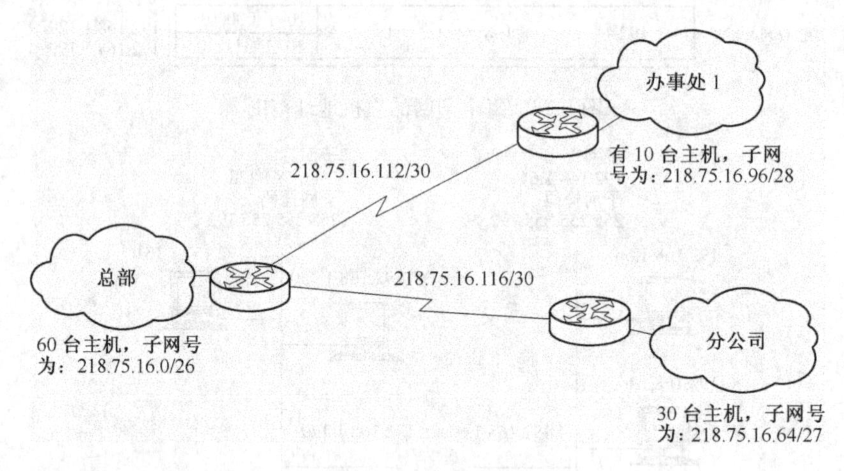

图 5-18　VLSM 示例

大家可能会注意到，在上面的例子中，用到了那些子网位为全 0 或全 1 的子网，即前面提到的不可用子网。这是因为尽管以前在颁布子网划分技术时对全 0 和全 1 的子网做了这种规定，但出于提高 IP 地址利用率的考虑，现在的网络厂商所提供的主机及网络设备基本上都能够支持这种所谓“不可用”子网的使用。

5. 无类域间路由

无类别域间路由(Classless Inter Domain Routing，CIDR)是 VLSM 的延伸使用，它允许

将若干个较小的网络合并成一个较大的网络，以可变长子网掩码的方式重新分配网络号，其目的是将多个IP网络地址结合起来使用。Classless表示CIDR借鉴了子网划分技术中取消IP地址分类结构的思想，使IP地址成为无类别的地址。但是，与子网划分将一个较大的网络分成若干个较小的子网相反，CIDR是将若干个较小的网络合并成了一个较大的网络，因此又被称为超网（supernet）。

CIDR特别适用于中等规模的网络。例如，对于一个中级规模的B类网络，由于B类网络地址已经很难申请到，因此可以改为申请几个连续的C类地址，再将这些C类地址结合起来使用。

图5-19所示为一个采用CIDR的企业网实例。该企业的网络有1 500个主机，由于难以申请B类地址，因此为该企业申请了8个连续的C类地址：192.56.0.0/24～192.56.7.0/24，解决了地址资源短缺的问题。但是，这样的地址分配方案就使这个企业的网络变成了8个相对独立的C类网络，如果这8个C类网络各自管理，会显著增加网络管理的开销。例如，各个子网之间通信需要通过路由器，在企业网与外部网络之间的边界路由器上则需要为这8个C类网络生成8条路由信息，从而明显增加了路由器的设备投资及管理开销。采用CIDR，则可以将这8个连续的C类网络汇聚成一个网络，如表5-5所示，所有8个C类网络的前21位都是相同的，第三个字节的最后3位从000变到111，因此该网络的网络号可表示为192.56.0.0，对应的子网掩码可定为255.255.248.0，即地址的前21位标识网络，剩余的11位标识主机。而在企业网与外部网的边界路由器上只要生成一条关于192.56.0.0/21的路由信息即可。

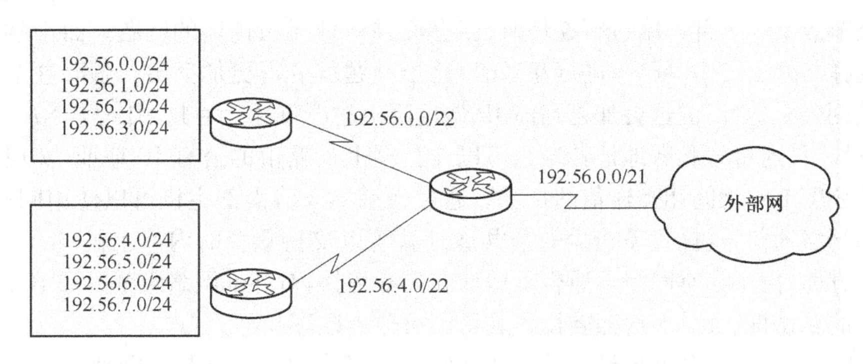

图5-19　CIDR示例

表5-5　8个连续的C类地址

网络号	第一个8位组	第二个8位组	第三个8位组	第四个8位组
192.56.0.0/24	11000000	00111000	00000000	00000000
192.56.1.0/24	11000000	00111000	00000001	00000000
192.56.2.0/24	11000000	00111000	00000010	00000000
192.56.3.0/24	11000000	00111000	00000011	00000000
192.56.4.0/24	11000000	00111000	00000100	00000000
192.56.5.0/24	11000000	00111000	00000101	00000000
192.56.6.0/24	11000000	00111000	00000110	00000000
192.56.7.0/24	11000000	00111000	00000111	00000000

从上面的例子可以看出，CIDR既可在一定程度上解决B类地址严重缺乏的问题，又能有效防止网络管理开销的膨胀。但在具体运行CIDR时必须遵守下列两个规则：

(1)网络号的范围必须是2的N次方，如2、4、8、16等。

(2)网络地址最好是连续的。

若能满足上述规则，就可以使用速算的方法来快速确定合并后超网的子网掩码。若一个单位需要2 000多台计算机，若用二进制数表示2 000时，需要使用至少11个比特位(2^{11}＝2 048)。

因此，对于一个32比特的IP地址来说，其中，11位要用于主机号，剩余的21位就要作为网络号，从而得出子网掩码为255.255.248.0。

值得一提的是，并不是所有的C类地址都可以作为超网的起始地址，只有一些特殊的地址可以使用。

另外，要使用可变长子网划分、超网和CIDR配置网络时，要求相关的路由器和路由协议必须能够支持。用于IP路由的路由信息协议RIP版本2(RIPv2)和边界网关协议版本4(BGPv4)都可以支持可变长子网划分和CIDR，而RIP版本1(RIPv1)则不支持。

6. 网络地址翻译

网络地址翻译(Network Address Translation，NAT)是一项与私有地址相关联的技术。私有地址既为企业或组织机构组建内部IP网络提供了足够充裕的地址，也因此减少了对IP地址资源的需求。目前，私有地址已经在企业或组织机构的内部IP网络中得到了广泛应用。但是，所有携带私有地址的IP数据包都不可能被路由至Internet上。因此，当使用私有地址的内部网络节点要与外部网络进行通信时，就会面临地址无法传递的问题。而当越来越多的私有网络选择与外面的Internet进行互联时，这个问题就变得更加突出。解决这个问题的思路之一是改用公有地址，但这会加剧当前IP地址匮乏的严重性。为此，引入了NAT技术。

NAT是一种通过将私有地址转换为可以在公网上被路由的公有IP地址，实现私有地址节点与外部公网节点之间相互通信的技术。通过使用NAT，内部主机可以使用同一个IP地址来与外部网络通信，这样只需较少的公共地址就可以支持众多的内部主机，从而节省了IP地址。另一方面，由于私有网络不通告其地址和内部拓扑，对外部网络隐藏内部IP地址，从而提高了网络的私密性。NAT按照转换方式不同可分为以下几种。

(1)静态NAT：用在公网地址足够多的时候。可以将内部地址与公网地址建立一一对应的关系，常用于对公网提供公众服务，如Web服务器。

(2)动态NAT：可以将多个内部地址映射为多个公网地址，常用于DDN专线上Internet网。

(3)端口地址转换(PAT)：PAT(Port Address Translation)也称为NAPT(Network Address Port Translation)，就是将多个内部地址映射为一个公网地址，但以不同的协议端口号与不同的内部地址相对应。这种方式常用于公网地址不是很充足的情况，不能保证每一个内部主机都可以分配。

图5-20所示为NAT工作原理的简单示意图，提供了NAT功能的设备，一般运行在内部网络与外部网络的边界上，当内部网络的一台主机想要向外部网络中的主机进行数据传输时，它先将数据包发到NAT设备，NAT设备上的NAT进程将首先查看IP包包头的内容，如果该包是被允许通过的，就用自己所拥有的一个全球唯一的IP地址替换掉包头内源地址字段中的私有IP地址，然后将数据包转发到外部网络的目标主机上。当外部主机回应包被发送回来

时，NAT进程将接收它，并通过查看当前的网络地址转换表，用原来的内部主机私有地址替换掉回应包中的公有目标地址，然后将该回应包送到内部网的相应源主机上。

通过多个私有地址节点共享一个或若干个全局地址，NAT不仅有效实现了私有地址节点与公网节点之间的相互通信，还大幅降低了对全局地址的需求。然而，NAT从根本上破坏了设计TCP/IP协议时所承诺的端到端通信原则，这个缺陷导致了某些应用(如FTP、IPSEC等)失败。另外，网络边界上运行NAT的网络设备也很容易成为网络中的性能瓶颈，特别是大量的内部网主机共享少数几个外部公有地址时。

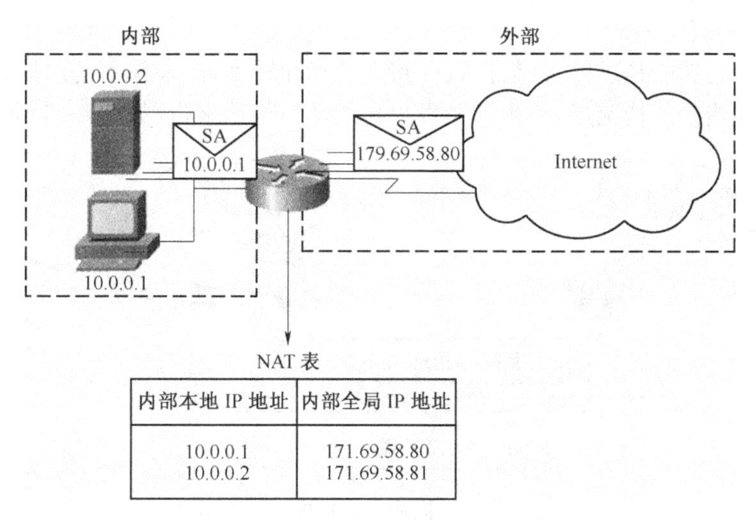

图5-20　NAT工作原理的简单示意图

第三节　ICMP协议

IP协议提供的是一种无连接的、不可靠、尽力而为的服务，不存在关于网络连接的建立和维护过程，也不包括流量控制与差错控制功能，在数据报通过互联网络的过程中，出现各种传输错误是难免的。而且对于源主机而言，一旦数据报被发送出去，那么对该数据报在传输过程中是否出现差错，是否顺利到达目标主机等就会变得一无所知。因此，需要设计某种机制来帮助人们对网络的状态有一些了解，包括路由、拥塞和服务质量等问题。因特网控制消息协议(Internet Control Message Protocol，ICMP)就是为了这个目的而设计的。

虽然ICMP属于TCP/IP网际层的协议，但它的报文并不直接传送给数据链路层，而是先封装成IP数据报后再传送给数据链路层。

ICMP定义了多种消息类型，这些消息类型可分为差错报文、控制报文和查询报文三大类。差错报文和控制报文又进一步分为不可达目的地、超时、参数问题、源端抑制和重定向路由。查询报文又分为回声请求与应答、时间标记请求与应答、地址掩码请求与应答、路由器询问与通告。

一、ICMP差错报文

ICMP作为IP层的差错报文传输机制，最基本的功能是提供差错报告。但ICMP协议并不严格规定对出现的差错采取什么处理方式。事实上，源主机接收到ICMP差错报告后，常常需将差错报告与应用程序联系起来，才能进行相应的差错处理。

ICMP差错报文有以下几个特点：

（1）差错报告不享受特别优先权和可靠性，作为一般数据传输。在传输过程中，它完全有可能丢失、损坏或被抛弃。

（2）ICMP差错报告是伴随着抛弃出错IP数据报而产生的。IP软件一旦发现传输错误，它首先把出错报文抛弃，然后调用ICMP向源主机报告差错信息。

ICMP出错报告包括目的地不可达报告、超时报告、参数出错报告等。

1. 目的地不可达报告

路由器的主要功能是进行IP数据报的路由选择和转发，但是并不是总能成功的。在路由选择和转发出现错误的情况下，路由器便发出目的地不可达报告，如图5-21所示。

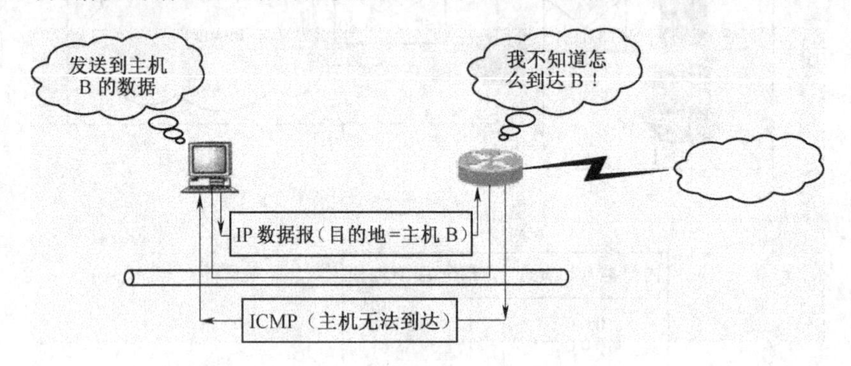

图5-21　ICMP向源主机报告目的地不可达

目的地不可达可以分为网络不可达、主机不可达、协议和端口不可达等多种情况。根据每一种不可达的具体原因，路由器发出相应的ICMP目的地不可达差错报告。

2. 超时报告

在IP互联网中，每个路由器独立地为IP数据报选路。一个路由器的路由选择出现问题，IP数据报的传输就有可能出现兜圈子的情况。

利用IP数据报报头的生存周期字段，可以有效地避免IP数据报在互联网中无休止地循环传输。一个IP数据报一旦到达生存周期，路由器立刻将其抛弃。与此同时，路由器也产生一个ICMP超时差错报告，通知源主机该数据报已被抛弃。

产生超时报告报文的另一种情况是：当组成报文的所有分段未能在某一时限内到达目的主机时，也要产生超时报文。当第一个分段到达时，目的主机就启动计时器。当计时器的时限到了，目的主机没有收到所有分段时，它就丢弃已有的分段，并向源端发送超时报文。

3. 参数出错报告

另一类重要的ICMP差错报文是参数出错报文，报告错误的IP数据报报头和错误的IP数据报选项参数等情况。一旦参数错误严重到机器不得不抛弃IP数据报时，机器便向源主机发送此报文，指出可能出现错误的参数位置。

二、ICMP控制报文

IP层控制主要包括拥塞控制、路由控制两大内容，与之对应，ICMP提供相应的控制报文。

（1）源抑制报文：当某个速率较高的源主机向另一个速率较慢的目的主机（或路由器）发送一连串的数据报时，就有可能使速率较慢的目的主机产生拥塞。当目的主机或路由器因拥塞而丢弃数据报时，向源主机发送 ICMP 源抑制报文，使源主机降低发送 IP 数据报的速率。

(2)重定向报文：通常，主机在启动时都具有一定的路由信息，这些信息可以保证主机将 IP 数据报发送出去，但经过的路径不一定是最优的。路由器一旦检测到某 IP 数据报经非优路径传输，它一方面继续将该数据报转发出去，另一方面将向主机发送一个路由重定向 ICMP 报文，通知主机去往相应目的主机的最优路径。这样主机经过不断积累便能掌握越来越多的路由信息。ICMP 重定向机制的优点是保证主机拥有一个动态的、既小且优的路由表。

三、ICMP 查询报文

为了便于进行故障诊断和网络控制，ICMP 还设计了 ICMP 查询报文对，用于获取某些有用的信息。

1. 回应请求与应答

回应请求/应答 ICMP 报文对用于测试目的主机或路由器的可达性，如图 5-22 所示。请求者(某主机)向特定目的 IP 地址发送一个包含任选数据区的回应请求，要求具有目的 IP 地址的主机或路由器响应。当目的主机或路由器收到该请求后，发出相应的回应应答。

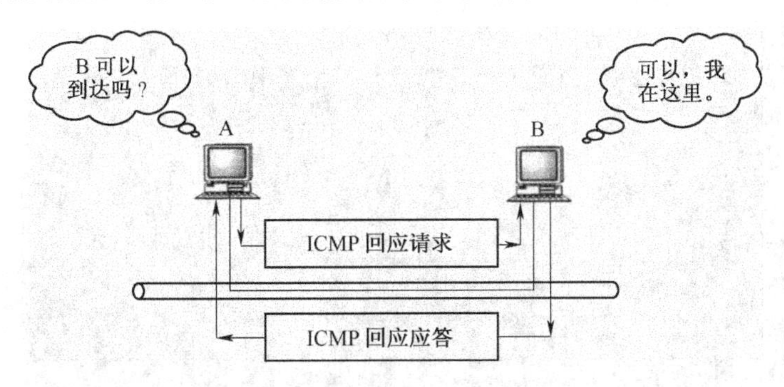

图 5-22　回应请求/应答 ICMP 报文对用于测试可达性

由于请求/应答 ICMP 报文均以 IP 数据报形式在互联网中传输，所以如果请求者成功收到一个应答(应答报文中的数据复制与请求报文中的任选数据完全一致)，则可以说明：

(1)目的主机(或路由器)可以到达。

(2)源主机与目的主机(或路由器)的 ICMP 软件和 IP 软件工作正常。

(3)回应请求与应答 ICMP 报文经过的中间路由器的路由选择功能正常。

2. 时间戳请求与应答

设计时间戳请求/应答 ICMP 报文是同步互联网上主机时钟的一种努力，尽管这种时钟同步技术的能力是极其有限的。

IP 层软件利用时间戳请求/应答 ICMP 报文从其他机器获取其时钟的当前时间，经估算后再同步时钟。

3. 掩码请求与应答

在主机不知道自己所处网络的子网掩码时，可以利用掩码请求 ICMP 报文向路由器询问。路由器在收到请求后以掩码应答 ICMP 报文形式通知请求主机所在网络的子网掩码。

4. 路由器询问和通告

路由器或计算机使用 ICMP 路由器询问和通告报文可以了解连接在本网络上的路由器是否正常工作。路由器或计算机将 ICMP 路由器询问报文进行广播。收到询问报文的路由器使用 ICMP 路由器通告报文广播其路由选择信息。

四、ping 命令和 Tracert 命令的剖析与使用

大部分操作系统和网络设备都会提供一些 ICMP 工具程序，方便用户测试网络连线状况。如在 Unix、Linux、Windows 和网络设备都集成了 ping 和 Tracert 命令。我们经常使用这些命令来测试网络的连通性和可达性。下面以 Windows 2000 server 为例，介绍两种常见的 ICMP 工具程序。

1. ping 命令

ping 命令就是利用回应请求/应答 ICMP 报文来测试目的主机或路由器的可达性。不同网络操作系统对 ping 命令的实现稍有不同，较复杂实现方法是发送一系列的回应请求 ICMP 报文、捕获回应应答并提供丢失数据报的统计信息。网管人员可利用 ping 工具程序，以诊断网络的问题。

一般在去某一站点时可以先运行一下该命令看看该站点是否可达。如图 5-23 为测试返回的信息。

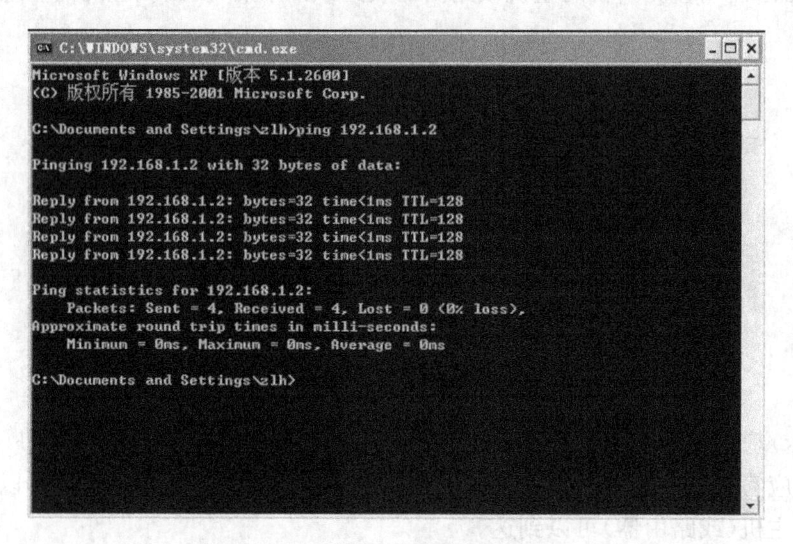

图 5-23　测试返回的信息

以上返回了 4 个测试数据包，其中 bytes＝32 表示测试中发送的数据包大小是 32 个字节，time＜10 ms 表示与对方主机往返一次所用的时间小于 10 ms，TTL＝128 表示当前测试使用的 TTL(Time to Live)值(系统默认值为 128)。测试表明连接非常正常，没有丢失数据包，响应很快。对于局域网的连接，数据包丢失越少和往返时间越小则越正常。如果数据包丢失率高、响应时间非常慢或者各数据包不按次序到达，那么就有可能是硬件有问题。

关键的统计信息是：一个数据包往返传送需要多长时间，它显示在 time＝之后；数据包丢失的百分比，它显示在 Ping 输出结束处的总统计行中。

如果网络有问题，则可能返回如图 5-24 所示的响应失败信息。

出现此种情况时，就要仔细分析一下网络故障出现的原因了，可参考下列步骤，利用 Ping 工具程序，由近而远逐步锁定问题所在。

(1)Ping 127.0.0.1

127.0.0.1 是所谓的 Loopback 地址。目的地址为 127.0.0.1 的信息包不会送到网络上，

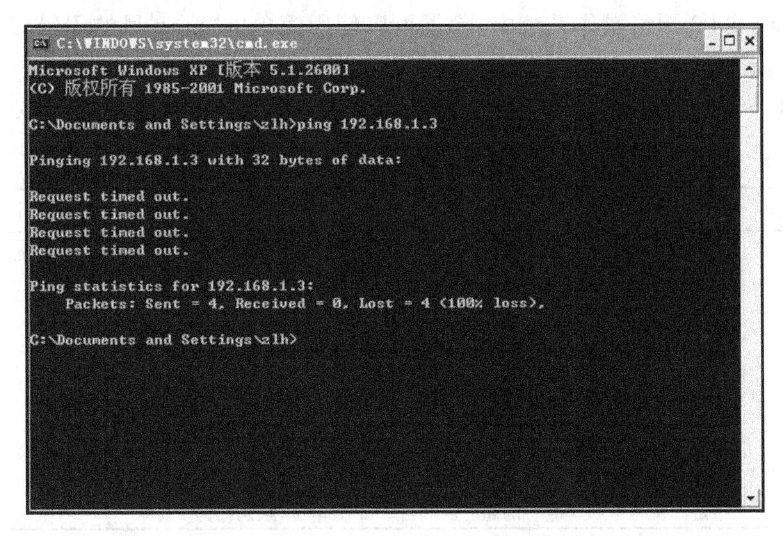

图 5-24　返回响应失败信息

而是送至本机的 Loopback 驱动程序。此一操作主要是用来测试 TCP/IP 协议是否正常运作。

(2)ping 本机 IP 地址

若步骤 1 中本机 TCP/IP 设置正确,接下来可试试看网络设备(网卡)是否正常。若网卡有问题,则不会响应。

(3)ping 对外连接的路由器

也就是 ping“默认网关”的 IP 地址。若成功,代表内部网络与对外连接的路由器正常。

(4)ping 互联网上计算机的 IP 地址

可以随便找一台连接了互联网的计算机,ping 它的 IP 地址。如果有响应,代表 IP 设置全部正常。

(5)ping 互联网上计算机的网址

如果执行 ping 成功而网络仍无法使用,那么问题很可能出在网络系统的软件配置方面,ping 成功只能保证当前主机与目的主机间存在一条连通的物理路径。

如果用 ping 命令都失败了,这时注意 ping 命令显示的出错信息,这种出错信息通常分为四种情况:

(1)unknown host(不知名主机),该远程主机的名字不能被 DNS(域名服务器)转换成 IP 地址。网络故障可能为 DNS 有故障,可能是其名字不正确或者系统与远程主机之间的通信线路有故障。

(2)network unreachable(网络不能到达),这是本地系统没有到达远程系统的路由。

(3)no answer(无响应),远程系统没有响应。这种故障说明本地系统有一条到达远程主机的路由,但却接受不到它发给该远程主机的任何报文。这种故障可能是:远程主机没有工作,或者本地或远程主机网络配置不正确,或者本地或远程的路由器没有工作,或者通信线路有故障,或者远程主机存在路由选择问题。

(4)Request time out 如果在指定时间内(默认 1 000 ms)没有收到应答网络包,则 ping 就认为该计算机不可达。

网络包返回时间越短,Request time out 出现的次数越少,则意味着与此计算机的连接稳定和速度快。

在 Windows 2000 网络操作系统中，除了可以使用简单的“ping 目的 IP 地址”形式外，还可以使用 ping 命令的选项。完整的 ping 命令形式为：

ping [选项] 目的 IP 地址。表 5-6 给出了 ping 命令各主要选项的具体含义。

表 5-6　ping 命令主要选项

选项	意义
－t	连续发送和接收回送请求和应答 ICMP 报文直到手动停止(Ctrl＋Break：查看统计信息，Ctrl＋C：停止 ping 命令)
－a	将 IP 地址解析为主机名
n count	发送回送请求 ICMP 报文的次数(默认值为 n)
－l size	发送探测数据包的大小(默认值为 32 B)
－f	不允许分片(默认为允许分片)
－i TTL	指定生存周期
－r count	记录路由
－w timeout	指定等待每个回送应答的超时时间(以 ms 为单位，默认值为 1 000)

2. Tracert 命令

Tracert 实用程序(在 Unix 平台下一般称为 Trace route)可以查看计算机获取的网络数据，确定数据包为到达目的地所必须经过的有关路径，并指明哪个路由器在浪费时间。

(1)Tracert 原理

这里首先假设如下的网络环境，如图 5-25 所示。

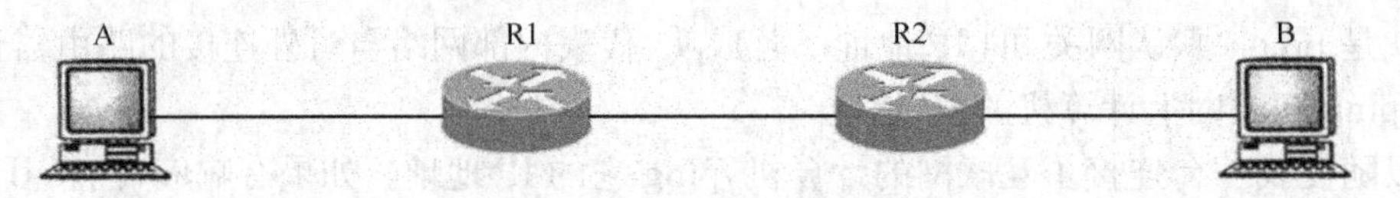

图 5-25　网络拓扑实例

若从 A 主机执行 Tracert，并将目的地设为 B 主机，则 Tracert 会利用以下步骤，找出沿途所经过的路由器，如图 5-26 所示。

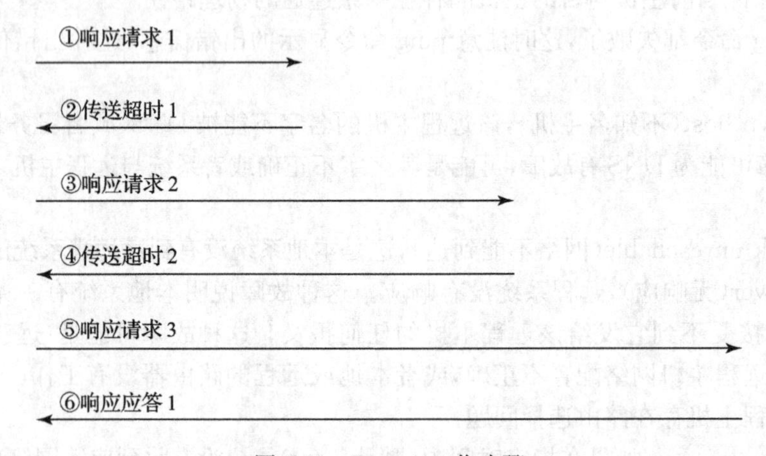

图 5-26　Tracert 工作步骤

发出响应请求信息包，该信息包的目的地设为 B，存活时间设为 1。为了方便说明，我们将所有信息包都加以命名，此信息包命名为“响应请求 1”。

R1 路由器收到“响应请求 1”后，因为存活时间为 1，因此会丢弃此信息包，然后发出“传送超时 1”给 A。

A 收到“传送超时 1”之后，便可得知到 R1 为路由过程中的第一个路由器。接着，A 再发出“响应请求 2”，目的地设为 B 的 IP 地址，存活时间设为 2。

“响应请求 2”会先送到 R1，然后再转送至 R2。到达 R2 时，“响应请求 2”的存活时间为 1，因此，R2 会丢弃此信息包，然后传送“传送超时 2”给 A。

A 收到“传送超时 2”之后，便可得知到 R2 为路由过程中的第二个路由器。接着，A 再发出“响应请求 3”，目的地设为 B 的 IP 地址，存活时间设为 3。

“响应请求 3”会通过 R1、R2 然后转送至 B。B 收到此信息包后便会响应“响应应答 1”给 A。

A 收到“响应应答 1”之后便大功告成。

(2) Tracert 的命令行语法

使用 Tracert 的命令行语法如下。

Tracert [选项] 目的 IP 地址或域名

表 5-7　Tracert 的选项

选项	意　义
−d	指定 Tracert 不要将 IP 地址解析为主机名
−h	指定最大转接次数(实际上指定了最大的 TTL 值)
−w	指定超时值，以 ms 为单位
−J	允许用户指定非严格源路由主机(和 Ping 相同，最大值为 9)

图 5-27 的信息显示出到“www. sina. com”所经每一站路由器的反应时间、IP 地址等重要信息，从中可判断哪个路由器最影响网络访问速度。Tracert 最多可以展示 30 个“跳步(hops)”。

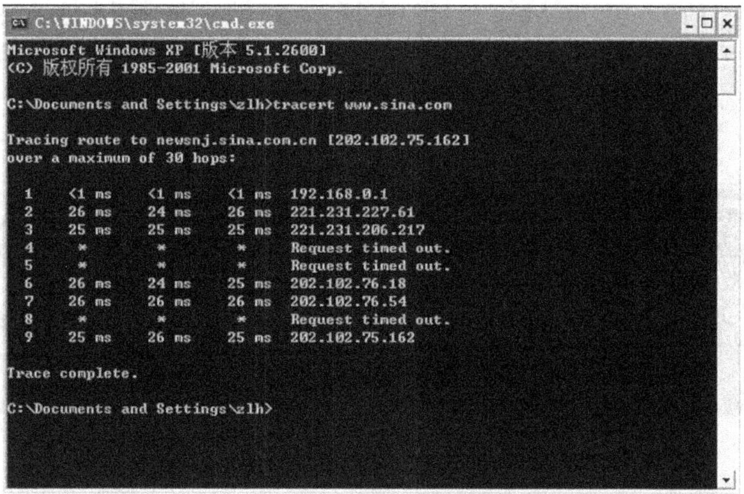

```
C:\WINDOWS\system32\cmd.exe
Microsoft Windows XP [版本 5.1.2600]
(C) 版权所有 1985-2001 Microsoft Corp.

C:\Documents and Settings\zlh>tracert www.sina.com

Tracing route to newsnj.sina.com.cn [202.102.75.162]
over a maximum of 30 hops:

  1    <1 ms    <1 ms    <1 ms  192.168.0.1
  2    26 ms    24 ms    26 ms  221.231.227.61
  3    25 ms    25 ms    25 ms  221.231.206.217
  4     *        *        *     Request timed out.
  5     *        *        *     Request timed out.
  6    26 ms    24 ms    25 ms  202.102.76.18
  7    26 ms    26 ms    26 ms  202.102.76.54
  8     *        *        *     Request timed out.
  9    25 ms    26 ms    25 ms  202.102.75.162

Trace complete.

C:\Documents and Settings\zlh>
```

图 5-27　Tracert 返回的信息

第四节 ARP 与 RARP 协议

一、ARP 协议

1. ARP 作用

在互联网中，IP 地址能够屏蔽各个物理网络地址的差异，为上层用户提供“统一”的地址形式。但是这种“统一”是通过在物理网络上覆盖一层 IP 软件实现的，互联网并不对物理地址做任何修改。高层软件通过 IP 地址来指定源地址和目的地址，而低层的物理网络通过物理地址发送和接收信息。

在任何时候，当一个主机或路由器要发送数据包给另一个主机或路由器时，它必须有接收端的逻辑(IP)地址。但是 IP 数据包必须封装成帧才能通过物理网络，即使在数据包中给出了源 IP 地址和目标 IP 地址，这些地址也不可能被直接用于主机寻址，因数据链路层的硬件是不能识别 IP 地址的，它们只能识别第二层的物理地址。例如，以太网中的主机是通过网卡连接到以太网链路中的，网卡只能识别 48 位的 MAC 地址而无法识别 32 位的 IP 地址。因此，为了在物理上实现 IP 数据报的传输，必须借助数据链路层的物理寻址功能。为了获得目标主机的物理地址，就需要在网络层提供从主机 IP 地址到主机物理地址的地址映射功能。

将 IP 地址映射到物理地址的实现方法有多种，每种网络都可以根据自身的特点选择适合于自己的映射方法。地址解析协议 ARP(Address Resolution Protocol)是以太网经常使用的映射方法，它充分利用了以太网的广播能力，将 IP 地址与物理地址进行动态联编(Dynamic Binding)，如图 5-28 所示。

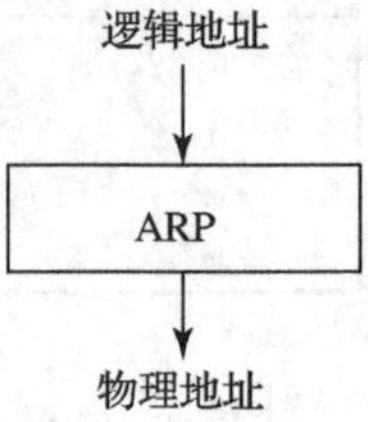

逻辑地址
ARP
物理地址

图 5-28 ARP 协议的功能

2. ARP 工作机制

假设在一个以太网上，计算机 A 和 B 之间要通过 IP 通信，则双方必须知道对方的 MAC 地址。每台主机都设 ARP 高速缓存，维护一个 IP 地址到 MAC 地址的转换表，即为 ARP 表，其中存放最近用到的一系列与本机通信的、同网的计算机的 IP 地址和 MAC 地址的映射。ARP 表中包含两类地址映射信息，一类是静态映射信息，它们是由网络管理员或用户手工配置的 ARP 映射信息，另一类是动态映射信息，这类信息是由 ARP 自动学习得来的。在主机启动时，ARP 表为空。图 5-29 所示为一个 ARP 表的实例。

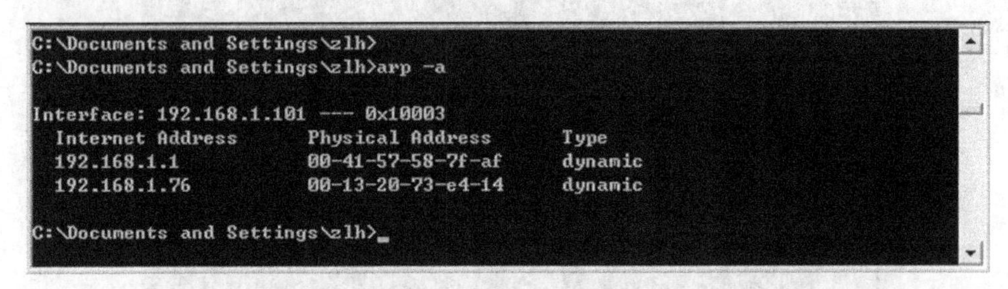

图 5-29 ARP 表的实例

假设源主机 A 要和 IP 地址为 192.168.1.1 的目的主机 B 通信。A 首先查看自己的 ARP 表，看其中是否有 192.168.1.1 对应的 ARP 表项。如果找到了，则不用发送 ARP 广播包，而直接利用 ARP 表中的 MAC 地址把 IP 数据包进行帧封装，向目的计算机发送。如果在 ARP 表中找不到对应的地址项，则用 ARP 协议创建一个 ARP 请求，并以广播方式发送 ARP 请求分组。ARP 请求包中有发出请求的计算机的源 IP 地址、源 MAC 地址和主机 B 的 IP 地址。所有在同一网段上的计算机都可以接收到 ARP 请求分组。B 主机接收到 ARP 请求分组后，B 首先把 ARP 请求分组中的源 IP 地址和 MAC 地址填入自己的 ARP 表，然后主机 B 发出 ARP 响应分组，在分组中填入自己的 MAC 地址，以单播方式发送给主机 A。

主机 A 在收到 ARP 响应后，将从分组中提取出目的 IP 地址及其对应的 MAC 地址，加入到自己的 ARP 表中，并且把放在发送等待队列中的所有数据包发送出去。

如果一条 ARP 项很久没有使用了，则从 ARP 表中删除掉。

ARP 不是 IP 协议的一部分，它不使用 IP 报传送，而是直接装载在以太网帧的数据域中传输。

当源主机和目标主机不在同一网络中时，若继续采用上面所介绍的 ARP 广播方式来请求目的主机的 MAC 地址就不会成功，因为第二层广播是不可能被第三层路由设备所转发的。应采用默认网关加代理 ARP 方式。

3. 默认网关与代理 ARP

当源主机和目标主机不在同一网络中时，如图 5-30 中的主机 1 向主机 5 发送数据包，若继续采用上面所介绍的 ARP 广播方式来请求主机 4 的 MAC 地址就不会成功，因为第二层广播是不可能被第三层路由设备所转发的。此时，传送可以有两种解决方案。

(1)默认网关

默认网关(default gateway)是指与源主机位于同一网段中的某个路由器接口的 IP 地址，是主机的 IP 配置选项之一，一旦主机被配置了默认网关，则相应的参数设置就会被作为主机配置的一部分保存起来。以图 5-30 中的主机 1 为例，它的默认网关可以配置成路由器以太网接口 E0 的 IP 地址，即为 192.168.1.1。Windows 主机上默认网关的配置界面如图 5-31 所示。

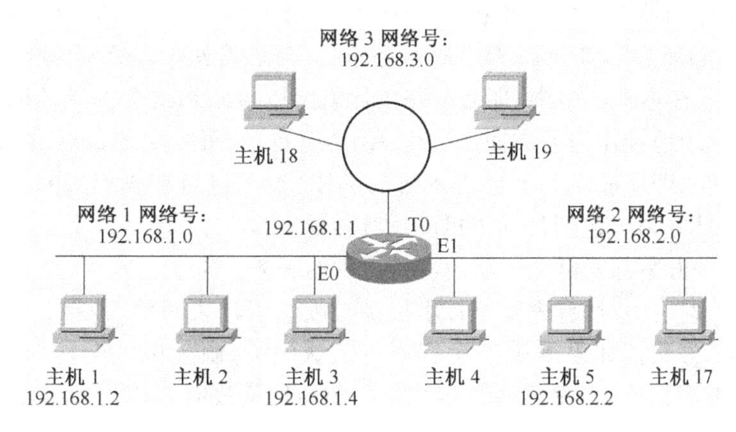

图 5-30　主机的默认网关

假设主机 1 已经被配置了默认网关，那么当主机 1 通过子网掩码运算发现主机 5 与自己不在同一网络中时，就会以默认网关的 MAC 地址为目标 MAC 地址，以自己的 MAC 地址为源 MAC 地址将发往主机 5 的分组封装成以太网帧后发送给默认网关，由路由器来进一步完成后续的数据传输。如果主机 1 的本地 ARP 缓存中不存在关于默认网关的 MAC 地址映射信息，那么主机 1 就会采取前面所介绍过的 ARP 广播方式获得，因为默认网关与主机 1 是位于同一网段中的。

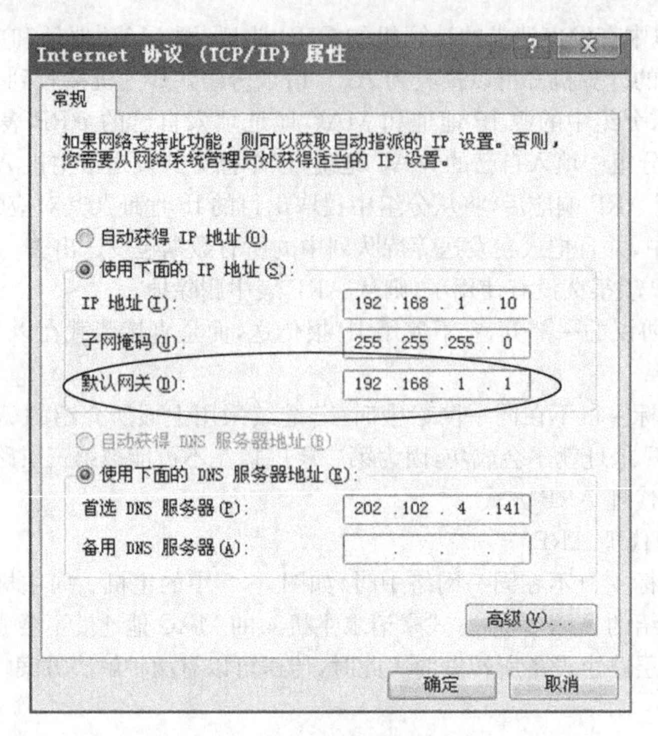

图 5-31　默认网关的配置界面

(2)代理 ARP

代理 ARP 由 ARP 协议演变而来。在代理 ARP 中,网络中的某些路由器被配置成具有代理 ARP 功能,即这些路由器具备为它们所代理的子网中的所有主机完成 ARP 服务的能力。当代理 ARP 路由器在网络中捕获到一个 ARP 请求后,首先判断 ARP 请求包中的目标 IP 地址是否属于本地网络,如果属于本地网络,则会忽略或丢弃该 ARP 请求包。若 ARP 请求中目标 IP 地址不在本地网络中,那么该路由器就会以自己和这个发送 ARP 请求的源主机直接相连接口的物理地址作为参数回送一个 ARP 应答,从而使发出 ARP 请求的源主机可以利用路由器接口的物理地址将关于远程主机的 ARP 请求包封装成相应的帧发送给路由器,由路由器完成该 ARP 请求包到目标主机的后续转发工作。

注意,上述两种方案都要借助于路由器所提供的服务。通常,当一个源主机判断出目标主机与自己不在同一网络中时,首先要检查本机是否配置了默认网关,若有此项配置,会优先采用默认网关转发的方案。如果本机上没有配置默认网关,源主机才会转向代理 ARP 方案。如果本机没有设置默认网关,源主机直接相连的路由器又没有启用代理 ARP,那么主机的数据发送就会失败。

二、反向地址解析协议 RARP 协议

每一个主机或路由器都被指派一个或多个 IP 地址,这些地址是唯一的,且与机器的物理地址无关。要创建 IP 数据包,主机或路由器就要知道它自己的 IP 地址,一个机器的 IP 地址通常可以从存储在磁盘文件中的配置文件读取。

ARP 有效解决了 IP 地址到 MAC 地址的映射问题,但在网络中有时也需要反过来解决从 MAC 地址到 IP 地址的映射问题。例如,当人们在 IP 网络环境中启动无盘工作站时,就会出现这类问题。无盘工作站在开机启动时需要从 ROM 来引导系统，但是，在 ROM 中只有很少的系统引导信息，它不包括 IP 地址，因为在网络上的 IP 地址是由管理员指派的。

反向地址解析协议(Reverse Address Resolution Protocol，RARP)可以被用于解决这种从 MAC 地址到 IP 地址的映射问题。RARP 的实现采用的是一种客户机—服务器工作模式。当一个无盘工作站启动时，它可以通过 RARP 的客户端程序去创建一个 RARP 请求并在网络中广播，网络中运行 RARP 服务程序的 RARP 服务器在收到该请求后，会给这个无盘工作站发送一个 RARP 应答分组，在该分组中将包含这个无盘工作站所需要的 IP 地址信息。

第五节 路由与路由协议

一、路由与路由表

路由是指对到达目标网络所进行的最佳路径选择。通俗地讲，就是解决“何去何从”的问题。路由是网络层最重要的功能，在网络层完成路由功能的专有网络互联设备称为路由器。除了路由器外，某些交换机里面也集成了带网络层功能的路由模块，带路由模块的交换机又被称为三层交换机。另外，在网络操作系统软件中也可以实现网络层的最佳路径选择功能，在操作系统中所实现的路由功能也被称为软件路由。不管是软件路由、路由模块还是路由器，虽然它们存在一些性能上的差异，但在实现路由功能的作用和原理上都是类似的。下面在提及路由设备时，将以路由器为代表。

路由器将所有关于如何到达目标网络的最佳路径信息以数据库表的形式存储起来，这种专门用于存放路由信息的表被称为路由表。路由表中的不同表项给出了到达不同目标网络所需要历经的路由器接口或下一跳(next hop)地址信息。一个路由表的每一条路由通常包含三项：到目的网络的 IP 地址(大部分是目的网络地址，也可以是某主机地址)、子网掩码、到目的网络路径上的“下一个”路由器的 IP 地址。

图 5-32 显示了通过 3 台路由器互联 4 个子网的简单例子。

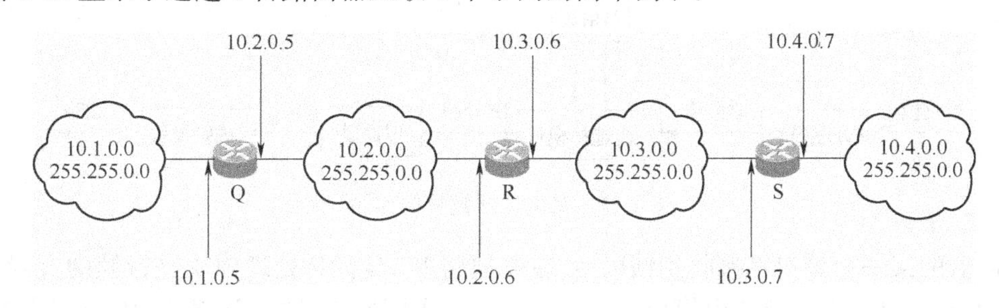

图 5-32 通过 3 台路由器互联 4 个子网

表 5-8 给出了路由器 R 的路由表。如果路由器 R 收到一个目的地址为 10.4.0.16 的 IP 数据报，那么它在进行路由选择时首先将该 IP 地址与路由表第一个表项的子网掩码 255.255.0.0 进行“与”操作，由于得到的操作结果 10.4.0.0 与本表项目的网络地址 10.2.0.0 不相同，说明路由选择不成功，需要对路由表的下一个表项进行相同的操作。当对路由表的最后一个表项操作时，IP 地址 10.4.0.16 与子网掩码 255.255.0.0“与”操作的结果 10.4.0.0 同目的网络地址 10.4.0.0 一致，说明选路成功，于是，路由器 R 将报文转发给该表项指定的下一路由器 10.3.0.7(即路由器 S)。当然，路由器 S 接收到该 IP 数据报后也需要按照自己的路由表，决定数据报的去向。

表 5-8　路由器 R 的路由表

子网掩码	要到达的网络	下一路由器
255.255.0.0	10.2.0.0	直接投递
255.255.0.0	10.3.0.0	直接投递
255.255.0.0	10.1.0.0	10.2.0.5
255.255.0.0	10.4.0.0	10.3.0.7

图 5-33 所示为一个路由表的实例。除了路由表外，在路由器中还有一个非常重要的功能模块与路由直接相关，即路由选择模块。当路由器得到一个 IP 分组时，由路由选择模块来根据路由表完成路由查询工作。路由选择模块作用的示意图如图 5-34 所示。

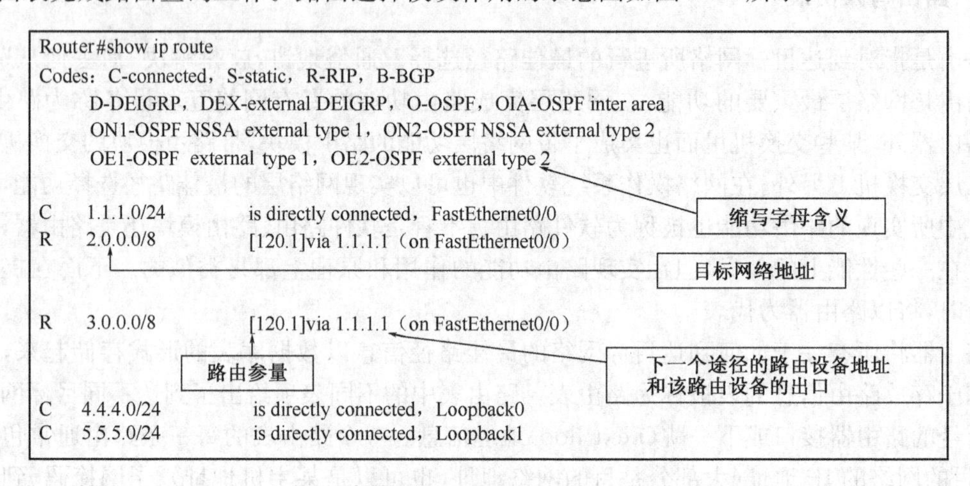

图 5-33　路由表的实例

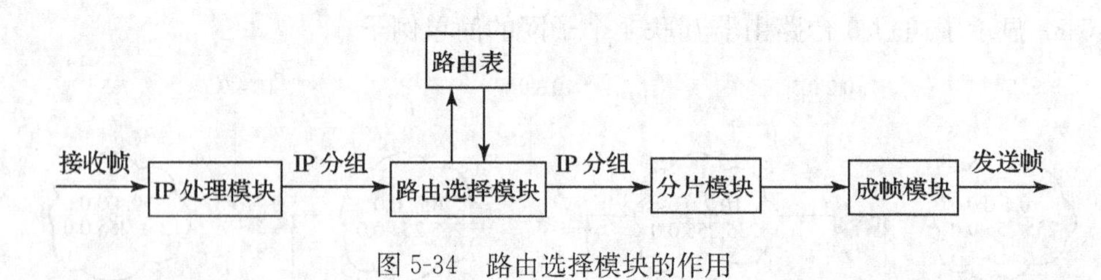

图 5-34　路由选择模块的作用

路由器的某一个接口在接收到帧以后，首先要将帧交给 IP 处理模块进行帧的拆封，从中分离出相应的 IP 分组交给路由模块。路由模块通过子网掩码求“与”运算从 IP 分组中提取出目标网络号，并将目标网络号与路由表进行比对看能否找到一种匹配，即确定是否存在一条到达目标网络的最佳路径信息。若不存在匹配，则将相应的 IP 分组丢弃。若存在匹配，又进一步分成两种情况：第一种情况是路由器发现目标主机就在其直接相连的某个网络中，此时，路由器就会去查找该目标 IP 地址所对应的 MAC 地址信息，并利用该地址信息将 IP 分组重新封装成目标网络所期望的帧发送到直接相连的目标网络中，这种形式的分组转发又称为直接路由(direct routing)。

第二种情况是路由器无法定位最后的目标网络，即目标主机并不在路由器直接相连的任何一个网络中，但是路由器可以从路由表中找到一条与目标网络相匹配的最佳路径信息，如路由器转发接口的信息或下一跳路由器的 IP 地址等，在这种情况下，路由器需要将 IP 分组重新进行封装成发送端口所期望的帧转发给下一跳路由器，由下一跳路由器继续后续的分组转发，这种形式分组转发又称为间接路由(indirect routing)。

对路由器而言，上述这种根据分组的目标网络号查找路由表以获得最佳路径信息的功能被称为路由(routing)，而将从接收端口进来的数据分组按照输出端口所期望的帧格式重新进行封装并转发(forward)出去的功能称为交换(switching)。路由与交换是路由器的两大基本功能。

下面以图5-35为例解释路由的过程。

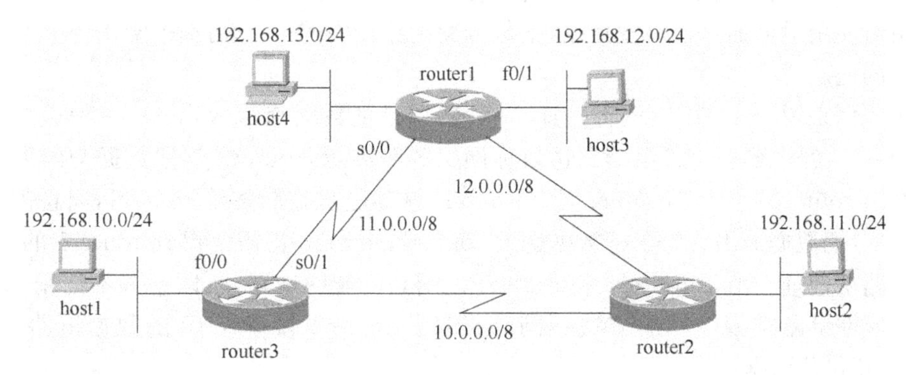

图5-35　路由的过程

图5-35中由三台路由器router1、router2、router3把4个网络连接起来，它们是192.168.10.0/24、192.168.11.0/24、192.168.12.0/24、192.168.13.0/24，3台路由器的互联又需要3个网络，它们是10.0.0.0/8、11.0.0.0/8、12.0.0.0/8。

假如host1向host3发送数据，而host1和host3不在同一个网络，数据要到达host3需要经过两个路由器。host1看不到这个图，它如何知道host3在哪里呢？host1上配置了IP地址和子网掩码，知道自己的网络号是192.168.10.0，它再把host3的IP地址(这个地址host1知道)与自己的掩码做“与”运算，可以得知host3的网络号是192.168.12.0。显然两者不在同一个网络中，这就需要借助路由器来相互通信(如前所说，路由器就是在不同网络之间转发数据用的)。路由器就像是邮局，用户把数据送到路由器后，具体怎么“邮递”就是路由器的工作了，用户不必操心。所以，host1得知目的主机与自己不在同一个网络时，它只需将这个数据包送到距它最近的router3就可以了，这就像我们只需把信件投递到离我们最近的邮局一样。

如同去邮局需要知道邮局所在的位置一样，host1也需要知道router3的位置。在host1上除了配置了IP地址和掩码外，还配置了另外一个参数——默认网关，其实就是路由器router3与host1处于同一个网络的接口f0/0的地址。在host1上设置默认网关的目的就是把去往不同于自己所在的网络的数据，发送给默认网关。只要找到了f0/0接口就等于找到了router3。为了找到router3的f0/0接口的MAC地址，host1使用了地址解析协议(ARP)。获得了必要信息之后，host1开始封装数据包：

(1)把自己的IP地址封装在网络层的源地址域。

(2)把host3的IP地址封装在网络层的目的地址域。

(3)把f0/0接口的MAC地址封装在数据链路层的目的地址域。

(4)把自己的MAC地址封装在数据链路层的源地址域。

之后，把数据发送出去。

路由器router3收到host1送来的数据包后，把数据包解开到第三层，读取数据包中的目的 IP 地址，然后查阅路由表决定如何处理数据。路由表是路由器工作时的向导，是转发数据的依据。如果路由表中没有可用的路径，路由器就会把该数据丢弃。路由表中记录有以下内容（参照上面有关路由表的信息）：

（1）已知的目标网络号（目的地网络）。

（2）到达目标网络的距离。

（3）到达目标网络应该经由的接口。

（4）到达目标网络的下一台路由器的地址。

路由器使用最近的路径转发数据，把数据交给路径中的下一台路由器，并不负责把数据送到最终目的地。

对于本例来说，router3 有两种选择，一种选择是把数据交给 router1，一种选择是把数据交给 router2。经由哪一台路由器到达目标网络的距离近，router3 就把数据交给哪一台。这里假设经由 router1 比经由 router2 近。Router3 决定把数据转发给 router1，而且需要从自己的 s0/1 接口把数据送出。为了把数据送给 router1，router3 也需要得到 router1 的 s0/0 接口的数据链路层地址。由于 router3 和 router1 之间是广域网链路，所以它并不使用 ARP，根据不同的广域网链路类型使用的方法不同。获取了 router1 接口 s0/0 的数据链路层地址后，router3 重新封装数据：

（1）把 router1 的 s0/0 接口的物理地址封装在数据链路层的目标地址域中。

（2）把自己 s0/1 接口的物理地址封装在数据链路层的源地址域中。

（3）网络层的两个 IP 地址没有替换。

之后，把数据发送出去。

router1 收到 router3 的数据包后所做的工作跟前面 router3 所做的工作一样，查阅路由表。不同的是在 router1 的路由表里有一条记录，表明它的 f0/1 接口正好和数据声称到达的网络相连，也就是说 host3 所在的网络和它的 f0/1 接口所在的网络是同一个网络。router1 使用 ARP 获得 host3 的 MAC 地址并把它封装在数据帧头内，之后把数据传送给 host3。

至此，数据传递的一个单程完成了。

从上面的这个过程可以看出，为了能够转发数据，路由器必须对整个网络拓扑有清晰的了解，并把这些信息反映在路由表里，当网络拓扑结构发生变化的时候，路由器也需要及时地在路由表里反映出这些变化，这样的工作就是我们前面介绍的路由器的路由功能。路由器还有一项独立于路由功能的工作是交换/转发数据，即把数据从进入接口转移到外出接口。就是我们所说的路由器交换功能。

二、路由表的建立与维护

在路由器中维持一个能正确反映网络拓扑与状态信息的路由表对于路由器完成路由功能至关重要。通常有两种方式可用于路由表信息的生成和维护，分别是静态路由和动态路由。

1. 静态路由

静态路由是指网络管理员根据其所掌握的网络连通信息以手工配置方式创建的路由表表项，也称为非自适应路由。静态路由实现简单而且开销较小，配置静态路由时要求网络管理员对网络的拓扑结构和网络状态有非常清晰的了解，而且当网络连通状态发生变化时，静态路由的更新也要通过手工方式完成。静态路由通常被用于与外界网络只有唯一通道的末节（STUB）网络，也可用作网络测试、网络安全或带宽管理的有效措施。图 5-36 给出了一个末节网络的示例。

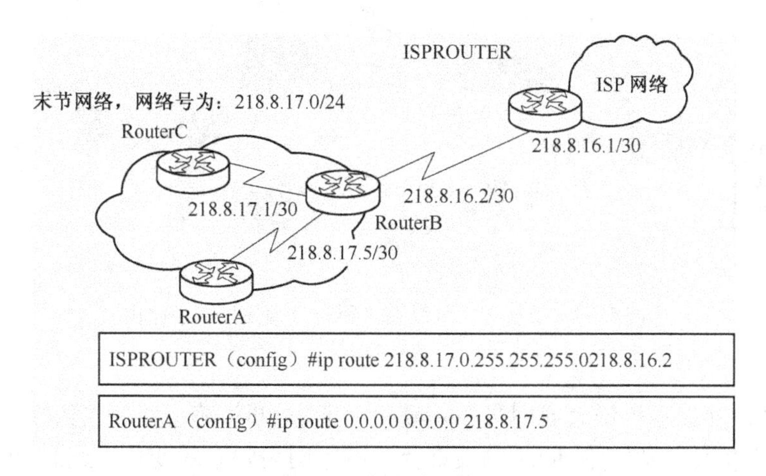

图 5-36　末节网络及默认路由的例子

但是，对于复杂的互联网拓扑结构，静态路由的配置会让网络管理员感到头痛。不但工作量很大，而且很容易出现路由环，致使 IP 数据报在互联网中兜圈子。如图 5-37 所示，由于路由器 R1 和 R2 的静态路由配置不合理，R1 认为到达网络 4 应经过 R2，而 R2 认为到达网络 4 应经过 R1。这样，去往网络 4 的 IP 数据报将在 R1 和 R2 之间来回传递。

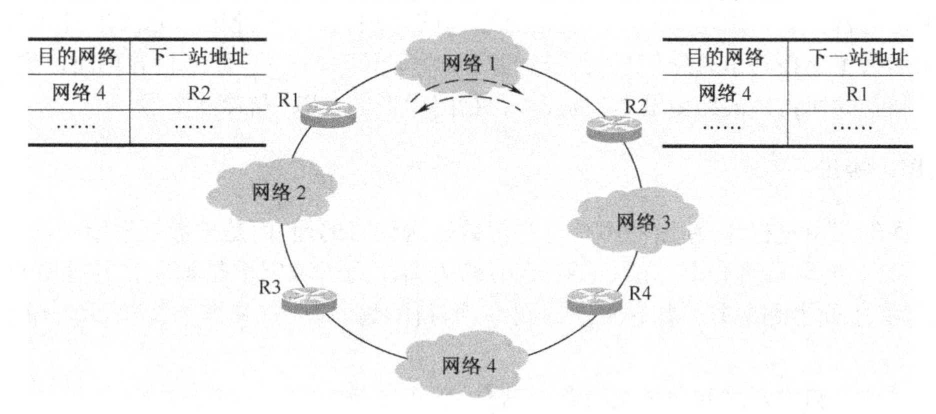

图 5-37　配置路由错误导致 IP 数据报在互联网中兜圈子

另外，在静态路由配置完毕后，去往某一网络的 IP 数据报将沿着固定路径传递。一旦该路径出现故障，目的网络就变得不可到达，即使存在着另外一条到达该目的网络的备份路径。如图 5-38 所示，在静态路由配置完成后，主机 A 到主机 B 的所有 IP 数据报都经过路由器 R1、R2、R4 传递。如果该路径出现问题（例如路由器 R2 故障），IP 数据报不会自动经备份路径 R1、R3、R4 到达主机 B，除非网络管理员对静态路由重新配置。

在静态路由中，有一种特殊的被称为默认（default）路由或缺省路由的路由设置。默认路由是为那些找不到直接匹配的目标网络所指出的转发端口（即指路由器没有明确路由可用时采用的路由）。默认路由不是路由器自动产生的，需要管理员人为设置，所以可以把它看作一条特殊的静态路由。例如，在图 5-36 中，若路由器 A 将自己的默认路由配置成路由器 B 的接口地址，则所有在路由器 A 的路由表中找不到直接匹配项的数据分组都将被送往路由器 B，由后者来完成后续的分组转发工作。

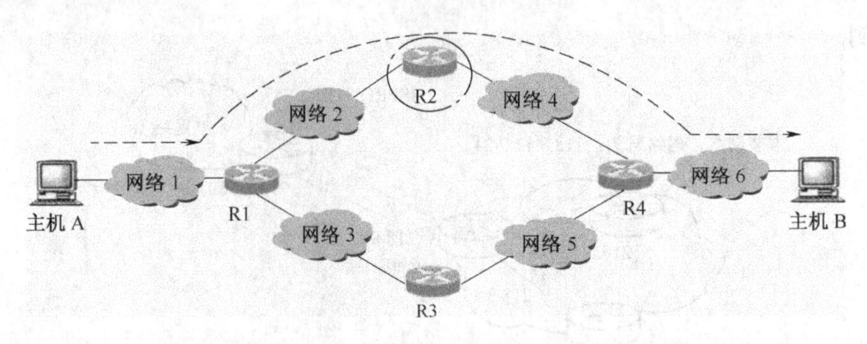

图 5-38 动态路由可以在必要时自动使用备份路由

2. 动态路由

显然，当网络互连规模增大或网络中的变化因素增加时，静态路由仅依靠手工方式生成和维护一个路由表将会非常困难，同时也很难及时适应网络状态的变化。此时，可采用一种能自动适应网络状态变化而对路由表信息进行动态更新和维护的路由生成方式，即动态路由。

动态路由是依靠路由协议自主学习而获得的路由信息，又称为自适应路由。通过在路由器上运行路由协议并进行相应的路由协议配置即可保证路由器自动生成并动态维护有关的路由信息。使用路由协议动态构建的路由表不仅能较好地适应网络状态的变化，如网络拓扑和网络流量的变化，同时也减少了人工生成与维护路由表的工作量。大型网络或网络状态变化频繁的网络通常都会采用动态路由。但动态路由的开销较大，其开销一方面来自运行路由协议的路由器为了交换路由更新信息所消耗的网络带宽资源，另一方面来自处理路由更新信息、计算最佳路径时所占用的路由器本地资源，包括路由器的 CPU 与存储资源。

三、路由协议

从前面的路由过程看，路由器不是直接把数据送到目的地，而是把数据送给朝向目的地更近的下一台路由器，称为为下一跳(next hop)路由器。为了确定谁是朝向目的地更近的下一跳，路由器必须知道那些并非和它直连的网络，即目的地，这要依靠路由协议(Routing Protocol)来实现。

路由协议是路由器之间通过交换路由信息，负责建立、维护动态路由表，并计算最佳路径的协议。路由器通过路由协议把和自己直接相连的网络信息通告给它的邻居，并通过邻居通告给邻居的邻居。

通过交换路由信息，网络中的每一台路由器都了解到了远程的网络，在路由表里每一个网络号都代表一条路由。当网络的拓扑发生变化时，和发生变化的网络直接相连的路由器就会把这个变化通告给它的邻居，进而使整个网络中的路由器都知道此变化，及时地调整自己的路由表，使其反映当前的网络状况。

通过运行路由协议，路由器最终得到的路由信息可以从路由表中反映出来。

注意：协议分两种，一种协议是能够为用户数据提供足够的被路由的信息，这种协议称为可路由协议，如 IP 协议。但 IP 数据报只能告诉路由设备数据要往何处去，目标主机或网络是谁，并没有解决如何去的问题。另一种协议是为路由器寻找路径的协议，称为路由协议(又称主动路由协议)。路由协议提供了关于如何到达既定目标的路径信息。即路由协议为 IP 数据包到达目标网络提供了路径选择服务，而 IP 协议则提供了关于目标网络的逻辑标识并且是路由协议进行路径选择服务的对象，因此在此意义上人们又将 IP 协议这类规定网络层分组格式的网络层协议称为被动路由(routed)协议。以下所提到的路由协议都是指主动路由协议。

1. 路由算法

路由选择算法是路由协议的核心,它为路由表中最佳路径的产生提供了算法依据。不同的路由协议有不同的路由选择算法。

路由选择算法在计算最佳路径时所考虑的因素被称为度量(metric)。常见的度量包括:

(1)带宽(bandwidth),链路的数据传输能力,即数据传输速率。通常情况下,一条高带宽的通信链路要优于一条低带宽的通信链路。

(2)可靠性(reliability),可靠性是指数据传输过程中的质量,通常用误码率来表示。

(3)延时(delay),是指一个分组从源主机到达目标主机所需的时间,延时与分组所经过的网络链路的带宽、负载及所经过的路由器性能都有关系。

(4)跳数(hop count),跳数是指从源主机到目标主机所需经过的路由器数目。

(5)费用(cost),费用是指为了传输分组所付出的链路费用,它是根据带宽计算的一个值,也可以由管理员指定。

(6)负载(load),负载是指路由器或链路的实际流量。

对于特定的路由协议,计算路由的度量并不一定全部使用这些参数,有些使用一个,有些使用多个。比如,后面要讲的 RIP 协议只使用跳数作为路由的度量,而 IGRP 会用到接口的带宽和延迟。

2. 路由协议的分类

(1)距离矢量、链路状态和混合型路由协议

按路由选择算法的不同,路由协议被分为距离矢量(distance vector)路由协议、链路状态(link state)路由协议和混合型路由协议三大类。距离矢量路由协议的典型例子为路由消息协议(Routing Information Protocol,RIP);链路状态路由协议的典型例子则是开放最短路径优先协议(Open Shortest Path First,OSPF)。混合型路由协议是综合了距离矢量路由协议和链路状态路由协议的优点而设计出来的路由协议,如 IS-IS(Intermediate System-Intermediate System)协议就属于混合型路由协议。

(2)内部网关协议和外部网关协议

按照作用范围和目标的不同,路由协议可被分为内部网关协议和外部网关协议。内部网关协议(Interior Gateway Protocols,IGP)是指作用于自治系统以内的路由协议;外部网关协议(Exterior Gateway Protocols,EGP)是指作用于不同自治系统之间的路由协议。

自治系统(Autonomous System,AS)是指网络中那些由同一个机构操纵或管理、对外表现出相同路由视图的路由器所组成的网络系统,例如一所大学、一家公司的网络都可以构成自己的自治系统。自治系统由一个 16 位长度的自治系统号进行标识,该标识由 Inter NIC 指定并具有唯一性。一个自治系统的最大特点是它有权决定在本系统内所采用的路由协议。

引入自治系统的概念,相当于将复杂的互联网分成了两部分,一是自治系统的内部网络,二是将自治系统互联在一起的骨干网络。通常,自治系统内的路由选择被称为域内路由(inter-domain routing),而自治系统之间的路由选择则称为域间路由(intra-domain routing)。

关于内部网关协议和外部网关协议作用的简单示意图如图 5-39 所示。域内路由采用内部网关协议,域间路由使用外部网关协议。内部网关协议和外部网关协议的主要区别在于其工作目标不同,前者关注于如何在一个自治系统内部提供从源到目标的最佳路径,后者关注于如何在不同自治系统之间进行路由信息的传递或转换,并为不同自治系统之间的通信提供多

种路由策略。

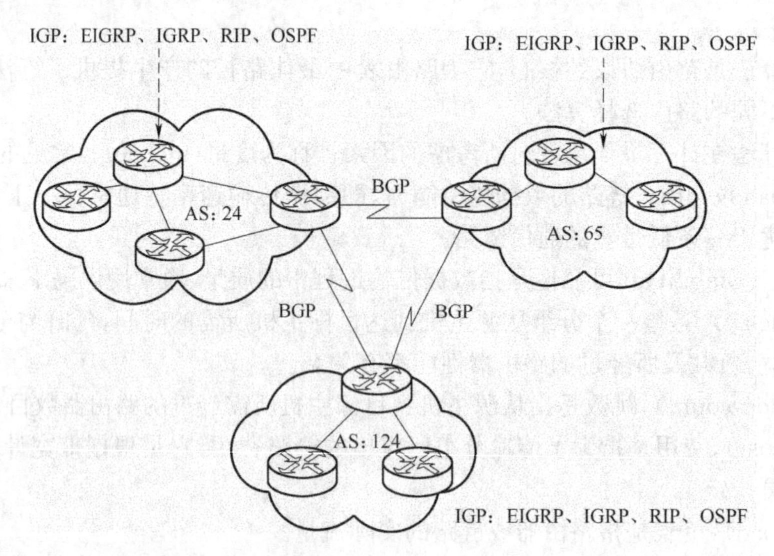

图 5-39 IGP 和 EGP 的作用范围示意图

前面所提到的 RIP 和 OSPF 协议属于内部网关协议，目前在 Internet 上广为使用的边界网关协议(Border Gateway Protocol，BGP)则属于典型的外部网关协议。

3. 距离矢量算法与 RIP 协议

距离矢量路由选择算法，也称为 Bellman-Ford 算法。其基本思想是路由器周期性地向其相邻路由器广播自己知道的路由信息，用于通知相邻路由器自己可以到达的网络以及到达该网络的距离(通常用"跳数"表示)，相邻路由器可以根据收到的路由信息修改和刷新自己的路由表。

路由消息协议(Routing Information Protocol，RIP)属于距离矢量路由协议，协议实现非常简单。它使用跳数作为路径选择的基本评价因子，跳数可理解为从当前节点到达目标网络所需经过的路由器数目。例如，若一个由 RIP 产生的路由表表项给出到达某目标网络的跳数为 4，则说明从当前节点到达该目标网络需要经过 4 个路由器的转发。

(1)构建路由表

基于距离矢量的路由算法在路由器之间传送路由表的完整拷贝，如图 5-40 所示。而且这种传送是周期性的，路由器之间通过这样的机制对网络的拓扑变化进行定期更新。但是，即使没有网络的拓扑变化，这种更新依然定期发生。

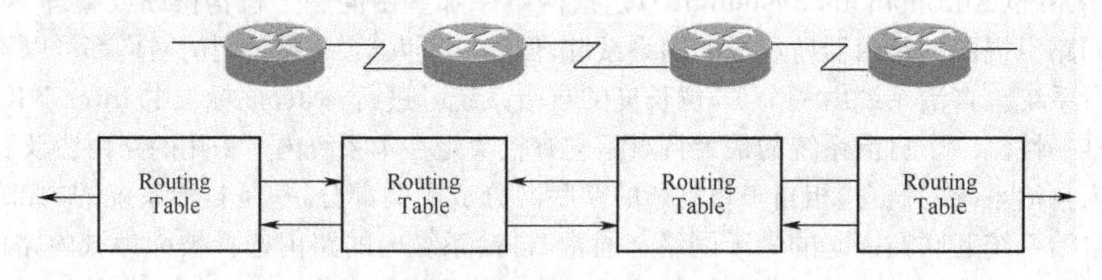

图 5-40 基于距离矢量的路由算法

每个路由器都从与其直接相邻的路由器接收路由表。路由器根据从邻近路由器接收的信息确定到达目的网络的最佳路径。但是距离矢量法无法使路由器了解网络的确切拓扑信息。一台路由器所了解的路由信息都是它的邻居通告的。而邻居的路由表又是从它的邻居那里获得的，并不一定可靠，所以距离矢量型路由协议有“谣传协议”之称。这样一台一台地告诉过去，最终所有的路由器都知道了整个网络中的路由情况。

IP 路由功能默认是开启的，当路由器的接口配置了 IP 地址并“up”起来后，它们首先把自己直连的网络写入路由表，代表它已经识别的路由。如图 5-41 所示，路由表中有三项内容，第一项是网络号（也可以是子网），比如 10.0.0.0，表示目标路由，意思是它知道如何到达网络 10.0.0.0；第二项是接口号，代表到达该网络的出口，即方向；第三项是距离，因为是直连的，没有跨越任何路由器，所以是 0 跳。

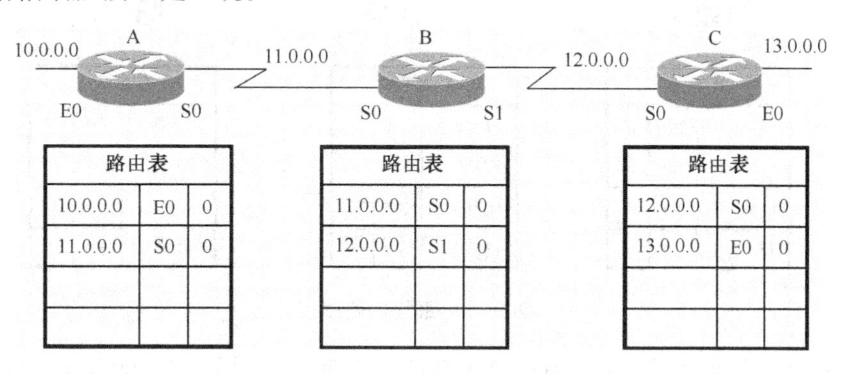

图 5-41　路由表的形成过程

当 A、B、C 运行了 RIP 后，它们分别向邻居通告它们的路由表。A、C 向 B 通告，B 向 A、C 通告。A 通告两条路由，分别是到达网络 10.0.0.0 和 11.0.0.0 的路由，距离为在当前距离的基础上加 1，因为路由器 B 要想通过 A 到达上述两个网络，至少还要跨越 A，所以在原来的基础上再加 1。路由器 B 收到 A 的路由信息后更新自己的路由表。B 没有到达 10.0.0.0 的路由，因此要写入路由表，并标明距离是 1 跳，是从它的 S0 接口学习到的，即如果要到达 10.0.0.0 应该把数据从它的 S0 接口发出。到达 11.0.0.0 的路由 B 本身就有，而且距离为 0，因此当收到距离为 1 的路由更新信息时，由于没有自己已经识别的路由近，所以不采纳。同理，路由器 C 通告过来的两条路由中路由器 B 只采纳到达 13.0.0.0 这条路由。在 B 通告给 A 和 C 的路由信息中，A 只采纳到达 12.0.0.0 的路由，C 只采纳到达 11.0.0.0 的路由。这次更新过后的路由表如图 5-42 所示。

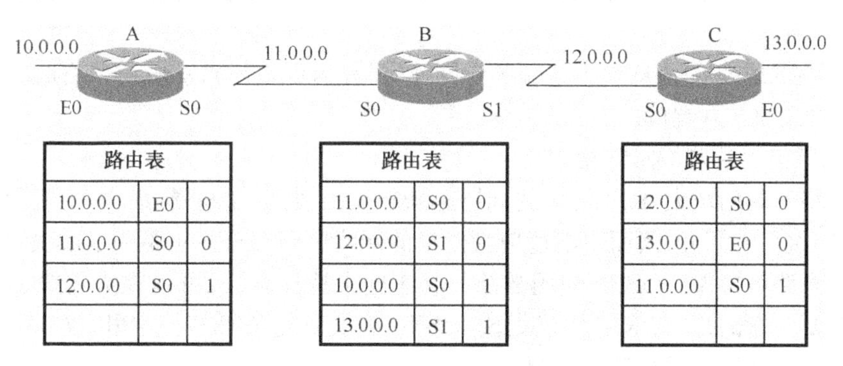

图 5-42　更新过后的路由表

当 B 的下一个更新周期到达时，B 把自己的路由表通告给 A 和 C，这 4 条路由分别是：11.0.0.0 hop=1；12.0.0.0 hop=1；10.0.0.0 hop=2；13.0.0.0 hop=2；

A 对照自己的路由表与这些路由进行比较。到达 10.0.0.0 和 11.0.0.0 的路由没有自己所知道的优,不采纳。到达 12.0.0.0 的和现有的路由相等,并且同是从 B 处通告来的,A 对该路由条目的老化时间进行刷新,重新计算老化时间。因为没有到达 13.0.0.0 的路由所以采纳了到 13.0.0.0 的路由。

C 对照自己的路由表做同样的比较,最后采纳了到达 10.0.0.0 的路由。此时的路由表如图 5-43 所示。

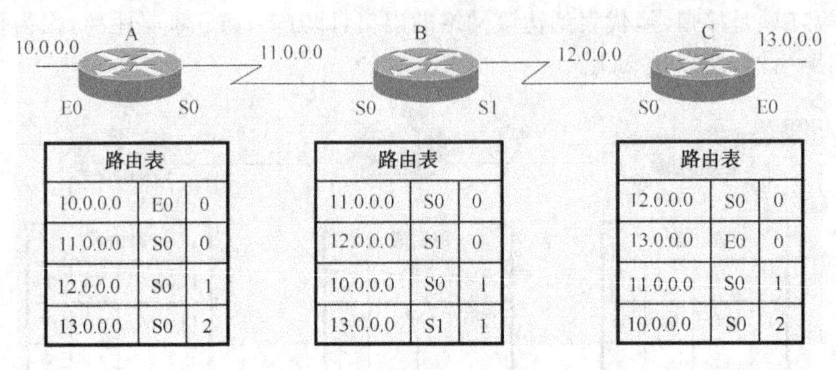

图 5-43　最终的路由表

至此,三台路由器对网络上所有应该了解的路由都学习到了,这种状态称为路由收敛,达到路由收敛状态所花费的时间叫做收敛时间(convergence time)。从上述过程可以看出,这种协议不适合运行在大型网络中,因为网络越大收敛越慢。在路由器的路由表没有收敛时是不能转发某些数据的,因为没有路由。所以快速收敛是人们的期望,它可以减少路由器不正确的路由选择。

(2)RIP 协议特点

RIP 通过 UDP 报文来交换路由信息,在通常情况下,RIP 协议规定路由器每 30s 与其相邻的路由器交换一次路由信息,其中,路由器到达目的网络的距离以“跳数”计算。最大跳数限制为 15 跳。即从源网络到目的网络之间所经过的路由器的数目最多为 15。如一条路由的跳数值到达 16,就被认为无效,这样能效地预防无限转发带来的网络堵塞。路由信息协议 RIP 用于小型网络, 它有两个版本 RIPv1 和 RIPv2。

RIPv1:RIP 消息通过广播地址 255.255.255.255 进行发送,使用 UDP 协议的 520 端口,不支持 VLSM;

RIPv2:在 RIPv2 的消息包中包含了子网掩码信息,更新消息发送到多播地址 224.0.0.9,使用 UDP 协议的 520 端口。

4. 链路状态算法与 OSPF 协议

随着网络不断的增大,RIP 协议的问题越来越突出,收敛时间慢,最大 16 跳限制了网络的直径,不能层次化的划分,因而不能适应大规模的网络。而 OSPF 正是为了解决这些问题而开发的链路状态路由协议。OSPF 使用链路—状态路由选择算法,可以在大规模的互联网环境下使用。需要注意的是,与 RIP 协议相比,OSPF 协议要复杂得多。这里,仅对 OSPF 协议和链路状态路由选择算法进行简单介绍。

链路—状态(Link Status,L-S)路由选择算法,也称为最短路径优先(Shortest Path First,SPF)算法。其基本思想是互联网上的每个路由器周期性地向其他路由器广播自己与相邻路由器的连接关系,例如链路类型、IP 地址和子网掩码、带宽、延迟、可靠度等,从而使网络中的各路由器能获取远方网络的链路状态信息,以使各个路由器都可以画出一张互联网拓扑结构图。利用这张图和最短路径优先算法，路由器就可以计算出自己到达各个网络的最短路径。

SPF 算法有时也被称为 Dijkstra 算法，这是因为最短路径优先算法 SPF 是 Dijkstra 发明的。在 OSPF 路由协议中，最短路径树的树干长度，即 OSPF 路由器至每一个目的地路由器的距离，称为 OSPF 的 Cost（花费），其算法为：Cost $=10^{8}$/链路带宽。也就是说，OSPF 的 Cost 与链路的带宽成反比，带宽越高，Cost 越小，表示 OSPF 到目的地的距离越近。

OSPF 协议的运作过程与 RIP 完全不同，其基本过程如图 5-44 所示。

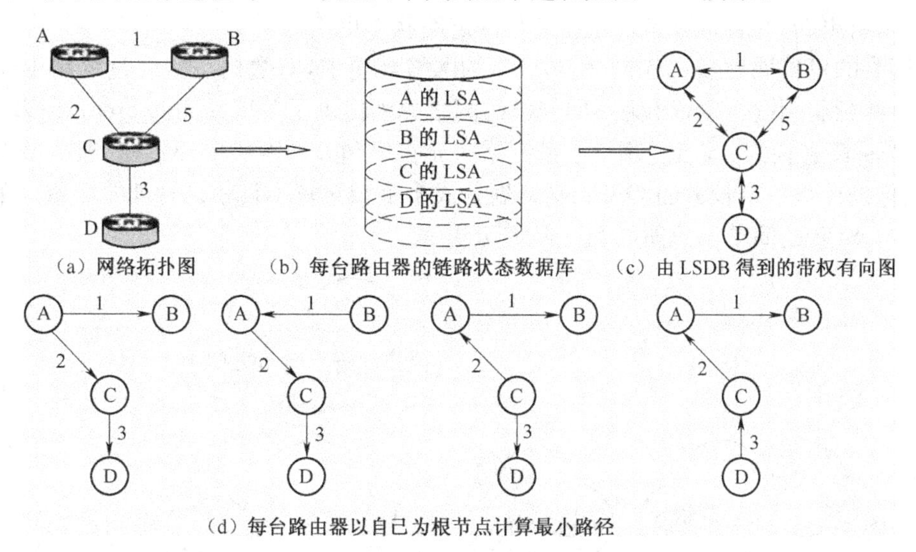

图 5-44　OSPF 运作过程

(1) 网络中的 A、B、C、D 四台路由器，每条链路的开销分别是 1、2、3、5，在 OSPF 协议初始化的过程中，每台路由器都会将自己直连的链路的状态通过 LSA（链路状态通告）发送出去，比如 A 发送两条 LSA，B 和 C 都能收到，B 和 C 都会保留该 LSA 的拷贝，并从其他接口发送出去，同样的，B、C、D 也会发送描述自己周边网络的 LSA，这就是 LSA 泛洪的过程。

(2)经过一段时间后，每台路由器都会收到其他路由器的 LSA，他们的 LSDB（链路状态数据库）是完全相同的，也就是说他们的链路状态数据库达到了同步的状态。

(3)每台路由器各自独立的经过递归的算法，得到这个网络拓扑结构图，而且知道每条链路的开销。

(4) 每台路由器以自己为根节点，依据第三步得到的带权有向图（网络拓扑结构），按照最短路径优先的算法，从而得到去往每个网络的最优路径（路由表）。

从以上介绍可以看到，链路—状态路由选择算法与距离—矢量路由选择算法有很大的不同，运行距离矢量型路由协议的路由器依靠它的邻居获取远程网络和路由器的信息，不需要路由器了解整个互联网的拓扑结构，实际上它对远方的网络状况一无所知，仅是“听说”而已。链路状态型协议则不同，它通过相邻路由器获取远方网络的链路状态信息，它对整个网络或既定区域的认识是直接的、完整的。并且它依赖于整个互联网的拓扑结构图，利用该图得到 SPF 树，再由 SPF 树生成路由表。

与 RIP 相比，OSPF 的优越性非常突出，并在越来越多的网络中开始取代 RIP 而成为首选的路由协议。OSPF 的优越性主要表现在以下几方面：

(1)协议的收敛时间短。当网络状态发生变化时，执行 OSPF 的路由器之间能够很快地重新建立起一个全网一致的关于网络链路状态的数据库,能快速适应网络变化。

(2)不存在路由环回。OSPF 路由器中的最佳路径信息通过对路由器中的拓扑数据库(topological database)运用最短路径优先算法得到。通过运用该算法,会在路由器上得到一个没有环路的 SPF 树的图,从该图中所提取的最佳路径信息可避免路由环回问题。

(3)支持 VLSM 和 CIDR。

(4)节省网络链路带宽。OSPF 不像 RIP 操作那样使用广播发送路由更新,而是使用组播技术发布路由更新,并且也只是发送有变化的链路状态更新。

(5)网络的可扩展性强。首先,在 OSPF 的网络环境中,对数据包所经过的路由器数目跳数没有进行限制。其次,OSPF 为不同规模的网络分别提供了单域(single area)和多域(multiple area)两种配置模式,前者适用于小型网络。而在中到大型网络中,网络管理员可以通过良好的层次化设计将一个较大的 OSPF 网络划分成多个相对较小且较易管理的区域。单域 OSPF 与多域 OSPF 的简单示意图如图 5-45 所示。

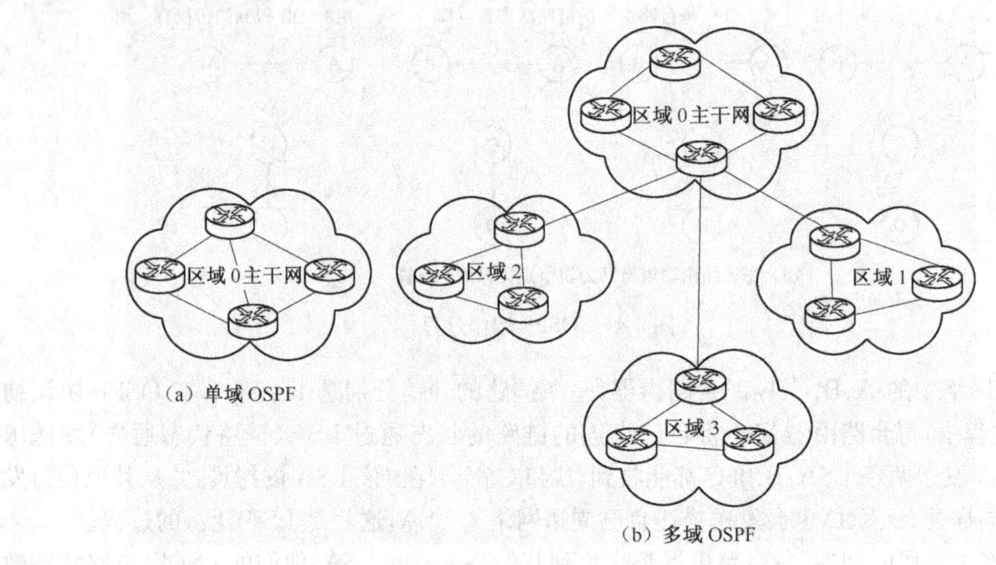

图 5-45　单域 OSPF 与多域 OSPF 的简单示意图

四、管理距离(又称路由的优先级)

考虑下面的问题:在路由器上同时启动了 RIP 协议和 OSPF 路由协议,这两种路由协议都通过更新得到了有关某一网络的路由,但下一跳的地址是不一样的,路由器会如何转发数据包?大家可能想通过路由度量 Metric 进行衡量,这是不对的。只有在同种路由协议下,才能用 Metric 的标准来做比较,因为不同的协议衡量 Metric 的标准不一样。例如,在 RIP 中,只通过跳效(HOP)来作为 Metric 的标准,跳数越少,也就是 Metric 的值越小,认为这条路径越好。而在不同的协议中,计算标准是不同的,例如在 IGRP 中,就不是简单用跳数衡量的,而是用的带宽、延时等多种因素来计算 Metric 值的,所以不同协议的 Metric 值没有可比性。就如同要问 1 kg 和 13 cm 哪个大一样。

管理距离(Administrative Distance)是路由器用来评价路由信息可信度(最可信也意味着最优)的一个指标。每种路由协议都有一个缺省的管理距离。管理距离值越小,协议的可信度越高,也就等于这种路由协议学习到的路由最优秀。为了使人工配置的路由(静态路由)和动态路由协议发现的路由处在同等的可比原则下,静态路由也有缺省管理距离,参见表5-9。缺省管理距离的设置原则是:人工配置的路由优于路由协议动态学习到的路由;算法复杂的路由协议优于算法简单的路由协议。从表中可以看到,路由协议RIP和IGRP的管理距离分别是120和100。如果在路由器上同时运行这两个协议的话,路由表中只会出现IGRP协议的路由条目。因为IGRP的管理距离比RIP的小,因此IGRP协议发现的路由更可信。路由器只使用最可靠协议的最佳路由。虽然路由表中没有出现RIP协议的路由,但这不意味着RIP协议没有运行,它仍然在运行,只是它发现的路由在和IGRP协议发现的路由比较时落选了。

表5-9　静态路由的缺省管理距离

路由来源	管理距离
直连路由	0
以一个接口为出口的静态路由	0
以下一跳为出口的静态路由	1
内部EIGRP	90
IGRP	100
OSPF	110
IS-IS	115
RIP	120
外部EIGRP	170
未知(不可信路由)	255(不被用来传输数据流)

五、部署和选择路由协议

静态路由、RIP路由选择协议、OSPF路由选择协议都有其各自的特点,可以适应不同的互联网环境。

1. 静态路由

静态路由最适合于在小型的、单路径的、静态的IP互联网环境下使用。其中:

(1)小型互联网可以包含2到10个网络。

(2)单路径表示互联网上任意两个节点之间的数据传输只能通过一条路径进行。

(3)静态表示互联网的拓扑结构不随时间而变化。

一般来说,小公司、家庭办公室等小型机构建设的互联网具有这些特征,可以采用静态路由。

2. RIP路由选择协议

RIP路由选择协议比较适合于小型到中型的、多路径的、动态的IP互联网环境。其中:

(1)小型到中型互联网可以包含10到50个网络。

(2)多路径表明在互联网的任意两个节点之间有多个路径可以传输数据。

(3)动态表示互联网的拓扑结构随时会更改(通常是由于网络和路由器的改变而造成的)。

通常,在中型企业、具有多个网络的大型分支办公室等互联网环境中可以考虑使用RIP协议。

3. OSPF路由选择协议

OSPF路由选择协议最适合较大型到特大型、多路径的、动态的IP互联网环境。其中:

(1)大型到特大型互联网应该包含 50 个以上的网络。

(2)多路径表明在互联网的任意两个节点之间有多个路径可以传播数据。

(3)动态表示互联网的拓扑结构随时会更改(通常是由于网络和路由器的改变而造成的)。

OSPF 路由选择协议通常在企业、校园、部队、机关等大型机构的互联网上使用。

第六节 路由器原理与作用

一、路由器的工作原理

下面结合前面所学的知识,用一个例子来说明路由器的功能和工作原理。我们可以把互联网上数据传输过程分为三个步骤:源主机发送分组、路由器转发数据包、目的主机接收数据包,如图 5-46 所示。

当 PC1 主机的 IP 层接收到要发送一个数据包到 10.0.2.2 的请求后,就用该数据构造 IP 报文,并计算 10.0.2.2 是否和自己的以太网接口 10.0.0.1/24 处于同一网段,计算后发现不是,它就准备把这个报文发给它的默认网关 10.0.0.2 去处理,由于 10.0.0.2 和 10.0.0.1/24 在同一个网段,于是将构造好的 IP 报文封装为目的 MAC 地址为 10.0.0.2 的以太网帧,向 10.0.0.2 转发。当然,如果 ARP 表中没有和 10.0.0.2 相对应的 MAC 地址,就发 ARP 请求得到这个 MAC 地址。

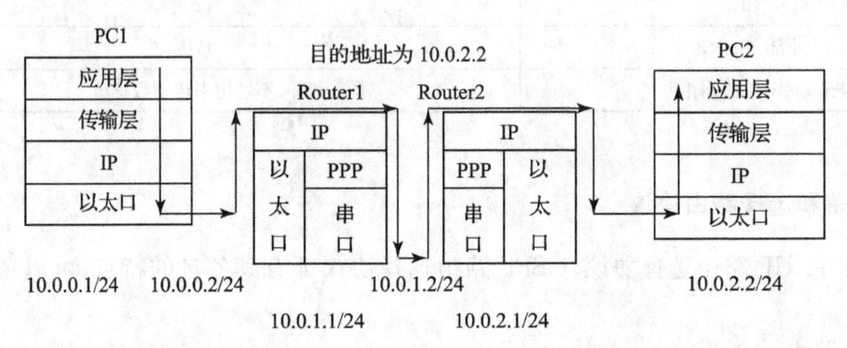

Router1 的路由表

目的网络	下一跳	发送接口
10.0.2.0/24	10.0.1.2	S0
10.0.0.0/24	10.0.0.2	E0
10.0.1.0/24	10.0.1.1	S0

Router2 的路由表

目的网络	下一跳	发送接口
10.0.2.0/24	10.0.2.1	E0
10.0.0.0/24	10.0.1.1	S0
10.0.1.0/24	10.0.1.2	S0

图 5-46 路由器的工作流程

下面来描述路由器对于接收到的包的转发过程:

(1)Router1 从以太口收到 PC1 发给它(从目的 MAC 地址知道)的数据后,去掉链路层封装后将报文交给 IP 路由模块。

(2)然后 Router1 对 IP 包进行校验和检查,如果校验和检查失败,这个 IP 包将会被丢弃。同时会向源 10.0.0.1 发送一个参数错误的 CMP 报文。

(3)否则,IP 路由模块检查目的 IP 地址,并根据目的 IP 地址查找自己的路由表。路由器决定这个报文的下一跳为 10.0.1.2,发送接口为 S0。如果未能查找到关于这个目的地址的匹配项，则这个报文将会被丢弃，并向源10.0.0.1发送ICMP目的不可达报文。

(4)否则Router1将这个报文TTL减1，并进行合法性检查，如果报文TTL为0，则丢弃该报文，并向源10.0.0.1发送一个ICMP超时报文。

(5)否则Router1根据发送接口的最大传输单元(MTU)决定是否需要进行分片处理。如果报文需要分片但是报文的DF标志被置位，则丢弃该报文，并向源10.0.0.1发送一个ICMP的不可达报文。

(6)最后Router1将这个报文进行链路层封装为PPP帧后并将其从S0发送出去。

然后，Router2基本重复与Router1同样的动作，最终报文将被传送到PC2。目的主机接收数据的过程，就不再讨论了。从这个处理过程可以看出：路由器是IP网络中事实上的核心设备，路由表是路由器转发过程的核心结构。

二、路由器的结构

路由器是组建互联网的重要设备，它和PC机非常相似，由硬件部分和软件部分组成，只不过它没有键盘、鼠标、显示器等外设。目前市场上路由器的种类很多，尽管不同类型的路由器在处理能力和所支持的接口数上有所不同，但它们的核心部件是一样的，都有CPU、ROM、RAM、I/O等硬件组成。

(一)路由器的组成

1. 中央处理器(CPU)

和计算机一样，路由器也包含中央处理器(CPU)。不同系列和型号的路由器，CPU也不尽相同。路由器的处理器负责许多运算工作，如维护路由所需的各种表项以及做出路由选择等。路由器处理数据包的速度在很大程度上取决于处理器的类型。某些高端的路由器上会拥有多个CPU并行工作。

2. 内存

(1)只读内存(ROM)：ROM中的映象(Image)是路由器在启动的时候首先执行的部分，负责让路由器进入正常工作状态，例如路由器的自检程序就存储在ROM中。有些路由器将一套小型的操作系统存于ROM中，以便在完整版操作系统不能使用时作为备份使用。这个小型的映象通常是操作系统的一个较旧的或较小的版本，它并不具有完整的操作系统功能。ROM通常做在一个或多个芯片上，焊接在路由器的主板上。

(2)随机访问内存(RAM)：存储正在运行的配置文件、路由表、ARP表和作为数据包的缓冲区。OS也在RAM中运行。

(3)闪存(FLASH)：闪存是一种可擦写、可编程类型ROM，闪存的主要作用是存储OS软件，维持路由器的正常工作。如果在路由器中安装了容量足够大的闪存，便可以保存多个OS的映象文件，以提供多重启动功能。默认情况下，路由器用闪存中的OS映象来启动路由器。

(4)非易失性内存(NVRAM)：非易失性内存是一种特殊的内存，在路由器电源被切断的时候，它保存的信息也不会丢失。主要用于存储系统的配置文件，当路由器启动时，就从其中读取该配置文件。所以它的名称为“Startup-config”，启动时就要加载的意思。如果非易失性内存中没有存储该文件，比如一台新的路由器或管理员没有保存配置，路由器在启动过程结束后就会提示用户是否进入初始化会话模式，也叫“setup”模式。

3. 接口(Interface)

路由器的主要作用就是从一个网络向另一个网络传递数据包，路由器的每一个接口连接一个或多个网络,所以路由器的接口是配置路由器时主要考虑的对象之一,同一台路由器上不同接口的地址应属于不同的网络。路由器通过接口在物理上把处于不同逻辑地址的网络连接起来。这些网络的类型可以相同,也可以不同。

路由器的接口主要有局域网接口、广域网接口和路由器配置接口三种。如图 5-47 所示。

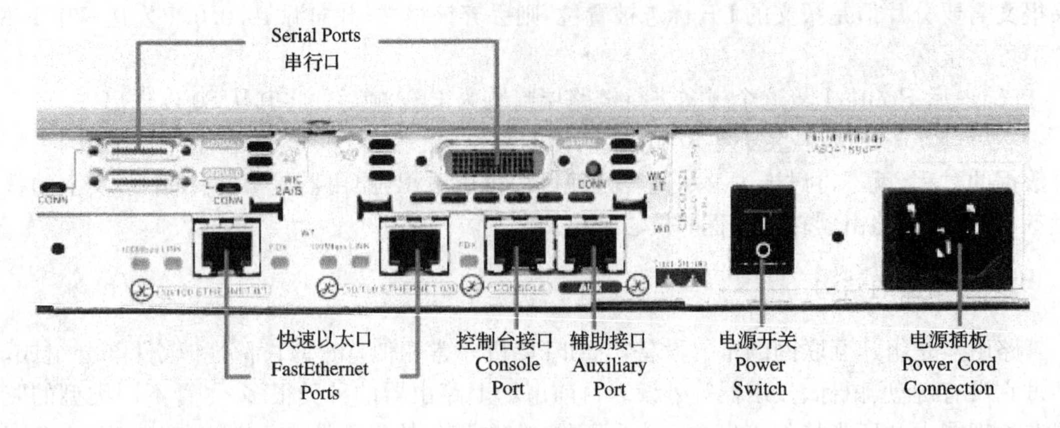

图 5-47　路由器的各种接口

(1)局域网接口

主要用于路由器与局域网的连接。由于局域网的类型较多,所以路由器的局域网接口有多种。常见的接口有 AUI、BNC、RJ-45、FDDI、光纤接口等。

AUI 端口用于连接粗同轴电缆,是一种"D"状 15 针接口,在令牌环网或总线网络中常用。RJ-45 端口是常见的双绞线以太网端口,可分为 10BASE-T(Ethernet)网"ETH"端口,100BASE-TX 网"10/100bTX"端口,100BASE-TX(Fast Ethernet)网"FAST ETH"端口,千兆位以太网端口"1000bTX"等。SC 端口是常见的光纤端口,用于与光纤连接,分百兆位光纤端口"100bFX"和千兆位光纤端口"1000bFX"。

(2)广域网接口

在网络互连中,路由器主要用于局域网与广域网、广域网与广域网之间的互联。路由器的广域网接口主要有高速同步串口、异步串口、ISDN BRI 端口等。应用最多的是高速同步串口(Serial),最高速率可达 2.048 Mbit/s,主要用于 DDN、帧中继、X.25、PSTN 等网络连接模式。异步串口(ASYNC)主要用于 Modem 或 Modem 池的连接,实现远程计算机通过公用电话网拨入网络,最高速率可达 115.2 kbit/s。ISDN BRI 端口用于 ISDN 线路与 Internet 或其他远程网络的连接。骨干层路由器(高端路由器)则提供了 ATM、POS(IP Over SDH)以及支持万兆位以太网的 OC-192(10 Gbit/s)速率的骨干网络端口,一般服务于电信运营商。

(3)路由器配置接口

路由器配置接口主要有 CONSOLE 和 AUX 两个。CONSOLE 端口使用配置专用连线连接计算机串口,利用终端仿真程序进行路由器本地配置。AUX 端口为异步端口,用于路由器的远程配置。

4. 路由器的软件

如 PC 机一样,路由器也需要操作系统才能运行。如思科路由器的操作系统叫做 IOS(Internetwork Operating System)。路由器的平台不同、功能不同,运行的 IOS 也不尽相同。IOS 是一个特殊格式的文件,对于 IOS 文件的命名,Cisco 采用了一套独特的规则。根据这套规则，只需要检查一下映象文件的名字，就可以判断出它适用的路由器平台、它的特性集（features）、它的版本号、在哪里运行和是否有压缩等。

（二）核心路由器结构

路由器交换、转发 IP 报文是网络层的主要工作。如图 5-48 所示是一种核心路由器的组成方框图。从图 5-48 可以看出，整个核心路由器结构可划分为路由选择和报文转发机构两大部分。

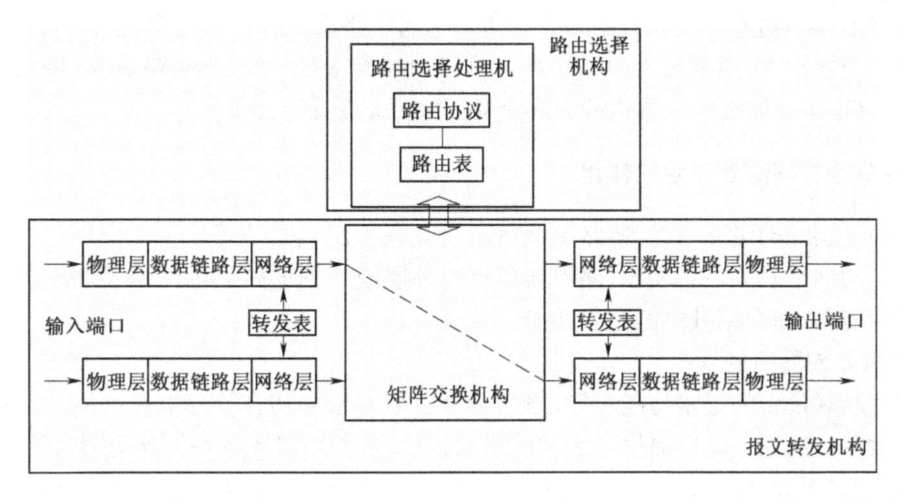

图 5-48　路由器的组成

1. 路由选择

路由选择的主要部件是路由选择处理机。路由选择处理机的任务是根据所选定的路由选择协议计算出路由表，周期性地和相邻路由器交换路由信息，不断更新和维护路由表。各个路由器从各相邻路由器所获得到的网络拓扑变化情况，动态地计算路由，路由表是根据路由选择算法得出的。

2. 报文转发机构

报文转发机构也称为报文交换机构，由矩阵交换机构、报文输入端口和报文输出端口三部分组成。

（1）交换机构

交换机构又称为转发机构，其作用就是根据转发表对报文进行交换。报文“转发”就是路由器根据转发表，选择合适的输出端口，将从某个输入端口进入路由器的 IP 数据报转发出去。

高速路由器的交换机构使用专用的矩阵交换机构，矩阵交换机构能在路由器输入端口和输出端口之间接通一条传输 IP 报的通路。

转发表是从路由表得来的。在转发表的每一行必须包含要到达的目的网络、输出端口和 MAC 地址的映射信息。MAC 地址需要通过 ARP 协议才能获得。

（2）路由器的输入和输出端口

路由器的输入和输出端口在路由器的线路卡中。输入和输出端口要完成三层的功能，分别是物理层、数据链路层和网络层。

物理层进行比特的接收、发送。数据链路层则按照数据链路层协议接收、发送运载 IP 报文的数据帧。输入端口将数据帧的首部和尾部剥离后，将 IP 报文送入网络层的处理模块处理。若接收到的 IP 报文是路由器之间交换的路由信息报文（如 RIP 或 OSPF 报文等），则将报文送交路由器的路由选择部分中的路由选择处理机；若接收到的是 IP 数据报文，则按照报文首部中的目的 IP 地址查找转发表，根据查找的结果，在交换矩阵中选择一条通路，将 IP 报文输出到对应端口。

高速路由器是分布式交换系统。为了防止出现控制瓶颈，使交换功能分散化，将复制的转发表放在每一个输入端口中，每个端口独立为到达的每个 IP 报，在矩阵交换机构中选择转发路径。路由选择处理机只负责对各端口的转发表进行更新。由各个端口为 IP 报选择转发路径。

线速路由器的输入端口对数据的处理速率达到线路输入数据的速率，输入到路由器的 IP 报文能及时交换出去，通常称为线速交换。设路由器有 8 条 OC-48 链路输入，每条链路输入速率为 2.5 Gbit/s，那么路由器每秒完成交换的数据量是 20 Gbit/s。

三、路由器在网络互联中的作用

作为网络层的网络互联设备，路由器在网络互联中起到了不可缺少的作用。与物理层或数据链路层的网络互联设备相比，路由器具有物理层或数据链路层的网络互联设备所没有的一些重要功能，下面介绍其中的主要功能。

1. 提供异构网络的互联

从网络互联设备的基本功能来看，路由器具备了非常强的在物理上扩展网络的能力。由于一个路由器在物理上可以提供与多种网络的接口，从而可以支持各种异构网络的互联，包括 LAN-LAN、LAN-MAN、LAN-WAN、MAN-MAN 和 WAN-WAN 等多种互联方式。事实上，正是路由器这种强大的支持异构网络互联的能力才使其成为 Internet 上的核心设备。

路由器之所以能支持异构网络的互联，关键在于其在网络层能够实现基于 IP 协议的分组转发。只要所有互联的网络、主机及路由器能够支持 IP 协议，那么位于不同 LAN、MAN 和 WAN 中的主机之间就都能以统一的 IP 数据报形式实现相互通信。

2. 实现网络的逻辑划分

除了在物理上扩展网络，路由器还提供了在逻辑上划分网络的强大功能。路由器不同接口所连的网络属于不同的冲突域。即从划分冲突域的能力来看，路由器具有和第二层交换机相同的功能。

不仅如此，路由器还具有不转发第二层广播和多播、隔离广播流量的功能。根据前面几章所学的知识并结合上面的讨论还可以看出，网络互联设备所关联的 OSI 层次越高，它的网络互联能力就越强。物理层设备只能简单地提供物理扩展网络的能力；数据链路层设备在提供物理上扩展网络能力的同时，还能进行冲突域的逻辑划分；而网络层设备则在提供物理上扩展网络能力的同时，还提供了逻辑划分冲突域和广播域的功能，有效地防止广播风暴。

3. 实现 VLAN 之间的通信

在第 2 章中介绍了基于以太网交换机的 VLAN 技术。尽管 VLAN 限制了网络之间的不必要的通信，但 VLAN 之间的一些必要通信还是需要提供的。在任何一个实施 VLAN 的网络环境中，不仅要为不同 VLAN 之间的必要通信提供手段，还要为 VLAN 访问网络中的其他共享资源提供途径。

第三层的网络设备可以基于第三层的协议或逻辑地址进行数据包的路由与转发。从而可提供在不同 VLAN 之间以及 VLAN 与传统 LAN 之间进行通信的功能，同时也为 VLAN 提供访问网络中的共享资源提供途径。根据第三层功能实现方式的不同，VLAN 之间的通信可通过路由器和三层交换机来实现。

图 5-49 所示为一个外部路由器实现不同 VLAN 之间通信的示例。

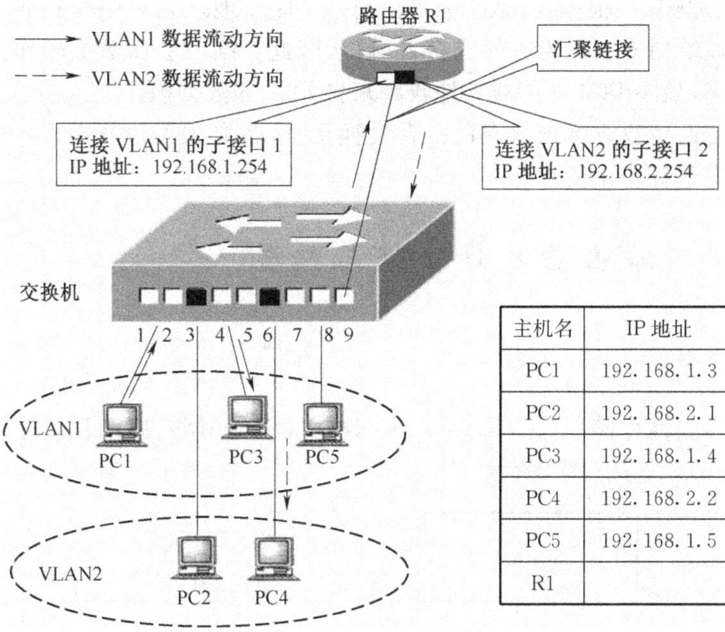

主机名	IP 地址	端口号	VLAN 号	MAC 地址
PC1	192.168.1.3	2	1	A
PC2	192.168.2.1	3	2	B
PC3	192.168.1.4	4	1	C
PC4	192.168.2.2	6	2	D
PC5	192.168.1.5	8	1	E
R1		9		F

图 5-49　不同 VLAN 之间的通信

首先来分析如图 5-49 所示的 VLAN1 中的 PC1 与 PC3 之间的通信。交换机收到 PC1 数据帧后，查找 MAC 地址列表中与接收端口同属一个 VLAN 的表项。结果发现，PC3 连接在端口 4 上，于是交换机将数据帧转发给端口 4，最终 PC3 收到该帧。PC1 与 PC3 的通信属于一个 VLAN 之内的通信，在交换机内即可完成，不需要经过路由器 R1。

再来分析如图 5-44 所示 VLAN1 中的 PC1 与 VLAN2 中的 PC4 间的通信。PC1 从通信目的 IP 地址 192.168.2.2 得出 PC4 与本机不属于同一个网段。因此，PC1 会向设定的默认网关(Default Gateway，GW)192.168.1.254 转发数据帧。在发送数据帧之前，需要先用 ARP 获取路由器 R1 的 MAC 地址。PC1 得到路由器 R1 的 MAC 地址 F 后，接下来按如下步骤发送数据帧给 PC4：

(1)PC1 发送目的 MAC 地址为 F(R1 的 MAC 地址)的数据帧给交换机端口 2，但目的 IP 地址是 PC4 的 IP 地址 192.168.2.2。

(2)交换机在端口 2(接入端口)上收到 PC1 的数据帧后加上 VLAN1 标签。

(3)交换机从标签中获知该帧属于 VLAN1，从而查找 MAC 地址列表中 VLAN1 的表项。由于 TRUNK 链路会被看做属于所有的 VLAN，因此这时交换机就知道往 MAC 地址 F 发送数据帧需要经过端口 9 转发。

(4)从端口 9 转发出数据帧时，由于它是骨干端口，因此附加的 VLAN1 标签没有去除，直接转发给了路由器 R1 的端口。

(5)路由器 R1 收到从交换机端口 9 转发的数据帧后，确认其 VLAN 标签信息，知道它是属于 VLAN1 的数据帧，因此交由负责 VLAN1 的子接口 1 接收。根据路由器内部的路由表得知目的网络 192.168.2.0/24 是 VLAN2，且该网络通过子接口 2 与路由器直连，因此只要从 VLAN2 的子接口 2 转发就可以了。这时，数据帧的目的 MAC 地址被改写为 PC4 的 MAC 地址 D。由于需要经过 TRUNK 链路转发，因此被附加了属于 VLAN2 的标签信息，最后又转发给交换机的端口 9。

(6)交换机的端口 9 收到数据帧后,根据 VLAN 标签信息从 MAC 地址列表中查找属于 VLAN2 的表项得知 PC4 连接在端口 6 上且为普通的接入端口,因此交换机会将数据帧除去 VLAN 标签信息后转发给端口 6,最终 PC4 才能成功地收到来自 PC1 的数据帧。

进行 VLAN 间通信时,即使通信双方都连接在同一台交换机上,也必须经过发送方—交换机→路由器—交换机→接收方这样一个流程。

第七节　路由器基本管理与配置

一、路由器配置基础

1. 路由器的启动过程

路由器主要存储组件有非易失性存储器(NVRAM)、主 RAM (SDRAM)、启动只读存储器(Boot ROM)、闪式内存(Flash)。如图 5-50 所示。

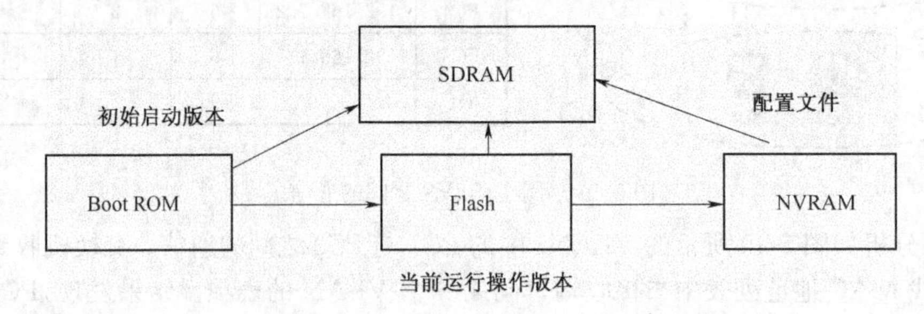

图 5-50　路由器储存组件

路由器启动时,先读取 BOOTROM 中的启动版本进行自检操作,紧接着读取 Flash 中的软件,进行网络操作系统的加载,然后回到 NVRAM 中读取启动时应该使用的配置文件 startup-config 写入 SDRAM,这些都完成之后,就进入用户操作模式,可以进行路由器初始配置。

2. 路由器的配置方式

一般的路由器操作系统都支持多种方式对路由器进行配置。路由器有 5 种配置方式:利用终端通过 Console 控制口进行本地配置;利用异步口 Aux 连接 Modem 进行远程配置;通过 Telnet 方式进行本地或远程配置;预先编辑好配置文件,通过 TFTP 方式进行网络配置;通过局域网上的 SNMP 网管工作站进行配置,如图 5-51 所示。其中,通过 Console 控制口方式是常用的配置方式,并且第一次配置路由器时必须采用该种方式。

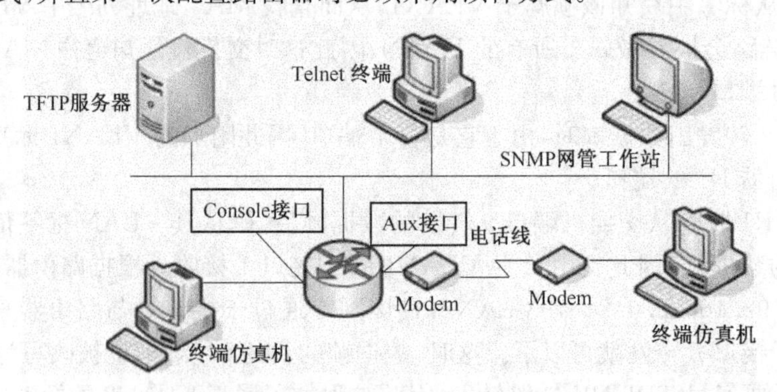

图 5-51　路由器的配置方式

下面主要介绍 Console 口控制台方式和 Telnet 方式。

通过 Console 口搭建本地配置环境。

(1)如图 5-52 所示,将 PC 的串口通过配置线连接路由器的 Console 口。

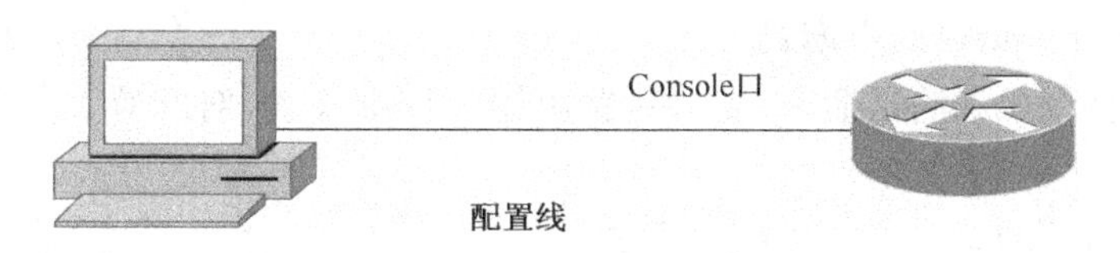

图 5-52　通过 Console 配置

(2)配置终端的通信设置参数:运行 Windows 操作系统提供的超级终端仿真程序,建立新连接,选择和路由器的 Console 连接的串口,设置通信参数。如图 5-53 所示。

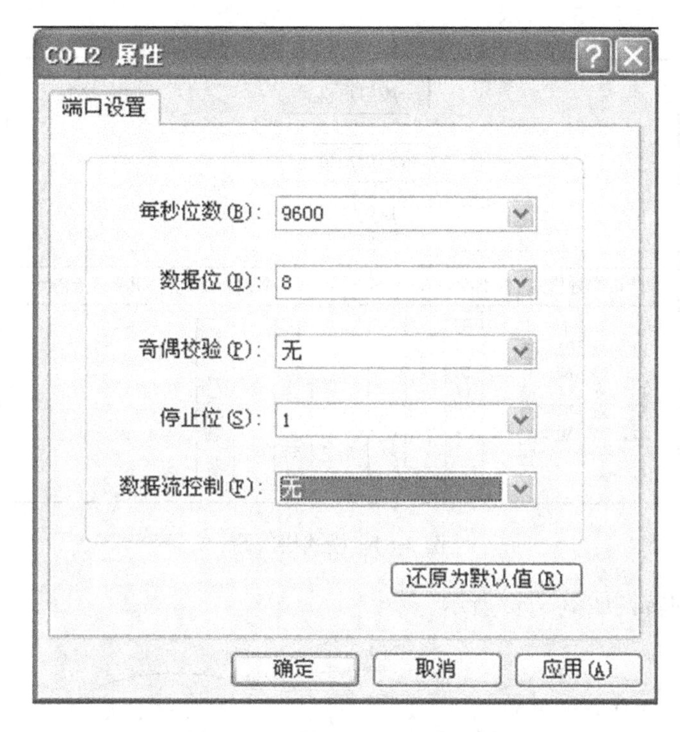

图 5-53　设置串口的通信参数

(3)路由器加电,启动路由器,这时将在超级终端窗口内显示自检信息,自检结束后提示用户按回车键,直到出现命令行提示符“Router>”。

搭建本地的 Telnet 配置环境:

(1)建立本地 Telnet 配置环境,将 PC 机上的网卡接口通过局域网与路由器的以太网口连接(如果需要建立远程 Telnet 配置环境,则需要将 PC 机和路由器的广域网口连接)。

(2)设置路由器以太网接口的 IP 地址,使 PC 的 IP 地址与路由器以太口的 IP 地址在一个网段。

(3)通过 Telnet 方式对路由器进行配置时,在 Line vty 中必须配置密码才可以登陆,一般默认情况下,可以同时运行 5 个 Telnet 连接。

3. 路由器配置模式

路由器配置模式和交换机配置模式基本相同,有用户模式、特权模式、全局配置模式、接口配置模式、路由协议模式、ACL 模式等。

(1)Router＞　　(普通)用户模式

这是一种“只能查看”的模式,用户只能查看一些有关路由器的信息,不能更改。

(2)Router＃　　特权用户模式

这种模式支持调试和测试命令,支持对路由器的详细检查、对配置文件的操作,但不能进行配置修改。

(3)Router(config)＃　　全局配置模式

这种模式提供了强大的命令,可以完成简单的配置任务。

(4)Router(config-if)＃　　接口配置模式

这种模式可以在次模式下,对具体端口进行配置。

各种模式层次如图 5-54 所示。

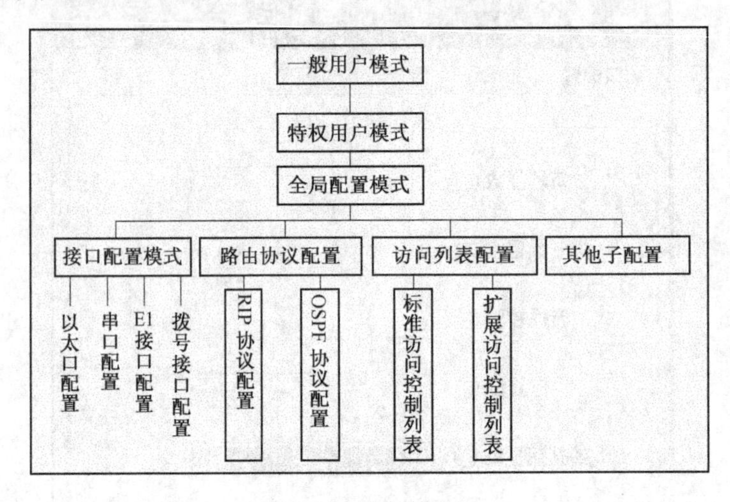

图 5-54　模式层次图

各模式之间的转换如图 5-55 所示。

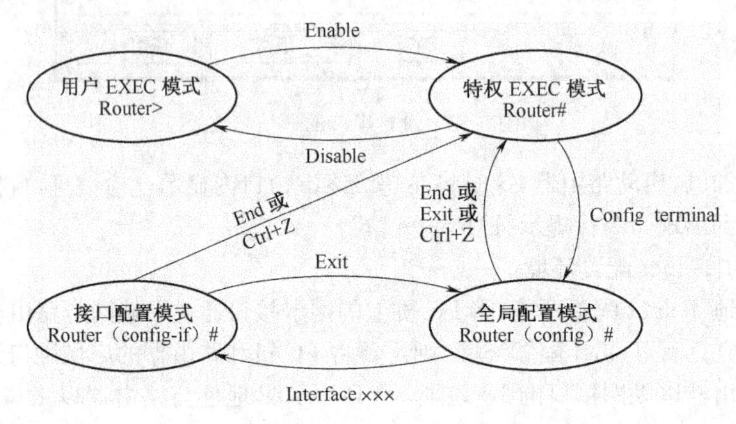

图 5-55　模式之间转换命令

二、路由器的基本配置

下面以 Cisco 2500 系列路由器为例,介绍路由器的一些基本配置。

1. 常用命令使用

(1)显示命令

任　　务	命　　令
查看版本及引导信息	show version
查看运行设置	show running-config
查看开机设置	show startup-config
显示端口信息	show interface *type slot/number*
显示路由信息	show ip route

(2)网络命令(在 router#模式下)

任　　务	命　　令
登录远程主机	telnet *hostname/IP address*
网络侦测	ping *hostname/IP address*
路由跟踪	traceroute *hostname/IP address*

(3)基本设置命令(在 router#模式下)

任　　务	命　　令
全局设置	config terminal
设置路由器名称	hostname *hostname*
设置静态路由	ip route destination *subnet-mask next-hop*
激活端口	no shutdown
设置 IP 地址	IP address <IP 地址> <子网掩码>

2. 路由器三类口令设置

路由器是网络上比较重要的设备,设置一些访问密码可以提高它的安全性,这也是必需的。

(1)配置特权口令

在特权模式下,可以设置两种口令:明文口令和加密口令,但加密口令优先。

配置命令:

```
Router(config)# enable password password(表示明文口令)
Router(config)# enable secret password(表示加密口令)
```

(2)配置 line 口令

line 口令是用于配置通过控制台接口、辅助接口或通过 Telnet 访问用户模式的口令,在配置 line 口令时要启用 login。

控制台口令配置命令:(设置控制台口令为 aaa)

```
Router#config t
Router(config)#line console 0
```

```
Router(config-line)#password aaa
Router(config-line)#login
```

Telnet 口令配置命令:(口令设置为 bbb)

```
Router(config)#line vty 0 4
Router(config-line)#password bbb
Router(config-line)#login
```

注意:如果没有设置 telnet 口令,就无法 telnet 到路由器。设置了 Telnet 口令,再在路由器上设置 IP 地址后,就可以使用 Telnet 程序来配置并检查路由器,而不再需要使用控制台电缆。

三、路由器的高级配置

1. 静态路由配置

配置说明:拓扑结构如图 5-56 所示。

所需设备:Cisco 路由器三台,分别命名为 RouterA、RouterB 和 RouterC。其中 RouterA 具有一个以太网接口和一个串行接口;RouterB 具有一个以太网接口和两个串行接口;RouterC 具有一个以太网接口和一个串行接口。

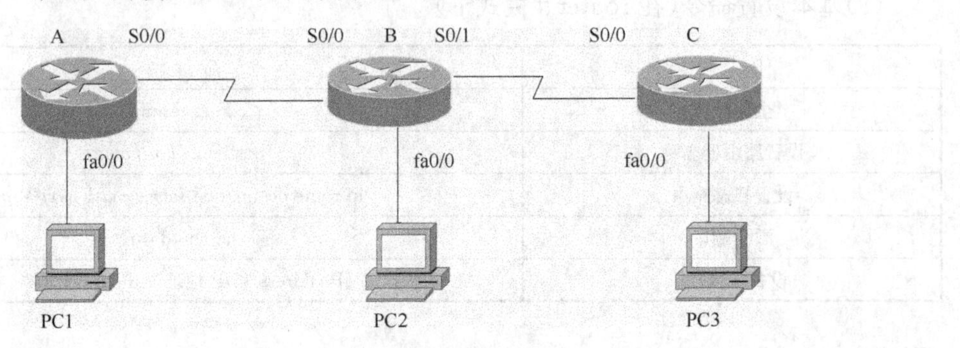

图 5-56 静态路由配置拓扑结构

路由器 IP 地址:

```
RouterA fa0/0 : 192.168.10.1
        s0/0 : 192.168.20.1
RouterB s0/0: 192.168.20.2
        s0/1: 192.168.40.1
        fa0/0 192.168.30.1
RouterC s0/0: 192.168.40.2
        fa0/0: 192.168.50.1
```

配置步骤:

(1)先配置 RouterA、B 和 C 的基本信息,RouterB 作为 DCE 提供时钟频率:

```
RouterA(config)#int fa0/0
RouterA(config-if)# ip address 192.168.10.1 255.255.255.0
```

```
RouterA(config-if)#no shutdown
RouterA(config-if)#int s0/0
RouterA(config-if)#ip address 192.168.20.1 255.255.255.0
RouterA(config-if)#no shut
RouterA(config-if)#^Z
RouterA#copy running-config startup-config
RouterB(config)#int fa0/0
RouterB(config-if)#ip address 192.168.30.1 255.255.255.0
RouterB(config-if)#no shut
RouterB(config)#int s0/0
RouterB(config-if)#ip address 192.168.20.2 255.255.255.0
RouterB (config-if)#clock rate 64000
RouterB(config-if)#no shut
RouterB(config)#int s0/1
RouterB(config-if)#ip address 192.168.40.1 255.255.255.0
RouterB(config-if)#clock rate 64000
RouterB(config-if)#no shut
RouterB (config-i f)#“Z
RouterB#copy run start
RouterC(config)#int fa0/0
RouterC(config-if)#ip address 192.168.50.1 255.255.255.0
RouterC(config-if)#no shut.
RouterC(config)#int s0/0
RouterC(config-if)#ip address 192.168.40.2 255.255.255.0
RouterC(config-if)#no shut
RouterC(config-if)#^z
RouterC#copy run start
```

(2) 配置 RouterA 静态路由。RouterA 了解自己的网络 192.168.10.0 和 192.168.20.0 直接相连,所以 RouterA 的路由表必须加入 192.168.30.0、192.168.40.0 和 192.168.50.0 的信息,注意下一跳接口(数据包经过的下一个接口),如下:

```
RouterA(config)#ip route 192.168.30.0 255.255.255.0 192.168.20.2
RouterA(config)#ip route 192.168.40.0 255.255.255.0 192.168.20.2
RouterA(config)#ip route 192.168.50.0 255.255.255.0 192.168.20.2
```

(3)验证路由信息:

```
RouterA#sh ip route
S 192.168.50.0[1/0] via 192.168.20.2
```

在上面的输出中,s 代表静态路由,[1/0]分别为管理距离和度量值。

(4)配置 RouterB 静态路由。RouterB 所必须学习到的网络应该是 192.168.10.0 和

192.168.50.0,注意它们的下一跳接口地址,配置如下:

```
RouterB(config)#ip route 192.168.10.0 255.255.255.0 192.168.20.1
RouterB(config)#ip route 192.168.50.0 255.255.255.0 192.168.40.2
```

(5) 配置 RouterC 静态路由。RouterC 所必须学习到的网络应该是 192.168.10.0、192.168.20.0 和 192.168.30.0,注意它们的下一跳接口地址,配置如下:

```
RouterC(config)#ip route 192.168.10.0 255.255.255.0 192.168.40.1
RouterC(config)#ip route 192.168.20.0 255.255.255.0 192.168.40.1
RouterC (config)#ip route 192.168.30.0 255.255.255.0 192.168.40.1
```

根据上面的拓扑结构,来验证一下是否能够端到端地 ping 通:

```
RouterC#ping 192.168.10.1
Sendine 5, 100-byte ICMP Echos to 192.168.10.1, timeout is 2 seconds:
!!!!!
RouterA#ping 192.168.50.1
Sendine 5, 100-byte ICMP Echos to 192.168.50.1, timeout is 2 seconds:
!!!!!(成功返回 5 个数据包)。
```

从测试结果看,两端都能 ping 通,说明没问题,网络已经建立好了。

2. RIP 协议的配置

配置说明:拓扑结构、所需设备及路由器 IP 地址的配置与静态路由的配置相同。

RIP 路由配置:启用 RIP 协议 RT1(config)#router rip

配置直连网段网络号 RT1(config-router)#network 直连网络号

配置步骤:

(1)配置 RouterA,要先去掉之前的静态路由,如下:

```
RouterA(config)# no ip route 192.168.30.0 255.255.255.0 192.168.20.2
RouterA(config)# no ip route 192.168.40. 0 255.255.255.0 192.168.20.2
RouterA(config)# no ip route 192.168.50. 0 255.255.255.0 192.168.20.2
```

(2)使用 RIP 配置命令为 router rip,启用 RIP,接下来执行 network 命令配置需要进行通告(Advertise)的网络号,命令如下:

```
RouterA(config)#router rip
RouterA(config-router)#network 192.168.10.0
RouterA(config-router)#network 192.168.20.0
RouterA(config-router)#^Z
RouterA#
```

注意:直接相连的网络配置网络号,而通告非直接相连的网络任务就交给 RIP 来做。RIPv1 是 Classful Routing,意思是假如用户使用 B 类 172.16.0.0/24,子网 172.16.10.0、172.16.20.0 和 172.16.30.0,在配置 RIP 的时候,只能把网络号配置成 Network 172.16.0.0。

(3)配置 RouterB,先去掉之前的静态路由,如下:

```
RouterB(config)#no ip route 192.168.50.0 255.255.255.0 192.168.40.2
RouterB(config)#no ip route 192.168.10.0 255.255.255.0 192.168.20.1
```

(4)配置 RIP：

```
RouterB(config)#router rip
RouterB(config-router)#network 192.168.20.0
RouterB(config-router)#network 192.168.30.0
RouterB(config-router)#network 192.168.40.0
RouterB(config-router)#^Z
RouterB#
```

(5)配置 RouterC，先去掉之前的静态路由，如下：

```
RouterC(config)#no ip route 192.168.10.0 255.255.255.0 192.168.40.1
RouterC(config)#no ip route 192.168.20.0 255.255.255.0 192.168.40.1
RouterC (config)#no ip route 192.168.30.0 255.255.255.0 192.168.40.1
```

(6)配置 RIP，如下：

```
RouterC(config)#router rip
RouterC(config-router)#network 192.168.50.0
RouterC(config-router)#network 192.168.40.0
RouterC(config-router)#^Z
RouterC#
```

验证配置好的路由信息，如下：

```
RouterA#sh ip route
R 192.168.50.0[120/2] via 192.168.20.2,00:00:23,Serial0/0
```

注意：R 代表的是 RIP，[120/2]分别代表管理距离和度量值，在这里，度量值即为跳数。假如在这信息里看到的是[120/15]，那么下一跳为 16，不可达，这条路由线路也将随之无效，将被丢弃。

根据上面的拓扑结构，来验证一下是否能够端到端地 ping 通：

```
RouterC#ping 192.168.10.1
Sendine 5, 100-byte ICMP Echos to 192.168.10.1, timeout is 2 seconds:
!!!!!
RouterA#ping 192.168.50.1
Sendine 5, 100-byte ICMP Echos to 192.168.50.1, timeout is 2 seconds:
```

!!!!!(成功返回 5 个数据包)。

从测试结果看，两端都能 ping 通，说明没问题，网络已经建立好了。

3. OSPF 协议配置

配置说明：拓扑结构、路由器 IP 地址如图 5-57 所示。

启用路由选择协议 OSPF，可使用如下命令：

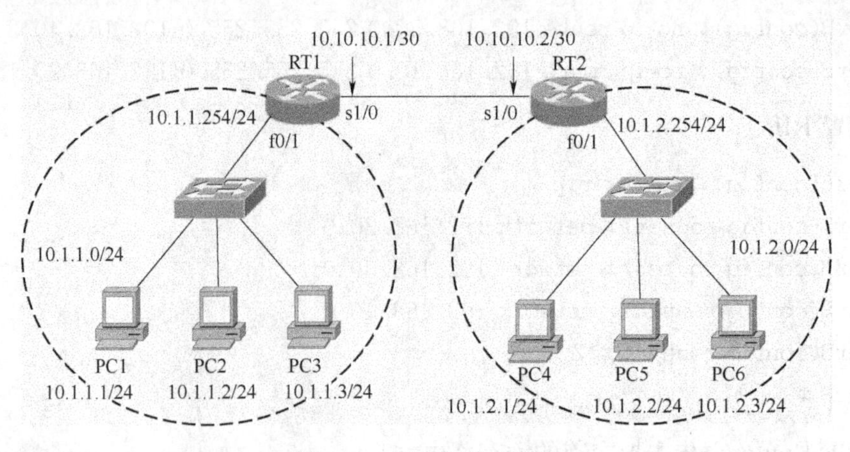

图 5-57　网络拓扑结构图

```
Router(config)# router ospf process-number
```

其中 process-number 是路由器本地的进程号，可以在路由器上运行多个进程，但启用了过多的进程会占用大量的路由器资源，同一区域或自主系统中，不同路由器的进程号可以不同。

指定参与交换 OSPF 更新的网络以及这些网络所属的区域，可使用如下命令：

```
Router(config-router)#network network-number wildcard-mask area area-number
```

OSPF 用命令 network 中的通配符掩码对其中的地址进行过滤，将 IP 地址同过滤结果进行比较，以确定哪些接口将参与 OSPF。参数 area 用于指定接口所属的区域。

配置步骤如下：

(1)配置路由器各接口的 IP 地址和 DCE 接口时钟

如图 5-57 所示，配置 RT1、RT2 所连端口 f0/1、s1/0 的 IP 地址，并开启各端口，设置 DCE 端口的时钟。

(2)开启 ospf 路由协议

```
RT1(config)# router ospf 1
RT2(config)# router ospf 1
```

(3)定义所连网络

```
RT1(config-router)# network 10.1.1.0 0.0.0.255 area 0
RT1(config-router)# network 10.10.10.0 0.0.0.3 area 0
RT2(config-router)# network 10.1.2.0 0.0.0.255 area 0
RT2(config-router)# network 10.10.10.0 0.0.0.3 area 0
```

(4)查看 OSPF 的操作运行(在特权模式下)

RT1(config)#Show ip ospf protocols//用于查看路由器的 IP 路由选择协议配置

RT1(config)#Show ip ospf neighbor//显示已知的 OSPF 邻居，包括它们的路由器 ID、接口地址

RT1(config)#show ip ospf interface//提供各个接口的 OSPF 配置信息，使用该命令很容易发现错误

RT1(config)＃Show ip ospf//显示 OSPF 进程及其细节

RT1(config)＃show ip route//显示 IP 路由表的内容

(5)测试路由

在路由器上测试其与所有的路由器端口的连通性，在 PC 上测试与不同网段 PC 的连通性。

四、访问控制列表

1. 访问控制列表的概念和作用

ACL (Access Control Lists)是一种数据包过滤机制，通过允许或拒绝特定的数据包进出网络，网络设备可以对网络访问进行控制，有效保证网络的安全运行。用户可以基于报文中的特定信息制定一组规则(rule)，每条规则都描述了对匹配一定信息的数据包所采取的动作：允许通过(permit)或拒绝通过(deny)。用户可以把这些规则应用到特定网络设备端口的入口或出口方向，这样特定端口上特定方向的数据流就必须依照指定的 ACL 规则进出网络设备。

ACL 可以限制网络流量、提高网络性能；是一种对通信流量进行控制的手段；提供网络访问的基本安全手段；在路由器接口处，决定哪种类型的通信流量被转发、哪种类型的通信流量被阻塞。

ACL 按照各描述语句在 ACL 中的顺序、各描述语句的判断条件，对数据包进行检查。一旦找到了某一匹配条件，就结束比较过程，不再检查以后的其他条件判断语句，如图 5-58 所示。

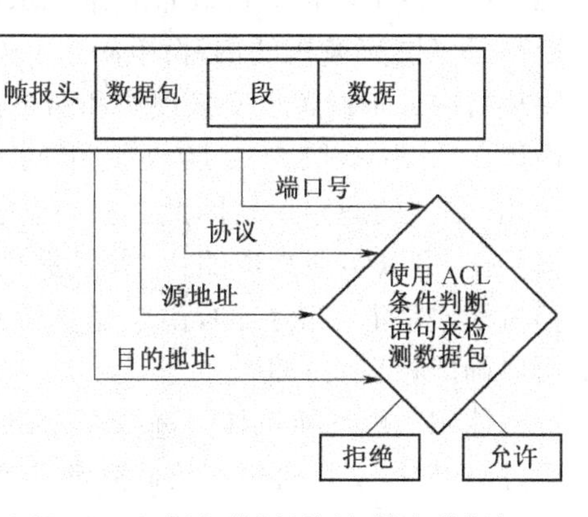

图 5-58　根据条件判断语句检查数据包

2. 标准 ACL 和扩展 ACL

标准 ACL(Standard ACL)：检查源地址，允许或拒绝整个协议族，如图 5-59 所示。

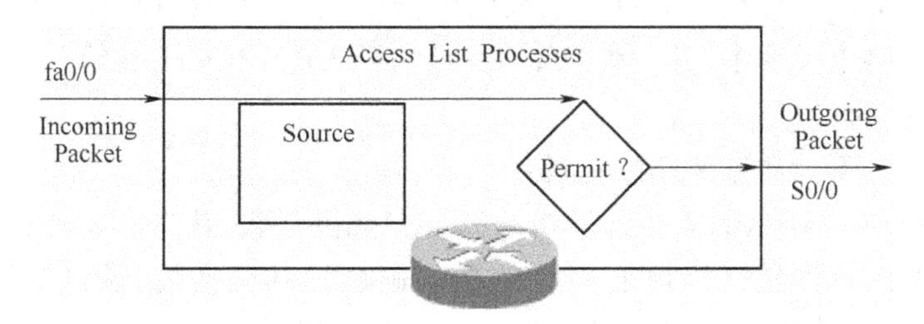

图 5-59　标准 ACL

扩展 ACL(Extended ACL)：检查源和目的地址，通常允许或拒绝特定的协议。如图 5-60 所示。

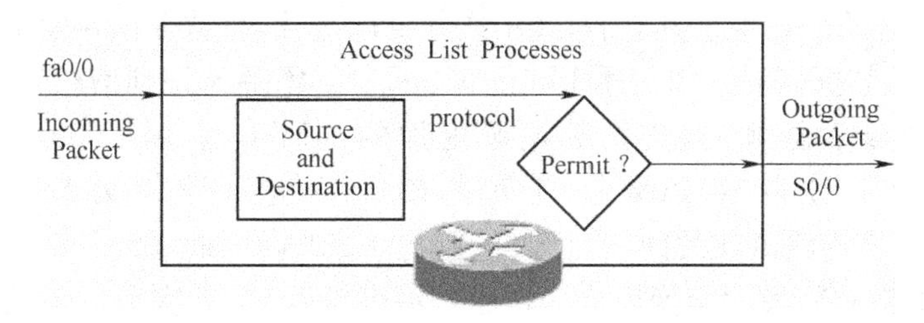

图 5-60　扩展 ACL

第八节　三层交换机

前面我们介绍了使用路由器进行 VLAN 间路由的技术。但是，随着 VLAN 之间流量的不断增加，很可能导致路由器成为整个网络的瓶颈。因为路由器基本上是基于软件处理的，即使以线速接收到数据包，也无法在不限速的条件下转发出去。就 VLAN 间路由而言，流量会集中到路由器和交换机互联的汇聚链路部分，这一部分尤其特别容易成为速度瓶颈。而交换机使用被称为 ASIC(Application Specified Integrated Circuit)的专用硬件芯片处理数据帧的交换操作，在很多机型上都能实现以线速(Wired Speed)交换，为了解决上述问题，人们提出了三层交换机(Layer 3 Switch)的技术。

一、三层交换机原理

三层交换机在本质上是"带有路由功能的(二层)交换机"。路由属于 OSI 参照模型中第三层网络层的功能。因此带有第三层路由功能的交换机才被称为"三层交换机"。如图 5-61 所示是三层交换机的内部结构图。在三层交换机内分别设置了交换模块和路由模块，内置的路由模块与交换模块相同，使用 ASIC 硬件处理路由。因此，与传统的路由器相比，可以实现高速路由，并且路由与交换机模块是汇聚链接的，由于是内部连接，可以确保相当大的带宽。

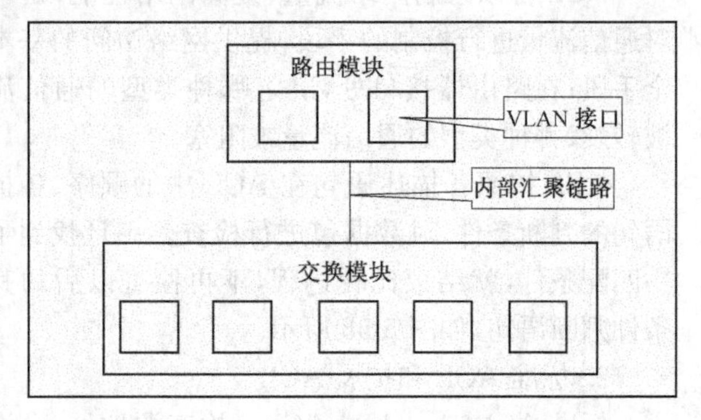

图 5-61　三层交换机的内部结构图

使用三层交换机如何进行 VLAN 间路由，即在三层交换机内部数据究竟是怎样传播的呢？基本上，它和使用汇聚链路连接路由器与交换机时的情形大致相同。只是原来路由器中用于和 VLAN 相连的子接口现在放在三层交换机内部的路由模块中，并称为"VLAN 接口(VLAN Interface)"。VLAN 接口是用于各 VLAN 收发数据的接口。

下面我们来看一下其数据传播的过程：

假设有如下图 5-62 所示的 4 台计算机与三层交换机互联，首先考虑计算机 A 与计算机 B 之间通信时的情况。首先是目标地址为 B 的数据帧被发到交换机；通过检索同一 VLAN 的 MAC 地址列表发现计算机 B 连在交换机的端口 2 上；因此将数据帧转发给端口 2。

接下来设想一下计算机 A 与计算机 C 间通信时的情形。如图 5-63 所示。针对目标 IP 地址，计算机 A 可以判断出通信对象不属于同一个网络，因此向默认网关发送数据(Frame 1)。

交换机通过检索 MAC 地址列表后，经由内部汇聚链接，将数据帧转发给路由模块。在通过内部汇聚链路时，数据帧被附加了属于红色 VLAN 的 VLAN 识别信息(Frame 2)。

路由模块在收到数据帧时，先由数据帧附加的 VLAN 识别信息分辨出它属于红色 VLAN，据此判断由红色 VLAN 接口负责接收并进行路由处理。因为目标网络 192.168.2.0/24 是直连路由器的网络、且对应蓝色 VLAN；因此，接下来就会从蓝色 VLAN 接口经由内部汇聚链路转发回交换模块。在通过汇聚链路时，这次数据帧被附加上属于蓝色 VLAN 的识别信息(Frame 3)。

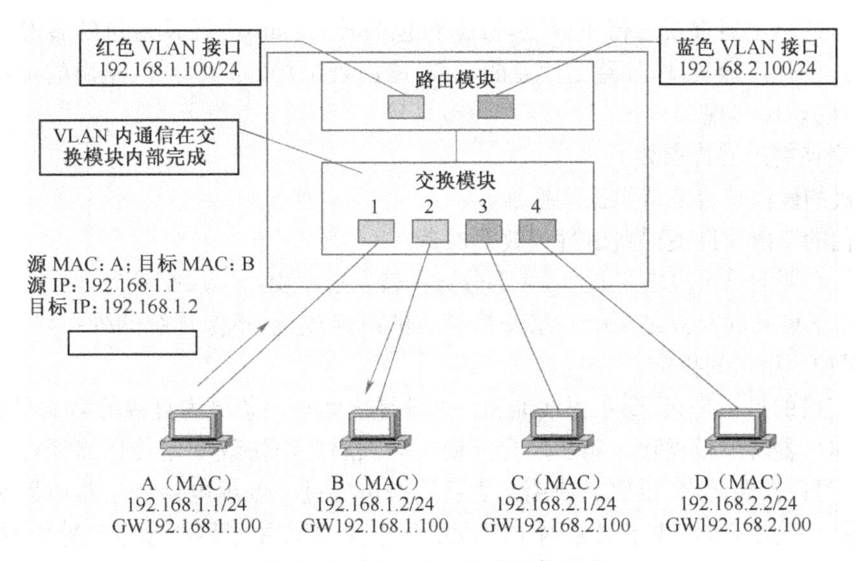

图 5-62　同一 VLAN 内通信示意

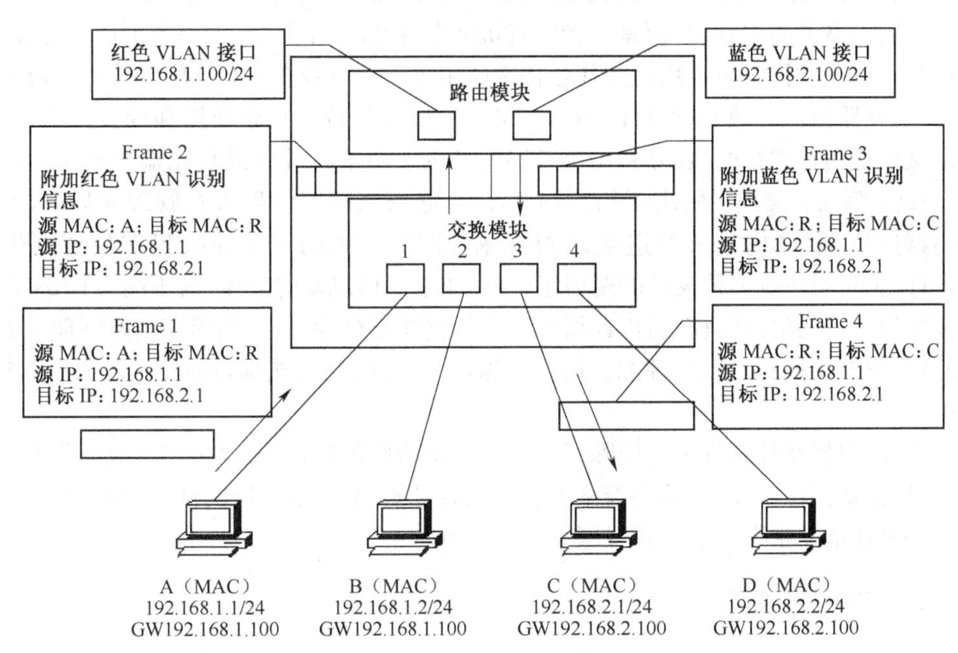

图 5-63　不同 VLAN 内通信示意

交换机收到这个帧后，检索蓝色 VLAN 的 MAC 地址列表，确认需要将它转发给端口 3。由于端口 3 是通常的访问链接，因此转发前会先将 VLAN 识别信息除去(Frame 4)。最终，计算机 C 成功地收到交换机转发来的数据帧。

整体的流程，与使用外部路由器时的情况十分相似，都需要经过发送方→交换模块→路由模块→交换模块→接收方的过程。

三层交换的原理从硬件的实现上来看，目前，第二层交换机的接口模块都是通过高速背板/总线交换数据的。在第三层交换机中，与路由器有关的第三层路由硬件模块也插接在高速背板/总线上，这种方式使得路由模块可以与需要路由的其他模块间高速地交换数据，从而突破了传统的外接路由器接口速率的限制(10～100 Mbit/s)。在软件方面，第三层交换机将传统的基于软件的路由器重新进行了界定,数据封包的转发:如 IP/IPX 封包的转发,这些有规律的过程通过硬件高速实现;如路由信息的更新、路由表维护、路由计算、路由的确定等功能,用优化、高效的软件实现。

第三层交换突出的特点如下:

(1) 有机的硬件结合使得数据交换加速。

(2) 优化的路由软件使得路由过程效率提高。

(3) 除了必要的路由决定过程外,大部分数据转发过程由第二层交换处理。

(4) 多个子网互联时只是与第三层交换模块的逻辑连接,不像传统的外接路由器那样需增加端口,保护了用户的投资。

第三层交换的目标是,只要在源地址和目的地址之间有一条更为直接的第二层通路,就没有必要经过路由器转发数据包。第三层交换使用第三层路由协议确定传送路径,此路径可以只用一次,也可以存储起来,供以后使用。之后数据包通过一条虚电路绕过路由器快速发送。第三层交换技术的出现,解决了局域网中网段划分之后,网段中子网必须依赖路由器进行管理的局面,解决了传统路由器低速、复杂所造成的网络瓶颈问题。当然,三层交换技术并不是网络交换机与路由器的简单叠加,而是二者的有机结合,形成一个集成的、完整的解决方案。

因此第三层交换机的主要用途是代替传统路由器作为网络的核心,凡是没有广域连接需求,同时又需要路由器的地方,都可以用第三层交换机来代替。在企业网和校园网中,一般会将第三层交换机用在网络的核心层,用第三层交换机上的千兆端口或百兆端口连接不同的子网或 VLAN。第三层交换机解决了局域网 VLAN 必须依赖路由器进行管理的局面,解决了传统路由器速度低、结构复杂所造成的网络瓶颈问题。利用三层交换机在局域网中划分 VLAN,可以满足用户端多种灵活的逻辑组合,防止了广播风暴的产生,对不同 VLAN 之间可以根据需要设定不同的访问权限,以此增加网络的整体安全性,极大地提高网络管理员的工作效率,而且第三层交换机可以合理配置信息资源,降低网络配置成本,使得交换机之间连接变得灵活。

事实上,路由器在计算机网络中除了上面所介绍的作用外,还可以实现其他一些重要的网络功能,如提供访问控制(基于访问控制列表)、负载平衡、基于第三层的优先级服务等。总之,路由器是一种功能非常强大的计算机网络互联设备。

二、三层交换机的接口

1. 二层接口

二层接口的类型又分为:Switch Port 及 L2 Aggreate Port。

(1)Switch Port:Switch Port 由设备上的单个物理端口构成,只有两层交换功能。该端口可以是一个 Access Port 或一个 Trunk Port,可以通过 Switch Port 接口配置命令,把一个端口配置为一个 Access Port 或者 Trunk Port。Access Port 承载单个 VLAN 的流量; Trunk Port 通过 ISL 或 802.1Q 标记,能够承载多个 VLAN 的流量。Switch Port 被用于管理物理接口和与之相关的第二层协议,并且不处理路由和桥接。

(2)Aggreate Port:Aggreate Port 是由多个物理成员端口聚合而成的。可以把多个物理连接捆绑在一起形成一个简单的逻辑链接,这个逻辑链接称之为一个 Aggregate Port(简称AP)。对于二层交换来说,AP 就好像是一个高带宽的 Switch Port,它可以把多个端口的带宽叠加起来使用,扩展了链路带宽。此外,通过 AP 中的一条成员链路失效,L2 Aggreate Port

会自动将这个链路上的流量转移到其他有效的成员链路上，提高了连接的可靠性。

2. 三层接口

Catalyst 多层交换机主要支持两种不同类型的第 3 层接口。

(1)路由端口(Routed Port)：路由端口是一个物理接口，它类似于传统路由器上配置了第 3 层地址的接口，能用一个三层路由协议配置。

在多层交换网络中，路由器端口大多数都配置于园区主干子模块中的交换机之间，如果分布层采用了第 3 层路由选择，那么园区主干和建筑物分布子模块之间的交换机也会配置路由端口。

Catalyst 3500 系列交换机的接口默认配置为第 2 层接口，为了配置路由端口，就必须使用 no switchport 命令将一个二层接口配置为第 3 层接口。在 Catalyst 3500 系列交换机上配置路由端口的步骤为：

步骤 1：使用 no switchport 命令将一个二层接口配置为第 3 层接口

```
Switch(config)#interface giagabitethernet 1/1
Switch(config-if)#no switchport
```

步骤 2：为接口分配 IP 地址

```
Switch(config-if)#ip address ip-address subnetmask
```

步骤 3：启用 IP 路由选择

```
Switch(config-if)#exit
Switch(config)#ip routing
```

(2)交换虚拟接口(Switch Virtual Interface，SVI 接口)：交换机虚拟接口是一种第 3 层接口，它是在 Catalyst 多层交换机上完成 VLAN 间路由选择而配置的接口。SVI 是一种与 VLAN-ID 相关联的虚拟 VLAN 接口，其目的在于启用该 VLAN 上的路由选择能力。

在 Catalyst 交换机(例如 Catalyst 3560 系列交换机)上配置 SVI 来完成 VLAN 间路由选择，配置步骤如下：

步骤 1：启用 IP 路由选择功能

```
Switch(config)#ip routing
```

步骤 2：通过使用 VLAN 接口命令指定 SVI

```
Switch(config)#interface vlan vlan-id
```

步骤 3：为 VLAN 分配 IP 地址

```
Switch(config-if)#ip address ip-address subnetmask
```

步骤 4：启用接口

```
Switch(config-if)#no shutdown
```

三、三层交换机配置

(一)配置三层交换机 VLAN 间路由

1. 配置说明

拓扑结构如图 5-64 所示，采用一台 Catalyst 3560 的三层交换机，在三层交换机上划分了三个VLAN,通过配置实现VLAN间互通。

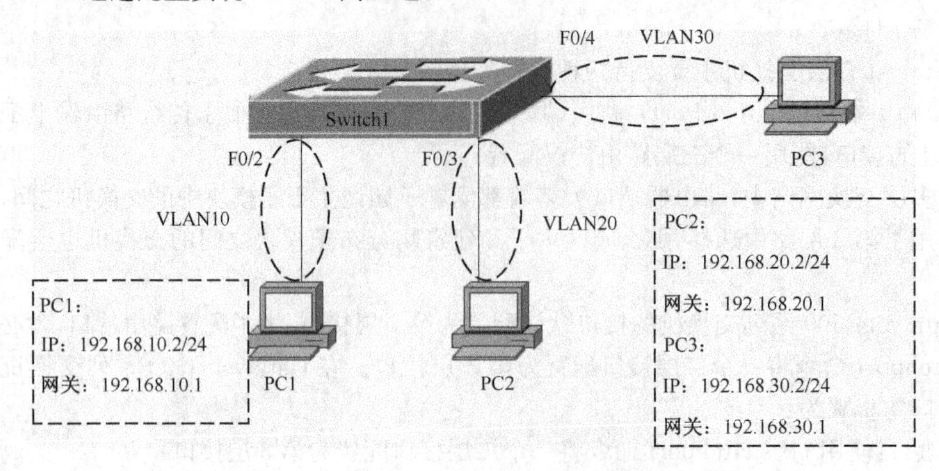

图5-64　三层交换机VLAN间路由

2. 配置过程

步骤1:硬件连接,按照图5-64所示连接硬件和设置各PC机的IP地址、子网掩码和网关。

步骤2:在交换机上建立VLAN

```
Switch>en
Password:
Switch#config terminal
Switch(config)#hostname S3560
S3560(config)#vlan 10
S3560 (config-vlan)#exit
S3560(config)#vlan 20
S3560(config-vlan)#exit
S3560(config)#vlan 30
S3560(config-vlan)#exit
S3560(config)#interface fastethernet0/2
S3560(config-if)#switch port mode access
S3560(config-if)#switch port access vlan10
S3560(config)#interface fastethernet0/3
S3560(config-if)#switch port mode access
S3560(config-if)#switch port access vlan20
S3560(config)#interface fastethernet0/4
S3560(config-if)#switch port mode access
S3560(config-if)#switch port access vlan30
S3560(config-if)#exit
S3560(config)#ip routing //启动路由功能
S3560#wr
```

步骤 3:配置三层交换机端口的路由功能

```
S3560(config)#interface vlan10
S3560(config-if)#ip address 192.168.10.1 255.255.255.0
S3560(config-if)#no shutdown
S3560(config-if)#exit
S3560(config)#interface vlan20
S3560(config-if)#ip address 192.168.20.1 255.255.255.0
S3560(config-if)#no shutdown
S3560(config-if)#exit
S3560(config)#interface vlan30
S3560(config-if)#ip address 192.168.30.1 255.255.255.0
S3560(config-if)#no shutdown
S3560(config-if)#exit
S3560(config)#exit
S3560#wr
```

步骤 4:查看三层交换机路由表

```
S3560#show ip route
```

步骤 5:验证结果

在 PC1、PC2 和 PC3 上配置 IP 地址和网关,PC1 的网关指向:192.168.10.1,PC2 的网关指向:192.168.20.1,PC3 的网关指向:192.168.30.1。使用 ping 命令测试 PC1、PC2 和 PC3 之间的网络连通性。

(二)配置多交换机 VLAN 间互通

1. 配置说明

拓扑结构如图 5-65 所示,采用一台 Catalyst 3560 的三层交换机、二台 Catalyst 2950 二层交换机,在两台二层交换机上分别划分三个 VLAN,通过配置三层交换机 VLAN 路由,实现不同 VLAN 间互通。

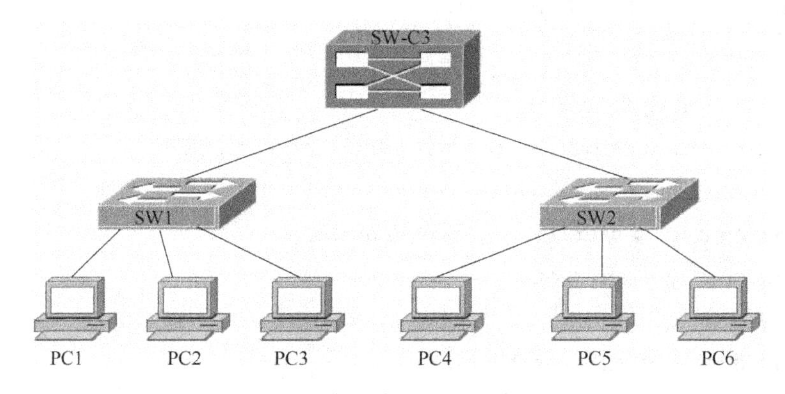

图 5-65　多交换机 VLAN 间互通

2. 配置过程

步骤 1:硬件连接

按照图 5-65 所示连接硬件，按照表 5-10 设置各 PC 机的 IP 地址。

表 5-10 PC 机的 IP 地址和硬件连接图

设备	VLAN	交换机端口	IP 地址	子网掩码	网关
PC1	VLAN10	SW1—2	192.168.10.10	255.255.255.0	192.168.10.1
PC2	VLAN20	SW1—11	192.168.20.10	255.255.255.0	192.168.20.1
PC3	VLAN30	SW1—16	192.168.30.10	255.255.255.0	192.168.30.1
PC4	VLAN10	SW2—2	192.168.10.20	255.255.255.0	192.168.10.1
PC5	VLAN20	SW2—11	192.168.20.20	255.255.255.0	192.168.20.1
PC6	VLAN30	SW2—16	192.168.30.20	255.255.255.0	192.168.30.1
VLAN		分配交换机端口			
VLAN10		SW-C3(5—8)、SW1(2—10)、SW2(2—10)			
VLAN20		SW-C3(9—18)、SW1(11—15)、SW2(11—15)			
VLAN30		SW-C3(19—24)、SW1(16—24)、SW2(16—24)			

步骤 2:配置核心交换机 Cisco 3560。

(1) 配置 Cisco 3560 交换机，并设置为 VTP 服务器模式

```
Switch>en
Switch# config terminal
Switch(config)#hostname switch3560
switch3560(config)# exit
switch3560#vlan database //创建 VTP 管理域
switch3560(vlan)#vtp domain AAA
switch3560(vlan)#vtp server //设置交换机为 VTP 服务器
switch3560(vlan)#exit
switch3560(config)#ip routing
```

(2) 在交换机 Cisco3560 上创建 VLAN

```
switch3560#
switch3560# config terminal
Enter configuration commands, one per line. End with CNTL/Z.
switch3560(config)#
switch3560(config)#vlan 10    //创建 VLAN 10
switch3560(config-vlan)#exit
switch3560(config)#vlan 20    //创建 VLAN 20
switch3560(config-vlan)#exit
switch3560(config)#vlan 30    //创建 VLAN 30
switch3560(config-vlan)#exit
```

(3) 配置交换机 Cisco3560，将端口分配到 VLAN

```
switch3560#
switch3560# config terminal
Enter configuration commands, one per line. End with CNTL/Z.
switch3560(config)# interface range f0/5-8    //将交换机的 f0/5-f0/8 端口加入 VLAN10
switch3560(config-if-range)#switch port mode access
switch3560(config-if-range)#switch port access vlan 10
switch3560(config)#interface range f0/9-18    //将交换机的 f0/9-f0/18 端口加入 VLAN20
switch3560(config-if-range)#switch port mode access
switch3560(config-if-range)#switch port access vlan 20
switch3560(config)#interface range f0/19-24    //将交换机的 f0/19-f0/24 端口加入 VLAN30
switch3560(config-if-range)#switch port mode access
switch3560(config-if-range)#switch port access vlan 30
```

(4)配置三层交换机端口具有路由功能

```
switch3560(config)#ip routing
switch3560(config)#interface vlan10
switch3560(config-if)#ip address 192.168.10.1 255.255.255.0
switch3560(config-if)#no shutdown
switch3560(config)#interface vlan20
switch3560(config-if)#ip address 192.168.19.1 255.255.255.0
switch3560(config-if)#no shutdown
switch3560(config)#interface vlan30
switch3560(config-if)#ip address 192.168.30.1 255.255.255.0
switch3560(config-if)#no shutdown
switch3560(config-if)#exit
```

步骤 3:配置交换机 SW1

将交换机和 PC1 计算机通过配置线连接起来,打开 PC1 的超级终端。

(1) 配置 Cisco2950 交换机 SW1 ,创建 VLAN

```
Switch>enable
Switch#config terminal
Switch(config)#hostname switch1
switch1(config)# exit
switch1# config terminal
Enter configuration commands, one per line. End with CNTL/Z.
switch1(config)#
switch1(config)#vlan 10    //创建 VLAN 10
switch1(config-vlan)#exit
```

switchl(config)#vlan 20 //创建 VLAN 20

switchl(config-vlan)#exit

switchl(config)#vlan 30 //创建 VLAN 30

switchl(config-vlan)#exit

(2)将交换机 SW1 加入到 AAA 域设置为 Client 模式

switchl#vlan database

switchl(vlan)#vtp domain AAA

switchl(vlan)#vtp client

switchl(vlan)#exit

(3) 配置交换机 SW1,将端口分配到 VLAN

switchl#

switchl# config terminal

Enter configuration commands, one per line. End with CNTL/Z.

switchl(config)# interface range f0/2-10 //将交换机的 f0/2-f0/8 端口加入 VLAN10

switchl(config-if-range)#switch port access vlan 10

switchl(config)# interface range f0/11-15 //将交换机的 f0/11-f0/15 端口加入 VLAN20

switchl(config-if-range)#switch port access vlan 20

switchl(config)# interface range f0/16-24 //将交换机的 f0/16-f0/24 端口加入 VLAN30

switchl(config-if-range)#switch port access vlan 30

步骤 4:配置交换机 SW2

将交换机和 PC4 计算机通过配置线连接起来,打开 PC4 的超级终端。

(1) 配置 Cisco2950 交换机 SW2,创建 VLAN(略)。

(2)将交换机 SW2 加入到 AAA 域设置为 Client 模式(略)。

(3)配置交换机 SW2,将端口分配到 VLAN(略)。

步骤 5:二层交换机和核心交换机之间连接

(1) 将交换机 SW-C3 和交换机 SW1 相连的端口(假设为 fa0/1),定义为 tag vlan 模式。

Switch3560# config terminal

Enter configuration commands, one per line. End with CNTL/Z.

Switch3560(config)#interface fastethernet0/1

Switch3560(config-if)#switch port //设置为 2 层交换接口

Switch3560(config-if)# switch port trunk encapsulation dotlq//设置 trunk 封装方式为 dotlq

Switch3560(config-if)#switch port mode trunk //设置该端口为 trunk 端口

Switch3560(config-if)#exit

Switch3560(config)#exit

```
Switch3560＃show int fastethernet0/1 switch port
```

(2) 将交换机 SW1 和交换机 SW-C3 相连的端口(假设为 fa0/1),定义为 tag vlan 模式。

```
switch1＃ config terminal
Enter configuration commands, one per line. End with CNTL/Z.
switch1(config)＃interface fastethernet0/1
switch1(config-if)＃ switch port mode trunk
switch1(config-if)＃exit
switch1(config)＃exit
switch1＃show int fastethernet0/1 switch port
```

(3) 将交换机 SW-C3 和交换机 SW2 相连的端口(假设为 fa0/2),定义为 tag vlan 模式。(略)

(4) 将交换机 SW2 和交换机 SW-C3 相连的端口(假设为 fa0/1),定义为 tag vlan 模式。(略)

步骤 6:测试

(1)分别测试 PC1、PC2、PC3、PC4、PC5、PC6 这六台计算机之间的连通性。

(2) 别打开交换机 SW1、SW2、SW-C3,查看交换机的配置信息。

```
Switch1＃ show running-config
Switch2＃show running-config
Switch3560＃show running-config
```

查看结果。

第九节　下一代互联网的网际协议 IPv6

IPv4 协议是目前广泛部署的互联网协议,从 1981 年最初定义(RFC791)到现在已经有 20 多年的时间,实践证明 IPv4 是一个非常成功的协议,其应用引起了互联网的巨大发展。

然而,随着互联网发展的速度与规模以及新技术应用需求的不断增长,使得互联网开始面临着 IPv4 地址空间不足、网络节点配置困难、网络安全、服务质量、移动性支持有限等一系列问题。在这些问题中,最需要迫切解决的是 IPv4 地址空间不足的问题。

尽管人们先后引入了子网划分、CIDR 和 NAT 等改进技术,但这些方法仍然不能从根本上解决问题。到目前为止,A 类和 B 类地址几近耗尽,只有 C 类地址还有一定余量,而且据预测,现有的这些地址资源到 2012 年左右也会消耗殆尽。随着电信网络、电视网络和计算机网络 3 个独立的网络融合成“下一代网络”工作的展开,越来越多的其他设备也需要 IP 地址,如具有接入 IP 网络功能的 PDA、汽车、手机和各种智能家用电器等。总之,IPv4 已经无法支撑起下一代网络的发展。

为了解决 IPv4 协议在互联网发展过程中遇到的问题,IETF 于 1992 年 6 月提出要制定下一代互联网协议 IPng(IP—the next generation),即人们现在所说的 IPv6 协议。1998 年,IETF 正式发布了 IPv6 的系列草案标准。

一、IPv6 的新特性

与 IPv4 相比,IPv6 的主要新特性如下:

1. 巨大的地址空间

关于 IPv6,有夸张的说法是:可以做到地球上的每一粒沙子都有一个 IP 地址。我们知道 IPv4 中,理论上可编址的节点数是 2^{32},按照目前的全世界人口数,大约每 3 个人有 2 个 IPv4 地址。而 IPv6 地址长度为 128 位,可用地址数是 3.4×10^{38} 意味着世界上的每个人都可以拥有 5.7×10^{28} 个地址。如此巨大的地址空间使 IPv6 彻底解决了地址匮乏问题,为互联网的长远发展奠定了基础。

2. 全新的报文结构

在 IPv6 中,报文头包括固定头部和扩展头部,一些非根本性的和可选择的字段被移到了 IPv6 协议头之后的扩展协议头中。这使得网络中的中间路由器在处理 IPv6 协议头时,简化和加快了路由选择过程,因为大多数的选项并不需要被路由器检查。

此外,我们要特别注意的是,IPv6 头和 IPv4 头不兼容。

3. 全新的地址配置方式

随着技术的进一步发展,Internet 上的节点不再单纯是计算机,将包括 PDA、移动电话等各种各样的终端,甚至包括冰箱、电视等家用电器,这就要求 IPv6 主机地址配置更加简化。

为了简化主机地址配置,IPv6 除了支持手工地址配置和有状态自动地址配置(利用专用的地址分配服务器动态分配地址)外,还支持一种无状态地址配置技术。在无状态地址配置中,网络上的主机能自动给自己配置 IPv6 地址。

4. 允许对网络资源进行预分配

IPv6 在包头中新定义了一个叫做流标签的特殊字段。IPv6 的流标签字段使得网络中的路由器可以对属于一个流的数据包进行识别并提供特殊处理。用这个标签,路由器可以不打开传送的内层数据包就可以识别流,为快速处理实时业务提供了可能,有利于低性能的业务终端支持基于 IPv6 的语音、视频等应用。

5. 内置的安全性

IPv6 集成了 IPSec 以用于网络层的认证与加密,为用户提供端到端的安全特性。这就为网络安全性提供了一种基于标准的解决方案,提高了不同 IPv6 实现方案之间的互操作性。

6. 全新的邻节点发现协议

IPv6 中的邻节点发现(Neighbor Discovery)协议是一系列机制,用来管理相邻节点的交互。该协议用更加有效的单播和组播报文,取代了 IPv4 中的地址解析(ARP)、ICMP 路由器发现、ICMP 路由器重定向,并在无状态地址自动配置中起到不可缺的作用。

7. 可扩展性

因为 IPv6 报头之后添加了扩展报头,将 IPv4 中的选项功能放在了可选的扩展报头中,可按照不同协议要求增加扩展头的种类,IPv6 可以很方便地实现功能扩展。

8. 移动性

由于采用了路由扩展报头和目的地址扩展报头,使得 IPv6 提供了内置的移动性。

二、IPv6 协议数据报

1. IPv6 报文结构

IPv6 报文结构到底是什么样子呢？我们首先分析一下它的基本构成。

IPv6 分组由一个 IPv6 报头、多个扩展报头和一个上层协议数据单元组成。IPv6 分组的结构如图 5-66 所示。

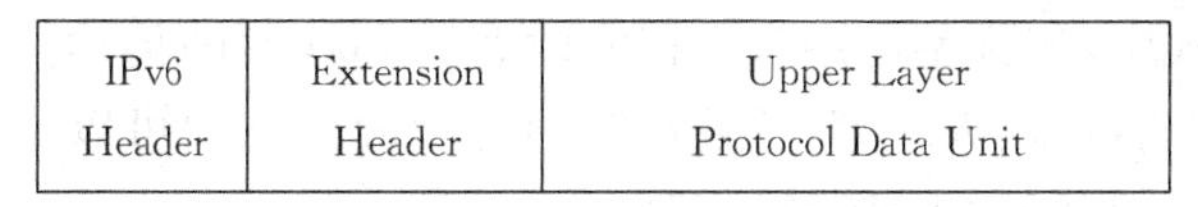

图 5-66　IPv6 数据报结构

从图 5-66 中我们可以看出 IPv6 分组由以下几个部分组成。

(1)IPv6 基本报头（IPv6 Header）

每一个 IPv6 分组都必须包含报头，其长度固定为 40 字节。IPv6 报头的具体内容将在下面作详细介绍。

(2)扩展报头(Extension Headers)

IPv6 扩展报头是跟在基本 IPv6 报头后面的可选报头。IPv6 分组中可以包含一个或多个扩展报头，当然也可以没有扩展报头，这些扩展报头可以具有不同的长度。IPv6 报头和扩展报头代替了 IPv4 报头及其选项。新的扩展报头格式增强了 IPv6 的功能，使其具有极大的扩展性。IPv6 扩展报头没有最大长度的限制，因此可以容纳 IPv6 通信所需要的所有扩展数据。扩展报头的详细内容也将在下面详细讲解。

(3)上层协议数据单元(Upper Layer Protocol Data Unit)

上层协议数据单元一般由上层协议包头和它的有效载荷构成，有效载荷可以是一个 ICMPv6 报文、一个 TCP 报文或一个 UDP 报文。

2. IPv6 基本报头

IPv6 基本报头也称之为固定报头。固定报头包含 8 个字段，总长度为 40 个字节。这 8 个字段分别为：版本、流量类别、流标签、有效载荷长度、下一个报头、跳限制、源 IPv6 地址、目的 IPv6 地址。

IPv6 分组的基本头部格式如图 5-67 所示。其中，主要字段的说明如下：

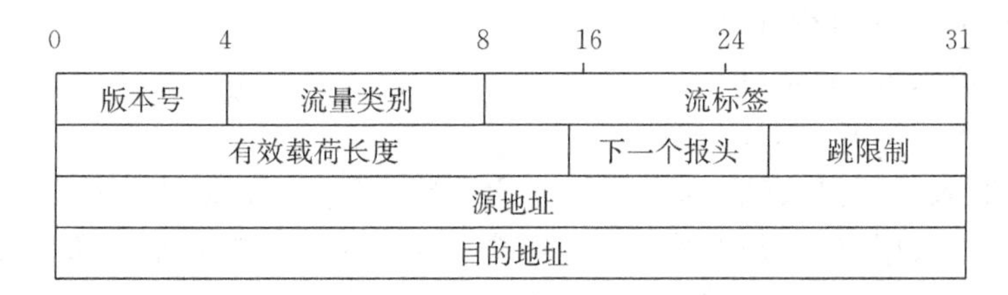

图 5-67　IPv6 的报头格式

(1)版本号(version)：长度为 4 位，表示数据报协议的版本。对于 IPv6，该字段为 6。

(2)流量类别(traffic class)：长度为 4 位，用以标识 IPv6 分组的类别和优先级。发送节点和转发路由器可以根据该字段的值来决定发生拥塞时如何更好地处理分组。例如，若由于拥塞的原因两个连续的数据报中必须丢弃一个，那么具有较低优先级的数据报将被丢弃。

(3)流标签(flow label)：长度为 24 位，用以支持资源预定。这里的“流”是指从特定的源节点到目标节点的单播或组播分组，所有属于同一个流的数据分组都具有相同的流标签。流标签允许路由器将每一个数据分组与一个给定的资源分配相关联，数据分组所经过路径上的每一个路由器都要保证其所指明的服务质量。

在最简单的形式中，流标签可用来加速路由器对分组的处理。当路由器收到一个分组时，它不用查找路由表并用路由选择算法确定下一跳的地址，而是可以很容易地在流标签表中找到下一跳的地址。

在更加复杂的形式中，流标签可用来支持实时音频和视频的传输。特别是数字形式的实时音频或视频，需要如高带宽、大缓存、长处理时间等资源。进程可以事先对这些资源进行预留，以保证实时数据不会因资源不够而被迟延。

(4)有效载荷长度(payload length)：长度为16位，表示IPv6数据报除基本头部以外的字节数。该字段能表示的最大长度为65 535字节的有效载荷，如果超过这个值，该字段会置零。

(5)下一个报头(next header)：长度为8位、相当于IPv4中的协议字段或可选字段。

(6)跳限制(hop limit)：长度为8位，该字段用以保证分组不会无限期地在网络中存在，相当于IPv4中的生存时间。分组每经过一个路由器，该字段的值递减1。当跳限制降为0时，分组将会被丢弃。

(7)源地址与目的地址：长度分别为128位，用以标识发送分组的源主机和接收分组的目标主机。

3. IPv6扩展报头

IPv6扩展报头是跟在基本IPv6报头后面的可选报头。为什么在IPv6中要设计扩展报头这种字段呢？我们知道在IPv4的报头中包含了所有的选项，因此每个中间路由器都必须检查这些选项是否存在，如果存在，就必须处理它们。这种设计方法会降低路由器转发IPv4数据包的效率。为了解决这种矛盾，在IPv6中，相关选项被移到了扩展报头中。中间路由器就不需要处理每一个可能出现的选项(在IPv6中，每一个中间路由器必须处理唯一的扩展报头是逐跳选项扩展报头)，这种处理方式既提高了路由器处理数据包的速度，也提高了其转发性能。

下面是一些扩展报头：

①逐跳选项报头(Hop-by-Hop Options header)。

②目标选项报头(Destination Options header)。

③路由报头(Routing header)。

④分段报头(Fragment header)。

⑤认证报头(Authentication header)。

⑥封装安全有效载荷报头(Encapsulating Security Payload header)。

在典型的IPv6数据包中，并不是每一个数据包都包括所有的扩展报头。在中间路由器或目标需要一些特殊处理时，发送主机才会添加相应扩展报头。

那么基本报头、扩展报头和上层协议的相互关系是什么呢？我们看一下图5-68就会很清楚了。

从图5-68我们可以看出，如果数据包中没有扩展报头，和上层协议单元，基本报头的下一个报头(Next Header)字段值指明上层协议类型在上例中，基本报头的下一个报头字段值为6，说明上层协议为TCP；如果包括一个扩展报头，则基本报头的下一个报头(Next Header)字段值为扩展报头类型(在上例中，指明紧跟在基本报头后面的扩展报头为43，也就是路由扩展报头)，扩展报头的下一个报头字段指明上层协议类型。以此类推，如果数据包中包括多个扩展报头，则每一个扩展报头的下一个报头指明紧跟着自己的扩展报头的类型，最后一个扩展报头的下一个报头字段指明上层协议。

IPv6 Header Next Header=6 (TCP)	TCP Segment

IPv6 Header Next Header=43 (Routing)	Routing Header Next Header=6 (TCP)	TCP Segment

IPv6 Header Next Header=43 (Routing)	Routing Header Next Header=44 (Fragment)	Fragment Header Next Header=6 (TCP)	TCP Segment Fragment

图 5-68　基本报头、扩展报头和上层协议单元的关系

4. ICMPv6

在 TCP/IP 协议族中的版本 6 中被修改的另一个协议是 ICMP(ICMPv6)，这个新版本与版本 4 的策略和目的是一样的，并使它更适合于 IPv6。版本 4 中的 ARP 和 ICMP 协议被并入 ICMPv6。RARP 协议从这个协议族中取消了，因为它很少使用。因此在 IPv6 的网络层只有两个协议，IPv6 和 ICMPv6。

在 IPv4 中，Internet 控制报文协议(ICMP)向源节点报告关于向目的地传输 IP 数据包的错误和信息。它为诊断和管理目的定义了一些消息，如：目的不可达、数据包超长、超时、回应请求和回应应答等。在 IPv6 中，ICMPv6 除了提供 ICMPv4 常用的功能之外，还有其他的一些机制需要 ICMPv6 消息，诸如邻节点发现、无状态地址配置(包括重复地址检测)、路径 MTU 发现等等。

ICMPv6 报文分两类：一类称之为差错报文，另一类为信息报文。差错报文用于报告在转发 IPv6 数据包过程中出现的错误；信息报文提供诊断功能和附加的主机功能，比如组播侦听发现(MLD)和邻节点发现(ND)。常见的 ICMPv6 信息报文主要包括回送请求报文和回送应答报文。

三、IPv6 的地址

IPv6 的引入，一个很重要的原因在于它解决了 IP 地址缺乏的问题。它有 128 位的地址长度，那么它是如何来表示呢？

1. IPv6 地址的表示

(1)首选格式

其实，IPv6 的 128 位地址是按照每 16 位划分为一段，每段被转换为一个 4 位十六进制数，并用冒号隔开。

下面是一个二进制的 128 位 IPv6 地址：

0010000000000001000001000001000000000000000000000000000000000001

000000000000000000000 0000000000000000000000000000100010111111111

将其划分为每 16 位一段：

0010000000000001 0000010000010000 0000000000000000 0000000000000001

0000000000000000 0000000000000000 0000000000000000 0100010111111111

将每段转换为16进制数，并用冒号隔开：

2001:0410:0000:0001:0000:0000:0000:45ff

这就是RFC2373中定义的首选格式。

(2)压缩表示

我们发现上面这个IPv6地址中有好多0，有的甚至一段中都是0，表示起来比较麻烦，可以将不必要的0去掉。上述地址可以表示为：

2001:410:0:1:0:0:0:45ff

这仍然比较麻烦，为了更方便书写，RFC2373中规定：当一个或多个连续的16比特为0字符时，为了缩短地址长度，用::(两个冒号)表示，但一个IPv6地址中只允许一个::。

上述地址又可以表示为：

2001:410:0:1::45ff

根据这个规则下列地址是非法的(应用了多个::)：

::AAAA::1

3ffe::1010:2A2A::1

注意：使用压缩表示时，不能将一个段内的有效的0也压缩掉。例如，不能把FF02:30:0:0:0:0:0:5压缩表示成FF02:3::5，而应该表示为FF02:30::5。

(3)内嵌IPv4地址的IPv6地址

这其实是过渡机制中使用的一种特殊表示方法。

在这种表示方法中，IPv6地址的第一部分使用十六进制表示，而IPv4地址部分是十进制格式。

下面是这种表示方法的示例：

0:0:0:0:0:0:192.168.1.2或者::192.168.1.2

0:0:0:0:0:FFFF:192.168.1.2或者::FFFF:192.168.1.2

2. 地址前缀

在具体介绍这些地址类型之前，先来介绍决定这些IP地址类型的“地址前缀”(Format Prefix，FP)。顾名思义，地址前缀就是在地址的最前面那段数字。当然也属于128位地址空间范围之中。这部分或者有固定的值，或者是路由或子网的标识。有一个不恰当的比喻，我们可以将其看做是类似于IPv4中的网络ID。其表示方法与IPv4中的一样，用“地址/前缀长度”来表示。

如一个前缀表示的示例：

12AB:0:0:CD30::/60

3. IPv6地址的类型

我们知道IPv4地址有单播、组播、广播等几种类型。与IPv4中地址分类方法相类似的是，IPv6地址也有不同种类型，包括：单播、组播和任播(Anycast)。IPv6取消了广播类型。

(1)单播地址

IPv6中的单播概念和IPv4中的单播概念是类似的，即唯一地标识一个接口的地址被称为单播地址。寻址到单播地址的数据包最终会被发送到一个唯一的接口，与IPv4单播地址不同的是，IPv6单播地址又分为链路本地地址(link-local address)、站点本地地址(site-local address)、可聚合全球单播地址(aggregatable global unicast address)等种类的单播地址。

(2)任播地址

任播地址(anycast address)用于标识属于不同节点的一组接口。发送给一个任播地址的数据包将会被传送到由该任播地址标识的接口组中距离发送节点最近(根据路由协议计算的距离度量)的一个接口上。

(3)组播地址

组播地址(multicast address)也用于标识属于不同节点的一组接口。但是,发送给一个组播地址的数据包将被传递到由该组播地址所标识的所有接口上。组播地址的最高 8 位为 1,在 IPv6 中没有广播地址。

此外,IPv6 还有两个特殊的地址:128 比特全为 0 的未定地址 0:0:0:0:0:0:0:0 和环回地址 0:0:0:0:0:0:0:1。未定地址(the unspecified address)不能分配给任何一个接口,一般用于 IPv6 数据包的源 IPv6 地址字段,表明发送该数据包的接口还没有分配到 IPv6 地址。与 IPv4 一样,环回地址(the loopback address)只能分配给环回接口。

4. IPv6 地址配置技术

了解了 IPv6 地址结构后,下一个问题就是如何在路由器或主机上配置 IPv6 地址。

对于 IPv4 路由器而言,配置一个接口地址的动作为:配置一个地址再指定一个掩码即可。IPv6 路由器的地址配置方法基本类似:配置一个 IPv6 地址并指定一个前缀长度。

基于主机用途的多样性,主机地址希望能够实现自动配置,目前有两种自动配置技术:有状态自动配置与无状态自动配置。无状态是指 IPv6 的邻居发现和无状态自动配置协议,通过 IPv6 节点之间交互邻居请求/邻居宣告消息,IPv6 路由器与 IPv6 终端之间交互路由器请求/路由器宣告消息实现 IPv6 网络的无状态自动配置,省去了在 IPv6 网络中为每个终端配置 IPv6 地址以及默认网关的繁琐工作。有状态配置和 IPv4 协议保持一致 ,由 DHCPv6 协议来完成。

四、IPv4 过渡到 IPv6 的技术

尽管 IPv6 比 IPv4 具有明显的先进性,但要在短时间内将 Internet 和各个企业网络中的所有系统全部从 IPv4 升级到 IPv6 是不可能的,IPv4 的网络将在相当长时间内和 IPv6 的网络共存。为了促进与保证 IPv4 的网络向 IPv6 网络的平滑迁移,IETF 已经设计了三种过渡策略使过渡时期更加平滑,这些不同的过渡机制分别适用于不同的场合。

1. 双协议栈

双协议栈是一种最直接的过渡机制。该机制在网元(注:包括主机和路由器)的网际层同时实现 IPv4 和 IPv6 两种协议。由于同时实现了 IPv4 和 IPv6 协议,因此各网元在通过 IPv4 协议与现有的 IPv4 网络通信进行同时,可以通过 IPv6 协议与新建的 IPv6 网络通信。

图 5-69 所示为一个双栈网元中,高层应用使用协议栈的情况。当主机或者路由器提供双栈协议之后,原有的不支持 IPv6 协议的 IPv4 应用可以继续使用 IPv4 协议栈来与其他节点进行通信。而那些支持 IPv6 的新应用一般同时也兼容 IPv4,因此在利用网络层的 IP 协议栈与其他节点通信时,源主机要向 DNS 查询,确定应使用哪个版本,根据 DNS 查询的结果,选择使用 IPv4 或者 IPv6 协议栈。

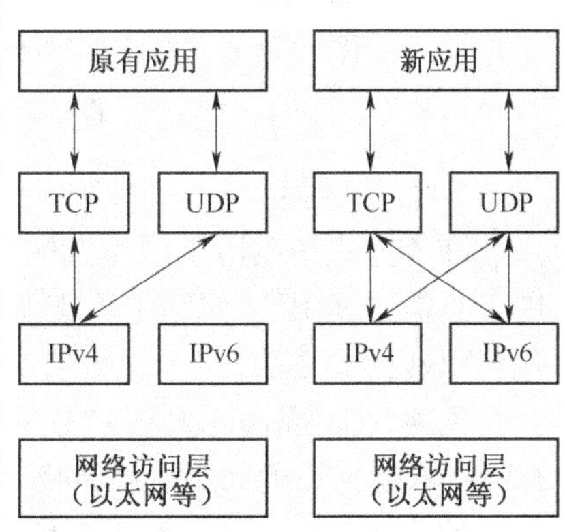

图 5-69 IPv4/IPv6 双协议栈结构与上层应用

尽管双协议栈是实现 IPv4 和 IPv6 兼容的一种最为直接的方法，但是由于需要同时支持 IPv4 和 IPv6 两种协议，因此整个协议栈的结构比较复杂。特别是对于双栈路由器，不仅需要同时运行 IPv4 下的路由协议和 IPv6 下的路由协议，同时还需要保存两套分别针对 IPv4 和 IPv6 的路由表，从而要求路由器提供较高的 CPU 处理能力和更多的内存资源。如果将双栈过渡机制用于骨干网，则需要对大量的网络设备进行升级，其难度比较大。因此，在现阶段双栈网元一般只用于 IPv4 网络或者 IPv6 网络的边缘，作为隧道过渡机制的隧道端点部署，以解决 IPv4 或者 IPv6 网络的直接互通问题。

2. 隧道技术

在 IPv6 开始部署的早期阶段，IPv6 网络相对于已有的 IPv4 互联网就像是海洋中的孤岛，这些没有直接连接的 IPv6 孤岛被 IPv4 海洋分隔开。为了在这些 IPv6 孤岛之间进行通信，就必须保证 IPv6 报文能够从一个 IPv6 网络出发，穿过 IPv4 互联网，到达目的端的 IPv6 网络。隧道机制就是解决该问题的一个比较直接的方法。

所谓隧道是指一种协议封装到另外一种协议中以实现互联目的。这里就是指在 IPv6 网络和 IPv4 网络邻接的双栈路由器上，利用 IPv4 报文封装 IPv6 报文，然后完全按照 IPv4 的路由策略将该报文发送到接收端网络中与目的 IPv6 网络邻接的另一个双栈路由器，由该路由器将封装在 IPv4 报文中的 IPv6 报文解封装，然后利用 IPv6 的路由策略完成 IPv6 报文的最终转发和处理过程。IPv4 隧道就是一个虚拟的点到点连接，对于其所连接的 IPv6 网络或者所通过的 IPv4 网络来说都是透明的，只需要对隧道的起点和终点进行升级即可。

图 5-70 所示为一个利用 IPv4 隧道实现 IPv6 网络互连的例子。

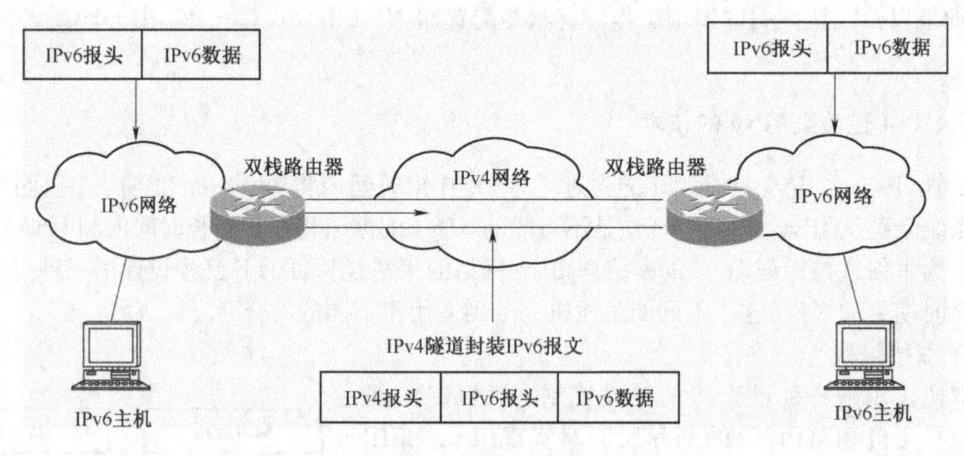

图 5-70　利用 IPv4 隧道实现 IPv6 网络互连

3. 协议转换

隧道方式一般用于源与目标均为 IPv6 网络的互联、互通环境，当 IPv6 网络中不支持 IPv4 的节点需要和 IPv4 网络中不支持 IPv6 的节点进行通信时，就不再适用隧道方式，此时需要使用协议转换的方法。

网络地址翻译—协议转换（Network Address Translation-Protocol Translation，NAT-PT）技术就是一种利用协议转换来实现纯 IPv6 网络和纯 IPv4 网络之间互通的方法。

使用 NAT-PT 进行 IPv6 和 IPv4 网络互通的简单示意图如图 5-71 所示。当右边的 IPv6 网络需要与左边的 IPv4 网络相互通信时。不得不通过位于它们之间的 NAT-PT 转换网关对报文的地址和格式等信息进行必要的转换，以实现两种不同类型 IP 网络的互联。另外，

NAT-PT 通过与应用层网关(ALG)相结合，实现了只安装了 IPv6 的主机和只安装 IPv4 主机的大部分应用的相互通信。

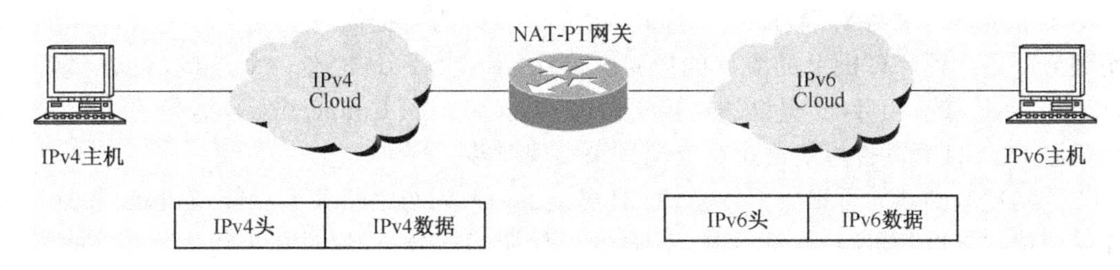

图 5-71　NAT-PT 技术示意图

NAT-PT 较好地解决了纯 IPv6 和纯 IPv4 的互通问题，其优点是不需要改动原有的各种协议。但是，与 IPv4 的 NAT 机制类似，由于 NAT-PT 需要对 IP 地址进行转换，因此不能继续使用那些需要保存地址信息的网络应用，而且这种方式也牺牲了端到端的安全性。

第十节　传输层协议

一、TCP/IP 的传输层概述

TCP/IP 的传输层提供了两个协议：传输控制协议(Transport Control Protocol，TCP)和用户数据报协议(User Datagram Protocol，UDP)。其中，TCP 是一种面向连接的、可靠的传输层协议，UDP 是一种面向无连接的、不可靠的传输层协议。

传输层与网络层最大的区别是传输层提供进程通信能力。为了标识相互通信的网络进程，IP 网络通信的最终地址不仅要包括主机的 IP 地址，还要包括可描述网络进程的某种标识。因此，无论是 TCP 还 UDP，都必须首先解决进程的标识问题。

在 TCP/IP 的传输层，用来标识网络进程的标识被称为端口号(port ID)。端口号被定义成一个 16 位长度的整数，其取值范围为 $0\sim2^{16}-1$ 之间的整数。

端口号有两种基本分配方式，即全局分配和本地分配方式。全局分配是指由一个公认权威的机构根据用户需要进行统一分配，并将结果公布于众，因此这是一种集中分配方式。本地分配是指当进程需要访问传输层服务时，向本地系统提出申请，系统返回本地唯一的端口号，进程再通过合适的系统调用，将自己和该端口绑定起来，因此是一种动态连接方式。实际的 TCP/IP 端口号分配综合了以上两种方式，由 Internet 赋号管理局(IANA)将端口号分为著名端口(well—known ports)、注册端口和临时端口 3 个部分：

(1)著名端口号：范围从 0～1023 的端口，由 IANA 统一分配和控制，被规定作为公共应用服务的端口，如 WWW、FTP、DNS、NFS 和电子邮件服务等。

(2)注册端口：范围从 1024～49151 的端口，这部分端口被保留用作商业性的应用开发，如一些网络设备厂商专用协议的通信端口等。厂商或用户可根据需要向 IANA 进行注册，以防止重复。

(3)临时端口号：范围从 49151～65535，这部分端口未做限定，由本地主机自行进行分配，因此又被称为自由端口。

二、传输控制协议 TCP

传输控制协议(TCP)是一个面向连接的、可靠的传输层协议，目的是在网络层 IP 协议所提供的不可靠的、无连接的数据报服务基础上，为应用层提供面向连接的端到端的可靠数据传输服务。

TCP 被称为一种端对端(End-to-End)协议，这是因为它提供一个直接从一台计算机上的应用到另一台远程计算机上的应用的连接。应用能请求 TCP 构造一个连接，发送和接收数据，以及关闭连接。由 TCP 提供的连接叫做虚连接(Virtual Connection)，这是因为它们是由两台机器上的 TCP 软件模块通过交换消息来实现连接。

为了实现端到端的可靠数据传输，TCP 提供了一系列与之相关的功能或机制，包括：传输层连接的建立与拆除机制、流量控制(TCP 通过使用确认分组、超时和重传来完成)和差错控制(TCP 使用滑动窗口协议完成)功能、数据流传输格式的规定、全双工通信的实现等。显然，实现这一系列与面向连接的可靠传输服务有关的功能，会增加大量的网络开销，包括网络带宽和主机上的计算与存储资源。因此，TCP 主要被用于需要大量传输交互式报文的应用，如文件传输服务(FTP)、虚拟终端服务(Telnet)、邮件传输服务(SMTP)和 Web 服务(HTTP)等。

1. TCP 分段的格式

与所有网络协议类似，TCP 将自己所要实现的功能集中体现在了 TCP 的协议数据单元中。TCP 的协议数据单元被称为分段(segment)。TCP 通过分段的交互来建立连接、传输数据、发出确认、进行重传、流量控制及关闭连接。TCP 分段分为分段头和数据两部分，分段头是 TCP 为了实现端到端可靠传输所加上的控制信息，数据则是应用层下来的数据。TCP 分段格式如图 5-72 所示，其中有关主要字段的说明如下。

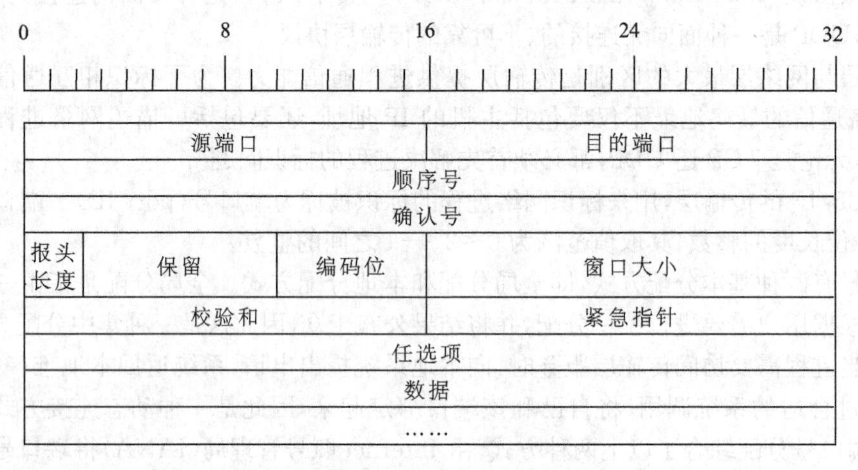

图 5-72　TCP 分段格式

(1)源端口和目的端口：主叫方的 TCP 端口号、被叫方的 TCP 端口号，长度为 16 位。

(2)顺序号：分段的序列号，给出该分段数据的第一个字节的顺序号，长度为 32 位，表示该分段在发送方的数据流中的位置。

(3)确认号：表示接收端下一个期望接收的 TCP 分段号，长度也是 32 位。该字段实际上是对发送方所发送的并已被接收方所正确接收的分段的一个确认。顺序号和确认号共同用于 TCP 服务中的确认和差错控制。

(4)窗口大小：长度为 16 位，表示发送方可以接收的数据量，以 8 位字长(相当于一个字节)为计量单位。窗口所对应的最大数据长度为 65535 字节。窗口的大小可使用可变长的滑动窗口协议来进行控制。

(5)校验和:长度为16位,用于对分段头和数据进行校验。通过将所有16位字以补码形式相加,再对相加和取补的方法来进行校验。分段传输正确无误时,该字段的取值应为0。

2. 端口与套接字

端口的概念已经在前面做了介绍。表5-11列举了一些TCP著名端口及其用途。其中,表中所列的著名端口号是为运行在远程计算机上的服务器进程所规定的,对于运行在本地主机上的客户进程,它们的端口由本地主机在当前未用的自由端口中随机选取。在此,客户进程是指网络环境中向其他主机提出资源或服务请求的进程,而服务器进程则在网络环境中响应客户请求,提供客户所需要的资源或服务。站在客户的角度,人们通常又将客户进程视为运行在本地主机上的本地进程,而将服务器进程视为运行在远程计算机上的远端进程。

表5-11　著名的TCP端口号

TCP端口号	关键字	描 述
20	FTP-DATA	文件传输协议(数据连接)
21	FTP	文件传输协议(控制连接)
23	TELNET	虚拟终端连接
25	SMTP	简单邮件传输协议
53	DOMAIN	域名服务
80	HTTP	超文本传输协议
110	POP3	邮局协议
119	NNTP	新闻传送协议

一旦一个TCP应用进程通过全局分配或系统调用与某个TCP端口建立绑定后,操作系统就会为该进程建立一个以其端口值为标识的接收队列和发送队列,相当于在缓存中为该进程开发一块相应的接收缓冲区和发送缓冲区,从而使所有传给该TCP端口的数据都会通过这个接收队列被该进程所接收,同时该应用进程发给传输层的所有数据也都要通过这个发送队列被送达目标进程。从TCP面向连接的数据传输服务的角度,相当于在源主机的源端口和目的主机的目标端口之间基于IP网络建立了一个数据流传输"管道"或虚电路,以用于从源进程到目标进程的可靠数据传输,如图5-73所示。

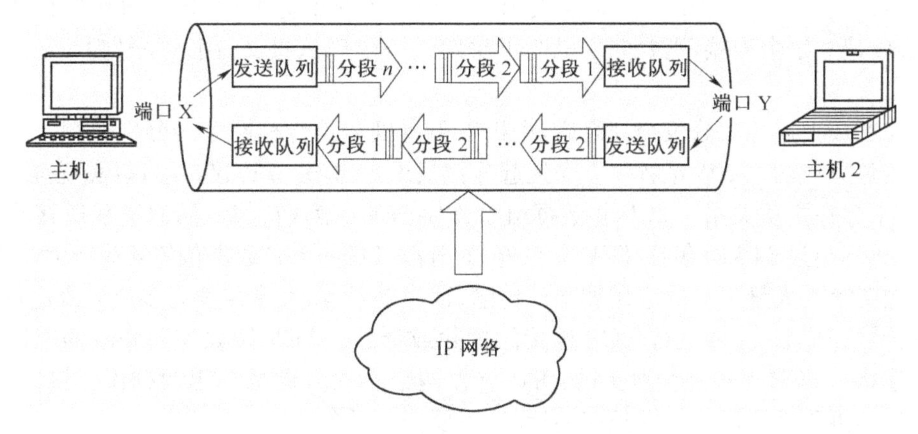

图5-73　端到端的TCP数据流传输通道

由于一台主机上的多个应用程序可同时与其他多台主机上的多个对等进程进行通信，因此在网络中有大量的这种端到端的数据传输“管道”存在。为了对这些TCP“管道”进行标识，人们又引入了套接字(socket)的概念。套接字又称socket地址，由主机的IP地址与一个16位的端口号组成，形如(主机IP地址，端口号)。源进程和目标进程之间所建立的传输连接需要用一对套接字地址来标识，即(源socket，目标socket)或(源主机IP地址，源端口号；目标主机IP地址，目标端口号)。

3. TCP的建立与拆除

TCP使用三次握手协议来建立连接。连接可以由任何一方发起，也可以由双方同时发起。一旦一台主机上的TCP软件已经主动发起连接请求，运行在另一台主机上的TCP软件就会被动地等待握手。图5-74所示为三次握手建立TCP连接的简单示意图。

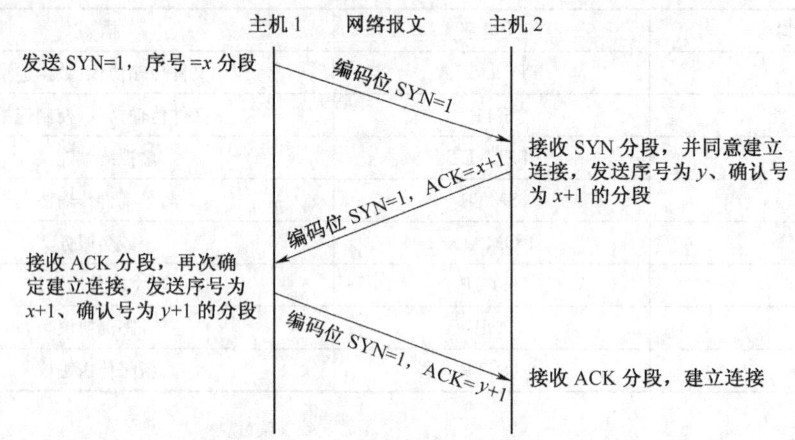

图5-74　三次握手建立TCP连接

第一步：主机1向主机2发出连接建立请求报文(第一次握手)，该报文中的同步标志位SYN被置为1，同时选择发送序号为x。

第二步：主机2收到主机1的连接建立请求报文后，如果它同意与主机1建立TCP连接，则主机2发送一个序号为y连接接受的应答分段(第二次握手)，在该确认报文中将SYN置为1，SYN＝1表示这是一个与连接有关的分段。确认序号置为$x+1$，即这是对所收到的第一个分段x的确认。

第三步：主机1收到主机2发来的表示同意建立连接的分段后，还有再次进行选择的机会，若确实要建立这个连接，则要向主机2再次发送一个确认报文，确认序号为$y+1$(第三次握手)。

只有在完成上述三次分段交互之后，主机1和主机2的传输层才会分别通知各自的应用层传输连接建立成功。不管是哪一方先发起连接请求，一旦建立连接，就可以实现全双向的数据传送，而不存在主从关系。TCP将数据流看作字节的序列，它将从用户进程所接收任意长的数据，分成不超过64 kB(包括TCP头在内)的分段，以适合IP数据包的载荷能力。因此，对于一次传输要交换大量报文的应用如文件传输、远程登录等，经常需要以多个分段进行传输。

数据传输完成后，还要进行TCP连接的拆除或释放。TCP协议使用修改的三次握手协议来关闭连接。TCP连接是全双工的，可以看作两个不同方向的单工数据流传输。因此，一个完整连接的拆除涉及两个单向连接的拆除，需要四个动作。

(1)主机1发送报文段，宣布它愿意终止连接。

(2)主机2发送报文段对主机1的请求加以确认(证实)。在此之后，一个方向的连接就关闭了，但另一个方向的并没有关闭。主机 2 还能够向主机 1 发送数据。

(3)当主机 2 发完它的数据后，就发送报文段，表示愿意关闭此连接。

(4)主机 1 确认(证实)主机 2 的请求。

我们不能像连接建立时那样，把步骤 2 和 3 合并。步骤 2 和 3 可以同时出现，也可以不同时出现。一旦两个单方向连接都被关闭，两个端节点上的 TCP 软件就要删除与这个连接有关的记录，原来所建立的 TCP 连接才被完全释放。

4. TCP 可靠传输的实现

TCP 协议采用了许多机制来保证端到端进程之间的可靠数据传输，如采用序列号、确认、滑动窗口协议等。

首先，TCP 要为所发送的每一个分段加上序列号，以保证每一个分段能被接收方接收，并只被正确地接收一次。在传输连接建立时，双方要商定初始的序列号。每个 TCP 分段头部中的序列号字段给出的是该分段数据部分的第一个字节的序列号。

其次，TCP 采用具有重传功能的积极确认技术作为可靠数据流传输服务的基础。这里，“确认”是指接收端在正确收到分段之后向发送端回送一个确认信息或在传送数据时携带一个确认信息。发送方将每个已发送的分段备份在自己的发送缓冲区里，而且在收到相应的确认之前不会丢弃所保存的分段。“积极”是指发送方在每一个分段发送完毕的同时启动一个定时器，假如定时器的定时期满而关于分段的确认信息尚未到达，则发送方认为该分段已丢失并主动重发。图 5-75 所示为 TCP 分段确认的实现示例。

如图 5-76 所示为因分组丢失引起 TCP 分段超时重传的实例。为了避免由于网络延迟引起迟到的确认和重复的确认，TCP 规定在确认信息中携带一个分段的序号，使接收方能正确地将分段与确认联系起来。

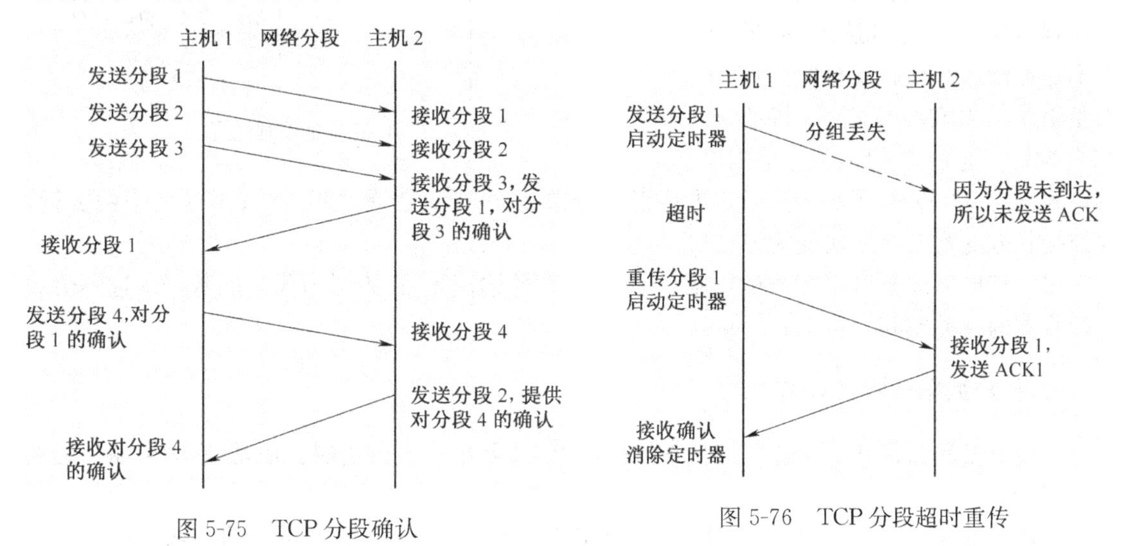

图 5-75　TCP 分段确认

图 5-76　TCP 分段超时重传

第三，采用可变长的滑动窗口协议进行流量控制，以防止由于发送端与接收端之间的数据处理能力不匹配而引起数据丢失。滑动窗口的初始大小由连接双方在建立连接的过程中协商确定，在传输连接建立阶段，在分段头部的窗口字段中写入的数值就是一方给另一方所设置的窗口大小。窗口大小的单位是字节。在通信过程中，任何一方都可根据自己的资源使用情况，动态地调整窗口的大小，并将相应的数值写入当前要发送给对方分段的头部窗口字段中。

当一个连接建立时,连接的每一端分配一块缓冲区来存储接收到的数据,并将缓冲区的尺寸发送给另一端。当数据到达时,接收方发送确认,其中包含了自己剩余的缓冲区尺寸。我们将剩余缓冲区空间的数量叫做窗口(window),接收方在发送的每一确认中都含有一个窗口通告。

如果接收方应用程序读取数据的速度与数据到达的速度一样快,接收方将在每一确认中发送一个非零的窗口通告。但是,如果发送方操作的速度快于接收方,接收到的数据最终将充满接收方的缓冲区,导致接收方通告一个零窗口。发送方收到一个零窗口通告时,必须停止发送,直到接收方重新通告一个非零窗口。

图 5-77 揭示了 TCP 利用窗口进行流量控制的过程。假设发送方每次最多可以发送 1 000 B,并且接收方通告了一个 2 500 B 的初始窗口。由于 2 500 B 的窗口说明接收方具有 2 500 B 的空闲缓冲区,因此,发送方传输了 3 个数据段,其中两个数据段包含 1 000 B,一段包含 500 B。在每个数据段到达时,接收方就产生一个确认,其中的窗口减去了到达的数据尺寸。

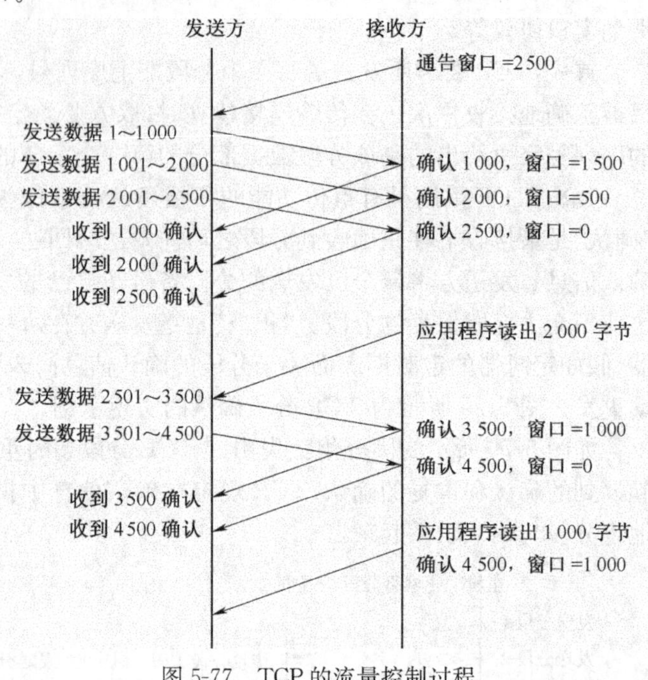

图 5-77　TCP 的流量控制过程

由于前 3 个数据段在接收方应用程序使用数据之前就充满了缓冲区,因此,通告的窗口达到零,发送方不能再传送数据。在接收方应用程序用掉了 2 000 B 之后,接收方 TCP 发送一个额外的确认,其中的窗口通告为 2 000 B,用于通知发送方可以再传送 2 000 B。于是,发送方又发送两个数据段,致使接收方的窗口再一次变为零。

窗口和窗口通告可以有效地控制 TCP 的数据传输流量,使发送方发送的数据永远不会溢出接收方的缓冲空间。

三、用户数据报协议 UDP

与传输控制协议 TCP 相同,用户数据报协议 UDP 也位于传输层。但是,它的可靠性远没有 TCP 高。

从用户的角度看,用户数据报协议 UDP 提供了面向非连接的、不可靠的传输服务。它使用 IP 数据报携带数据,但增加了对给定主机上多个目标进行区分的能力。

由于 UDP 是面向非连接的,因此它可以将数据直接封装在 IP 数据报中进行发送。这与 TCP 发送数据前需要建立连接有很大的区别。UDP 既不使用确认信息对数据的到达进行确认,也不对收到的数据进行排序,只提供有限的差错检验功能。因此,利用 UDP 协议传送的数据有可能会出现丢失、重复或乱序现象。

由于 UDP 的功能简单,因此协议的设计也相对简单。提供 UDP 这么一个较简单的传输层协议是希望以较小的开销(overhead)来实现网络进程间的通信。对于那些一次性传输数据量较小同时对数据传输可靠性要求又不高的网络应用,例如 SNMP、DNS、TFTP 等数据的传输。近年来,随着 IP 电话、视频会议、流媒体通信、网络多播等实时应用的流行,UDP 也被用来作为这些应用的传输层协议。这类应用有一些共同的特点:要求源主机提供一定的数据发送速率;在网络出现拥塞时,允许丢失部分数据;网络延迟要尽可能小。因此,UDP 协议能够很好地适应它们的应用需求。使用 UDP 为传输层协议的网络应用其可靠性问题需要由高层的应用程序来解决。

1. UDP 数据报格式

UDP 采用的协议数据单元称为用户数据报(user datagram)。由于只需要提供简单的差错检验机制,不需要提供编号、确认、差错控制和流量控制等一系列与可靠传输有关的机制,因此与 TCP 分段相比,UDP 数据报的格式要简单得多。UDP 数据报的格式如图 5-78 所示。

0　　　　　　16	31
UDP 源端口	UDP 目的端口
UDP 数据报长度	UDP 校验和
数据	
……	

图 5-78　UDP 分段的格式

一个 UDP 数据报由 UDP 报头和 UDP 数据两部分组成。其中,UDP 报头的固定长度为 8 B,它们分别为 UDP 源端口、UDP 目的端口、UDP 数据报长度以及校检和。源端口字段包含 16 位长度的发送端 UDP 进程端口号,目的端口字段包含 16 位长度的接收端 UDP 进程端口号。长度字段定义了包括报头和用户数据在内的用户数据报的总长度,以 8 字节为长度单位,因此 UDP 数据报的最大长度为 65 535 B。校验和字段用于检验 UDP 数据报在传输中是否出现差错。它是可选的,如果该字段为 0,说明不需要进行校验,以尽可能减少开销。

UDP 在进程通信中也采用客户/服务器模式。客户端端口号以本地分配方式实现,由客户端进程自行定义它自己所使用的端口号,并从本机上当前未用的临时端口号中随机选取。服务器端口号则决定于服务的类型。对于公共服务,使用 IANA 所提供的著名端口号。对于厂商专用的协议或应用开发,服务器端使用厂商向 IANA 注册获得的注册端口号。一些常用的 UDP 著名端口号如表 5-12 所示。

表 5-12　UDP 著名端口号

UDP 端口号	关键字	描 述
53	DOMAIN	域名服务
69	TFTP	简单文件传输协议
111	RPC	远程过程调用
161	SNMP	简单网络管理协议
123	NTP	网络时间协议

2. UDP 的工作过程

UDP 提供无连接的服务,用户数据报在发送之前不需要建立连接。当应用进程有报文需要通过 UDP 发送时，它将此报文直接交给执行 UDP 协议的传输层实体。报文的长度要足够短，以便能装入到一个 UDP 数据报中，因此只有发送短报文的进程才选用 UDP 协议。UDP 传输层实体在得到应用进程的报文后，为它加上 UDP 报头，变成 UDP 数据报后交给网络层。网络层在 UDP 用户数据报前面加上 IP 报头，形成 IP 分组，再交给数据链路层。数据链路层在 IP 分组上加上帧头和帧尾，变成一个帧，然后通过物理层发送出去。对于目标端，则是一个相反的拆封过程。

由于 UDP 提供无连接的服务，因此每个 UDP 用户数据报的传输路径都是独立的。即使那些 UDP 用户数据报的源端口号和目标端口号相同，它们在网络上的传输路径也可能不同，这取决于网络层为每个数据报所进行的路径选择。一个先发送的 UDP 用户数据报因为网络路径的不同，可能会比一个晚发送的 UDP 用户数据报后到。

UDP 是一个不可靠的协议，不提供确认、流量控制等可靠传输机制，因此对于 UDP 的接收端来说，一旦当到来的报文过多时，就会因为溢出而使报文丢失。另外，由于 UDP 只提供简单的校验和，没有确认、重传等差错控制机制，因此当接收进程通过校验和发现传输出错时，只是简单地将该出错的用户数据报丢弃，并不向发送进程提供错误通知。此时，采用 UDP 协议的应用进程需要在应用层提供必要的差错控制机制。

为了区分同一台主机并发运行的多个 UDP 进程，传输层实体采用了一种与 UDP 端口相关联的用户数据报传输队列机制。图 5-79 所示为一对用户进程通过 UDP 协议进行数据交换时，用户数据报传输队列工作原理的简单示意图。

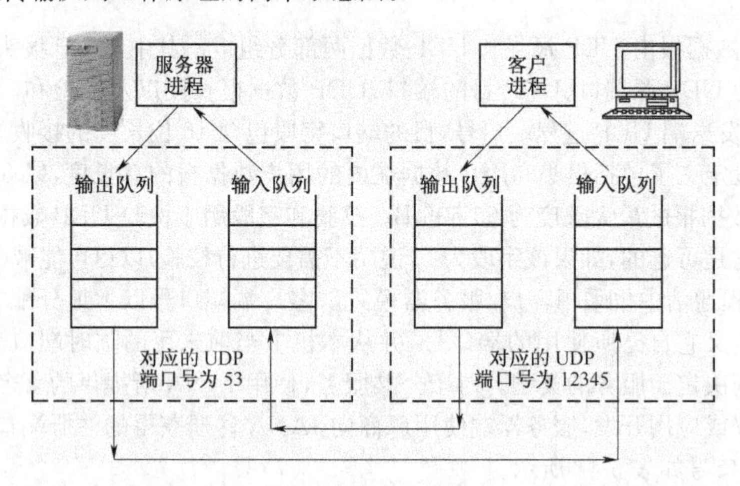

图 5-79　UDP 工作过程

当客户进程启动时，UDP 为该进程分配一个临时端口号(假定为 12345)，并同时创建与该端口号对应的一个输出队列和一个输入队列。所有该客户进程要发送的用户数据报，被写入输出队列；而从服务器端对等进程返回的用户数据报，则放在该客户进程端口号所对应的输入队列中。如果输入队列产生溢出或创建问题时，客户端将无法接收从服务器端对等进程所返回的数据，此时，客户端会丢弃这些用户数据报，并请求客户机通过 ICMP 协议向服务器端发送“端口不可到达”的出错报文。如果输出队列发生溢出时，操作系统就会要求客户进程降低用户数据报的发送速度。

在服务器端，只要服务器进程开始运行，UDP 进程就会用相应的端口号去创建一个输入队列和一个输出队列。只要服务器进程在运行，这些队列就一直存在，不管是否有客户进程在请求。当客户的UDP请求到达时，服务器端的UDP要检查对应于该用户数据报目标端口的输入队列是否已经存在，若已经存在，则将收到的客户UDP请求放在该输入队列的末尾。否则，就丢弃该用户数据报，并通过ICMP向客户端发送"端口不可到达"的报文。对于服务器进程而言，不管UDP请求是否来自不同的客户端，都要被放入同一个输入队列。当输入队列发生溢出时，UDP服务进程就丢弃该用户数据报，并请求通过ICMP向客户端发送"端口不可到达"的报文。当服务器进程需要向客户发送用户数据报时，它就将发送报文放到该服务进程端口号所对应的输出队列。若输出队列发生溢出，则操作系统会要求该服务器进程在继续发送报文之前先等待一段时间。

本章小结

1. 网络互联是OSI参考模型的网络层或TCP/IP体系结构的网际互联层需要解决的问题。

2. IP协议是TCP/IP网际层的核心协议，为用户提供面向无连接的、不可靠的、尽力而为的服务。

3. IP数据报包括报头和传输层下来的数据，报头是在IP层加上的一些控制信息。互联层数据信息和控制信息的传递都需要通过IP数据报进行。

4. IP地址分为A、B、C、D、E五类地址，其中A、B、C三类可以作为主机IP地址。

5. 私有地址是保留给内部网络使用的，如校园网、企业网等。采用私有地址的主机要访问外面的Internet，必须采用网络地址翻译NAT。

6. 子网划分是将一个大的网络划分为多个较小网络。子网划分技术有效地提高了IP地址的利用率，改善了网络的逻辑结构。

7. 子网掩码通常与IP地址配对出现，采用与IP地址相同的32位格式，其功能是告知主机或者路由设备，一个给定IP地址的哪一部分代表网络号，哪一部分代表主机号？

8. VLSM是指在同一网络范围内使用不同长度的子网掩码。CIDR指将若干个较小的网络合并成了一个较大的网络。

9. NAT是一种通过将私有地址转换为可以在公网上被路由的公有IP地址，实现私有地址节点与外部公网节点之间相互通信的技术。

10. ICMP协议设计用来帮助人们对网络的状态有一些了解，包括路由、拥塞和服务质量等，它能提供差错报告、路由和拥塞报告和查询有关事宜。

11. ARP协议提供从主机IP地址到主机物理地址的地址映射功能。

12. 路由器中的路由表给出了到达目标网络所需要历经的路由器接口或下一跳地址信息。路由表可通过静态(管理员手工配置)和动态的方式(路由协议相互学习交换路由信息)建立。

13. 路由选择算法是路由协议的核心，按路由选择算法的不同，路由协议被分为距离矢量路由协议、链路状态路由协议和混合型路由协议三大类。

14. 静态路由适合于小型的、单路径的、静态的IP互联网环境下使用。RIP路由选择协议适合于小中型的、多路径的、动态的IP互联网环境。而OSPF路由选择协议最适合大型、多路径的、动态的IP互联网环境。

15. 路由器是一个工作在网络层的设备,其主要功能是检查数据包中与网络层相关的信息,然后根据某些规则路由转发数据包。

16. 三层交换机在本质上是"带有路由功能的(二层)交换机,与路由器相比可以实现高速路由和快速转发。

17. IPv6 协议是新一代互联网协议,用来替代 IPv4。能解决 IP 地址耗尽等问题。

18. TCP/IP 的传输层提供了两个协议:传输控制协议 TCP 和用户数据报协议 UDP。TCP 是一种面向连接的、可靠的数据流传输协议,UDP 是一种面向无连接的、不可靠的数据报传输协议。

19. 应用层和传输层之间的接口称为端口,每个端口是 16 比特的标识符,每个端口对应应用层的一个应用进程。

20. ACL 是一种数据包过滤机制,通过允许或拒绝特定的数据包进出网络,网络设备可以对网络访问进行控制,有效保证网络的安全运行。

1. IP 地址有什么作用? 如何来表示? 由哪两分部组成?

2. IP 地址可以分为哪几类? 描述每类的特点。

3. 请列出 3 种 IP 数据报头中重要的信息。

4. 若要将一个 B 类的网络 172.17.0.0 划分为 14 个子网,请计算出每个子网的子网掩码,以及在每个子网中主机 IP 地址的范围是多少?

5. 说明子网掩码的作用,并判断主机 172.24.100.45/16 和主机 172.24.101.46/16 是否位于同一网络中。主机 172.24.100.45/24 和主机 172.24.101.46/24 的情况是否相同?

6. 简述 ICMP 协议的功能,举例说明操作系统提供给 ICMP 的一些实用程序的应用。

7. 若要将一个 B 类的网络 172.17.0.0 划分子网,其中包括 3 个能容纳 16 000 台主机的子网,7 个能容纳 2 000 台主机的子网,8 个能容纳 254 台主机的子网,请写出每个子网的子网掩码和主机 IP 地址的范围。

8. 对于一个从 192.168.80.0 开始的超网,假设能够容纳 4 000 台主机,请写出该超网的子网掩码以及所需使用的每一个 C 类的网络地址。

9. 现有如图 5-80 所示的网络,网段 1 和网络 3 通过两个路由器经网段 2 相互连接,已知网段 2 的网络号为 202.22.4.16/28,且网段 1 和网段 3 的主机数均不超过 254 台,试完成以下工作:

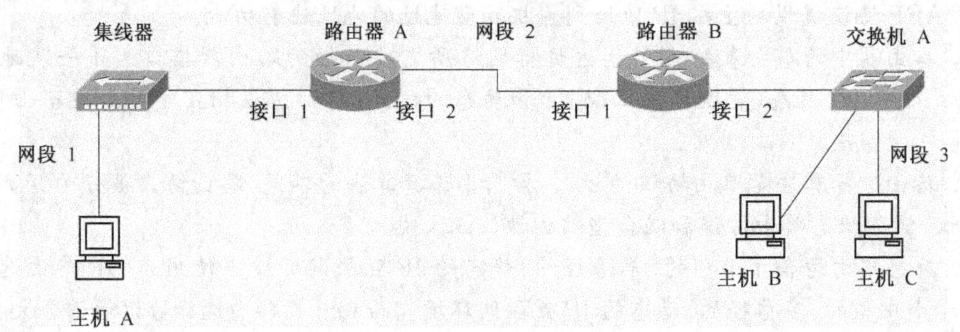

图 5-80　题 9 网络

(1)使用私有IP地址空间并采用子网划分技术，分别为网段1和网段3分配一个子网络号，并指明其子网掩码的值。

(2)为路由器A和路由器B的每个接口分配一个IP地址。

(3)为位于网段3中的主机B分配一个IP地址，并说明其默认网关的IP地址。

10. 试根据本章关于ARP工作原理的描述，包括本地ARP和代理ARP工作过程，来画出关于ARP工作原理的流程图。

11. 如图5-81所示，假定路由器B和路由器C之间的广域网链路采用的是基于HDLC协议的串行传输。试结合路由协议、IP协议和ARP协议的作用，说明IP分组从主机1到主机21的传输实现过程，并具体回答以下问题：

(1)从源到目标的数据传输过程中，包含了哪几次帧的封装与拆封过程？

(2)从源到目标的数据传输过程中，帧头中的源地址和目标地址是否发生了变化？

(3)从源到目标的数据传输过程中，IP分组头中的源地址和目标地址是否发生了变化？

(4)路由协议、IP协议和ARP协议在从源到目标的数据传输过程中分别起到了什么作用？

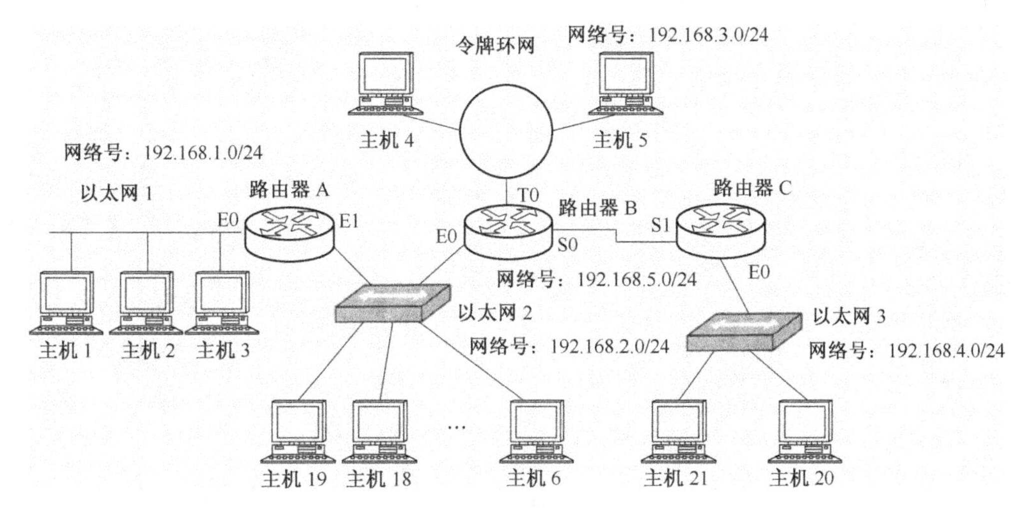

图5-81　题11网络

12. 试对物理层、数据链路层和网络层上的各种网络互联设备进行比较。

13. IPv6的主要特点是什么，IPv6有哪些地址类型？

14. 从IPv4到IPv6的过渡技术有哪些？分析其实现的机制。

15. TCP/IP的传输层为什么要提供两个不同服务质量的协议？

16. 什么是端口号，它在TCP/IP传输层的作用是什么？

17. TCP采用哪些机制来保证端到端进程之间的可靠传输？

18. 列举5～10个著名的TCP或UDP端口，并说明它们分别提供什么网络应用？

19. 如图5-81所示是一个网络的拓扑结构图。如果该网络分配了一个B类的地址130.53.0.0，

(1)为图中的主机和路由器分配IP地址，写出IP地址和子网掩码；

(2)写出路由器R1、R2、R3和R4的路由表。

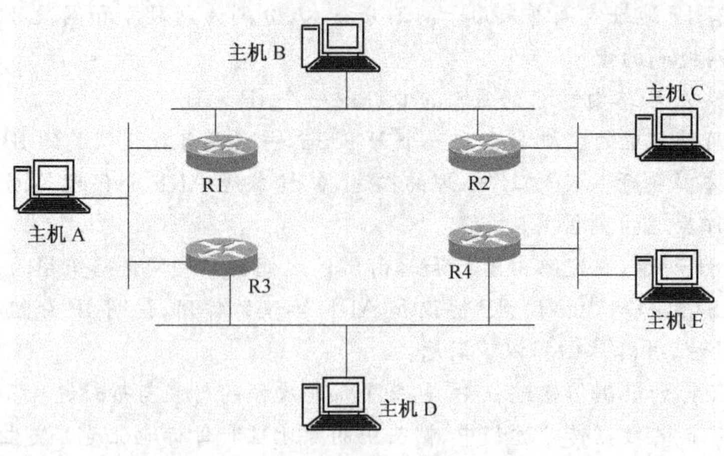

图 5-82　题 19 网络

20. 简述 ACL 的作用及分类。

第六章

IP 城域网和广域网

城域网是覆盖一个都市、一个区域的数据通信网;而广域网则覆盖范围更广,可以是一个国家、一个洲。网络覆盖的范围不同,所采用的技术不同。本章主要介绍城域网的组成、城域网技术及广域网链路层协议、VPN 技术等。

第一节 IP 城域网

一、IP 城域网概述

1. 城域网概念

从广域网的观点来看,城域网是广域网的汇聚层,它汇聚某一地区、某一城市的信息流量,是广域网不可分割的重要部分。从本地区、本城市来看,城域网又是本地的骨干网,承担本市的信息传输、交换。近几年,各个电信运营商都在打造自己的城域网,以承载日益增长的因特网数据、电话业务、电视业务等。

在轨道交通系统中,IP 城域网可作为轨道交通系统的统一通信平台,在此平台上构建公务电话系统、专用电话系统、无线集群调度系统、电视监控系统、广播系统、行车控制信号传输系统、售票验票系统、办公网络系统。

城域网(MAN)、局域网(LAN)、广域网(WAN)并称为三种计算机网络。城域网是互联两个或多个局域网、覆盖整个城区、范围小于广域网的数据通信网。此后,城域网的概念延伸进电信网,泛指在地理上覆盖整个都市地区的信息传输网络、用于联接国家主干的广域网和业务接入主体的局域网,提供多种业务接入、汇聚、传输和交换的区域性的多业务平台。

2. 城域网的分层

通常城域网在规划、建设时分为三层,即核心层、汇聚层、接入层。核心层具有高带宽、高吞吐量、高可靠性,能承载本城区主要信息的传输、交换,实现本地区各网络的互联,提供本地进入广域网的接口。核心层要求具有高吞吐量、高稳定性、高安全性、无阻塞和故障自愈。汇聚层主要聚集、分散服务区的业务流量、实现用户管理、计费管理。接入层为用户提供数据接入,进行业务和带宽分配。接入层设备通常安装在企业、无人局、模块局。城域网的分层结构如图 6-1 所示。

二、城域网采用的技术

早几年由于路由器交换能力较低,城域网采用 IP over ATM 的形式,即在 ATM 网络上传输 IP 报文,利用 ATM 网络传输 IP 报文,存在 IP 地址与 ATM 地址转换、IP 报文与

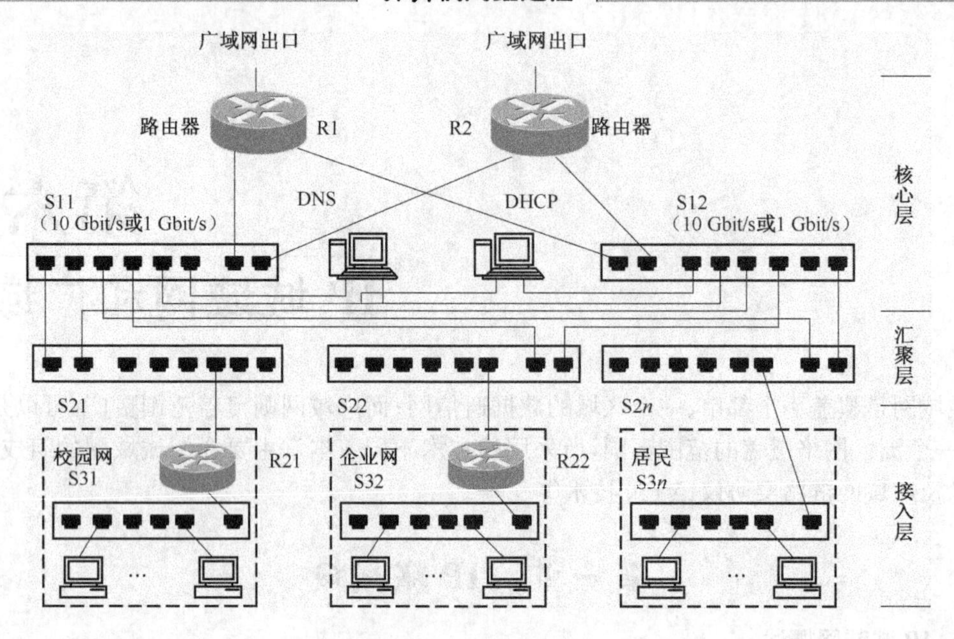

图 6-1 用以太网技术组建的城域网

ATM 信元的互相转换的问题,IP 与 ATM 结合太复杂,造价也高,且 ATM 的运载效率低。

近年来 IP 路由器交换能力提高到几百 Gbit/s、端口速率也达到 10 Gbit/s 以上,新建的城域网采用了高速路由器作为城域网的交换节点,构建 IP 网络。因特网的 IP 报在 IP 网络上直接传输交换,不必作协议和地址转换,提高了网络的效率,降低了网络的管理难度。IP over SDH(在光纤链路上用 SDH 帧传送 IP 报)是主流的 IP 城域网。IP over DWDM(在密集波分复用系统上传送 IP 报)在广域网取得巨大成功,但由于城域网通信距离比较短,城域网采用 DWDM 并不经济。

城域网通信服务范围介于局域网和广域网之间,可以采用局域网技术,也可以采用广域网技术。

1. 用以太网技术组建城域网

使用以太网技术组建城域网是指城域网主干网络使用以太网交换机作为交换设备,利用以太网的帧承载 IP 数据报。目前局域网和城域网之间大量采用了以太网的技术和设备,其结构简单,费用低廉,降低了运营管理的复杂度。

光纤的使用使以太网的通信距离得以延伸,现在以太网的传输距离可以达到几十公里。10 Gbit/s 以太网交换机可用于局域网和广域网。10 Gbit/s 以太网交换技术将使广域网、城域网、局域网无缝连接。

城域网的核心层是城域网传输交换数据的主干网路,采用高交换能力的交换设备和高带宽的光纤链路,核心层提供城域网到广域网的出口,核心层设备安装在电信运营商的汇接局机房。汇聚层交换机汇聚服务区的数据流量,采用 PPPOE 认证服务的网络,在汇聚层中设置认证服务器,为入网用户提供 PPPOE 认证服务,汇聚层设备安装在电信运营商的端局。接入层设备直接面对用户,是接入企业网、校园网和居民的数据通信设备。

图 6-1 是使用以太网技术组建的城域网。在核心层的路由器有两台,用于互连城域网和广域网,提供 2 个广域网出口,同时互为热备用。核心交换机 S11、S12 采用 10 Gbit/s 或

1 Gbit/s以太网交换机，承担城域网内部和城域网与广域网的数据交换。通过执行生成树协议，核心交换机 S11、S12 互为热备份。DHCP 服务器在城域网使用私用网络地址时，提供动态 IP 地址分配服务，DNS 为辖区 DNS 服务器，缓存常用的域名 IP 地址解析信息，是城域网内的计算机访问因特网、请求域名解析时访问的第一台 DNS 服务器。

S21、S22、S2n 为汇聚层的以太网交换机，汇聚层交换机汇接服务区的企业网络、校园网络、居民小区的网络，使分散的数据流量集中并连接到核心层交换机，汇聚层使用 10 Gbit/s 或 1 Gbit/s 以太网交换机。

接入网包括校园网、企业网和居民小区网络，校园网、企业网通过接入路由器接入城域网。接入网用 100 Mbit/s 或 10 Mbit/s 的交换机连接用户计算机。

2. 高速路由器技术组建城域网

城域网使用高速路由器作为网络交换机，传输交换 IP 数据报，这种城域网称为 IP 城域网。图 6-2 所示是 IP 城域网示意图。该城域网核心层使用高速路由器，采用高带宽的光纤链路组成双环结构的网络，核心层是城域网数据传输和交换的主干网，核心层设有两个广域网出口，双环结构的网络有故障自愈功能。汇聚层的网络由路由器、以太网交换机、光纤组成，其拓扑结构有星型、树型、环型。接入层通常采用光纤和 10 Mbit/s、100 Mbit/s 以太网交换机接入学校、企业网络。集中的居民用户采用以太网接入，分散的居民用户采用电话线、ADSL 接入。

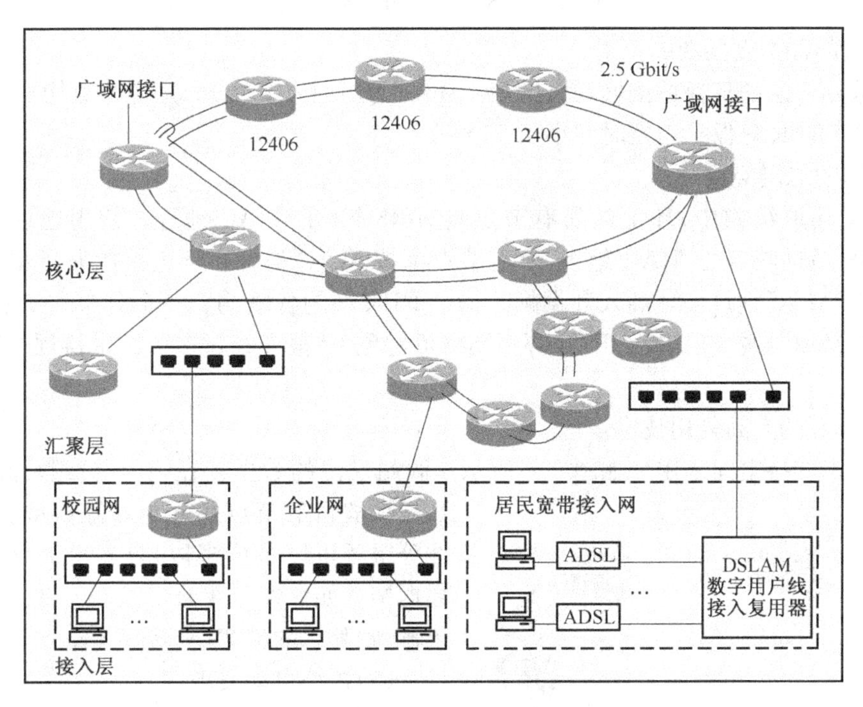

图 6-2　高速路由器组成的城域网

3. 弹性分组环(RPR)技术

弹性分组环技术是结合了 SONET/SDH 和以太网的优点而形成的一种基于分组交换的网络技术，主要目标是应用于城域网的环形网络，属于局域网 MAC 子层标准，能适应多种物理层协议。弹性分组环 RPR 技术提高 IP 报在 MAN 环型拓扑上的交换速度，减少 IP 报在环形网络的转发次数。RPR 弹性分组环主要有以下几个特点。

(1)双环结构

RPR 弹性分组环包括两条对称的反向光纤环路,每条光纤均可被同时用来传输数据及控制包。其中一条称为“内”环,另一条称为“外”环。RPR 通过向一个方向(下行)发送数据帧并在另一条光纤上向相反方向(上行)发送相应的控制帧。当系统故障时重构为一个环,数据帧和控制帧在同一个环内传输。

RPR 的双环结构和环重构如图 6-3 所示。

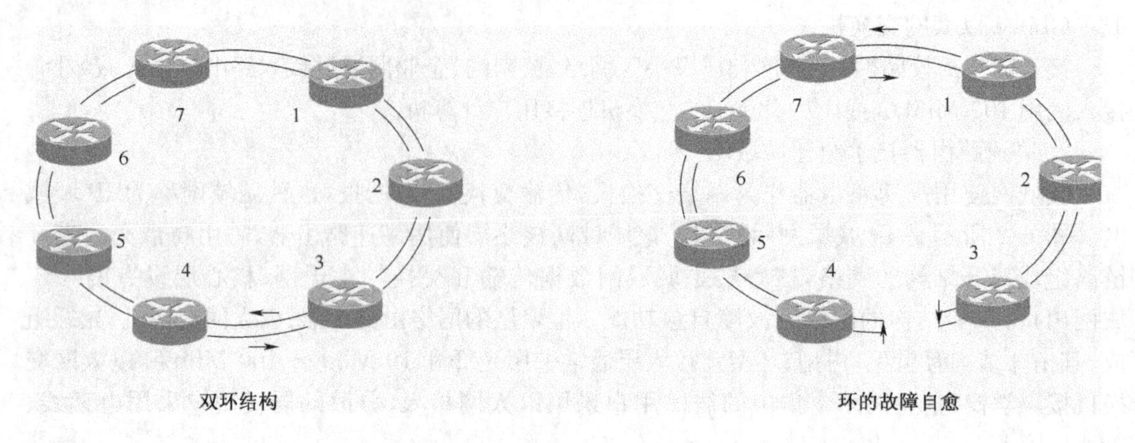

图 6-3　RPR 双环结构和环的重构

(2)快速的保护倒换功能

RPR 采用 2 层的环保护倒换,其具体实现可分为环回方式(wrap)、源节点切换(steering)的转向方式。RPR 环保护切换时间小于 50 ms。

(3)快速的二层交换

在 RPR 环形结构中,环上的所有节点具有 48 bit 的 MAC 地址。使用地址解析协议(ARP)将 IP 地址映照为 MAC 地址,所有节点都按 MAC 地址从环上接收属于本站的数据帧,用本站的 MAC 地址向环插入数据帧。一个 RPR 环的各站构成一个分布式二层交换机,进行快速的 MAC 数据帧交换。RPR 环形网络可避免 IP 报文经过多个路由器逐个转发产生较多的延时。

(4)RPR 环的空间复用技术

RPR 技术支持空间复用。如图 6-4 所示。源站发出的数据帧在 RPR 分组环路上传输,数据帧被目的节点从环上扣除接收。这样,弹性分组环可以分成多段、有多个节点同时传输数据帧。如弹性分组环分为(1～3、4～7)两段传输,则其总的带宽增加到两倍。

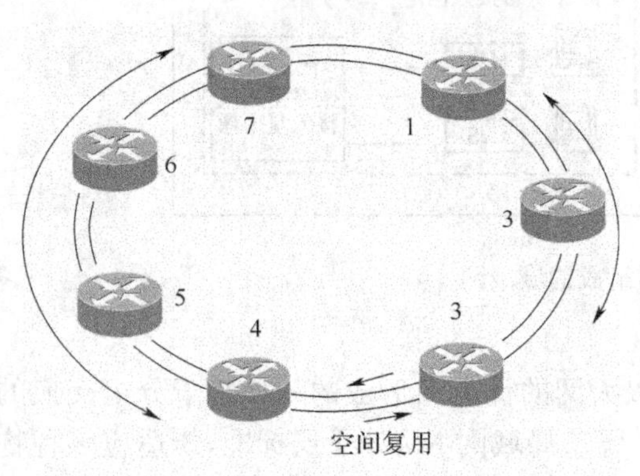

图 6-4　RPR 环的空间复用

(5)拓扑自动发现

拓扑发现也称为即插即用,RPR 不必使用人工设置就可运行。每块 RPR 线路卡都有一个全球唯一的、固定的 MAC 地址。一个环最多有 128 个节点。RPR 线路卡节点插入和拆除的设置和配置、环路故障自动自愈、自动拓扑发现、地址解析协议(ARP)由智能程序来实现。

(6)分布式公平算法

RPR 环路上的每个节点都执行一种名为 SRP-fa 公平算法。该算法确保全局公平性、本地优化和统计复用。

全局公平性是指 RPR 环的节点通过执行算法,使 RPR 环上各个站获得公平的带宽。每个节点都通过控制上游节点向环路发送数据包的速率,防止上游的环路节点占用太多带宽,防止本站出现带宽饥饿或时延过长。

本地优化确保节点能够利用环路的空间复用特性,使这些节点能够在本地环路分段上使用比其公平带宽份额更多的带宽。

统计复用是指节点可以动态占用带宽资源,使资源利用率提高,最大限度地提高环路的承载容量。

(7)提供多等级的 QoS 服务

RPR 技术定义了多种服务优先类别,接口卡提供队列服务,适应不同业务的服务质量需求。

第二节　广域网技术

一、广域网概述

1. 广域网概念

广域网(WAN,Wide Area Network),是一种覆盖广阔地域的网络,一般覆盖一个国家、一个洲,覆盖范围在几千到上万公里。

我国的广域网是覆盖全国、公用的数据通信网络。广域网由电信运营商运营管理,我国有多家电信运营商,因此有多个平行的数据广域网。

广域网互联各个省市的数据通信网,在全国形成统一的数据通信网。广域网设有到国际 Internet 的出口和到其他运营商的广域网的出口,广域网是国际互联网的重要组成部分。广域网主要传输交换因特网数据、IP 电话、IPTV、视频会议电话及其他信息。企业通过广域网可以组建自己的、覆盖全国的企业通信网络。

广域网由数量较多的节点交换机和连接这些节点交换机的高速链路组成。现在主流的广域网的节点交换机采用高速路由器,链路采用光纤。

广域网的主要特点有:

(1)广域网的通信范围覆盖全国。

(2)广域网使用高速的节点交换机,现在主要使用高速路由器作为节点交换机。

(3)使用高带宽的光纤链路连接节点交换机,我国现在广域网的带宽在 10～40 Gbit/s。

(4)采用高可靠性的网络拓扑,如网状网络等。

2. 广域网的分层

现在运行的广域网通常是 IP 广域网。IP 广域网通常是指网络的网络层协议采用 IP 协议,网络的交换节点采用路由器。广域网规划、建设、管理采用分层结构。通常将广域网分为核心层、区域汇聚层和接入层三层。下面将以国内某个正在运行的广域网(称广域网 C)为案例,分析广域网的组成原理。

(1)广域网的核心层

广域网通常采用网状结构,因为网状结构的网络可靠性最高,但完全采用网状结构其造价极高，兼顾可靠性和造价，通常只在核心层采用网状结构。

广域网C将全国划分为东北区、华北区、西北区、华中区、华东区、华南区、西南区7个服务区。每个服务区设立两个核心路由器，核心服务器之间使用光纤链路互联。每个服务区最少有两条光纤链路与其他服务区的路由器互联，形成具有高度健壮性的网状结构网络。IP广域网的核心层是数据传输、交换的主干网。在广域网的核心层设有3个到国际互联网接口和到国内其他运营商广域网的互联接口。

IP广域网的核心层使用线速路由器作为节点交换机，如Cisco 12416路由器。广域网链路带宽达到10 Gbit/s，随着数据业务量的增长，链路带宽可以按10 Gbit/s的倍数扩展。广域网C的核心层如图6-5所示。

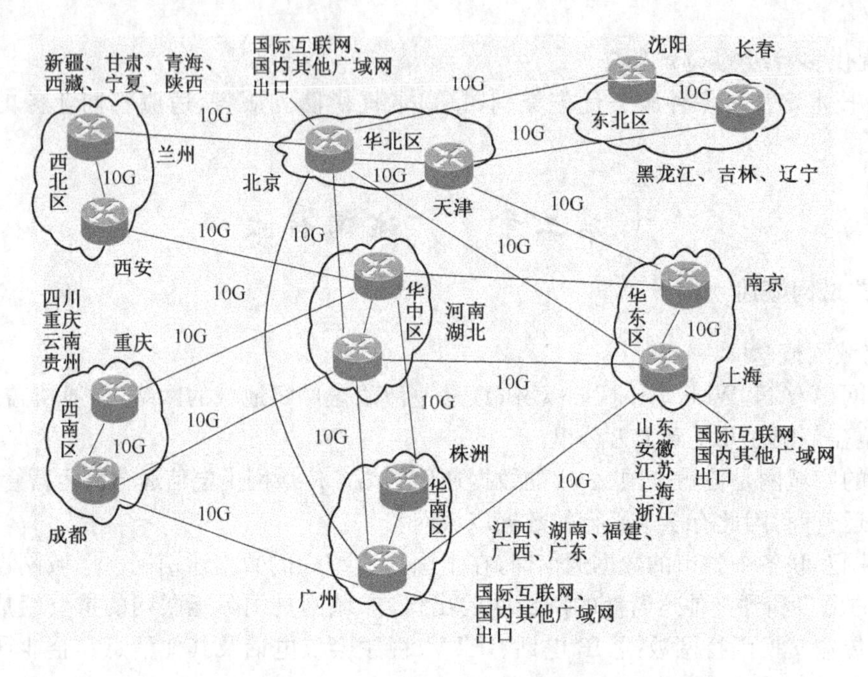

图6-5　某个IP广域网的核心层

Cisco 12416是12000系列路由器，采用矩阵式接线器。Cisco 12416路由器有16插槽机柜，每槽容量为20 Gbit/s(全双工，10 Gbit/s×2)，总交换容量高达320 Gbit/s。Cisco 12416路由器单端口可配0C-192/STM-64 POS(Packet over SDH)线路接口卡，其双工带宽2×10 Gbit/s。或插入有四个端口的0C-48c/STM-16c POS线路接口卡，其双工带宽4×2×2.5=20 Gbit/s。Cisco 12416中的“4”意指全双工带宽4×5 Gbit/s，“16”意指矩阵式接线器提供16个插槽。

(2)广域网的区域汇聚层

广域网的区域汇聚层汇聚、分散各个服务区的数据流量。华南区汇聚、分散湖南省、广西壮族自治区、广东省、福建省的数据流。其汇聚网络如图6-6所示。

(3)广域网接入层

IP广域网接入层由各个省公司的数据通信网络组成，将省内的各个城域网接入广域网。省一级通信企业在省会城市、各个地级市组建IP城域网。IP广域网接入层的主要任务是将这些地区、城市的城域网接入到省会广域网的节点交换机，使省内各个城市、地区的网络用户可以接入广域网通信。接入多个城市、地区的IP城域网。如图6-7所示。

图6-7所示为某省数据接入网，利用两个NE80E路由器汇接省内省会城市、各个地级市

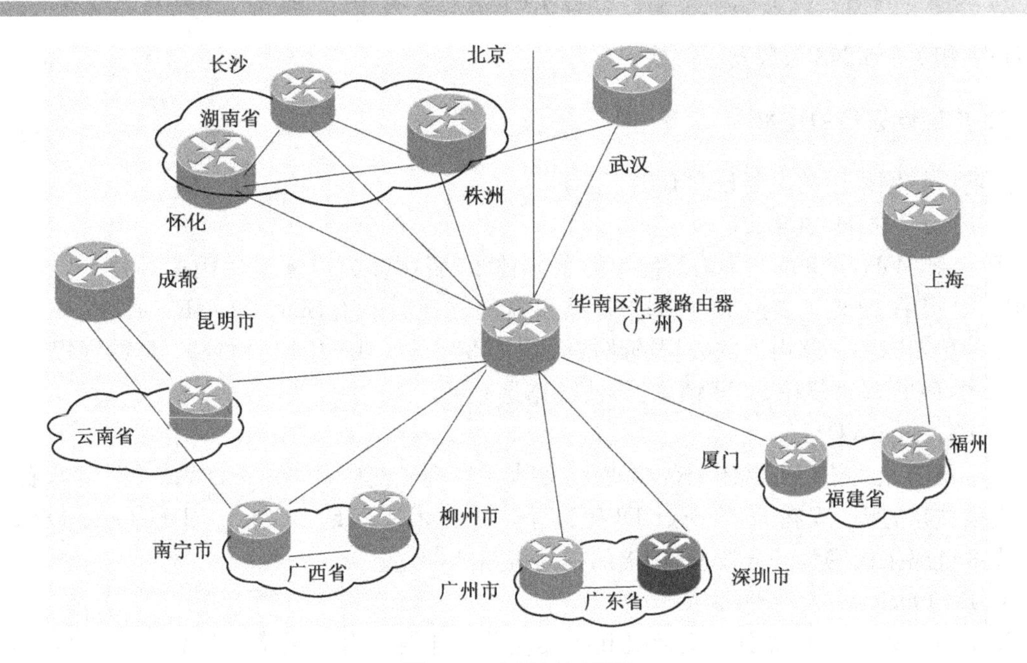

图 6-6　广域网汇聚层

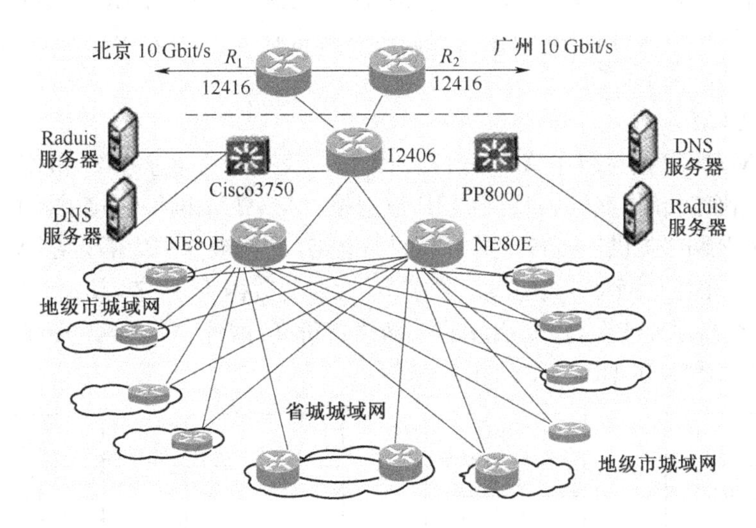

图 6-7　广域网接入层

的城域网，省内各个地市的城域网使用两条链路接入 NE80E 路由器。NE80E 路由器基于分布式的硬件转发和无阻塞交换技术，支持 10 G 接口和 IPv6 技术，所有接口都具备线速转发能力，交换容量高达 640 Gbit/s。NE80E 路由器是省内数据交换的主要节点，用两个 NE80E 路由器是互为热备份。两个 NE80E 路由器上联到路由器 12406，通过 12406 路由器接入 IP 广域网的两个核心路由器。

RADIUS(Remote Authentication Dial In User Service)服务器用于对入网用户提供认证服务。其典型操作是验证用户名和密码是否合法(认证)，分配 IP 地址(授权)，登记上线、下线时间(计费)，电信运营商使用 RADIUS 认证服务器对入网用户认证。

DNS(Domain Name System)是域名系统的服务器，域名系统建立了域名与 IP 地址的映照关系。省级的网络中的本地(辖区)DNS 服务器，缓存常用的域名 IP 地址的映照信息，是用户上网必须访问的第一台 DNS 服务器，当没有缓存用户所需的域名 IP 地址映照信息时，将代理用户到相关的DNS服务器去查找。

二、广域网采用的技术

当前广域网采用的主要技术有以下几种。

1. IP over SDH/SONET

IP over SDH/SONET是当前使用的主流技术，我国多数广域网使用这种技术。核心路由器按IP报的IP地址交换IP数据报。路由器的物理层采用SDH/SONET技术，并集成在路由器的接口卡中。路由器的数据链路层采用PPP协议（或HDLC协议），IP数据报封装在PPP帧中，PPP帧封装在SDH帧中，传输链路是光纤。

2. IP over DWDM

由于目前光波长路由器还未普及使用，未真正实现光交换，IP over DWDM路由器依然采用电交换技术，所以现在的IP over DWDN采用的技术实际是IP Over SDH Over DWDM。只是光纤链路采用密集波分技术，成倍的提高链路的带宽。

3. IP＋Optical

IP＋Optical是采用光分组交换机和密集波分复用相结合的网络。光分组交换机也称光波长路由器，它直接将网络的IP地址转换成光信号的波长，路由器根据光的波长交换IP报文。光纤链路采用密集波分技术，成倍的提高链路的带宽。IP＋Optical是数据广域网的发展方向，是真正的IP over DWDN。

4. IP over ATM

IP over ATM将IP报封装在ATM信元中传输。我国通信企业在20世纪末建有ATM交换网络，用ATM网络传输、交换因特网的IP数据报。与ATM网络连接的路由器物理层使用ATM。ATM为IP网络提供连接各个路由器的虚电路，IP报被分割为信元在ATM的虚电路传输。每个ATM信元有53字节，其中头部5字节，运载的数据48字节，其效率较低；用ATM网络传输IP报，需要作地址转换，较复杂；ATM网络造价高，因此ATM网络正在逐渐退出市场。IP广域网采用的几种技术如图6-8所示。

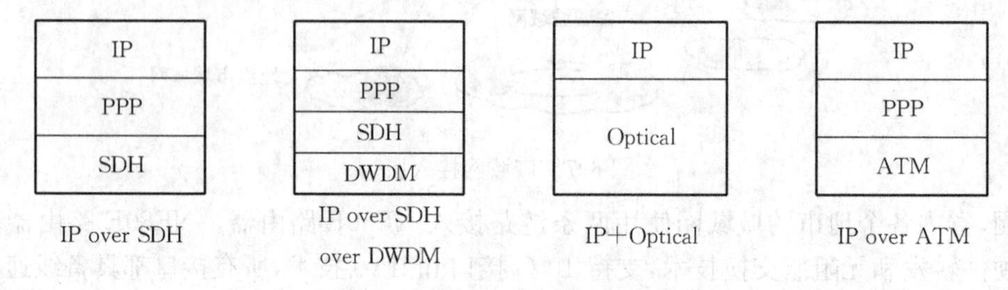

图6-8 IP广域网采用的几种技术

三、广域网提供的服务

1. IP广域网提供面向无连接的服务

IP网络只提供无连接的通信服务，无连接服务的特点如下：

(1)在数据发送前通信双方不建立连接。

(2)每个IP分组独立进行路由选择，因此具有高度的灵活性，但各分组都要携带地址信息。

(3)网络无法保证数据传输的可靠性，由用户终端负责差错处理和流量控制。

(4)网络资源的利用率较高。

2. ATM、FR(帧中继)、X. 25网络提供面向连接的虚电路服务

面向连接服务的特点如下:

(1)在数据发送前要建立虚拟连接,每个虚拟连接称为一个虚电路,并用虚电路号做标识。在网络中传输的分组使用虚电路号标识,网络中的节点交换机根据这个标识决定将分组转发到哪个目的站。

(2)虚电路服务可以保证按发送的顺序收到分组,有服务质量保证。差错处理和流量控制可以选择由用户负责或由网络负责。

(3)路由固定,数据转发开销小,服务质量比较稳定,适于一次性大容量数据传输。

(4)稳定性差,某个中继系统故障会导致整个系统连接的失败。

3. DDN网络提供面向连接的服务

数字数据网络DDN(Digital Data Network)是为用户提供传输数据的专线服务。DDN基于时分复用(TDM)传输技术,它为用户提供一条独享的端到端的透明传输通道。用户可在该通道上传输数字语音、数字数据业务。由于DDN通道之间是完全隔离的,它具有很好的安全性,通常金融机构和企业集团租用DDN线路。

DDN是一种基于时分复用(TDM)传输技术,它不能满足数据业务的突发性要求;DDN只能为用户提供N * 64 k低速率接入,N * E1中继速率接入。DDN带宽时隙始终被独占,电路利用率不高。

第三节 路由器线路卡

线路卡是插在路由器上的接口卡(电路板)。路由器通过线路卡、光纤或电缆与其他路由器、以太网交换机及其他网络设备连接。线路卡一般执行网络层、数据链路层和物理层协议功能。

一、POS线路卡

POS线路卡的物理层使用SDH技术,使承载IP报文的PPP数据帧装载在SDH帧中传输,这种线路卡称为POS(Packet over SDH)线路卡。POS线路卡直接与光纤连接,在光纤上传输SDH帧,但数据的传输不经过SDH光通信系统。路由器之间的数据链路层使用PPP(或HDLC)协议,IP报被封装在数据链路层PPP帧中,而PPP帧封装在物理层的SDH净负荷中传输。POS线路卡的速率有STM-1(155 Mbit/s)、STM-4(622 Mbit/s)、STM-16(2.5 Gbit/s)、STM-64(10 Gbit/s),STM-256(40 Gbit/s)线路卡也已经使用。

具有POS口的路由器分层结构如图6-9所示。

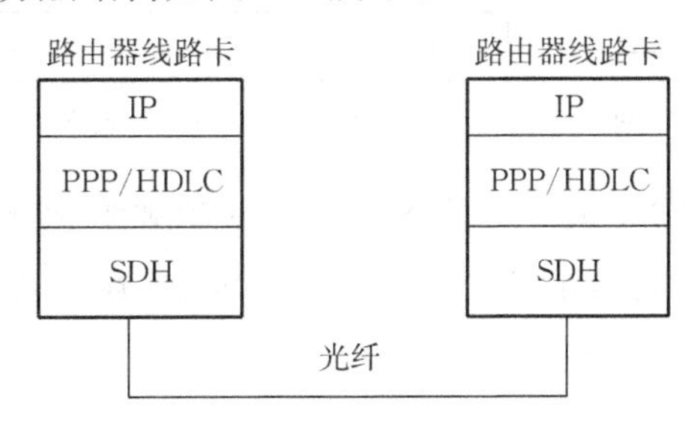

图6-9 具有POS口的路由器分层结构

二、以太网线路卡

路由器提供千兆以太网(GE)和快速以太网(FE)接口，能够用以太网接口接入其他的路由器、以太网交换机。以太网接口卡的数据链路层协议为 IEEE 802.3x 系列协议，GE 接口卡常用的物理层协议是 1000Base-LX、1000Base-SX、1000Base-CX。一个以太网线路卡通常提供多个 GE 接口、或多个 FE 接口。

具有 GE 口的路由器分层结构如图 6-10 所示。

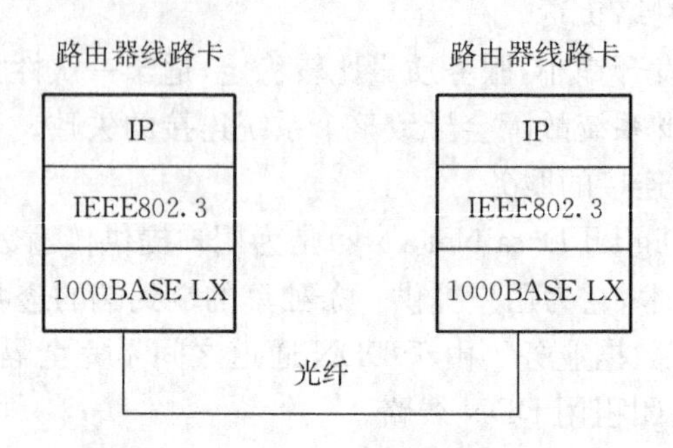

图 6-10　具有 GE 口的路由器分层结构

三、DPT 线路卡

IEEE 802.11 弹性分组环 RPR 技术标准制定之前，Cisco 已经使用 DPT(动态分组传输协议)，DPT 与 IEEE802.17 协议相同，因此 DPI 与 RPR 视为相同协议。

Cisco 12000 路由器使用 DPT 线路卡。DPT 线路卡用于构成动态分组传输环，路由器上的 DPT 接口通过两条反向循环的光纤环路与 Cisco1200 系列路由器或 Cisco 的其他系列路由器连接。可选的 DPT 卡有双环路 STM-4(622 Mbit/s)线路卡、双环路 STM-16(2.5 Gbit/s)线路卡、双环路 STM-64(10 Gbit/s)线路卡。如图 6-11 所示是具有 DPT 线路卡的路由器的分层结构和构成的弹性分组环。

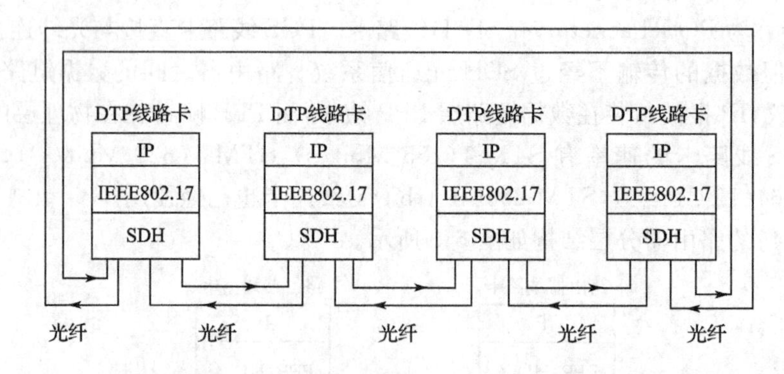

图 6-11　用 DTP 线路卡组成的 RPR 弹性分组环

DPT 线路卡在城域网、广域网的核心层组建环形网络，在城域网的汇聚层和接入层中构建环形网。

第四节　PPP 和 PPPOE 协议

一、PPP 协议

（一）PPP 协议概述

PPP 是点对点链路控制协议（Point to Point Protocol），用于路由器和路由器之间点对点链路。较早 PC 机在拨号访问因特网时，也使用 PPP 协议作为链路层控制协议。

PPP 协议是数据链路层协议，提供了在点对点的链路上传输多种网络层数据报文。对网络层协议的支持则包括了多种不同的主流协议，如 IP 和 IPX 等。PPP 不适合多点链路，具有验证功能。PPP 协议的体系结构如图 6-12 所示。

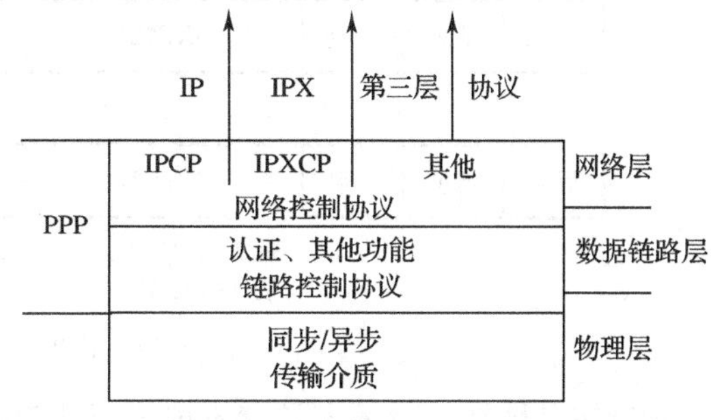

图 6-12　PPP 的体系结构

PPP 协议主要包括四部分：多协议数据报的封装方法、LCP（Link Control Protocol）链路控制协议、网络控制协议 NCP（Network Control Protocol）和认证协议（PAP、CHAP）。

1. 多协议数据报的帧格式

PPP 协议的帧格式来源于 HDLC 协议。HDLC 是较早使用的数据链路层协议，许多常用的数据链路层协议的帧格式都是源于 HDLC 的帧格式。

图 6-13 所示是 HDLC 帧与 PPP 帧格式的比较，HDLC 协议是多点链路控制协议，发给各个站的帧地址不同，0XFF 是广播地址。PPP 是点对点协议，链路上只有 2 个站，使用的地址固定为 0XFF。

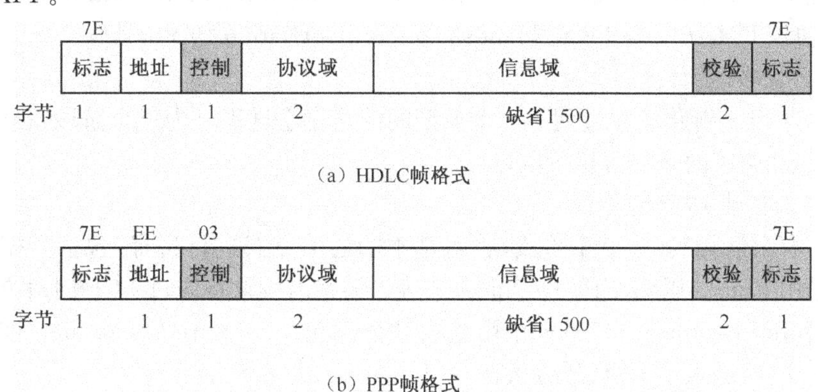

图 6-13　PPP 帧和 HDLC 帧的比较

（1）标志字段，是一个 PPP 数据帧开始和结束的标志，该字节为 0X7E，二进制表示为 01111110。

（2）地址域，该字节为 0XFF，二进制表示为 11111111，可以理解为 PPP 链路上一个站向另一个站广播数据。

（3）PPP 数据帧的控制域规定该字节的内容填充为 0X03。

（4）协议域可用来区分 PPP 数据帧中信息域所承载的数据报文的类型。协议字段的内容为0X0021时，说明数据字段承载的是IP数据报。协议字段的内容为0XC021，数据字段承载的是PPP链路控制协议LCP控制报文。协议字段的内容为0X8021时，数据字段承载的是NCP报文。如图6-14所示。

标志	地址	控制	0X0021	IP数据报文	校验	标志

标志	地址	控制	0XC021	LCP数据报文	校验	标志

标志	地址	控制	0X8021	NCP数据报文	校验	标志
			指明信息字段数据报类型	PPP帧承载的常见报文		

图6-14 PPP协议承载的报文类型

(5)信息域缺省时最大长度不能超过1 500字节。

(6)校验域是对PPP数据帧使用CRC校验的序列。

2. 链路控制协议LCP

LCP用来配置和测试数据通信链路，协商PPP链路的一些配置参数选项，处理不同大小的数据帧，检测链路环路、链路错误，终止PPP链路。

3. 网络控制协议NCP

NCP根据不同用户的需求，配置上层协议所需环境，为上层提供服务接口。如对于IP提供IPCP接口，对于IPX提供IPXCP接口，对于APPLETALK提供ATCP接口。即负责解决物理连接上运行什么网络协议，以及解决上层网络协议发生的问题。

4. 认证协议，最常用的包括口令验证协议PAP(Password Authentication Protocol)和挑战握手验证协议CHAP(Challenge Handshake Authentication Protocol)。

(二)PPP链路建立的过程

图6-15为PPP链路建立过程。一个典型的链路建立过程分为三个阶段：创建阶段、链路质量协商阶段和调用网络层协议阶段。

(1)阶段1：创建PPP链路

LCP负责创建链路。在这个阶段，将对基本的通信方式进行选择，包括数据的最大传输单元、是否采用PPP的压缩、PPP的认证方式等。链路两端设备通过LCP向对方发送配置信息报文(configure packets)。一旦一个配置成功信息包(configure-ack packet)被发送且被接收，就完成了交换，进入了LCP开启状态。

在链路创建阶段，只是对验证协议进行选择，用户验证将在第2阶段实现。

(2)阶段2：链路质量协商(可选阶段)

在这个阶段主要用于对链路质量进行测试，以确定其能否为上层所选定的网络协议提供足够的支持，另外若双方已经要求采用安全认证，则在该阶段还要按所选定的认证方式进行相应的身份认证。连接的客户端会将自己的身份发送给远端的接入服务器。使用一种安全认证方式避免第三方窃取数据或冒充远程客户接管与客户端的连接。在认证完成之前，禁止前进到网络层协议阶段。如果认证失败，认证者应该跃迁到链路终止阶段。

(3)阶段3：调用网络层协议

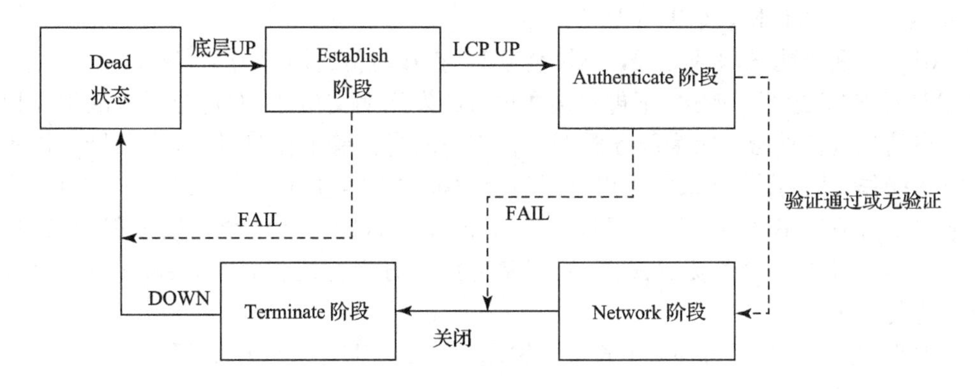

图 6-15　PPP 链路建立过程

链路质量协商阶段完成之后，PPP 将调用在链路创建阶段(阶段 1)选定的各种网络控制协议(NCP)。通过交换一系列的 NCP 分组来配置网络层。对于上层使用的是 IP 协议的情形来说，此过程是由 IPCP 完成的。不同的网络层协议要分别进行配置。例如，在该阶段 IP 控制协议 IPCP 可以向拨入用户分配动态地址。

在第三个阶段完成后，一条完整的 PPP 链路就建立起来了，从而可在所建立的 PPP 链路上进行数据传输。当数据传送完成后，一方会发起断开连接的请求。这时，首先使用 NCP 来释放网络层的连接，归还 IP 地址；然后利用 LCP 来关闭数据链路层连接；最后，双方的通信设备或模块关闭物理链路回到空闲状态。

需要说明的是，尽管 PPP 的验证是一个可选项，但一旦选择了采用身份验证，那么它必须在网络协层协议阶段之前进行。有两种类型的 PPP 验证可供选择。

1. 口令验证协议(PAP)

PAP 验证为两次握手验证，口令为明文，PAP 认证的过程如下：

(1)被验证方发送用户名和口令到验证方。

(2)验证方根据用户配置查看是否有此用户以及口令是否正确，然后返回不同的响应(ACK 或 NACK)。

如正确则会给对端发送 ACK 报文，通告对端已被允许并进入下一阶段协商；否则发送 NACK 报文，通告对端验证失败。此时，并不会直接将链路关闭，只有当验证不过次数达到一定值(缺省为 4)时，才会关闭链路，来防止因误传、网络干扰等造成不必要的 LCP 重新协商过程。

PAP 的特点是在网络上以明文的方式传递用户名及口令，如在传输过程中被截获，便有可能对网络安全造成极大的威胁。因此，PAP 不能防范再生和错误重试攻击。它适用于对网络安全要求相对较低的环境。如图 6-16 为 PAP 的工作过程。

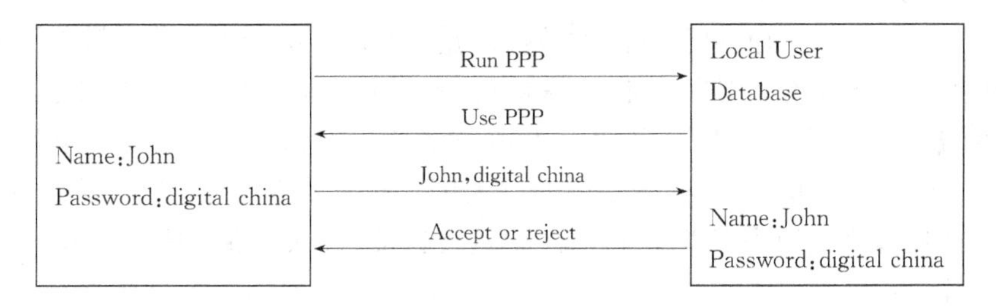

图 6-16　PAP 工作过程

2. 挑战—握手验证协议(CHAP)

CHAP 是一种加密的验证方式,能够避免建立连接时传送用户的真实密码。

CHAP 对 PAP 进行了改进,不再直接通过链路发送明文口令,而是使用挑战报文以哈希算法对用户信息进行加密。因为服务器端存有客户的身份验证信息,所以服务器可以重复客户端进行的操作,并将操作结果与用户返回的挑战报文内容进行比较。CHAP 为每一次验证任意生成一个挑战字串来防止受到再现攻击(replay attack)。在整个连接过程中,CHAP 将不定时的向客户端重复发送挑战报文,从而避免第三方冒充远程客户(remote client impersonation)进行攻击。

CHAP 验证为三次握手验证,不直接传输用户口令,CHAP 验证的过程如图 6-17 所示。

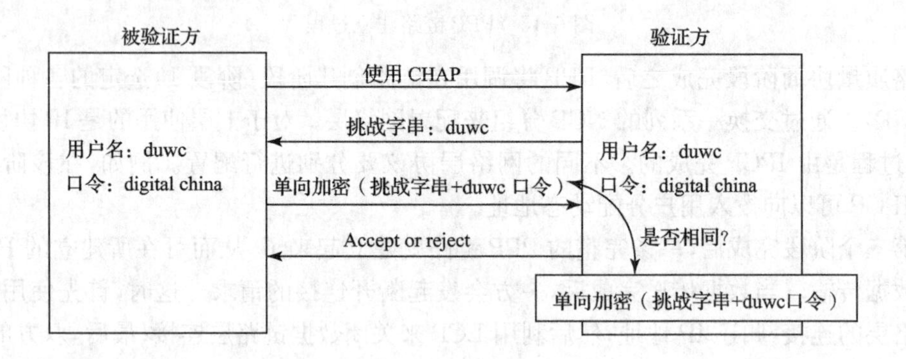

图 6-17　CHAP 验证的过程

(1)在通信双方链路建立阶段完成后,验证方(authenticator)向被验证方(peer)发送一个挑战字符串(challenge)消息。

(2)被验证方向验证方发回一个响应(response),该响应由单向散列函数计算得出,单向散列函数的输入参数由本次验证的标识符、口令(secret)和挑战字符串等内容构成。

(3)验证方将收到的响应与它自己根据验证标识符、口令和挑战字符串计算出的散列函数值进行比较,若相符则验证通过,向被验证方发送"成功"消息,否则,发送"失败"消息,断开连接。

显然,一个没有获得挑战值的远程节点是不可能尝试登陆并建立连接的,即 CHAP 由验证方来控制登陆的时间和频率。同时由于验证方每次发送的挑战值都是一个不可预测的随机变量,因而具有很好的安全性。

二、PPPOE 协议

1. PPPOE 概述

电信服务商常用以太网汇聚服务区的数据流量,将用户接入因特网。但传统的以太网不是点对点的网络,不能对单个用户验证、也不能计费。PPP 协议是点对点的链路控制协议,能在点对点的网络对用户验证计费。但 PPP 不适应多点链路和广播式网络。电信服务商利用 PPPOE(PPP Over Ethernet)协议,在多点的以太网上建立点对点的 PPPOE 虚拟连接,在点对点 PPPOE 连接基础上使用 PPP 协议对用户进行验证、接入和数据传输。如图 6-18 所示是 PPPOE 的应用。

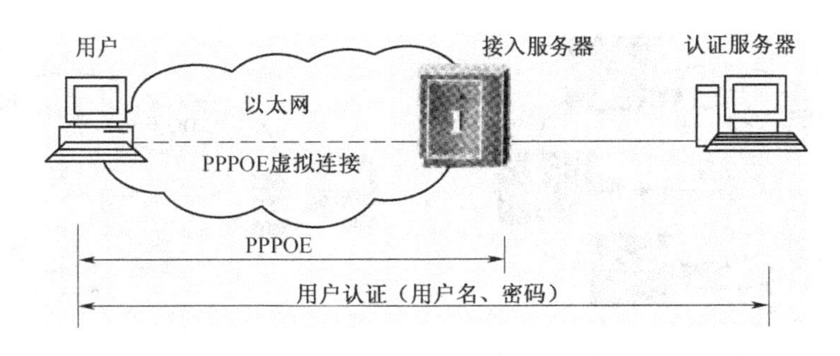

图 6-18 PPPOE 的应用

使用 PPPOE 的接入网络的体系结构如图 6-19 所示。PPPOE 是数据链路层的协议，其协议数据单元应该称为"帧"，为了与以太网的"帧"相区别，在叙述过程中将其称为报文。

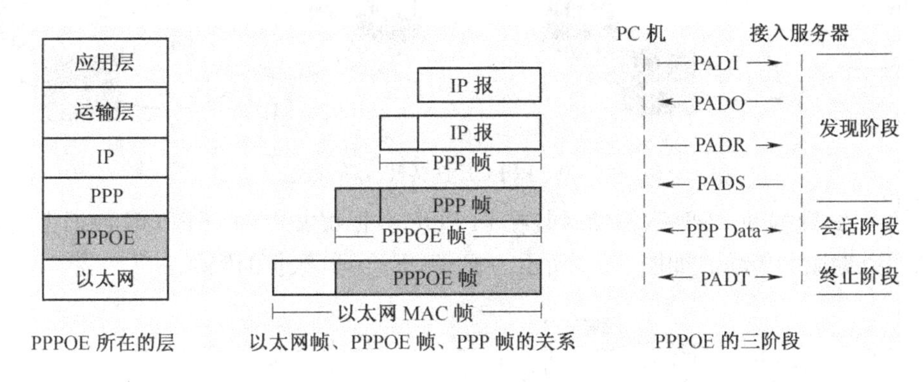

图 6-19 PPPOE 网络的体系结构

2. PPPOE 的连接过程

PPPOE 连接有三个阶段，即 PPPOE 的发现阶段、PPPOE 的会话阶段和 PPPOE 的终止阶段。

PPPOE 报文分为控制报文和数据报文两大类。控制报文用于 PPPOE 链路的建立和终止，数据报文用于传输 PPP 数据，两种报文的以太网类型域的代码分别是 0x8863、0x8864。按通信过程的前后次序分。

（1）PPPOE 的发现阶段

PPPOE 发现阶段也称连接建立阶段，如图 6-20 所示。在这阶段入网主机请求建立连接、获取通信的 ID 号，在主机与接入服务器之间建立点对点的 PPPOE 连接。PPPOE 采用客户一服务器方式。

当一个主机希望接入电信服务商的网络传输数据时，发送 PPPOE 探索报文(PADI)，寻找接入服务器，报文被封装在以太网帧并以广播方式在网络上发送；一个或多个接入服务器向探索主机发送给予分组(PADO)；主机选择一台接入服务器，发送单播会话请求分组(PADR)；选择的接入服务器发送一个确认分组(PADS)，接入服务器为接入主机分配一个会话 ID(SessionID)。入网主机用这个 ID 作标识传送数据，未获得 ID 的主机将不能传送数据。

（2）PPPOE 的会话阶段

PPPOE 的会话阶段也称 PPP 数据传输阶段。在这个阶段双方在点对点的 PPPOE 逻辑

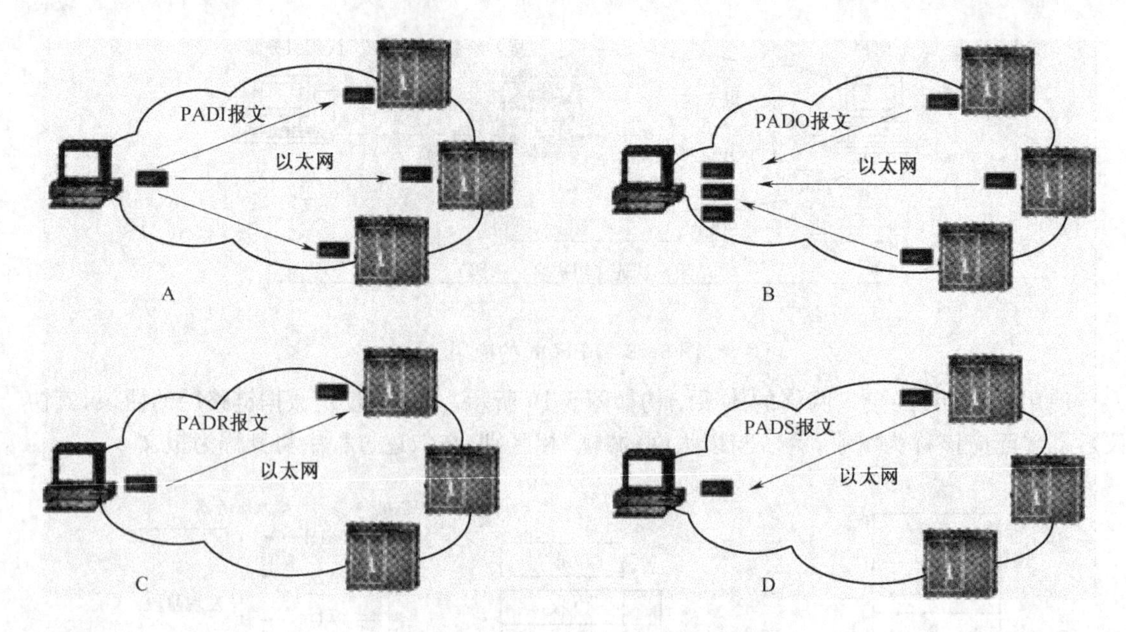

图 6-20　PPPOE 连接建立阶段

链路上传输 PPP 数据帧,PPP 数据帧封装在 PPPOE 数据报文中,而 PPPOE 数据报文封装在以太网帧的数据域中传输。如图 6-21 所示为 PPPOE 会话(数据)传输。

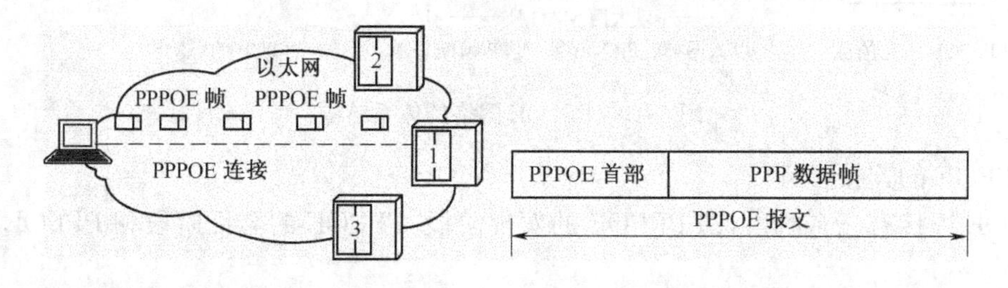

图 6-21　PPPOE 数据传输

(3)PPPOE 终结阶段

PPPOE 的终止阶段是在 PPP 数据传输结束时,由主机或接入服务器的 PPPOE 实体发出终止报文 PADT,拆除 PPPOE 连接,终止数据传输。终止阶段可以是主机发起,也可以由接入服务器发起。

3. 装载 PPPOE 的以太网帧

目前多数的网络中都在使用以太网 2.0 版,EthernetⅡ被作为一种事实上的工业标准而广泛使用。承载 PPPOE 报文的以太网帧使用单播地址或广播地址。以太网帧结构如表 6-1 所示。在 PPPOE 的发现阶段,以太网帧的类型域填充 0x8863(PPPOE 控制报文),如表 6-2 所示。而在 PPPOE 的会话阶段,以太网帧的类型域填充为 0x8864(PP－POE 数据报文)。如表6-3所示。数据域(净载荷)用来承载类型域中所指示的数据报文,在 PPPOE 协议中所有的 PPPOE 数据报文被封装在这个域中被传送。校验域,填入帧校验序列。

表 6-1　以太网帧结构

目的地址 48 bit	源地址 48 bit	类型域 16 bit	数据域<1 500 db	帧校验 32 bit

表 6-2　PPPOE 发现阶段以太网帧格式

广播地址	探索主机地址	类型域 Ox8863	PPPOE 报文	帧校验 32 bit

表 6-3　PPPOE 会话阶段以太网帧格式

单播地址	探索主机地址	类型域 Ox8864	PPPOE 报文	帧校验 32 bit

第五节　虚拟专用网 VPN 技术

一、VPN 概述

VPN 即虚拟专用网，是通过 Internet 或其他公共互联网络的基础设施为用户建立一个临时的、安全的连接，是一条穿过混乱的公用网络的安全、稳定的隧道。通常，VPN 是对企业内部网的扩展，通过它可以帮助远程用户、公司分支机构、商业伙伴及供应商同公司的内部网建立可信的安全连接，并保证数据的安全传输。

VPN 架构中采用了多种安全机制，如隧道技术（ Tunneling ）、加解密技术（Encryption）、密钥管理技术、身份认证技术（ Authentication ）等，通过上述的各项网络安全技术，确保资料在公众网络中传输时不被窃取，或是即使被窃取了，对方亦无法读取数据包内所传送的资料。

1. VPN 的定义

利用公共网络来构建的私人专用网络称为虚拟私有网络（VPN ，Virtual Private Network），用于构建 VPN 的公共网络包括 Internet 、帧中继、ATM 等。在公共网络上组建的 VPN 像业现有的私有网络一样提供安全性、可靠性和可管理性等。

“虚拟”的概念是相对传统私有网络的构建方式而言的。对于广域网连接，传统的组网方式是通过远程拨号连接来实现的，而 VPN 是利用服务提供商所提供的公共网络来实现远程的广域连接。通过 VPN，企业可以以更低的成本连接它们的远地办事机构、出差工作人员以及业务合作伙伴，如图 6-22 所示。

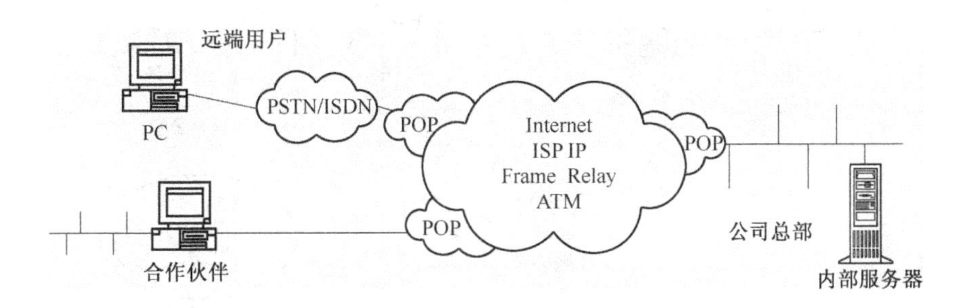

图 6-22　VPN 应用示意图

由图可知企业内部资源享用者只需连入本地 ISP 的 POP（Point Of Presence）接入服务提供点，即可相互通信；而利用传统的 WAN 组建技术，彼此之间要有专线相连才可以达到同样的目的。虚拟网组成后，出差员工和外地客户只需拥有本地 ISP 的上网权限就可以访问企业内部资源；如果接入服务器的用户身份认证服务器支持漫游的话，甚至不必拥有本地 ISP 的上网权限。这对于流动性很大的出差员工和分布广泛的客户与合作伙伴来说是很有意义的。并且企业开设 VPN 服务所需的设备很少，只需在资源共享处放置一台服务器就可以了。

2. VPN 的类型

VPN 分为三种类型：远程访问虚拟网(Access VPN)、企业内部虚拟网(Intranet VPN)和企业扩展虚拟网(ExtranetVPN)，这三种类型的 VPN 分别与传统的远程访问网络、企业内部的 Intranet 以及企业网和相关合作伙伴的企业网所构成的 Extranet 相对应。

(1)Access VPN

随着当前移动办公的日益增多，远程用户需要及时地访问 Intranet 和 Extranet。对于出差流动员工、远程办公人员和远程小办公室，Access VPN 通过公用网络与企业的 Intranet 和 Extranet 建立私有的网络连接。在 Access VPN 的应用中，利用了二层网络隧道技术在公用网络上建立 VPN 隧道(Tunnel)连接来传输私有网络数据。

AccessVPN 可使用本地 ISP 所提供的 PSTN、DSL、移动 IP 和 LAN 等个人接入服务来实现远程或移动接入，但需要在客户机上安装 VPN 客户端软件。

(2)Intranet VPN

又称企业内部虚拟网，用于企业内部组建 Intranet 时实现总部与分支机构、分支机构与分支机构之间的互联。Intranet VPN 通常是使用诸如 X. 25、帧中继(FR)或 ATM 等技术实现。

(3)Extranet VPN

又称企业扩展虚拟网，用于企业组建 Extranet 时提供企业与其合作企业 intranet 之间的互联。ExtranetVPN 采用与 Intranet VPN 类似的技术去实现，但在安全策略上会更加严格。

随着越来越多的企业使用 VPN 技术，在 Internet 上传输的 VPN 数据流已经越来越多。上述 3 种 VPN 的简单示意图如图 6-23 所示。

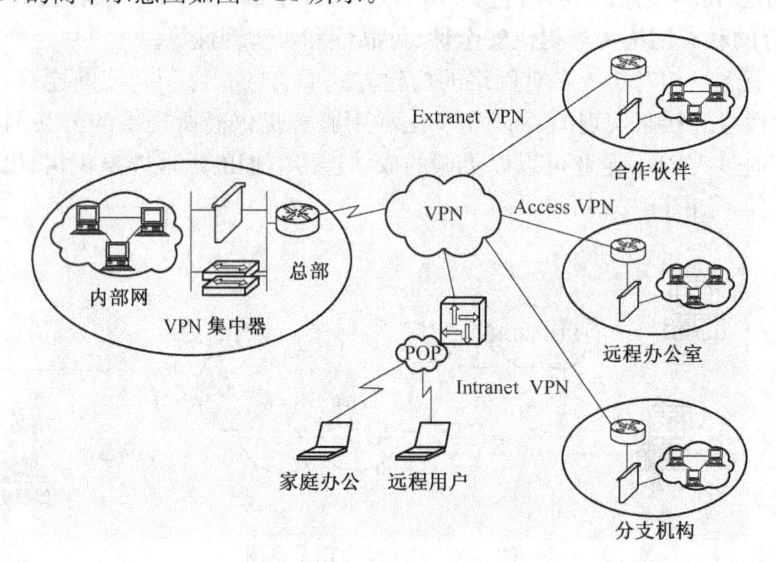

图 6-23 Intranet VPN、Access VPN 和 Extranet VPN

二、VPN 的实现技术

VPN 实现的两个关键技术是隧道技术和加密技术，同时 QoS 技术对 VPN 的实现也至关重要。

1. 隧道技术

隧道技术简单地说就是原始报文在A地进行封装，到达B地后把封装去掉还原成原始报文，这样就形成了一条由A到B的通信隧道。目前实现隧道技术的有通用路由封装(Generic Routing Encapsulation，GRE)协议、L2TP和PPTP协议。

(1)GRE

GRE主要用于源路由和终路由之间所形成的隧道。例如，将通过隧道的报文用一个新的报文头(GRE报文头)进行封装然后带着隧道终点地址放入隧道中。当报文到达隧道终点时，GRE报文头被剥掉，继续原始报文的目标地址进行寻址。GRE隧道通常是点到点的，即隧道只有一个源地址和一个终地址。

GRE隧道技术是用在路由器中的，可以满足Extranet VPN以及Intranet VPN的需求。但是在远程访问VPN中，多数用户是采用拨号上网。这时可以通过L2TP和PPTP来加以解决。

(2)L2TP和PPTP

L2TP是L2F(Layer 2 Forwarding)和PPTP的结合。但是由于PC机的桌面操作系统包含着PPTP，因此PPTP仍比较流行。

L2TP建立过程如下：①用户通过Modem与网络接入服务器NAS建立连接；②用户通过NAS的L2TP接入服务器身份认证；③在政策配置文件或NAS与政策服务器进行协商的基础上，NAS和L2TP接入服务器动态地建立一条L2TP隧道；④用户与L2TP接入服务器之间建立一条点到点协议(Point to Point Protocol，PPP)访问服务隧道；⑤用户通过该隧道获得VPN服务。

PPTP建立过程如下：①用户通过串口以拨号IP访问的方式与NAS建立连接取得网络服务；②用户通过路由信息定位PPTP接入服务器；③用户形成一个PPTP虚拟接口；④用户通过该接口与PPTP接入服务器协商、认证建立一条PPP访问服务隧道；⑤用户通过该隧道获得VPN服务。

在L2TP中，用户感觉不到NAS的存在，仿佛与PPTP接入服务器直接建立连接。而在PPTP中，PPTP隧道对NAS是透明的；NAS不需要知道PPTP接入服务器的存在，只是简单地把PPTP流量作为普通IP流量处理。

采用L2TP还是PPTP实现VPN取决于要把控制权放在NAS还是用户手中。L2TP比PPTP更安全，因为L2TP接入服务器能够确定用户从哪里来的。L2TP主要用于比较集中的、固定的VPN用户，而PPTP比较适合移动的用户。

2. 加密技术

数据加密的基本思想是通过变换信息的表示形式来封装需要保护的敏感信息，使非受权者不能了解被保护信息的内容。加密算法有用于Windows95的RC4、用于IPSec的DES和三次DES。RC4虽然强度比较弱，但是保护免于非专业人员的攻击已经足够了；DES和三次DES强度比较高，可用于敏感的商业信息。

加密技术可以在协议栈的任意层进行；可以对数据或报文头进行加密。在网络层中的加密标准是IPSec。网络层加密实现的最安全方法是在主机的端到端进行。另一个选择是“隧道模式”：加密只在路由器中进行，而终端与第一跳路由之间不加密。这种方法不太安全，因为数据从终端系统到第一条路由时可能被截取而危及数据安全。在链路层中，目前还没有统一的加密标准，因此所有链路层加密方案基本上是生产厂家自己设计的，需要特别的加密硬件。

3. QoS 技术

通过隧道技术和加密技术，已经能够建立起一个具有安全性、互操作性的 VPN。但是该 VPN 性能上不稳定，管理上不能满足企业的要求，这就要加入 QoS 技术。实行 QoS 应该在主机网络中，即 VPN 所建立的隧道这一段，这样才能建立一条性能符合用户要求的隧道。

网络资源是有限的，有时用户要求的网络资源得不到满足，通过 QoS 机制对用户的网络资源分配进行控制以满足应用的需求。

基于公共网的 VPN 通过隧道技术、数据加密技术以及 QoS 机制，使得企业能够降低成本、提高效率、增强安全性。VPN 产品从第一代：VPN 路由器、交换机，发展到第二代的 VPN 集中器，性能不断得到提高。在网络时代，企业发展取决于是否最大限度地利用网络。VPN 将是企业的最终选择。

三、VPN 的构建

VPN 的构建主要有两类：基于 VPN 软件的 VPN 服务器建立的 VPN 和基于 VPN 路由器建立的 VPN。

(一)基于 VPN 服务器的虚拟专用网络

基于 VPN 服务器的虚拟专用网络，需要在公司局域网中配置一台 VPN 服务器，这台服务器需要连接到 Internet 上并要有一个公网的 IP 地址，VPN 服务器需要 Windows 2000 Server 及其以后的版本操作系统，在远地的 VPN 客户端可以使用 Windows 2000、Windows XP 等操作系统。

作为 VPN 服务器的 Windows 2000 Server 计算机需有两块网卡，第一块网卡连接企业的局域网，网卡 1 的地址是私有网络地址；第二块网卡连接 Internet，网卡 2 地址是公网地址，DNS 服务器地址是本地电信运营商提供的 DNS 服务器地址。VPN 服务器已经通过第二块网卡连接到 Internet。基于 VPN 服务器的虚拟专用网络如图 6-24 所示。

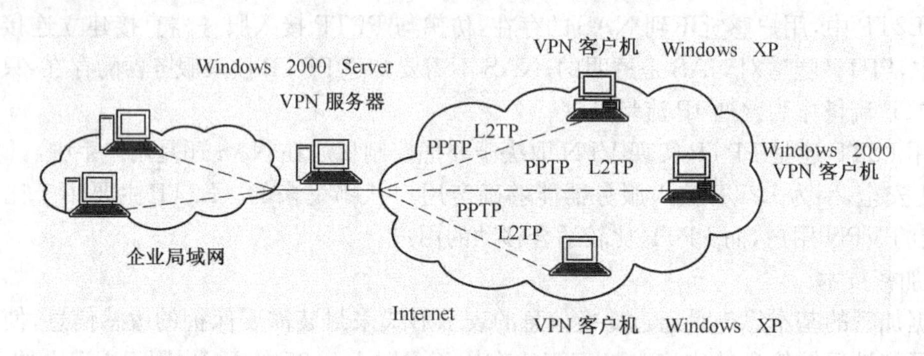

图 6-24 基于 VPN 服务器的专用网络

1. VPN 服务器配置

(1)启用 VPN 服务器

Windows 2000 Server 已经集成 VPN 服务功能，但在默认情况下并没有启用，为了将本台计算机配置成 VPN 服务器，需要启用这项服务。在 Windows 2000 Server 中，VPN 服务器集成在路由和远程访问服务中。在 Windows 2000 Server 中启用 VPN 服务器的具体方法如下：

第 1 步，选择“开始”、“管理工具”、“路由和远程访问”，进入路由和远程访问服务器，单击对应的计算机名。

第 2 步，从出现的快捷菜单中选择“配置并启用路由和远程访问”，进入路由和远程访问服务器安装向导界面。单击“下一步”，进入“公共设置”界面。

第 3 步，在“公共设置”界面，选择“虚拟专用网（VPN）服务器”，使本台服务器成为 VPN 服务器。

第 4 步，在“虚拟专用网（VPN）服务器”界面中，单击“下一步”按钮，进入“远程客户协议”选择对话框，选择“TCP/IP”协议。

第 5 步，在“远程客户协议”选择对话框中，单击“下一步”按钮，进入“Internet 连接”对话框。

第 6 步，在“Internet 连接”对话框中，选择计算机的“本地连接 2”（即选择“网卡 2”所对应的连接）。VPN 服务器通过此“连接 2”连接到 Internet，“连接 2”已经分配有一个公网 IP 地址。VPN 远端客户通过“连接 2”登录 VPN 服务器，通过 VPN 服务器访问企业内部局域网上的计算机，为了使 VPN 远端客户能在企业内部网络通信，必须为 VPN 远端客户分配企业内部网络的 IP 地址，为 VPN 远端客户分配 IP 地址即是为“连接 2”分配一个企业内部网络的 IP 地址。单击“下一步”按钮，进入“IP 地址指定”对话框。

第 7 步，配置 VPN 远端客机的内网 IP 地址。在“IP 地址指定”对话框，指定 IP 地址的获取方法。如企业的局域网采用 DHCP 服务器自动为计算机分配 P 地址，则 IP 地址的获取方法选用“自动”获取 IP 地址，然后单击“下一步”。注意 VPN 服务器与 DHCP 服务器不能是同一台计算机。

如果企业的局域网采用人工设定 IP 地址，则选择“来自一个指定的地址范围”，然后单击“下一步”按钮，设定一个与公司局域网相同网段、相同子网掩码的地址段，然后单击“下一步”，进入“管理多个远程访问服务器”对话框。

第 8 步，配置 RADIUS 服务器。如果企业局域网配置了多台远程访问服务器并需要集中在一台计算机上提供身份验证、费用管理等服务，在“管理多个远程访问服务器”中，可以选择“是，我想使用一个 RADIUS 服务器”，指定本服务器作为集中验证的 RADIUS 服务器。指定的结果是将本台 VPN 服务器作为 RADIUS 服务器，其 VPN 服务器作为 RADIUS 客户机。

如果企业局域网只有一台 VPN 服务器，或者虽然有多台 VPN 服务器，但要分散在每台 VPN 服务器上提供身份验证，则选择“不，我现在不想设置此服务器使用 RADIUS”。

在选择 RADIUS 服务器之后，单击“完成”，结束对 VPN 服务器的配置。

（2）配置 VPN 服务器端口功能

一台 VPN 服务器默认可提供 128 个 PPTP 和 128 个 L2TP 端口，可以允许同时有 256 个并发连接。只要有足够的带宽连接到 Internet 上，可以最多有 32 768 个并发 VPN 连接。每个 VPN 占用一个端口。

端口功能配置如下：

第 1 步，在“路由和远程访问”界面中，选择“端口”，单击鼠标右键，从“端口”出现的快捷菜单中选择端口的“属性”，出现“端口属性”对话框。

第 2 步，在“端口属性”对话框，选择“WAN 微型端口（PPTP）”，单击“配置”按钮，进入“设备配置— WAN 微型端口（PPTP）”界面。

第 3 步，“设备配置— WAN 微型端口（PPTP）”界面，有多项功能选择，根据端口的用途选择所需的功能。

“远程访问连接(仅入站)”,选择此项功能,此端口提供远程客户机接入。本服务器作为VPN服务器,必须选择此项功能。

“请求拨号路由选择连接”,选择此项功能,使本服务器作为路由器,能与远程路由器连接。如果不选择此项功能,将不能与远程路由器连接。

“此设备的电话号码”有两种不同意义:VPN服务器通过网卡连接到IP网络,端口作为L2TP、PPTP端口时,此处输入的是一个公网IP地址,VPN服务器在该接口接收VPN连接;早期的VPN服务器使用Modem通过电话网连接到网络,在此需要指定一个电话号码。

在“最多端口数”处可以设置连接的最大数量(在0~16 384之间选择)。

第4步,设置完毕,单击“确定”按钮,返回“路由和远程访问”界面。

(3)设定VPN客户权限

第1步,打开“计算机管理(本地)”、“本地用户和组”,选择一个用户,单击鼠标右键,从出现的快捷菜单中选择“属性”,进入用户属性设置对话框。

第2步,单击“拨入”标签项,逐一选择用户名,设置用户的拨入权限,主要有以下内容。

设置远程访问权限:设置用户是否能通过VPN连接访问VPN服务器。如果设置“允许访问”,则本账号用户可以访问VPN服务器或者远程访问服务器。如果“拒绝访问”,则禁止用户访问。

验证呼叫方ID:填入VPN客户密码(如123456)。

回拨选项:对于VPN接入,在“总是回拨到”处设置的是一个回拨的TCP/IP地址,此地址是VPN客户连接到Internet的IP地址。

分配静态IP地址:使用静态地址分配方式,为远程VPN客户分配一个企业内部网络的IP地址。

“应用静态路由”是作为网络路由器时采用的。根据实际情况设置后,单击“确定”按钮完成设置。

(4)远程访问策略的设置

Windows2000默认的远程访问策略是拒绝所有用户访问,只有在用户的拨入属性中设置“允许访问”时才允许用户远程访问服务器。在用户的拨入设置中设置为“通过远程访问策略控制访问”时,必须修改默认的远程访问策略。具体方法如下:

第1步,打开“路由和远程访问”,选取“远程访问策略”,可以看到只有一条策略。

第2步,打开这条策略,可以查看当前策略的具体内容。选取这条策略后,单击鼠标右键,从出现的快捷菜单中选择“属性”可以看到这条策略的具体设置。

在“指定要符合的条件”下方列出了已设置的条件,如果选择“授予远程访问权限”一项,则符合条件的用户将允许进行远程访问连接。

第3步,根据需要进行设置后,单击“确定”按钮,返回远程访问策略设置界面。也可以修改或新建一条策略。

2. 将Windows XP设置为VPN客户机

在Windows XP中使用VPN连接,Windows XP将会自动连接到Internet上,再自动连接VPN服务器。在Windows XP中使用VPN连接的过程如下:

第1步,在Windows XP中打开“网络连接”对话框。

第 2 步，在“网络连接”的对话框中，“网络任务”栏下选择“创建一个新的连接”。

第 3 步，单击“下一步”按钮，进入“网络连接类型”对话框。

第 4 步，选择网络连接类型为“连接到我的工作场所的网络”，单击“下一步”按钮，进入“新建网络连接向导”对话框。

第 5 步，选择“虚拟专用网络连接”，单击“下一步”按钮，进入“连接名”对话框。

第 6 步，输入一个连接名称，如“连接到公司网络”，单击“下一步”按钮，进入“公用网络”对话框。

如果在连接 VPN 之前，没有连接到 Internet；可以选择“自动拨此初始连接”；如果已经连接到 Internet，可以选择“不拨初始连接”。

第 7 步，根据实际情况选择到公用网络的连接之后，单击“下一步”按钮，进入“VPN 服务器选择”对话框。

第 8 步，“VPN 服务器选择”对话框中输入远程 VPN 服务器的 IP 地址，输入之后，单击“下一步”按钮，并将其添加在计算机桌面，至此名为“连接到公司网络”的 VPN 连接创建完成。

第 9 步，双击“连接到公司网络”，打开 VPN 连接，输入用户名和密码，点击“连接”，可以将计算机连接到公司的 VPN。

（二）用 VPN 路由器构建虚拟专用网络

两个私有网络 192.168.0.0 和 192.168.1.0，使用两台 VPN 路由器，通过网络 172.18.0.0，使用静态 IP 地址 172.18.193.10、172.18.193.20，在网络层建立 IPSec 隧道，将两个私有网络 192.168.0.0 和 192.168.1.0 互联为虚拟专用网络。如图 6-25 所示为用 VPN 路由器将两个内部网络互联为 VPN。

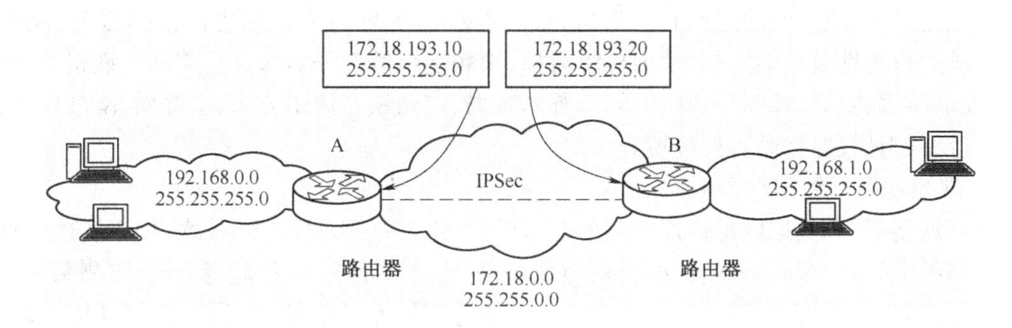

图 6-25　用 VPN 路由器将两个内部网络互联

通过对 VPN 路由器进行相应设置后，两个私网之间能互相访问，具体的设置在本书不作详细介绍，读者可以参考其他资料进行设置。

第六节　铁路数据网简介

一、目前铁路数据网现状

随着计算机和通信技术的发展，各行各业迫切要求建立先进的计算机网络，铁道部在 1992 年开始，先后建设了 X.25、帧中继网络 FR、ATM 网络。其网络规模覆盖全国各铁路局及铁路站段，地理位置主要在铁路沿线。

X. 25 网络原来主要承载铁路各种 MIS(Management Information System)系统的业务，为其提供低速数据通道，随着业务量的增加，业务通道需要的带宽逐渐增大，由于 X. 25 网络提供的通道带宽较小(在 2 M 以下)，因此，X. 25 网络原有业务基本上导入帧中继或 ATM 网络上，X. 25 网络目前不再使用。

帧中继、ATM 网络，主要为铁路各 MIS 系统提供通道。网络中继带宽大多采用 2 M 或 $N\times2$ M 速率，少数链路采用 STM-1 速率。

ATM/帧中继网络在铁通成立后，已移交铁通，铁路仅为铁通 ATM/帧中继网络的客户、大客户，铁通为铁路的各 MIS 系统提供 ATM/帧中继通道。

2007 年 4 月铁路进行了第六次提速，列车行驶速度增加到每小时 200 公里，随着列车行驶速度的加快，将需要更多的、准确的信息，辅以更加先进的技术手段来保证列车的行车安全。目前铁路的各种数据业务，基本上都是 IP 数据业务，铁路信息化的发展需求，也正向 IP 需求集中，同时，由于 IP 网络能承载数据、语音、图像，因此，从数据网络技术发展趋势上看，正向 IP 技术这一种数据网络形式集中。

目前铁路既有的 IP 数据网，是铁路为 TMIS、CTC/TDCS、客票、公安系统等分别独立建设的 IP 数据承载网络，网络带宽很低(基本为 2 M 或 $n\times2$ M 等的连接)，设备等级也较低，不能满足铁路信息化发展的需要。

随着我国铁路正快速跨越式的发展，目前及今后几年，将建设多条 300 km/h 的客运专线铁路及 200 m/h 客货混运铁路。随着这些铁路的建设，也同期建设着为本铁路数据业务服务的共用 IP 数据网络。

二、铁路局 IP 数据网举例

各铁路局 IP 数据网的建设是为适应铁路的发展，更好地为铁路生产指挥服务，满足 5T 业务需求的迫切性及视频监控、动力环境监控、视频会议等业务需求。目前既有铁路的各铁路局，如北京局、西安局、郑州局、呼和局、乌鲁木齐局、广州铁路集团公司、上海局、南昌局及胶济线等，其铁路 IP 数据网已初见规模。

1. 郑州铁路局铁路数据网

郑州铁路局 IP 数据网是内部专用的“互联网”，组网基于 TCP/IP 技术，用于实现铁路局、各站段到各中间站、车间、班组的办公联网系统、视频会议系统、远程监视系统、监测系统、铁路信息系统、运输指挥管理系统、行车安全监测系统等不同系统的接入，为铁路信息化建设提供通道承载服务。

(1)郑州铁路局 IP 数据网网络结构

该网络为三层结构，分为核心层、汇聚层、接入层。核心层节点为路局节点，汇接本路局业务，上联总部和铁道部。负责汇接本路局业务，给各汇聚层节点提供高带宽的业务平面承载和交换通道，是郑州铁路局 IP 数据网的基石。它采用最先进的、高吞吐的路由器，以保证网络的稳定、可靠和业务畅通。汇聚层节点为本路局内的地区汇接节点，负责本地区业务的汇聚和转发，在网络中起到承上启下的作用，是用户连接骨干层的桥梁，配置较高性能的路由器。接入层节点按近中远期逐步覆盖本路局内各个站点。

(2)郑州铁路局 IP 数据网网络组成

核心层：设置主、备两台 T128 路由器。汇聚层：在河南铁通支撑中心(郑州)、南阳通信站、洛阳东通信站、新乡通信站分别设置两台 T64 汇聚路由器。接入层：在郑州(分局)、郑州北、许昌、开封、商丘、峡西、南阳、宝丰、唐河、三门峡、洛阳东、济源、长治北、新乡、焦作和安阳通信机械室各配置一台 GER08 路由器。如图 6-26 所示。

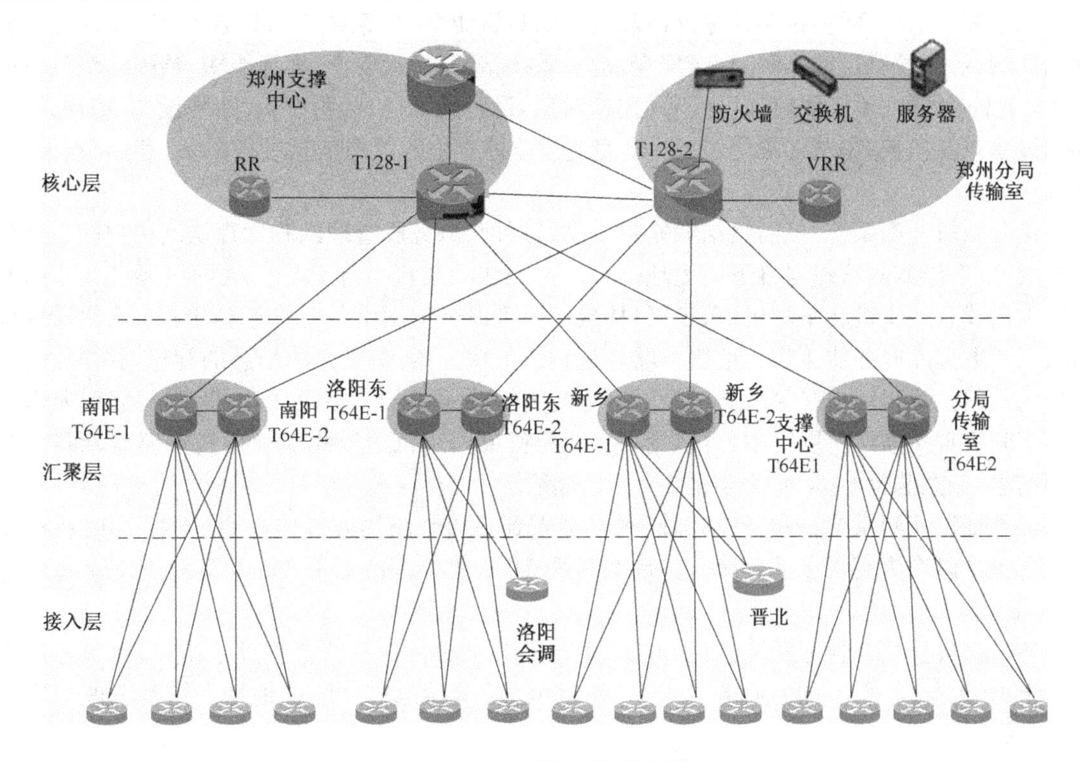

图 6-26　IP 数据网网络结构

(3)郑州铁路局 IP 数据网连接方式

核心层:分别在河南铁通支撑中心(郑州)和郑州(分局)设置主、备两台路由器,采用 GE 端口互联,互为备份。核心层设备预留与全国骨干网互联的接口(GE 或 622M POS)。汇聚层:每个汇聚节点设置两台路由器,采用 GE 端口互联,互为备份。洛阳东和郑州汇聚节点两台路由器分别通过 GE 接口上联郑州核心层路由器。南阳和新乡汇聚路由器中的一台通过 GE 接口上联郑州核心路由器中的一台;另一台路由器通过 POS155 接口与洛阳东汇聚路由器相连,作为备份链路。接入层:根据既有传输资源情况,PE 路由器通过 FE、POS155 或 N * 2M 接口双(直连或经过两套不同的传输系统)/单上联至所属区域汇聚路由器。

(4)郑州铁路局 IP 数据网用户接入方式

二层交换机接入方式:在车站机械室新设二层交换机,通过传输链路上连至所属骨干网接入层的 GER08 上。其优点是结构简单,建设成本低。但由于单链路上联,无法实现电路和业务保护。

路由器接入方式:在车站机械室新设路由器,通过两条传输链路分别上连至骨干网接入层的两台 GER08 上。其优点是双链路上联,可以实现电路和业务的保护。但受路由器端口数量限制,接入能力有限。若采用 DSLAM 接入,清算单价低。

路由器+二层交换机接入方式:在车站机械室新设路由器和二层交换机,通过两条传输链路分别上连至骨干网。接入层的两台 GER08 上。不同的业务可以分别接到路由器不同的端口上。其优点是双链路上联,可以实现电路和业务保护,接入业务方式多,数量不受限制,但建设成本较高。

(5)郑州铁路局 IP 数据网承载业务

综合视频监控系统:按照传输网络和视频信息资源共享、系统平台构建和 IP 地址统一规划的原则,针对铁路运输生产、行车安全、应急救援指挥、货运安全、客运组织、治安防范等不同需要,在不同场所、不同线路,针对不同监控对象,设置摄像机、照明设备、网络设备、传输设备、存储设备以及监控/浏览终端等设备,以完成对监控对象的图像信息进行采集、存储、查询、分析处理等。

信号微机监测系统:该网络结构是由车站基层网、电务段管理网和远程访问用户网三部分组成的、以多级监测管理层自下而上地逐级汇接而成的层次型计算机广域网络系统。车站基层网由沿线各站主机和车间机(领工区)构成。电务段管理网由一台服务器和若干台终端构成局域网。数据库服务器兼作通信服务器和远程访问服务器,负责监测信息的管理,并接收终端用户的访问。远程用户终端可通过拨号网络与电务段服务器或各站工控机连接,索取所需信息。车间机直接连在基层网中,可以用一台工控机或商用机运行相应软件查询所管辖各站的监测信息,带宽需要 64 k,每个点需 1 个 IP 地址。

红外轴温探测系统:各红外轴温探测点接入到郑州铁路局红外中心服务器,同时各行车调度台也可以作为复视点进行接入。带宽需要 64 k,每个探测点需 4～8 个 IP 地址,每台电脑终端 1 个 IP 地址。

各类办公及综合管理系统:对于电务、工务等系统的办公及综合管理系统,每台服务器需要若干 IP 地址(根据不同的业务分类)。每台电脑终端需要 1 个 IP 地址。带宽一般只需要 64～200 k。

其他铁路局基本类似。如北京铁路局铁路数据网。

该局网络构建为:一个独立的 AS 域,由核心节点、汇聚节点、接入节点构成。在北京设置局主、备核心节点路由器,在天津、石家庄分别设置汇聚节点路由器,北京地区汇聚节点路由器由局备用核心节点路由器承担。根据业务情况设置接入层节点路由器。其路由器分别采用 NE80 和 NE40。

如图 6-27 是北京局铁路数据网拓扑结构。

2. 西安铁路局铁路数据网

西安铁路局铁路数据网网络由核心节点、汇聚节点、接入节点构成。核心节点设置三台 NE80 路由器,通过 GE 互联。汇聚节点设置两台 NE20 路由器,与核心节点路由器采用 155 Mbit/s POS(Packet OVER SDH)接口互联。接入层节点与相邻接入层节点链状互联后通过 FE 或 2M 接口上联至汇聚节点路由器。接入层采用华为 AR2811 路由器。AR28 系列路由器能分别提供 1 端口的 POS 模块和 1 端口的 CPOS 模块。

1CPOS 是 1 端口通道化 SDH/SONET 接口卡的简称,其中 C 表示 Channelized,POS 表示 Packet Over SDH/SONET。1CPOS 支持 1 个 STM-1/OC3 多通道接口卡,支持 155.52 Mbit/s的通信速率。

1CPOS 接口卡分为 RT-1CPOS(E)和 RT-1CPOS(T)两种型号,其中 RT-1CPOS(E)接口卡支持 E1 制式,而 RT-1CPOS(T)接口卡支持 T1 制式。1POS 是 1 端口 SDH/SONET 接口卡的简称,其中 POS 表示 Packet Over SDH/Sonet,1POS 接口传输速率为 STM-1/OC-3 (155.52 Mbit/s)。1POS 在数据链路层可以使用 PPP、帧中继和 HDLC 协议,在网络层使用 IP 协议。1POS 接口的功能是实现数据包在 SONET/SDH 上的直接传输。网络结构如

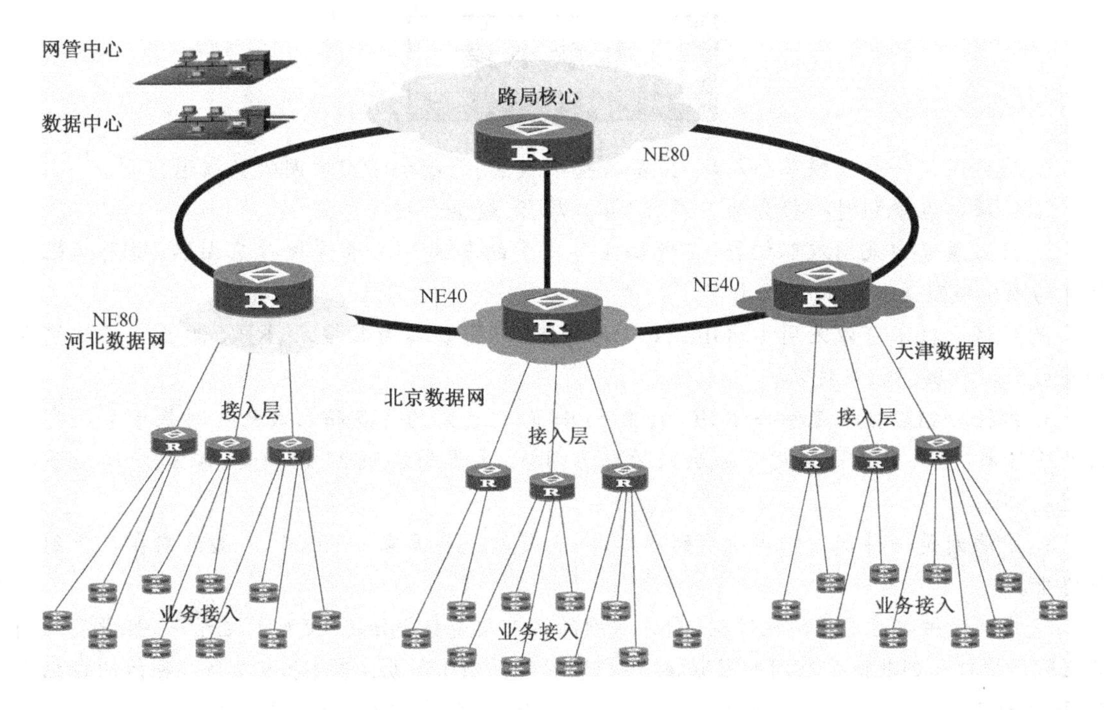

图 6-27　铁路局数据网网络结构示意图

图 6-28 所示。

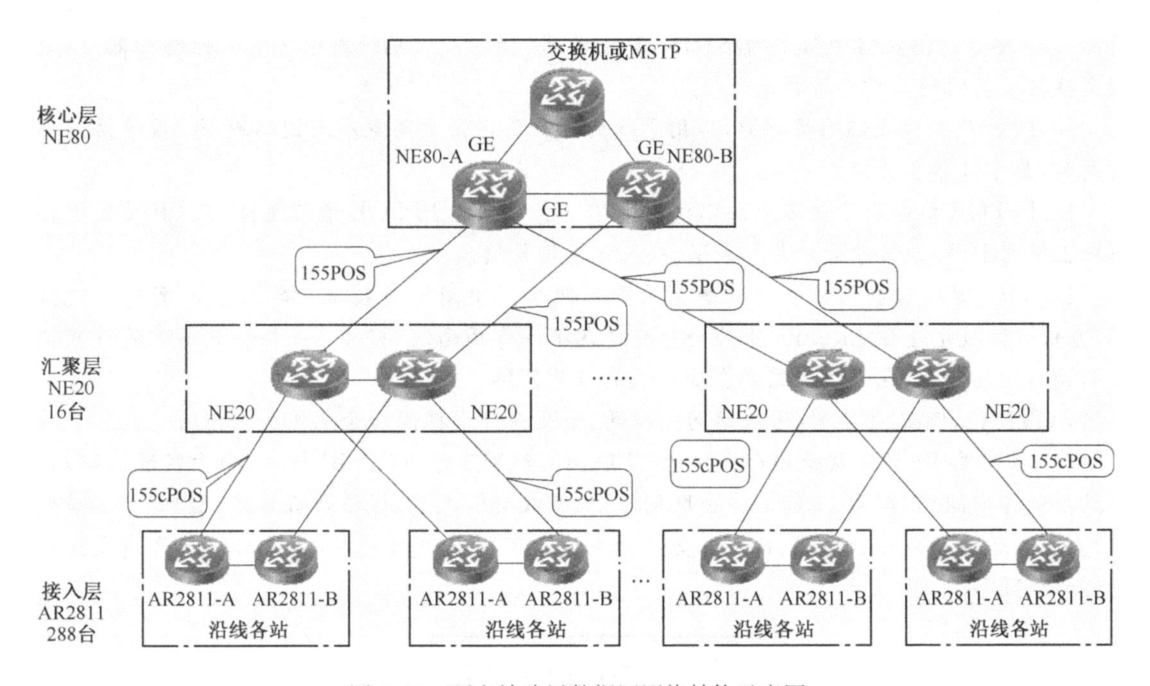

图 6-28　西安铁路局数据网网络结构示意图

本章小结

1. 城域网是一个互联多个局域网、覆盖整个城区、范围小于广域网的数据通信网。

2. 城域网在规划时一般分为三层,即核心层、汇聚层和接入层。

3. 核心层通常采用双环拓扑,在数据业务集中的各通信局设置核心路由器,使用两根光纤作为物理链路连接核心层路由器。

4. 城域网技术可以采用 10 Gbit/s 以太网技术、高速路由器技术、RPR 弹性分组环技术等局域网和广域网相应技术。

5. 弹性分组环技术是结合了 SONET/SDH 和以太网的优点而形成的一种基于分组交换的网络技术,主要目标是应用于城域网的环形网络,属于局域网 MAC 子层标准,能适应多种物理层协议。

6. 广域网是一种覆盖广阔地域的网络,一般覆盖一个国家、一个洲,覆盖范围在几千到上万公里。

7. 广域网核心层采用网状结构,IP 广域网的核心层是数据传输、交换的主干网,且设有到国际互联网接口和到其他广域网的互联接口;广域网的区域汇聚层汇聚、分散各个服务区的数据流量;IP 广域网接入层由各个省公司的数据通信网络组成,将省内的各个城域网接入广域网。

8. 当前广域网采用的主要技术有:IP Over SDH/SONET、IP Over SDH Over DWDN、IP+Optical。

9. 线路卡是插在路由器上的接口卡,路由器通过线路卡、光纤或电缆与其他路由器、以太网交换机及其他网络设备连接。

10. PPP 是点对点链路控制协议,用于路由器和路由器之间点对点链路或 PC 拨号访问因特网时,属于链路层协议。

11. PPPOE 协议用于在多点的以太网上建立点对点的 PPPOE 虚拟连接,在 PPPOE 连接基础上使用 PPP 协议对用户进行验证、接入和数据传输。

12. VPN 是一种利用公共网络建立的专用网络。使用隧道技术、加密技术,密钥管理技术、身份认证技术等在 Internet 上为企业开通虚拟的专用通道,将其分布在世界各地的计算机或局域网连接起来,在逻辑上组建企业自己的专用网络。

13. VPN 分为三种类型:远程访问虚拟网、企业内部虚拟网和企业扩展虚拟网。

14. 铁路局 IP 数据网是内部专用的"互联网",组网基于 TCP/IP 技术,用于实现铁路局、各站段到各中间站、车间、班组的办公联网系统、视频会议系统、远程监视系统、监测系统、铁路信息系统、运输指挥管理系统、行车安全监测系统等不同系统的接入,为铁路信息化建设提供通道承载服务。

复习思考题

1. 城域网规划设计分为哪些层次?

2. 可以采用哪些技术组建城域网?举例说明。

3. IEEE802.17 弹性分组环 RPR 具有哪些特点?

4. 广域网有哪些特点?

5. IP 广域网采用的技术有哪些?

6. 简述广域网提供的服务类型?

7. PPP 协议栈包含有哪些主要的协议? 这些协议的作用是什么?

8. 简述 PPP 链路建立过程和 PPP 帧格式。

9. 简述 PPPOE 协议的定义和连接过程。

10. 什么是 VPN? VPN 有哪些类型?

第七章 Internet 的应用

Internet 作为全球最大的互联网络，Internet 上的丰富资源和服务功能更是具有极大的吸引力。本章主要介绍与 Internet 相关的一些概念、服务与应用。

第一节 Internet 概述

Internet 是由成千上万的不同类型、不同规模的计算机网络和计算机主机组成的覆盖全世界范围的巨型网络。Internet 的中文名称为"因特网"。

从技术角度来看，Internet 包括了各种计算机网络，从小型的局域网、城市规模的城域网，到大规模的广域网。计算机主机包括了 PC 机、专用工作站、小型机、中型机和大型机。这些网络和计算机通过通信线路（如电话线、高速专用线、微波、卫星、光缆）、路由器连接在一起，在全球范围内构成了一个四通八达的"网间网"，图 7-1 显示了 Internet 的用户视图和典型内部结构。其中路由器是 Internet 中最为重要的设备，它借助统一的 TCP/IP 协议实现了 Internet 中各种异构网络间的互联，并提供了最佳路径选择、负载平衡和拥塞控制等功能。如果将通信线路比作道路，那么路由器就好比是十字路口的交通指挥警察，指挥和控制车辆的流动，并防止交通阻塞。

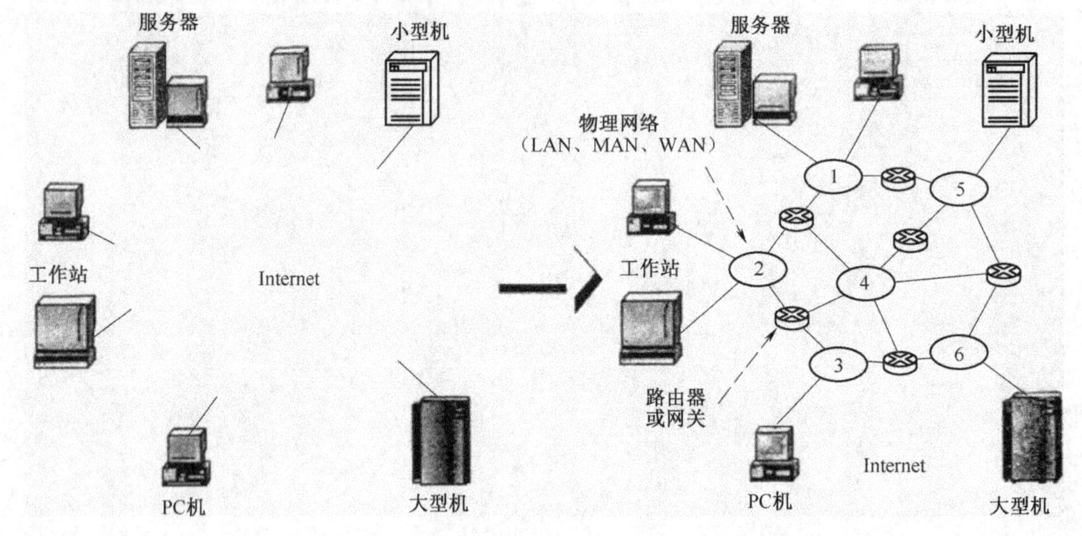

图 7-1 Internet 的用户视图和典型内部结构

Internet 起源于美国，并由美国扩展到世界其他地方。在这个网络中，其核心的几个最大的主干网络组成了 Internet 的骨架，它们主要属于美国的 Internet 服务供应商。通过主干网络之间的相互连接，建立起一个非常快速的通信网络，承担了网络上大部分的通信任务。每个主干网络间都有许多交汇的节点，这些节点将下一级较小的网络和主机连接到主干网络上，这些较小的网络再为其服务区域的公司或个人提供连接服务。

从应用角度来看，Internet 是一个世界规模的巨大的信息和服务资源网络，它能够为每一个 Internet 用户提供有价值的信息和其他相关的服务。也就是说，通过使用 Internet，世界范围的人们既可以互通消息、交流思想，又可以从中获得各方面的知识、经验和信息。

一、Internet 提供的主要服务

Internet 是一个庞大的互联系统，它通过全球的信息资源和入网的 170 多个国家的数百万个网点，向人们提供了包罗万象、瞬息万变的信息。由于 Internet 本身的开放性、广泛性和自发性，可以说，Internet 上的信息资源是无限的。

人们可以在 Internet 上迅速而方便地与远方的朋友交换信息，可以把远在千里之外的一台计算机上的资料瞬间复制到自己的计算机上，可以在网上直接访问有关领域的专家，针对感兴趣的问题与他们进行讨论。人们还可以在网上漫游、访问和搜索各种类型的信息库、图书馆甚至实验室。很多人在网上建立自己的主页（Homepage），定期发布自己的信息。所有这些都应当归功于 Internet 所提供的各种各样的服务。从数据传输方式的角度来说，Internet 提供的主要服务包括：网络通信、远程登录、文件传送以及网上信息服务等。

1. 网络信息服务

网络信息服务主要指信息查询服务和建立信息资源服务。Internet 上集中了全球的信息资源，是存储和发布信息的地方，也是人们查询信息的场所。信息资源是 Internet 最重要的资源。信息分布在世界各地的计算机上，主要内容有：教育科研、新闻出版、金融证券、医疗卫生、计算机技术、娱乐、贸易、旅游、商业和社会服务等。

Web 是在 Internet 上运行的信息系统，Web 是 www（World Wide Web）的简称，译为万维网，又称全球信息网。Web 将世界各地信息资源以超文本或超媒体的形式组织成一个巨大的信息网络，它是一个全球性的分布式信息系统，用户只要使用 Web 浏览器的软件，就可以随心所欲地在万维网中漫游，获取感兴趣的信息。因而，www 服务是目前使用最普及、最受欢迎的一种信息服务形式。

2. 电子邮件（E-mail）服务

电子邮件又称电子信箱，它是网上的邮政系统，是一种以计算机网络为载体的信息传输方式。电子邮件与普通邮政邮件的投递方式很类似。在电子邮件系统中，如果你是 Internet 电子邮件用户，在互联网系统中就有一个属于你的电子信箱和电子信箱的地址，当然这些信箱的地址在 Internet 上是唯一的。你可以通过 Internet 收发你的电子邮件。与传统的邮政系统相比，电子邮件具有速度快、信息量大、价格便宜、信息易于再使用等优点。

3. 文件传输服务

文件传输是在 Internet 上把文件准确无误地从一个地方传输到另一个地方。利用 Internet 进行交流时，经常需要传输大量的数据和各种信息，所以文件传输是 Internet 的主要用途之一。在 Internet 上，许多 FTP 服务器对用户都是开放的，有些软件公司在新软件发布时，常常将一些试用软件放在特定的 FTP 服务器上，用户只要把自己的计算机连入 Internet，就可以免费下载这些软件。

4. 远程登录服务

远程登录是将用户本地的计算机通过网络连通到远程计算机上，从而可以使用户像坐在远程

计算机面前一样使用远程计算机的资源，并运行远程计算机的程序。一般来说，用户正在使用的计算机为本地计算机，其系统为本地系统，而把非本地计算机看作是远程计算机，其系统为远程系统。远程与本地的概念是相对的，不根据距离的远近来划分。远程计算机可能和本地计算机在同一个房间、同一校园，也可能远在数千公里以外。通过远程登录可以使用户充分利用各方资源。

5. 电子公告牌服务

计算机化的公告系统允许用户上传和下载文件以及讨论和发布通告等，电子公告牌使网络用户很容易获取和发布各种信息，例如问题征答和发布求助信息等等。

6. 网络新闻服务

在 Internet 上还可以建立各种专题讨论组，趣味相投的人们通过电子邮件讨论共同关心的问题。当你加入一个组后，可以收到组中任何人发出的信件，当然，你也可以把信件发给组中的其他成员。利用 Internet，你还可以收发传真、打电话甚至国际电话，在高速宽带的网络环境下甚至可以收看视频广播节目以及召开远程视频会议等。

二、Internet 在我国的发展

Internet 在我国的发展起步较晚，但由于起点比较高，因此发展速度也很快。1986 年，北京市计算机应用技术研究所开始与国际连网，建立了中国学术网 CANET(Chinese Academic Network)。1987 年 9 月，CANET 建成中国第一个因特网电子邮件节点，并于 9 月 14 日发出了中国第一封电子邮件，揭开了中国人使用互联网的序幕。

1989 年 10 月，高技术信息基础设施项目(The Nnational Computing and Networking Facility of China，NCFC)正式启动。1993 年 12 月，以高速光缆和路由器实现 NCFC 工程的中科院院网(CASNET)、清华大学校园网(TUNET)和北京大学校园网(PUNET)的主干网互连。1994 年 4 月，NCFC 开通了连入 Internet 的 64 kbit/s 国际专线，实现了与 Internet 的全功能连接。1994 年 5 月，建立了中国国家顶级域名(CN)服务器，并将该服务器放在了国内。1995 年 1 月，NCFC 开始向社会提供 Internet 接入服务。

1994 年以后，国内陆续开始筹建 CERNET、CHINAGBN、CSTNET、CHINANET 四大互连网络，这四大网络分别在经济、文化和科学领域扮演不同的重要角色。

1. 中国教育和科研计算机网

中国教育和科研计算机网(CERNET)于 1994 年 7 月试验开通：1995 年 7 月，CERNET 接通了第一条连接美国的 128 kbit/s 国际专线。中国教育和科研计算机网主要实现校园间的计算机连网和信息资源共享，并与国际学术计算机网络互连。整个网络分主干网、地区网、校园网 3 个层次，网管中心设在清华大学，负责主干网的规划、实施、管理和运行，地区网管中心分别设在北京、上海等 8 个城市，负责为该地区各高校校园网提供接入服务。

2. 中国金桥信息网

1996 年 9 月，中国金桥信息网(CHINAGBN)连入美国的 256 kbit/s 专线正式开通，开始提供 Internet 服务。它充分利用现有资源，以天上卫星网与地面光纤网互连网络该心骨干层(以卫星通信为主)，建成具有一定规模的、覆盖全国的信息通信网络，为国家宏观经济调控和决策服务，并且提供专线集团用户的接入和个人用户的单点上网服务。

3. 中国科学技术计算机网

1995 年 12 月，中国科学技术计算机网(CSTNET)(简称中国科技网)完成建设，实现了国内各学术机构的计算机互连并和 Internet 相连，主要提供科技信息服务，并承担国家域名服务的功能。

4. 中国公用计算机互联网

1996年1月,中国公用计算机互联网(CHINANET)全国骨干网建成并正式开通,它采用分层体系结构,由核心层、区域层、接入层组成,全国设8个大区,共32个节点,实现了全国范围的公用计算机的网络互连,主要提供商业服务。1997年10月,CHINANET实现了与中国其他3个互联网络即CSTNET、CERNET、CHINAGBN的连通。

进入2000年以来,中国互联网的发展更加迅速,截至2010年6月底,中国网民规模突破了4亿大关,较2009年底增加3 600万人,互联网普及率攀升至31.8%;手机网民规模为2.77亿,半年新增手机网民4 334万。中国国际出口带宽的总容量2010年年中达到998 217 Mbit/s,半年增长率为15.2%,增长非常迅速,如图7-2所示。

	国际出口带宽数(Mbit/s)
中国电信	616 703.45
中国联通	330 599
中国科技网	10 422
中国教育与科研计算机网	9 932
中国移动互联网	30 559
中国国际经济贸易互联网	2
合计	998 217.45

图7-2 主要骨干网络国际出口带宽数

在IPv6领域,我国已经达到国际先进水平。1999年底,建立了全国性的IPv6试验网。2003年,以国家战略项目——中国下一代互联网示范工程启动为标志,我国IPv6商用化进程进入了实质性发展阶段,中国的五大运营商也全面加入IPv6规模部署阵营。以IPv6为基础核心协议的下一代网络将成为国家信息化的基础设施,并带动国民经济从基础教育、科研、医疗、能源、交通、金融、环保、工业、家电产业等各行各业的全面发展。

第二节 域名系统DNS

在TCP/IP互联网中,可以使用32位整数形式的IP地址来识别主机。虽然这种地址能方便地表示互联网中传递分组的源地址和目的地址。但是,对一般用户而言,IP地址还是过于抽象,用户更愿意利用好读、易记的ASCII字符串为主机指派名字。这种特殊用途的ASCII字符串被称为域名。例如,人们很容易记住代表南京铁道职业技术学院网站的域名www.njrts.edu.cn,但是如果要求人们记住该院网站的IP地址210.28.168.11恐怕就会很难。但是,一旦引入了域名,就需要为应用程序提供关于域名和IP地址之间的映射服务,否则应用程序就无法借助域名来实现目的主机的IP寻址。早期的Internet使用了非等级的名字空间。虽然从理论上讲,可以只使用一个域名服务器,使它装入所有的主机名,并回答所有对IP地址的查询,但当Internet上用户数急剧增加时,这种用非等级的名字空间来管理一个很大的而且经常会变化的名字集合的做法是非常困难的。为了解决这个问题,提出了域名系统(Domain Name System,DNS),它通过分级的域名服务和管理功能提供了高效的域名解释服务。

实质上,主机名是一种比IP更高级的地址形式,主机名的管理、主机名－IP地址映射等是域名系统要解决的重要问题。为了更加方便国内用户使用因特网,目前还推出了中文域名访问系统。

一、Internet 的域名结构

在 TCP/IP 互联网上我们采用了层次树状结构的命名方法,称之为域树结构,其通常的结构是:hostname. domain,即主机名+它所在域的名字。采用这种命名方法,任何一个连接在 Internet 上的主机或路由器都有唯一的层次结构名字。这里的域(domain)是指由地理位置或业务类型而联系在一起的一组计算机构成的一种集合,一个域内可以容纳多台主机。在域中,所有主机用域名(domain name)来标识,以替代主机的 IP 地址。

域名空间的分级结构有点类似于邮政系统中的分级地址结构,如"中国江苏省南京铁道职业技术学院张三"。

图 7-3 所示为关于域名空间分级结构的示意图,整个形状如一棵倒立的树。根节点不代表任何具体的域,被称为根域(root);在根域之下,是几百个国际通用顶级(top-level)域,每个通用顶级域除了可以包括许多主机外,还可以被进一步划分为子域;子域之下除了可以有主机之外,也可以有更小的子域;图中的叶子节点代表没有子域的域,但这种叶子域可以包含若干台主机。

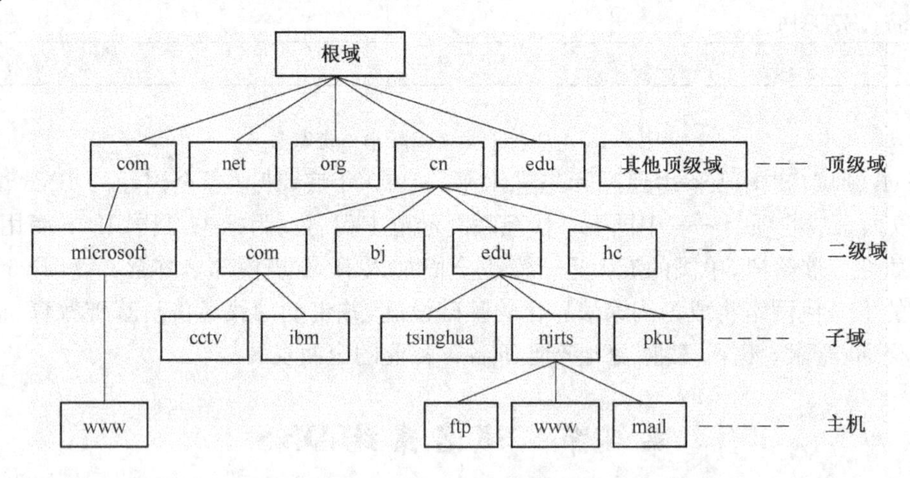

图 7-3 Internet 的域名结构

通用顶级域的划分采用了两种划分模式,即组织模式和地理模式。组织模式最早只有 7 个,分别是 COM(商业机构)、EDU(教育单位)、GOV(政府部门)、MIL(军事单位)、NET(提供网络服务的系统)和 ORG(非 COM 类的组织)、INT(国际组织)。由于因特网上用户数量急剧增加,ICANN 又新增加了 7 个通用项级域名,即:store(销售公司或企业),info(提供信息服务的单位)、nom(个人)、firm(公司企业)、web(WWW 活动的单位)、arts(文化、演出单位)、fee(消遣、娱乐活动的单位)。地理域是指代表不同国家或地区的顶级域,如 CN 表示中国、UK 表示英国、PR 表示法国、JP 表示日本、HK 代表中国香港等。

采用分级结构的域名空间后,每个节点就采用从该节点往上到根的路径命名,称之为域名。在域名的书写中,路径名的长度最多达 63 个字符,路径名之间用圆点". "分隔,路径全名则不能超过 255 个字符。例如,在图 7-3 中关于南京铁道职业技术学院 Web 服务器的域名就应表达为 www. njrts. edu. cn。注意,域名对大小写不敏感,因此 edu 和 EDU 的写法是一样的。

二、Internet 的域名管理

与 Internet 的域名的分级结构相对应，域名管理也采用层次化管理。在图 7-4 显示的层次化树型管理机构中，中央管理机构将其管辖下的节点定义为 com、edu、cn、us 等。与此同时，中央管理机构还将其 com、edu、cn、us 的下一级节点的管理分别授权给 com 管理机构、edu 管理机构、cn 管理机构和 us 管理机构。同样，cn 管理机构又将 com、edu、bj、tj 等节点分配给它的下述节点，分别交由 com 管理机构、edu 管理机构、bj 管理机构和 tj 管理机构进行管理。只要图 7-4 中的每个管理机构能够保证其管辖的下一层节点不出现重复和冲突，从树叶到树根（或从树根到树叶）路径上各节点的有序序列就不会重复和冲突，由此而产生的互联网中的主机名就是全局唯一的。

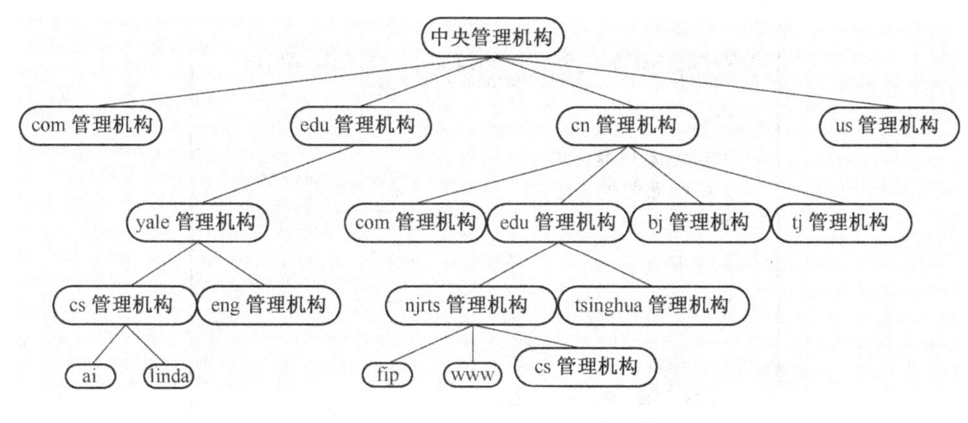

图 7-4　层次化树型域名管理机构

三、域名解析

域名系统的提出为 TCP/IP 互联网用户提供了极大的方便。通常构成域名的各个部分（各级域名）都具有一定的含义，相对于主机的 IP 地址来说更容易记忆。但域名只是为用户提供了一种方便记忆的手段，主机之间不能直接使用域名进行通信，仍然要使用 IP 地址来完成数据的传输。所以当应用程序接收到用户输入的域名时，域名系统必须提供一种机制，该机制负责将域名映射为对应的 IP 地址，然后利用该 IP 地址将数据送往目的主机。

（一）域名服务器与域名解析算法

那么到哪里去寻找一个域名所对应的 IP 地址呢？这就要借助于一组既独立又互相协作的域名服务器完成。这组域名服务器是解析系统的核心。

所谓的域名服务器实际上是一个服务器软件，运行在指定的主机上，完成域名－IP 地址映射，把运行域名服务软件的主机叫做域名服务器，该服务器通常保存着它所管辖区域内的域名与 IP 地址的对照表。相应地，请求域名解析服务的软件叫域名解析器。在 TCP/IP 域名系统中，一个域名解析器可以利用一个或多个域名服务器进行名字映射。

在 TCP/IP 互联网中，对应于域名的层次结构，域名服务器也构成一定的层次结构，每一个域名服务器都只对域名体系中的一部分进行管辖。域名服务器有三种类型：

1. 本地域名服务器

本地域名服务器（Local Name Server）也称默认域名服务器，当一个主机发出 DNS 查询报文时，这个报文就首先被送往该主机的本地域名服务器。在用户的计算机中设置网卡的"Internet 协议(TCP/IP)属性"对话框中设置的首选 DNS 服务器即为本地域名服务器。如图 7-5 所示。本地域名服务器离用户较近，一般不超过几个路由器的距离。当所要查询的主机也属于同一本地 ISP 时，该本地域名服务器立即就将能所查询的主机名转换为它的 IP 地址，而不需要再去询问其他的域名服务器。

2. 根域名服务器

目前因特网上有十几个根域名服务器(root name server)，大部分都在北美。当一个本地域名服务器不能立即回答某个主机的查询时，该本地域名服务器就以 DNS 客户的身份向某一根域名服务器查询。

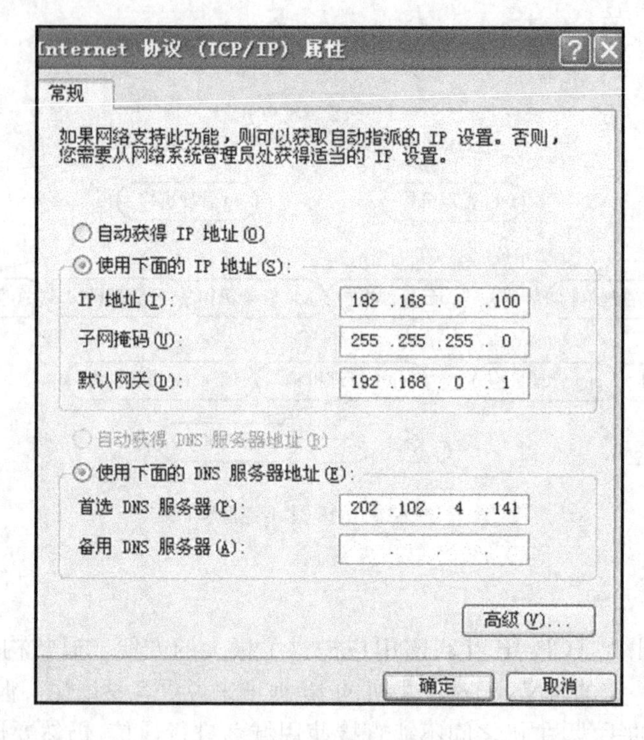

图 7-5 设置本地域名服务器

若根域名服务器有被查询主机的信息，就发送 DNS 回答报文给本地域名服务器，然后本地域名服务器再回答给发起查询的主机。但当根域名服务器没有被查询主机的信息时，它一定知道某个保存有被查询主机名字映射的授权域名服务器的 IP 地址。通常根域名服务器用来管辖顶级域(如 .com)。根域名服务器并不直接对顶级域下面所属的域名进行转换，但它一定能够找到下面的所有二级域名的域名服务器。

3. 授权域名服务器

每一个主机都必须在授权域名服务器处注册登记。通常，一个主机的的授权域名服务器就是它的本地 ISP 的一个域名服务器。实际上，为了更加可靠地工作，一个主机最好有至少两个授权域名服务器。许多域名服务器同时充当本地域名服务器和授权域名服务器。授权域名服务器总是能够将其管辖的主机名转换为该主机的 IP 地址。

域名解析有两种方式。第一种叫递归解析(recursive resolution)，要求域名服务器系统一次性完成全部名字—地址变换。第二种叫反复解析(iterative resolution)，每次请求一个服务器,不行再请求别的服务器。图 7-6 描述了一个简单的域名解析过程。

例如,一位用户希望访问名为 www. njrts. edu. cn 的主机．当应用程序接收到用户输入的 www. njrts. edu. cn,解析器首先向已知的那一台域名服务器发出查询请求。如果使用递归解析方式,该域名服务器将查询 www. njrts. edu. cn 的 IP 地址(如果在本地服务器找不到,本地服务器就向其所知道的其他域名服务器发出请求,要求其他服务器帮助查找),并将查询到的 IP 地址回送给解析器程序,如图 7-6 所示。但是,在使用反复解析方式的情况下,如果此域名服务器未能在当地找到 www. njrts. edu. cn 的 IP 地址,那么,它仅仅将有可能找到该 IP 地址的域名服务器地址告诉解析器应用程序,解析器需向被告知的域名服务器再次发起查询请求,如此循环下去,直到查到结果为止,如图 7-6(b)所示。

图 7-6　递归解析和反复解析示意图

(二)域名解析的完整过程示例

假如一个应用程序需要访问名字为 www. njrts. edu. cn 的主机,其较为完整的解析过程如图 7-7 所示。

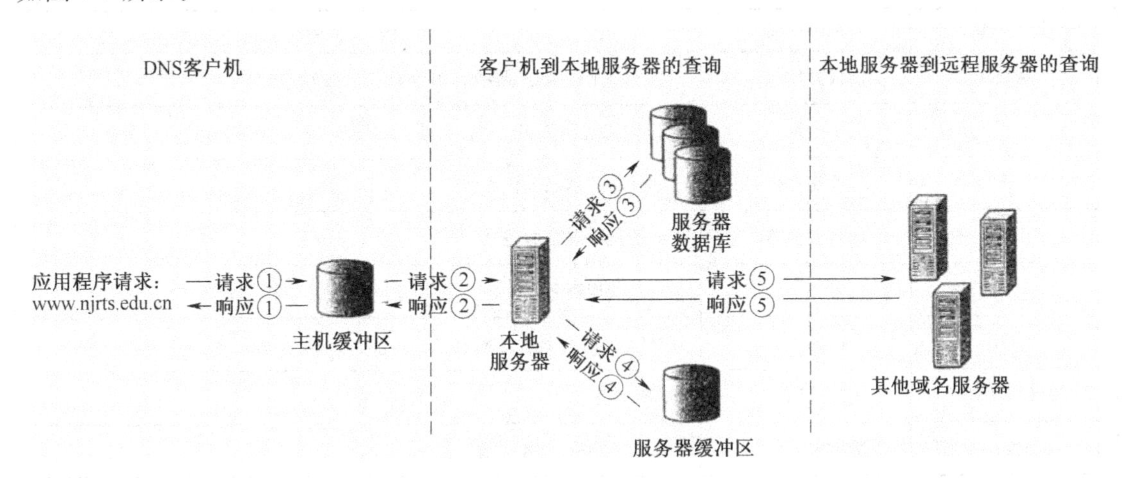

图 7-7　域名解析的完整过程

1. 域名解析器首先查询本地主机的缓冲区,查看主机是否以前解析过主机名 www. njrts. edu. cn。如果在此找到 www. njrts. edu. cn 的 IP 地址,解析器立即用该 IP 地址响应应用程序。如果主机缓冲区中没有 www. njrts. edu. cn 与其 IP 地址的映射关系,解析器将向本地域名服务器发出请求。

2. 本地域名服务器首先检查 www. njrts. edu. cn 与其 IP 地址的映射关系是否存储在它

的数据库中。如果是,本地服务器将该映射关系传送给请求者;如果不是,本地服务器将查询它的高速缓冲区,检查是否在自己的高速缓冲区中存储有该映射关系。如果在高速缓冲区中发现该映射关系,本地服务器将使用该映射关系进行应答。如果在本地服务器的高速缓冲区中也没有发现 www. njrts. edu. cn 与其 IP 地址的映射关系,那么,只好请其他域名服务器帮忙了。

3. 在其他域名服务器接收到本地服务器的请求后,继续进行域名的查找与解析工作,当发现 www. njrts. edu. cn 与其 IP 地址的对应关系时,就将该映射关系送交给提出请求的本地服务器。进而,本地服务器再使用从其他服务器得到的映射关系响应客户端。

除了将域名解析为 IP 地址外,系统有时候还需要将 IP 地址解析为域名。例如,当一台远程主机以 IP 地址方式连接到本地主机时,本地主机为了确认对方的合法性(如防止对方假冒),就可以通过域名反查的方式来判断对方主机的真实性,这种由 IP 地址解析为域名的过程被称为逆向解析。

域名和 IP 地址的映射关系在 DNS 服务器中以 DNS 数据库的形式存在,该数据库又被称为 DNS 的资源记录(resource record)。DNS 库中的每一条资源记录共有 5 个字段,其数据格式形如"Domain_name Time_to_live Type Class Value",其中:

(1)Domain_name(域名):指出这条记录所指向的域。通常,每个域有许多记录。

(2)Time to live(生存时间):指出记录的稳定性。高度稳定的信息被赋予一个很大的值,变化很大的信息被赋予一个较小的值。

(3)Type(类型):指出记录的类型。一些重要的资源记录类型如表 7-1 所示。

(4)Class(类别):对于 Internet 信息,它总是 IN。对于非 Internet 信息,则使用其他代码。

(5)Value(值):这个字段可以是数字、域名或 ASCII 串,其语义基于记录类型。

表 7-1 对象类型

类型	意义	内容
SOA	授权开始	标志一个资源记录集合(称为授权区段)的开始
A	主机地址	32 位二进制值 IP 地址
MX	邮件交换机	邮件服务器名及优先级
NS	域名服务器	域的授权名字服务器
CNAME	别名	别名的规范名字
PTR	指针	对应于 IP 地址的主机名
HINFO	主机描述	ASCII 字符串,CPU 和 OS 描述
TXT	文本	ASCII 字符串,不解释

四、DNS 的配置与使用

为了对 DNS 域名系统有一个直观的了解,下面配置一个 Windows 2000 Server 提供的 DNS 服务器,并用相应的客户程序进行验证。

图 7-8 为一棵假想的名字树,本实践将在 Windows 2000 Server 提供的域名服务器中管理阴影部分所示的子树。

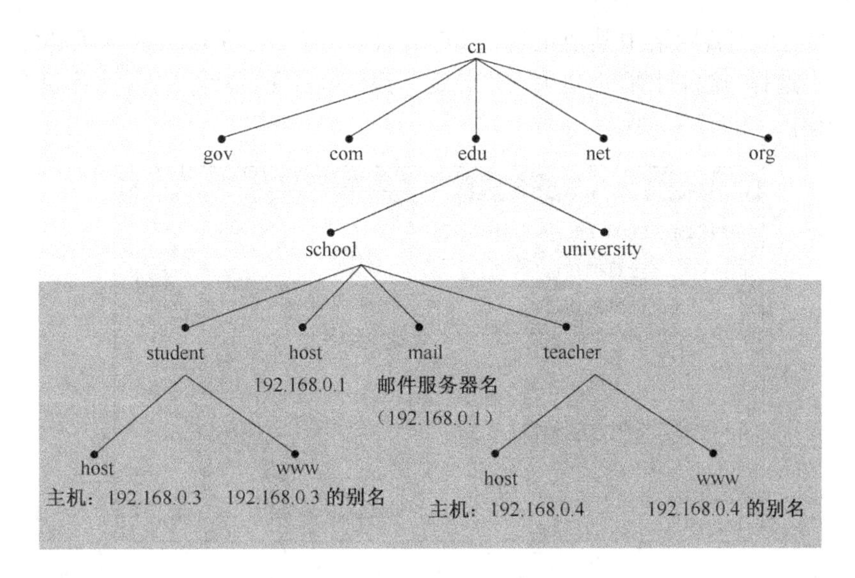

图 7-8 阴影部分为 DNS 服务器需要管理的部分

1. 配置 Windows 2000 Server 服务器

DNS 服务是 Windows 2000 Server 网络操作系统中一个重要的服务，因此，在一般情况下，DNS 服务作为一个默认组件随同 Windows 2000 Server 一起安装。在安装有 DNS 服务的 Windows 2000 服务器中，如果希望管理图 7-8 阴影部分所示的子树，需要经过以下步骤。

(1)启动 Windows 2000 Server 服务器，通过桌面上的"开始"→"程序"→"管理工具" DNS，进入 DNS 管理与配置界面，如图 7-9 所示。

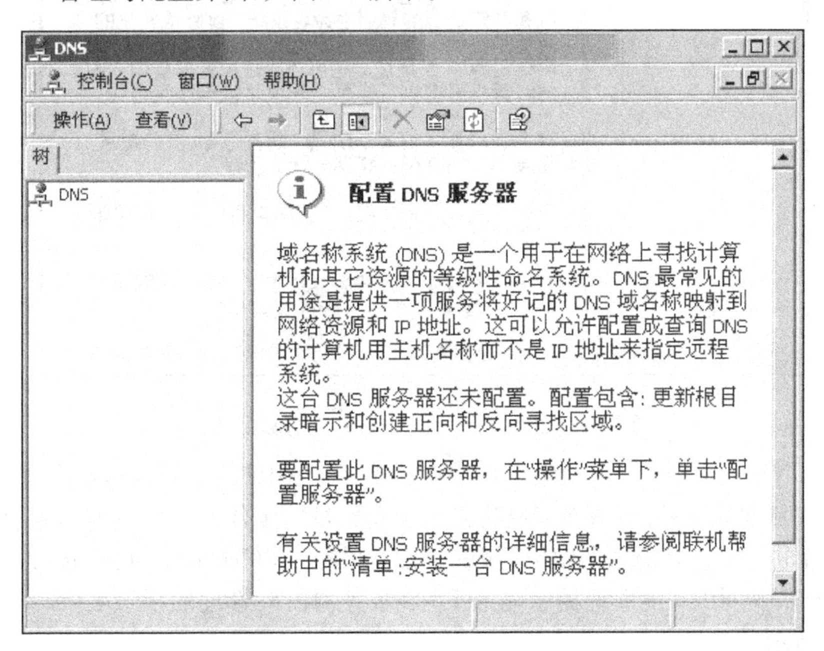

图 7-9 DNS 管理与配置界面

(2)在 DNS 管理与配置窗口中加入需要管理和配置的域名服务器。用鼠标右击"树"区域的 DNS 项，在弹出的菜单中执行"连接到计算机"命令，系统将进入如图 7-10 所示的"选择目标计算机"对话框。Windows2000 Server 中的 DNS 管理程序既可以管理和配置本机的域名服务，也可以管理和配置网络中其他主机的DNS。由于需要管理和配置本机的域名服务，因此，在图7-10中选择“这台计算机”。单击“确定”，系统将把这台计算机（计算机名为ZLH2）加入到DNS树中，如图7-11所示。

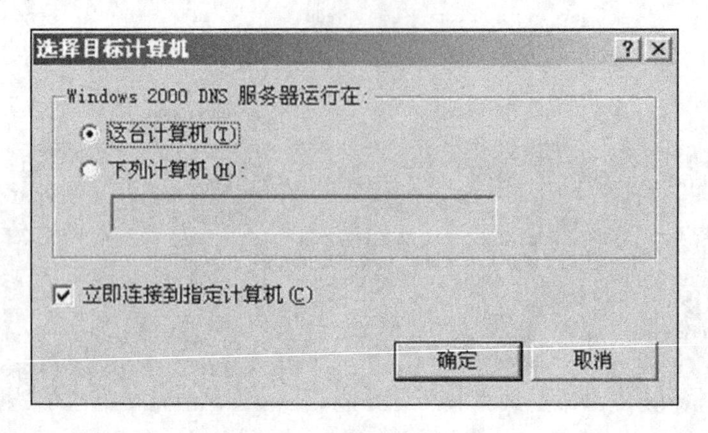

图7-10 “选择目标计算机对话框”

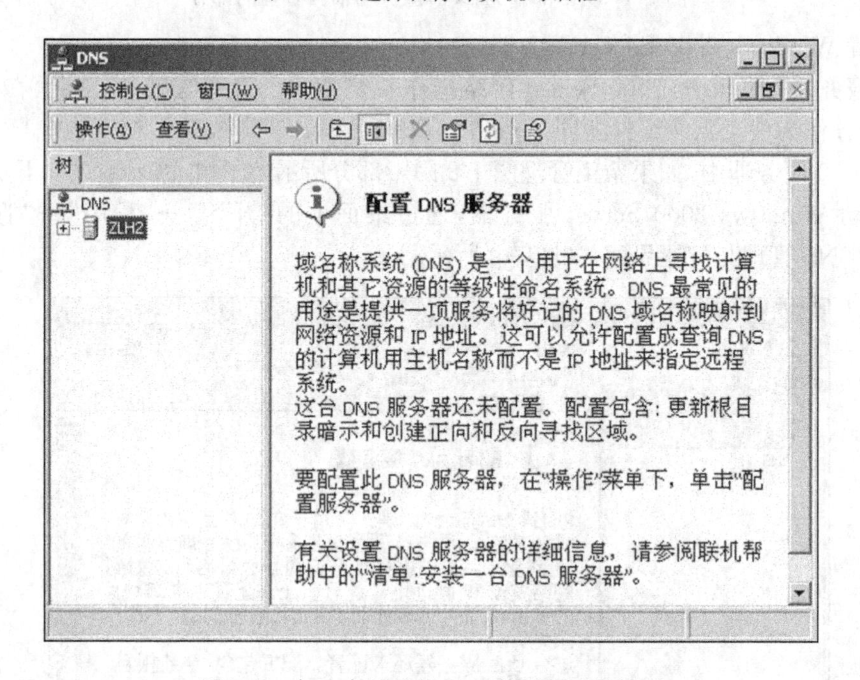

图7-11 加入本机后的DNS管理与配置界面

(3)展开DNS树，右击“正向搜索区域”在弹出的菜单中执行“新建区域”命令，如图7-12所示。“新建区域向导”将逐步引导完成建立一个新区域的工作，“新建区域向导”界面如图7-13(a)所示。单击“下一步”，选择创建区域的类别，如图7-13(b)所示。可以选择“标准主要区域”，然后单击“下一步”。按系统提示输入DNS服务器需要管理的区域名“school. edu. cn”，如图7-13(c)所示。

单击“下一步”。由于创建的“标准主要区域”的域名信息需要以文本文件的形式进行存储，因此，必须输入保存这些信息的文件名，如图7-13(d)所示。可以输入自己喜欢的文件名，也可以使用系统默认的文件名“school. edu. cn. dns”。单击“下一步”，系统在显示你为创建该区域所选择和输入的所有信息后，将新区域“school. edu. cn”添加到DNS管理窗口，如图7-14所示。

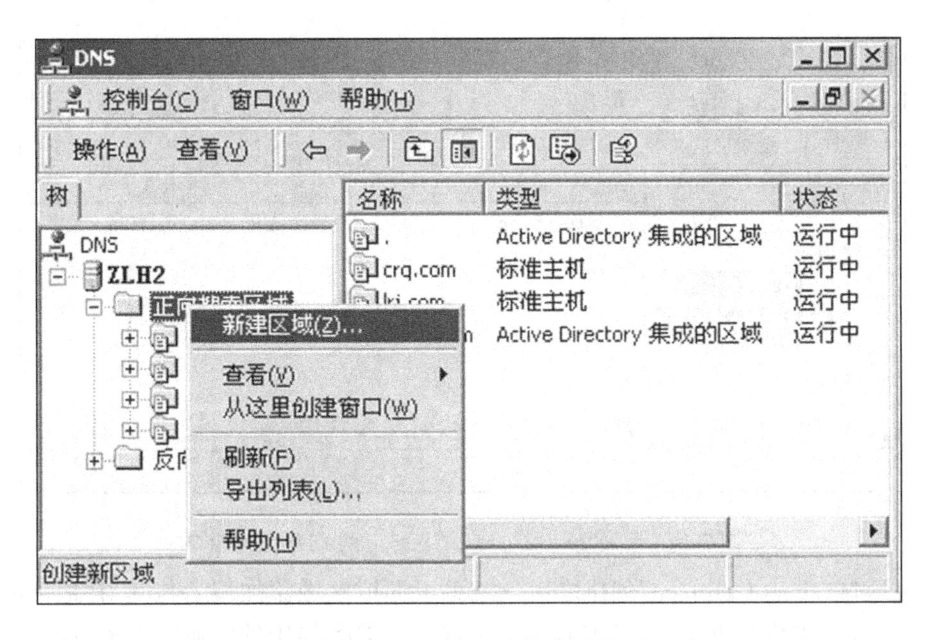

图 7-12　DNS 正向搜索区域

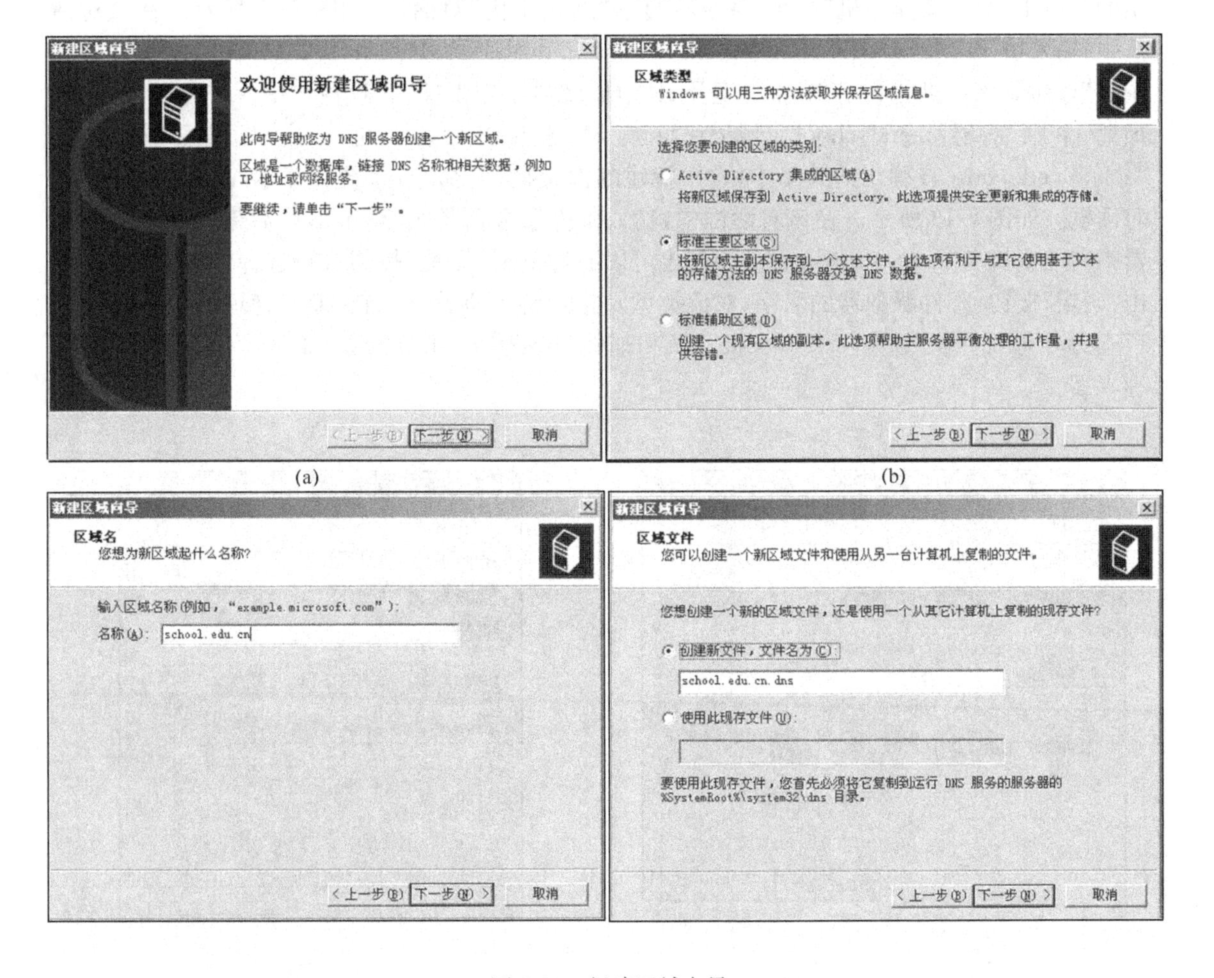

图 7-13　新建区域向导

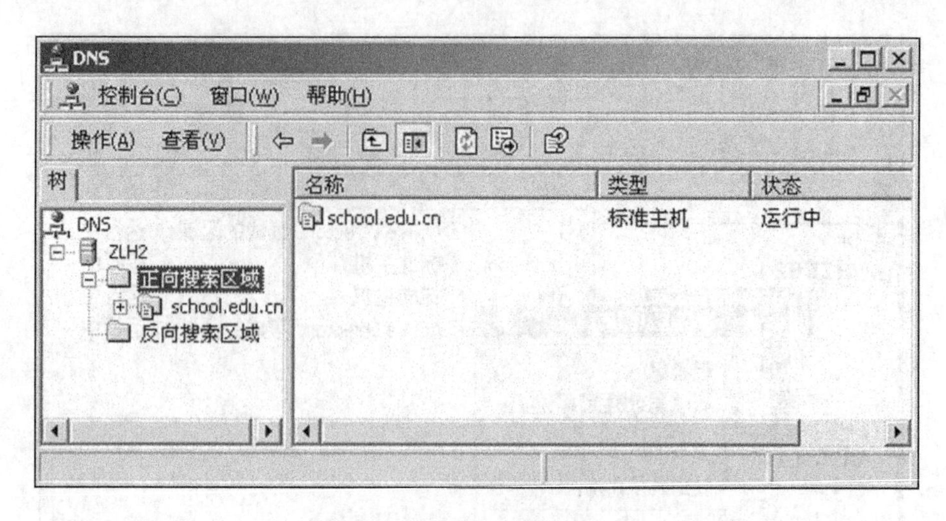

图 7-14 添加“school. edu. cn”区域后的 DNS 管理窗口

(4)在区域“school. edu. cn”创建之后．就可以向该区域添加域名与其 IP 地址的对应关系了。为了添加主机与其 IP 地址的映射关系，右击 DNS 树中的区域“school. edu. cn”，在弹出的菜单中执行“新建主机”命令，系统将显示“新建主机”对话框，如图 7-15 所示。在该对话框中，输入位于 school. edu. cn 下的主机名 host 和其对应的 IP 地址 192. 168. 0. 1，单击“添加主机”按钮．该主机的名字、对象类型及 IP 地址就显示在 DNS 管理窗口中。与此类似，在添加邮件服务器 mail. school. edu. cn 与其对应主机时，也可以右击 DNS 树中的“school. edu. cn。在弹出的菜单中执行“新建邮件交换器”命令，系统将显示“新建资源记录”对话框．如图 7-16 所示。在该对话框中，输入邮件服务器的名字 mail，然后键入该邮件服务器指向的主机名“host. school. edu. cn”(也可以通过单击“浏览”按钮进行选择)和优先级．单击“确定”按钮，邮件服务器的名字、对象类型及指向的主机就显示在 DNS 管理窗口中。图 7-17 显示了添加主机“host. school. edu. cn”和邮件服务器“mail. school. edu. cn”之后的 DNS 管理界面。

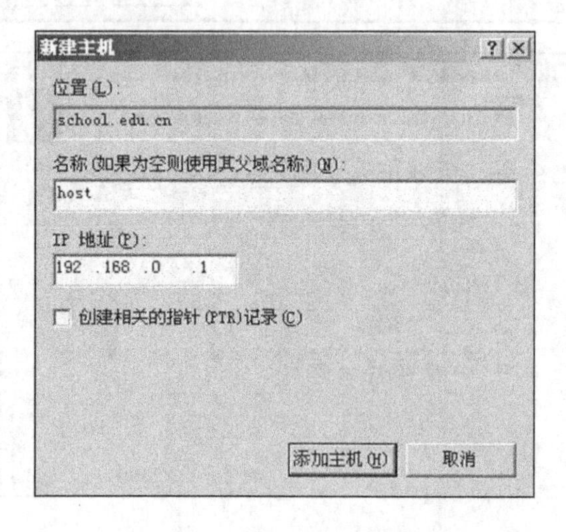

图 7-15 “新建主机”对话框

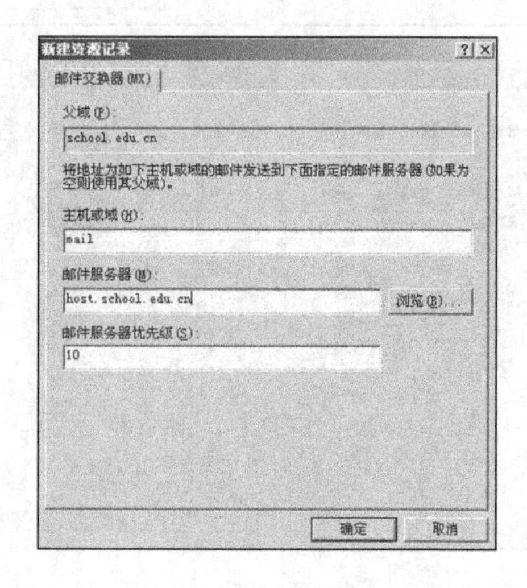

图 7-16 “新建资源记录”对话框

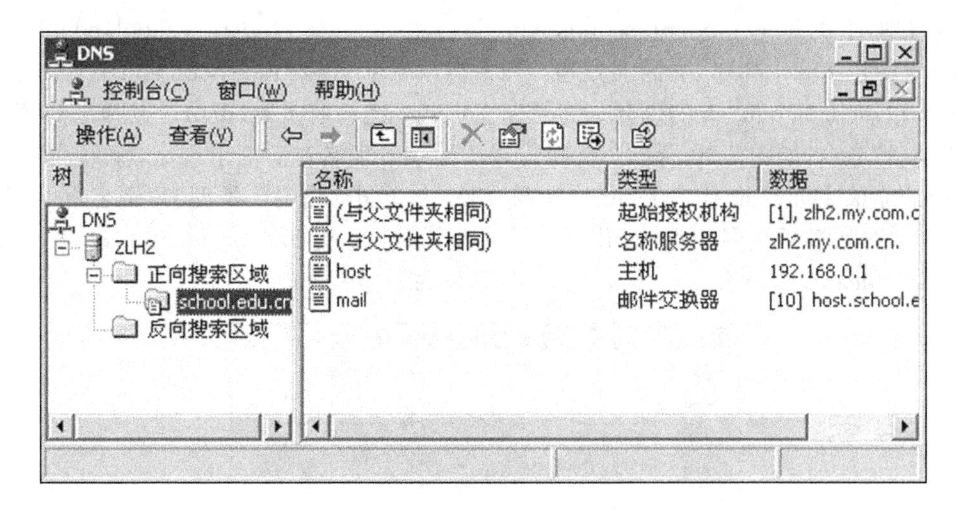

图 7-17　添加主机和邮件服务器后的 DNS 管理界面

（5）为了管理图 7-8 中的 student 节点（注意：student 节点不是叶节点），需要在“school. edu. cn”之下再建立一个域。为此，需要右击 DNS 树中的“school. edu. cn”，在弹出的菜单中执行“新建域”命令。在“新建域”对话框出现后，如图 7-18 所示，键入域名 student，单击“确定”按钮，student 将显示在区域“school. edu. cn”之下，如图 7-19 所示。

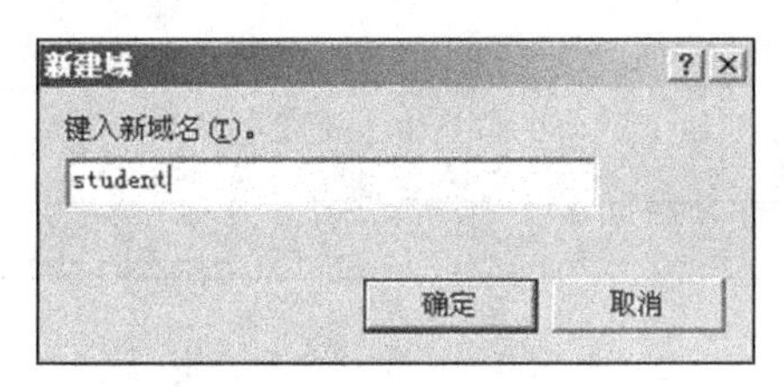

图 7-18　“新建域”对话框

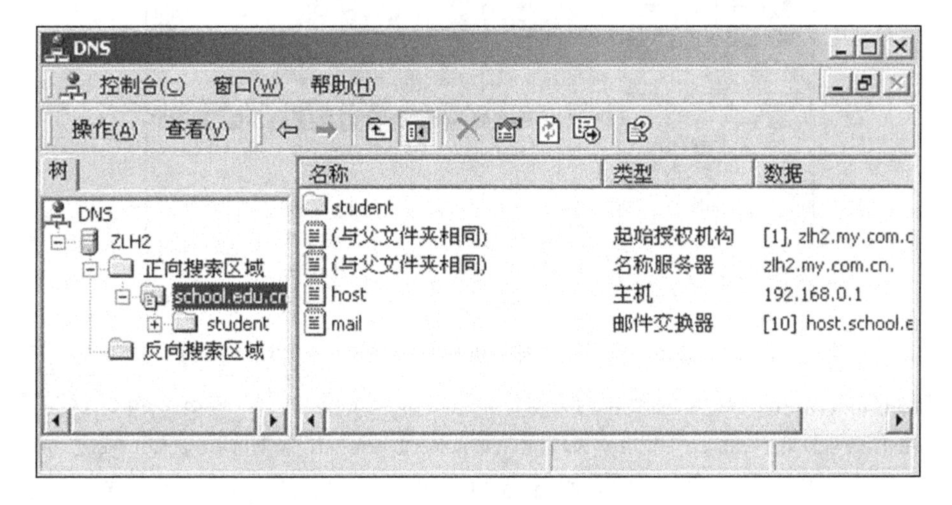

图 7-19　添加 student 后 DNS 管理系统界面

（6）为了将 student 下的节点 host（主机名为 host. student. school. edu. cn）添加到域名服务器中，只需右击 DNS 树下的域 student。在弹出的菜单中执行“新建主机”命令即可。当然，也可以按照同样的方式使主机 www. student. school. edu. cn 加入域名服务器。但是，从图 7-

8 中可以看到,主机 host. student. school. edu. cn 与主机 www. student. school. edu. cn 指向同一个 IP 地址 192.168.0.3,因此、也可以把 www. student. school. edu. en 作为主机 host. student. school. edu. cn 的别名。为了建立别名.需要右击 student。在弹出的菜单中执行"新建别名"命令,如图 7-20 所示。在新建资源记录一别名对话框出现后,输入别名"www"和其对应的完整主机名 host. student. school. edu. cn,单击"确定",类型为"别名"的资源记录将显示在 DNS 管理系统界面上。如图 7-21 显示了添加主机 host. student. school. edu. cn 和别名 www. student. school. edu. cn 后的 DNS 管理系统界面。

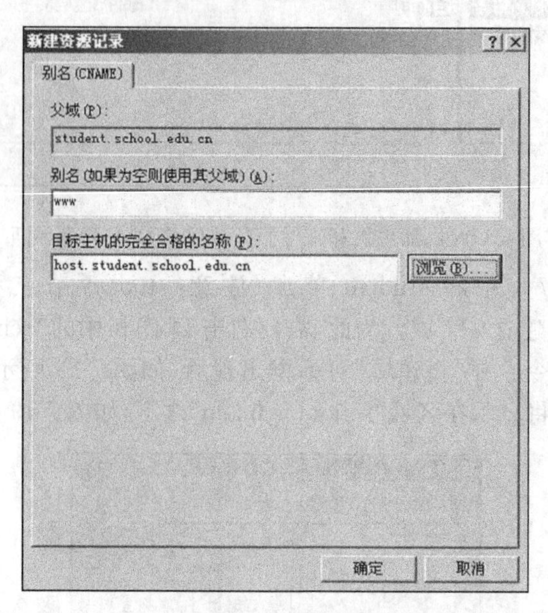

图 7-20 新建别名对话框

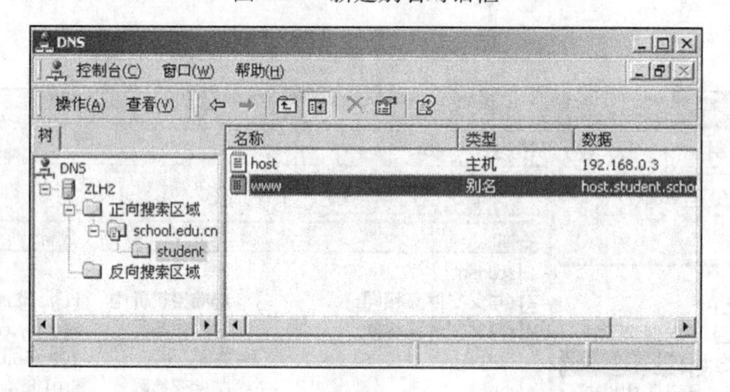

图 7-21 在 student 域下添加主机和别名后的 DNS 管理系统界面

(7)按照加入 student 域完全相同的方法,可以将 teacher 加入到"school. edu. cn"之下,同时,将"host. teacher. school. edu. cn"和"www. teacher. school. edu. cn"添加到 teacher 域之后。

至此,完成了 Windows 2000 域名服务器的简单配置和管理工作。接下来可以在客户机端验证其配置正确性。

2. 测试配置的 DNS 服务器

(1)配置测试主机

为了测试配置的 DNS 服务器,需要使用网络中另一台运行 Windows 2000 的主机作为测试机。测试主机的配置过程如下：

①启动测试主机，在 Windows 2000 桌面上通过"开始"→"设置"→"控制面板""网络和拨号连接"→"本地连接"→"属性"，进入"本地连按属性"对话框．如图 7-22 所示。

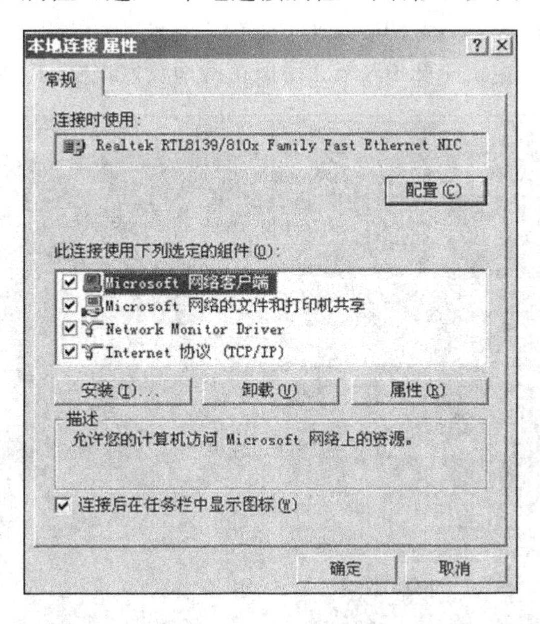

图 7-22　本地连接属性对话框

②在"本地连接属性"对话框中，选中"Internet 协议(TCP/IP)"，单击"属性"按钮，系统将显示"Internet 协议(TCP/IP)属性"对话框，如图 7-23 所示。

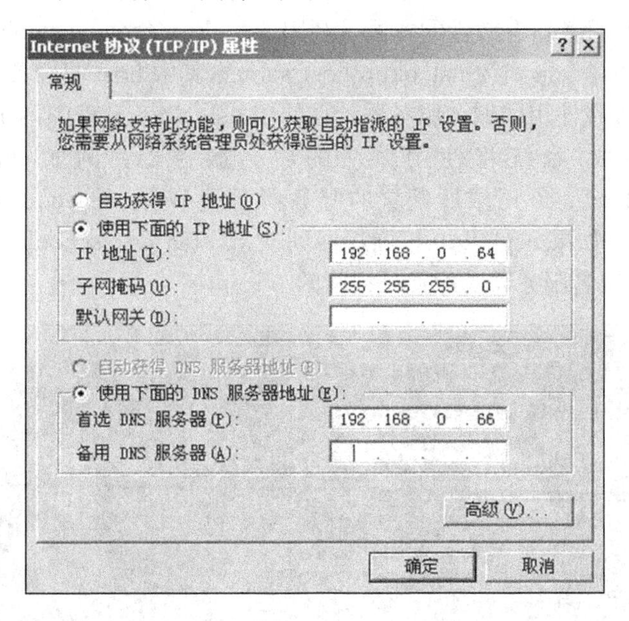

图 7-23　"Internet 协议(TCP/IP)属性"对话框

③在"Internet 协议(TCP/IP)属性"对话框的"首选 DNS 服务器"中，键入刚配置的 DNS 服务器的 IP 地址，单击"确定"按钮。在系统返回"本地连接属住"对话框后，再次单击"确定"按钮，完成测试主机的配置工作。

(2)测试配置的 DNS 服务器

一旦完成测试主机的配置工作,就可以利用简单的 ping 命令来测试配置的 DNS 服务器是否可以正确工作。例如,可以使用"ping www. student. school. edu. cn"检查配置的 DNS 域名服务器是否能够将 www. student. school. edu. cn 对应的 IP 地址 192. 168. 0. 3 返回至客户端。如果 DNS 服务器配置正确,同时主机 192. 168. 0. 3 可以正确地收发报文,其结果将如图 7-24 所示。

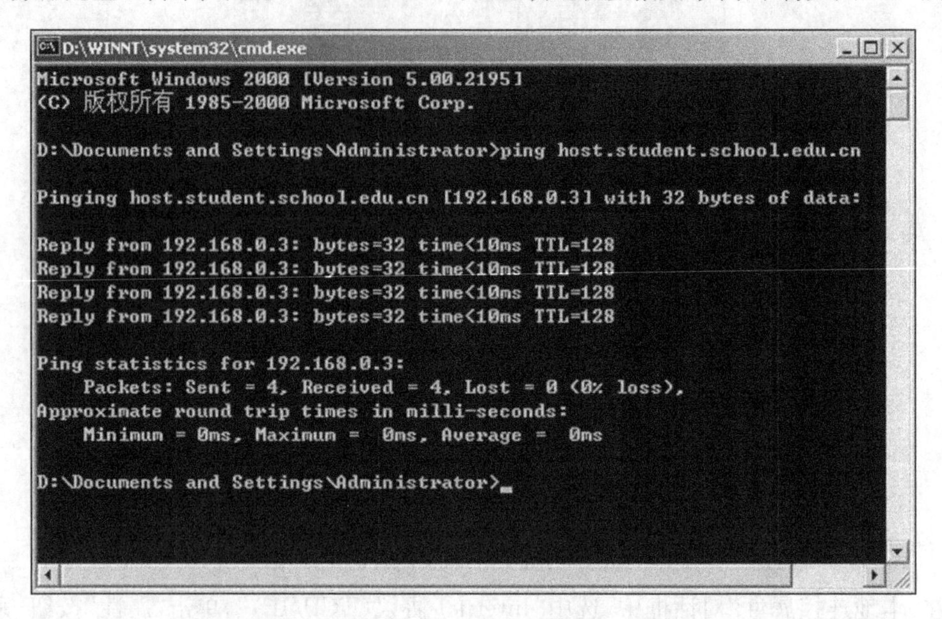

图 7-24 用 ping 命令测试配置的域名服务器

另一种测试 DNS 服务器有效性的方法是利用 nslookup 命令。nslookup 命令是一个比较复杂的命令,最简单的命令形式为 nslookup host server,其中 host 是需要查找其 IP 地址的主机名,而 server 则是查找使用的域名服务器。在使用 nslookup 过程中,server 参数可以省略。如果省略 server 参数,系统将使用默认的域名服务器。例如,可以使用 nslookup www. teacher. school. edu. cn 请求所配置的服务器返回 www. teacher. school. edu. cn 的 IP 地址,如图 7-25 所示。如果 nslookup 正确返回到 www. teacher. school. edu. cn 与其 IP 地址的对应关系 . 则说明域名服务器的配置是正确的。

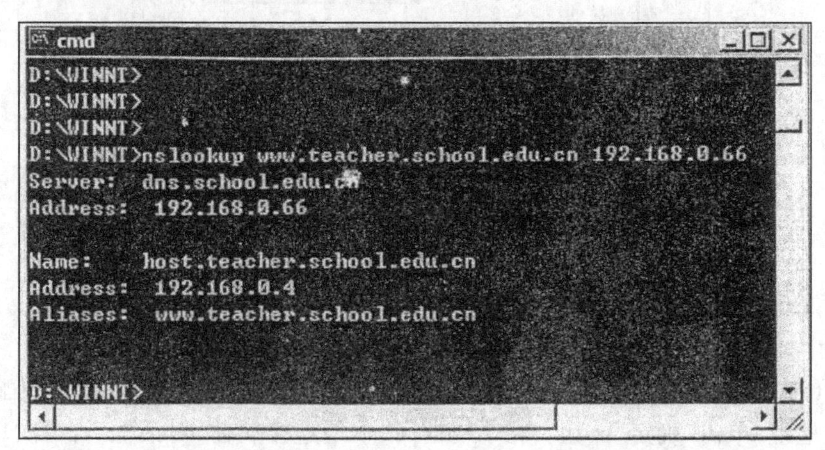

图 7-25 利用 nslookup 命令测试配置的 DNS 服务器

3. 查看主机的域名高速缓冲区

为了提高域名的解析效率，主机常常采用高速缓冲区来存储检索过的域名与其IP地址的映射关系。Unix、Linux以及Windows 2000等网络操作系统都提供命令，允许用户查看域名高速缓冲区中的内容。在Windows 2000中．Ipconfig/displaydns命令可以将缓冲区中域名与其IP地址的映射关系显示在屏幕上（包括域名、类型、TTL、IP地址等）。另外，如果希望清除主机高速域名缓冲区中的内容，可以使用ipconfig/flushdns。

第三节　动态主机配置协议DHCP

一、DHCP简介

在TCP/IP网络上，每台工作站在访问网络及其资源之前，都必须进行基本的网络配置，一些主要参数诸如IP地址，子网掩码，缺省网关，DNS等是必不可少，还可能需要一些附加的信息如IP管理策略之类。

在大型网络中，确保所有主机都拥有正确的配置是一件的相当困难的管理任务，尤其对于含有漫游用户和笔记本电脑的动态网络更是如此。经常有计算机从一个子网移到另一个子网以及从网络中移出。手动配置或重新配置数量巨大的计算机可能要花很长时间，而IP主机配置过程中的错误可能导致该主机无法与网络中的其他主机通信。

因此需要一种机制来简化IP地址的配置，实现IP地址的集中式管理。而IETF（互联网工程任务组）设计的动态主机配置协议（DHCP，Dynamic Host Configuration Protocol）正是这样一种机制。

DHCP是一种客户机/服务器协议，该协议简化了客户机IP地址的配置和管理工作以及其他TCP/IP参数的分配。基本上不需要网络管理人员的人为干预。网络中的DHCP服务器给运行DHCP的客户机自动分配IP地址和相关的TCP/IP的配置信息。

DHCP服务器拥有一个IP地址池，当任何启用DHCP的客户机登录到网络时，可从它那里租借一个IP地址。因为IP地址是动态的（租借）而不是静态的（永久分配），不使用的IP地址就自动返回地址池，供再分配，从而大大节省了IP地址空间。

二、DHCP工作流程

1. DHCP租借IP地址的过程

从DHCP客户端向DHCP服务器要求租用IP开始，直到完成客户端的TCP/IP设置，简单来说由四个阶段组成。

（1）请求租用IP地址

当我们为计算机安装好TCP/IP协议，并设置成DHCP客户端后，第一次启动计算机时即会进入此阶段。首先由DHCP客户端广播一个DHCP Discover信息包，请求任一部DHCP服务器提供IP租约。

（2）提供可租用的IP地址

因为DHCP Discover是以广播方式送出，所以网络上所有的DHCP服务器都会收到此信息包，而每一台DHCP服务器收到此信息包时，都会从本身的地址池中，找出一个可用的IP地址，设置租约期限后记录在DHCP Offer信息包，再以广播方式送给客户端。

（3）选择IP地址

因为每一台 DHCP 服务器都会送出 DHCP Offer 信息包，因此 DHCP 客户端会收到多个 DHCP Offer 信息包，按照默认值，客户端会接受最先收到的 DHCP Offer 信息包，其他陆续收到的 DHCP Offer 信息包则不予理会。

客户端接着以广播方式送出 DHCP Request（请求）信息包，除了向选定的服务器申请租用 IP 地址，也让其他曾送出 DHCP Offer 信息包、但未被选定的服务器知道："你们所提供的 IP 地址落选了。不必为我保留，可以租用给其他的客户端啦！"

不过，如果 DHCP 客户端不接受 DHCP 服务器所提供的参数，就会广播一个 DHCP Decline（拒绝）信息包，告知服务器："我不接受你建议的 IP 地址（或租用期限等）。"然后回到第一阶段，再度广播 DHCP Discover 信息包，重新执行整个取得租约的流程。

客户端为何会不同意呢？最常见的原因是 IP 地址重复。因为客户端收到服务器建议的 IP 地址时，通常会以 ARP 协议检查该地址是否已被使用，倘若有其他粗心的用户，手动设置 IP 地址时也占用了相同的地址，客户端当然就要拒绝租用此 IP 地址。

（4）IP 地址使用确认

当被选中的 DHCP 服务器收到 DHCP Request 信息包时，假如同意客户端的租用要求，便会广播 DHCP Ack（承认）信息包给 DHCP 客户端，告知可以将设置值写入 TCP/IP 并开始计算租用的时间。

当然，可能也会有不同意的状况出现，倘若 DHCP 服务器不能给予 DHCP 客户端所请求的信息，则会发出 DHCP Nack（拒绝承认）信息包。当客户端收到 DHCP Nack 信息包时，便直接回到第一阶段，重新执行整个流程。

图 7-26 所示为 DHCP 的整个运作流程。

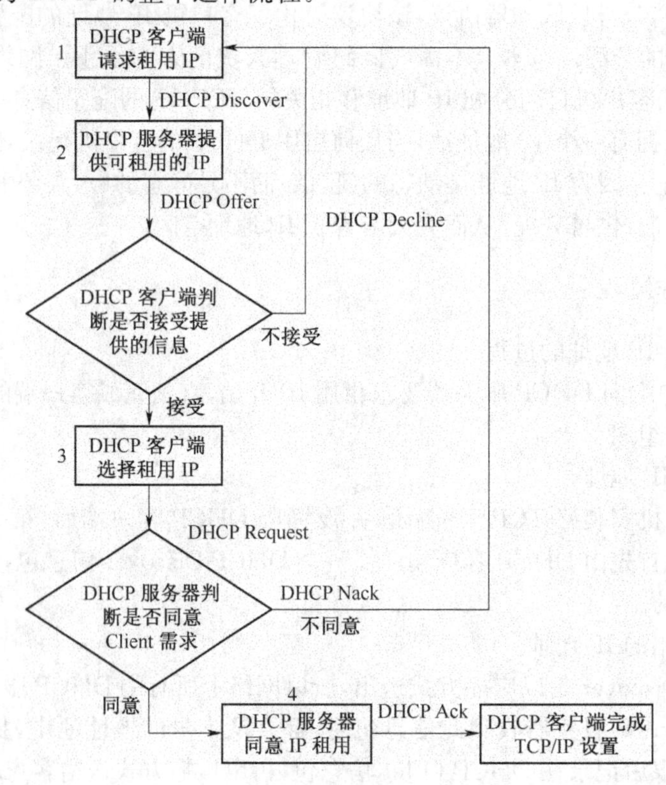

图 7-26　DHCP 的运作流程

2. DHCP续订租约

取得IP租约后,DHCP客户端必须定期更新(Renew)租约,否则当租约到期,就不能再使用此IP地址。按照RFC的默认值,每当租用时间超过租约期限的1/2(50%)及7/8(87.5%)时,客户端就必须发出DHCP Request信息包,向DHCP服务器请求更新租约。

特别注意一点,更新租约时是以单点传送(Unicast)方式发出DHCP Request信息包,也就是会指定哪一台DHCP服务器应该要处理此信息包,和前面确认IP租约阶段中,使用广播发送DHCP Request信息包是不同的。

以Windows2000 DHCP Server为例,默认的租约期限为8天,当租用时间超过4天时,DHCP Client会向DHCP Server请求续约,将租约期限再延长为原本的期限(也就是8天)。若不幸在重试3次之后,依然无法取得DHCP Server的响应(也就是无法和DHCP Server取得联系),则DHCP Client将会继续使用此租约,并且直到租用时间超过7天时,会再度向DHCP Server请求续约,若仍然无法取得续约的信息(一样会重试3次),则DHCP Client改以广播方式送出DHCP Request信息包,要求DHCP的服务。

当然,我们也可以在租约期限内,手动更新租约。在Windows NT/2000中,手动更新租约的方式是在命令提示符方式下,执行Ipconfig/renew命令即可进行更新。

3. 撤消租约

在Windows 2000的命令提示符方式下,执行Ipconfig/release命令,即可撤销租约。

但如果Windows2000安装有多张网卡,当直接执行Ipconfig/release命令时,默认是会撤消所有网卡的IP租约。若只想撤消特定网卡的IP租约,则请执行Ipconfig/release连接名称命令。连接名称指的是在网络和拨号连接窗口中看到的连接名称,例如:本地连接1、本地连接2等名称。

4. 跨子网的DHCP服务器的部署

DHCP的客户端是通过广播的方式和DHCP服务器取得联系的。当DHCP的客户端和DHCP的服务器之间,不在同一个子网内时,DHCP的服务器上虽然会为不同的子网创建不同的地址数据库,但由于DHCP的客户端无法使用广播找到DHCP服务器,DHCP的客户端依然无法获得相应的IP地址。这时我们可以使用两种方法解决。

(1)在连接不同子网的路由器上允许DHCP广播数据报通过,这种方法需要路由器的支持,同时也可能造成广播流量的增加。如图7-27所示。

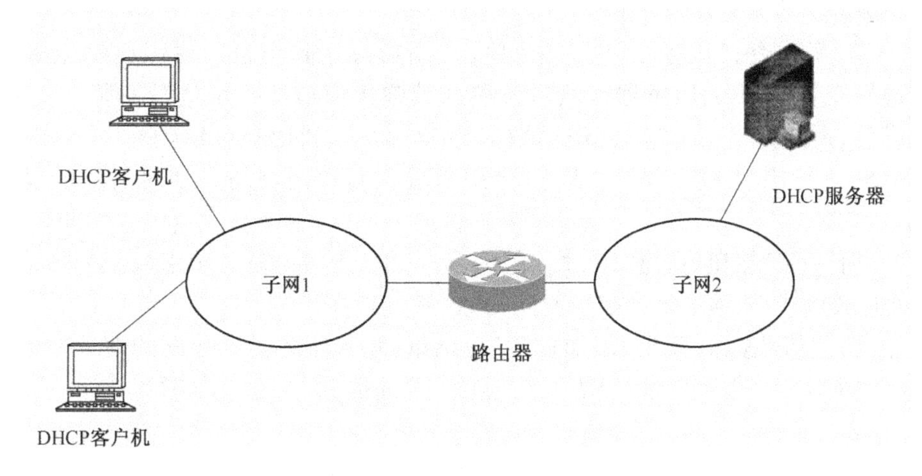

图7-27　不同子网的DHCP广播

(2)使用DHCP的中继代理服务器。DHCP中继代理程序和DHCP的客户端位于同一个子网,它会侦听广播的DHCP Discover和DHCP Request消息。然后DHCP中继代理程序会等待一段时间,若没有检测到DHCP服务器的响应,则通过单播方式发送此消息给其指定的DHCP服务器。然后该服务器响应该消息,并选择合适的地址,发送给DHCP中继代理程序。接着中继代理程序在DHCP客户机所在的子网上广播此消息。DHCP客户端收到广播后,就获得了相应的IP地址。如图7-28所示。

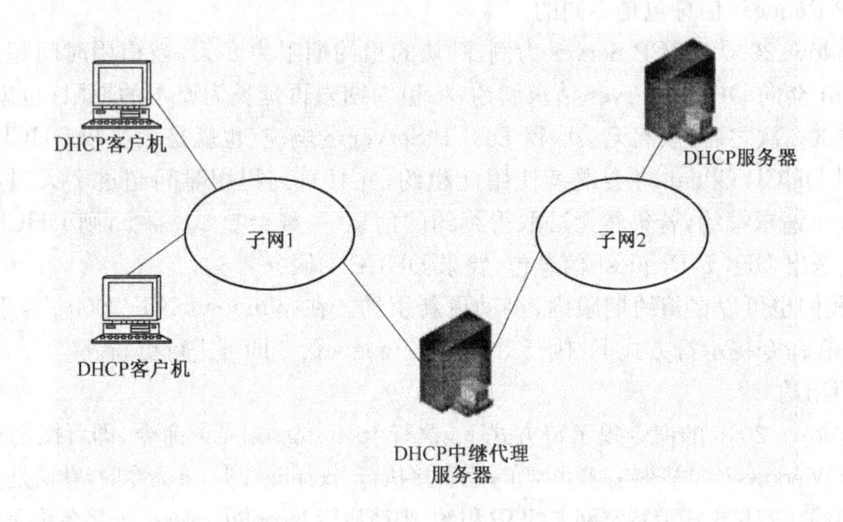

图7-28 DHCP的中继代理服务器

三、DHCP服务器配置与管理

1. 安装与配置DHCP服务器

在安装DHCP服务器之前,必须注意以下两点:

(1)DHCP服务器本身的IP地址必须是固定的,也就是其IP地址、子网掩码、默认网关等数据必须是静态分配的。

(2)事先规划好可提供给DHCP客户端使用的IP地址范围,也就是所建立的IP作用域。

DHCP服务器的安装过程如下:

(1)首先在"管理您的服务器"窗口里,单击"添加或删除角色"。接着在"服务器角色"对话框中选择安装"DHCP服务器",然后按照陆续弹出窗口的提示进行安装。安装DHCP服务器完成后,系统弹出一个"新建作用域向导"对话框,利用它可以创建一个作用域。这时系统会弹出一个"作用域名"的对话框,让用户输入新作用域的名和对名称的描述,如图7-29所示。

(2)单击"下一步"按钮,弹出"IP地址范围"对话框,让用户输入作用域分配的地址范围,并且可以通过长度或IP地址来指定子网掩码,如图7-30所示。

(3)单击"下一步"按钮,弹出"添加排除"对话框,输入服务器不分配的地址或地址范围。如果只想单独排除一个单独地址,只需要在"起始IP地址"输入地址,如图7-31所示。

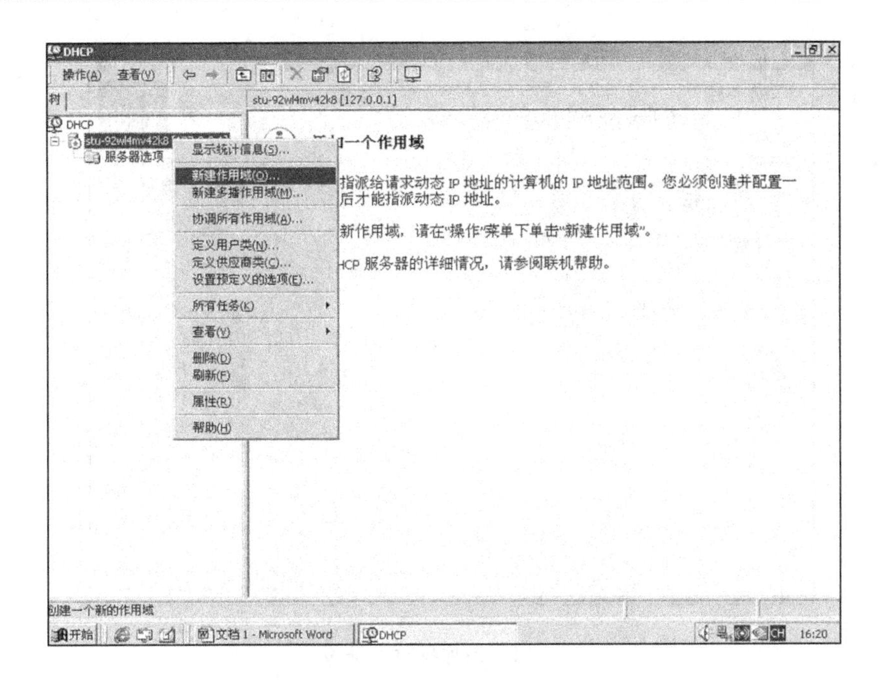

图 7-29 新建作用域

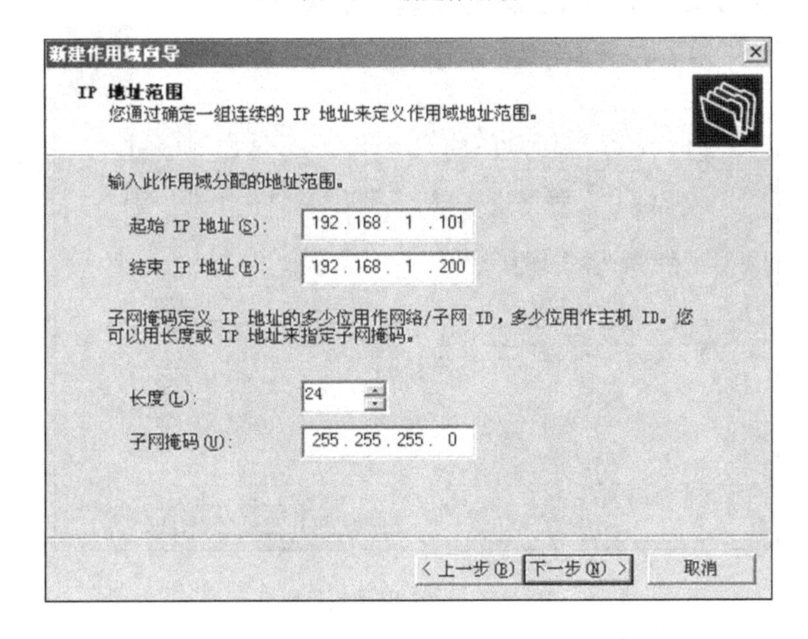

图 7-30 作用域范围

(4)单击“下一步”按钮，弹出“租约期限”对话框，指定域使用 IP 地址的时间的长短，如图 7-32 所示。

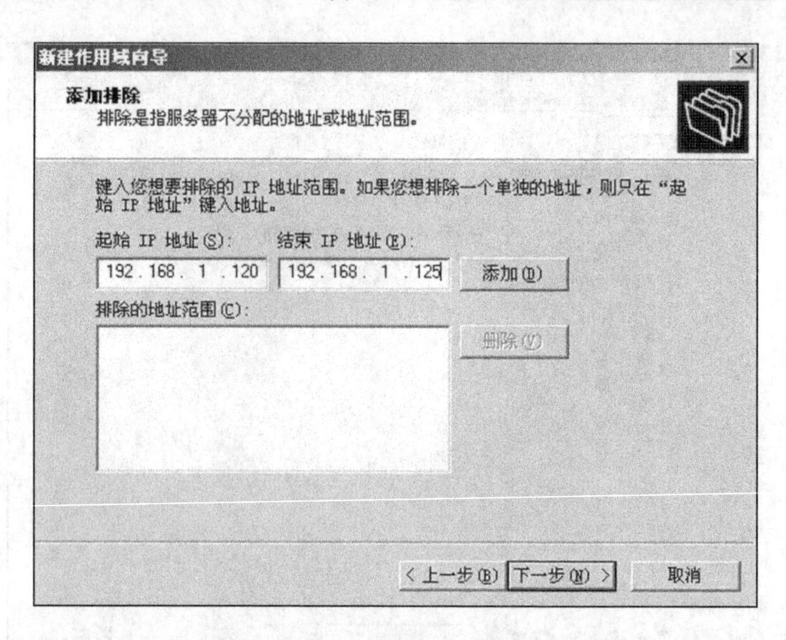

图 7-31 添加排除地址段

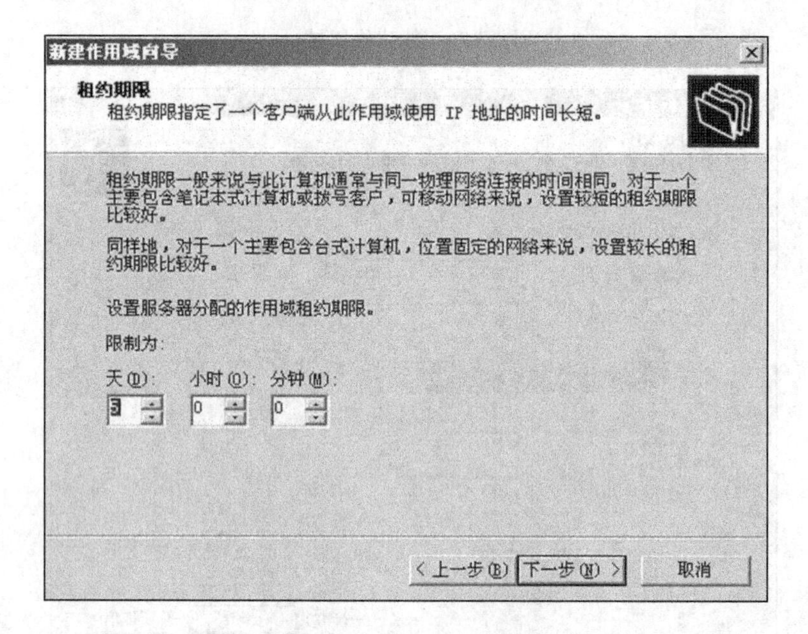

图 7-32 设置 IP 地址租期

(5)单击“下一步”按钮，弹出“配置 DHCP 选项”对话框，询问用户是否现在配置 DHCP 选项。这里选择“否，我想稍后配置这些选项”。

这时系统弹出“正在完成新建作用域向导”对话框，表示正在完成新建作用域，单击“完成”按钮退出该向导，完成安装，如图 7-33 所示。

系统返回 DHCP 主界面，并显示提示信息，表示此服务器已经是 DHCP 服务器，可以进行一些 DHCP 服务器的高级设置。

2. 配置 DHCP 的选项

在配置好的 DHCP 服务器上设置服务器选项中的 DNS 为 192.168.1.21，作用域选项中

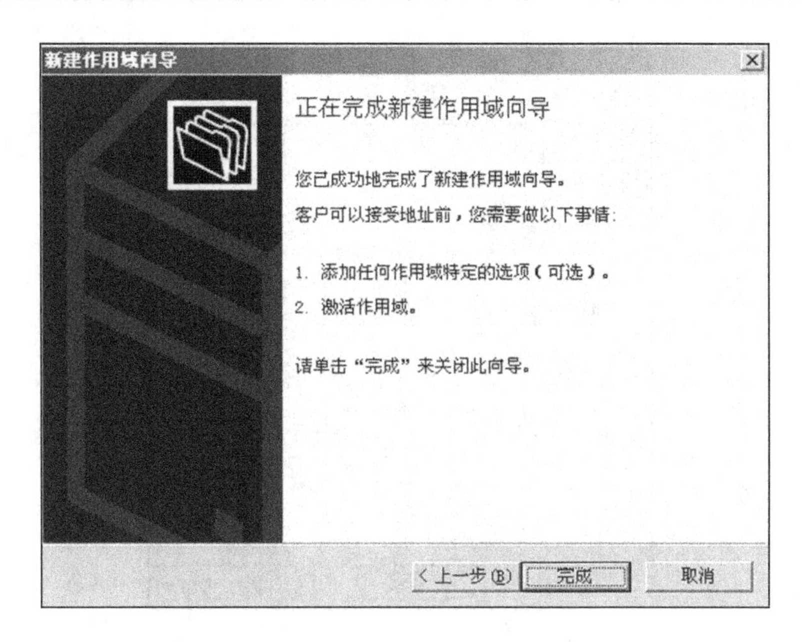

图 7-33 完成作用域创建

的 DNS 为 192.168.1.31，保留客户端选项中的 DNS 为 192.168.1.41，以确保其他客户端和保留客户端均获得正确的选项配置。

下面我们将配置 DHCP 服务器选项、配置作用域选项、创建保留客户端、配置保留客户端选项。

(1)在如图 7-34 所示的窗口中右击"服务器选项"，在弹出的快捷菜单中单击"配置选项"。

(2)出现如图 7-35 所示的窗口，将 006DNS 选项配置为 192.168.1.21。

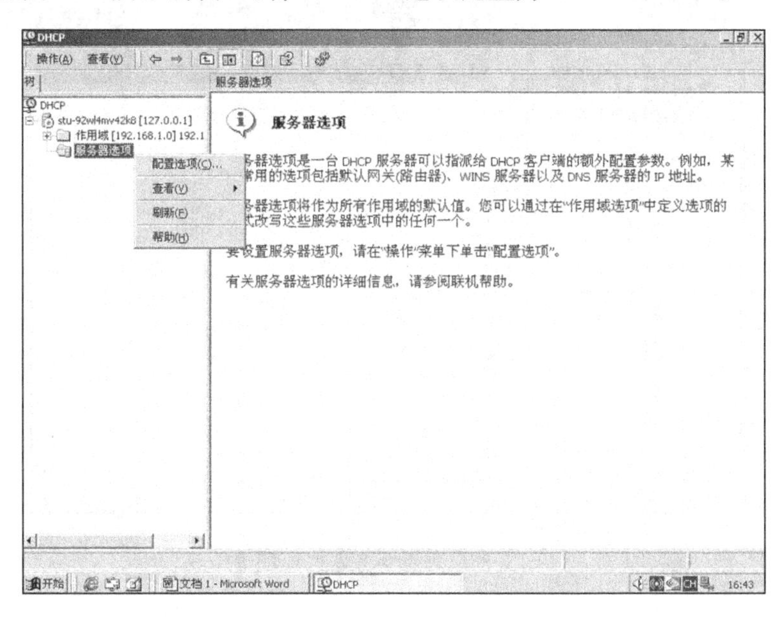

图 7-34 配置服务器选项

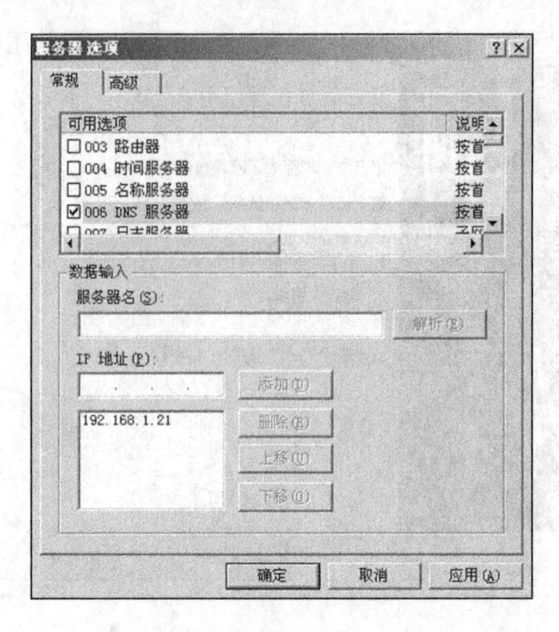

图 7-35　配置 DNS 地址

(3)单击“确定”按钮即完成对服务器选项的设置,返回到 DHCP 控制台下可以看到所设置的内容,如图 7-36 所示。

(4)在配置完 DHCP 服务器选项之后,右击“作用域选项”,在弹出的快捷菜单中单击“配置选项”,如图 7-37 所示。

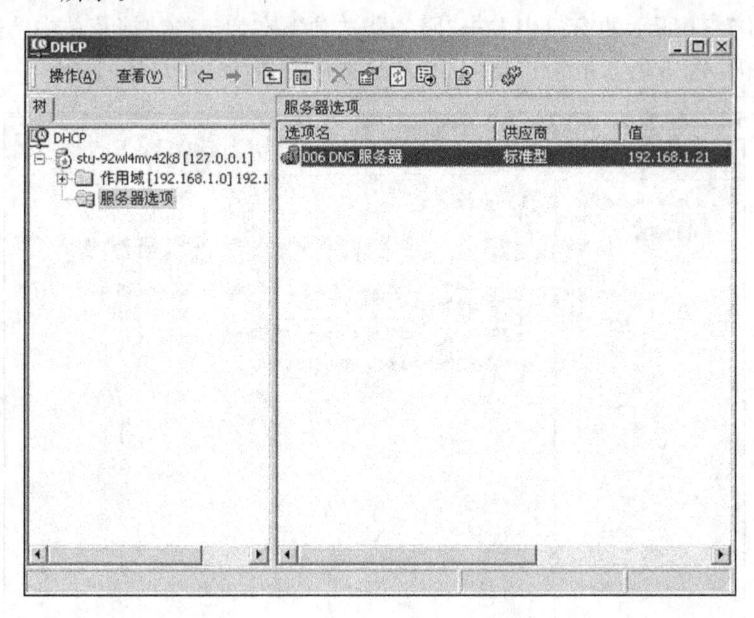

图 7-36　查看服务器选项配置

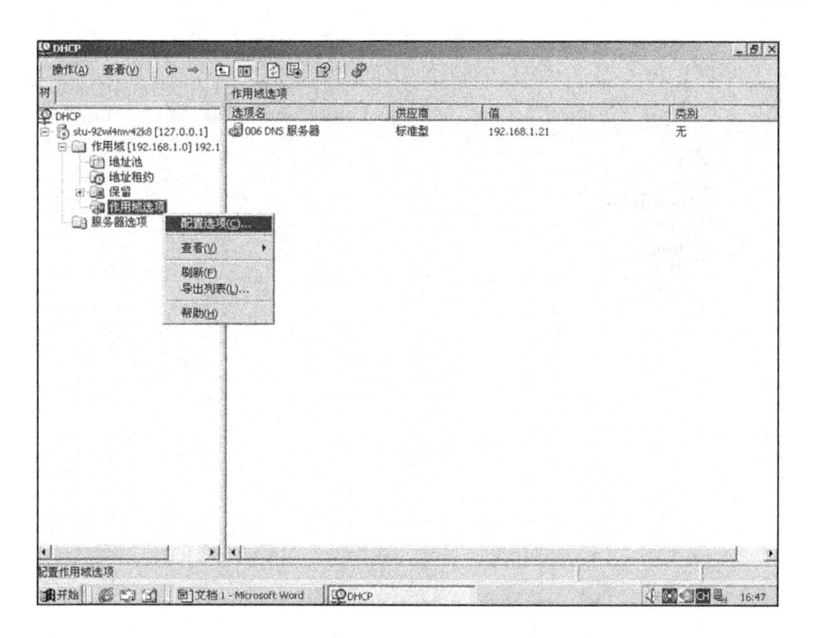

图 7-37 配置作用域选项

(5)将作用域的 006DNS 选项配置为 192.168.1.31,如图 7-38 所示。

(6)如图 7-39 所示,右击"保留",在弹出的快捷菜单中单击"新建保留"。

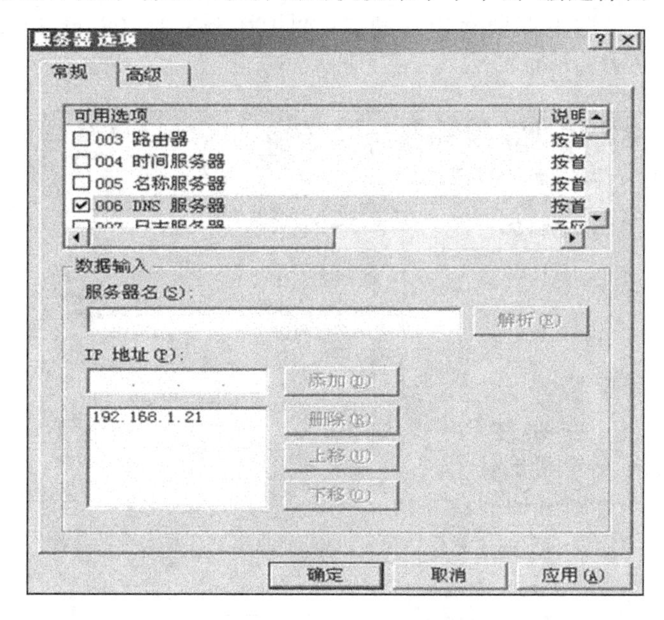

图 7-38 配置 DNS 地址

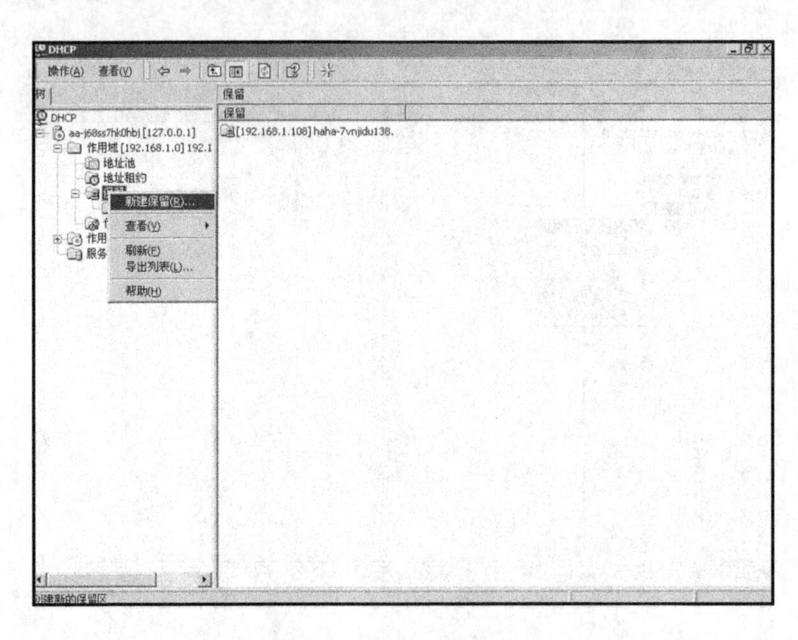

图 7-39 新建保留客户端

(7)在出现的如图 7-40 所示的窗口中输入要保留的 IP 地址 192.168.1.108,mac 地址为客户端的网卡地址,单击“添加”按钮增加保留客户端。

(8)如图 7-41 所示,右击保留客户端的名称“[192.168.1.108]stu-92w14mv42k8”,在弹出的快捷菜单中单击“配置选项”。

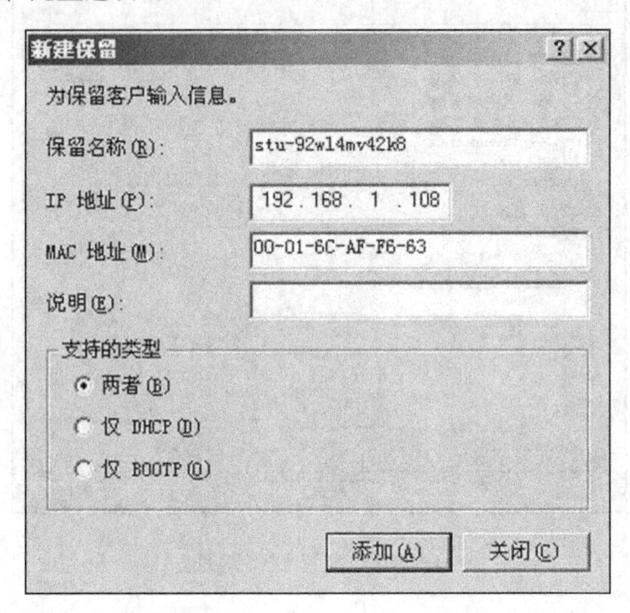

图 7-40 输入详细信息

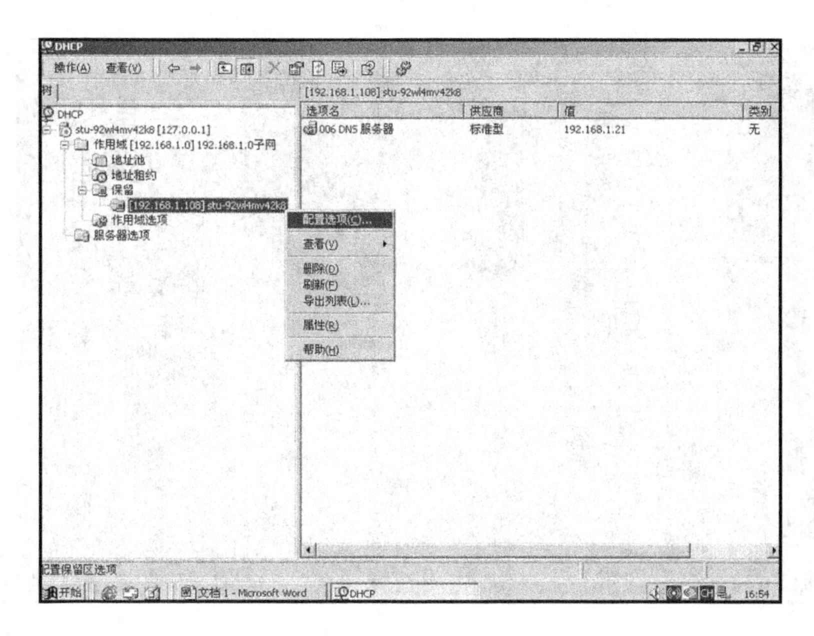

图 7-41　配置保留选项

(9)出现如图 7-42 所示的窗口,设置 DNS 地址为 192.168.1.41,单击"确定"按钮应用配置。

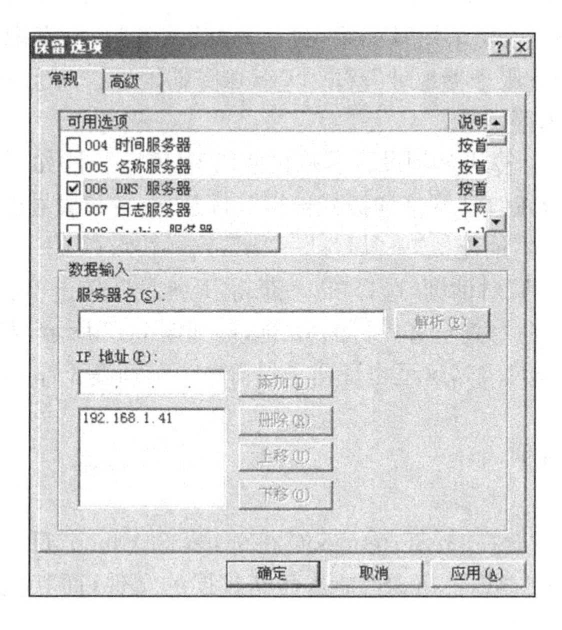

图 7-42　配置 DNS 地址

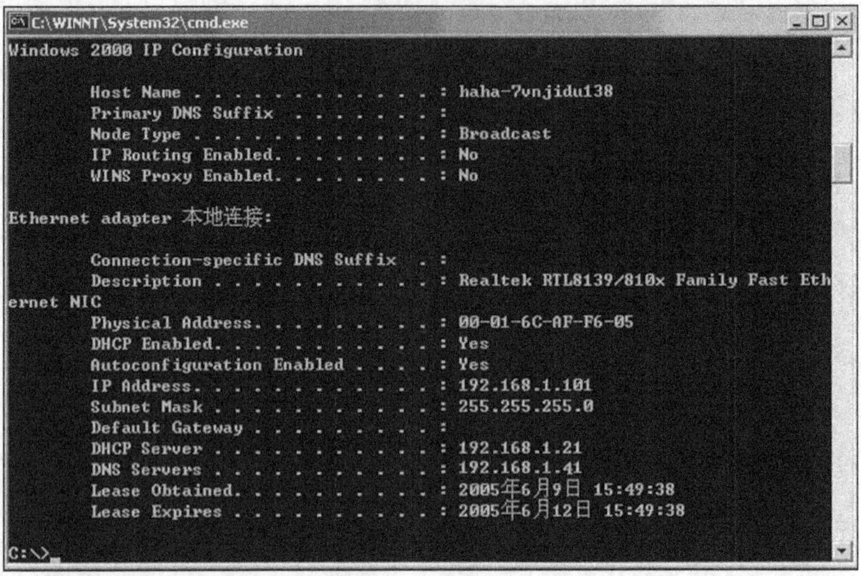

```
C:\WINNT\System32\cmd.exe
Windows 2000 IP Configuration

        Host Name . . . . . . . . . . . . : haha-7vnjidu138
        Primary DNS Suffix  . . . . . . . :
        Node Type . . . . . . . . . . . . : Broadcast
        IP Routing Enabled. . . . . . . . : No
        WINS Proxy Enabled. . . . . . . . : No

Ethernet adapter 本地连接:

        Connection-specific DNS Suffix  . :
        Description . . . . . . . . . . . : Realtek RTL8139/810x Family Fast Eth
ernet NIC
        Physical Address. . . . . . . . . : 00-01-6C-AF-F6-05
        DHCP Enabled. . . . . . . . . . . : Yes
        Autoconfiguration Enabled . . . . : Yes
        IP Address. . . . . . . . . . . . : 192.168.1.101
        Subnet Mask . . . . . . . . . . . : 255.255.255.0
        Default Gateway . . . . . . . . . :
        DHCP Server . . . . . . . . . . . : 192.168.1.21
        DNS Servers . . . . . . . . . . . : 192.168.1.41
        Lease Obtained. . . . . . . . . . : 2005年6月9日 15:49:38
        Lease Expires . . . . . . . . . . : 2005年6月12日 15:49:38

C:\>_
```

图 7-43　保留客户端选项配置情况

3. DHCP 客户机的设置

当 DHCP 服务器配置完成后，客户机就可以使用 DHCP 功能，可以通过设置网络属性中的 TCP/IP 通信协议属性，设定采用“DHCP 自动分配”或者“自动获取 IP 地址”方式获取 IP 地址，设定“自动获取 DNS 服务器地址”获取 DNS 服务器地址。而无须为每台客户机设置 IP 地址、网关地址、子网掩码等属性。

以 Windows 2000 的计算机为例设置客户机使用 DHCP，方法如下所示：

(1)选择“开始”→“设置”→“网络和拨号连接”，打开“网络和拨号连接”窗口。

(2)用鼠标右键单击“本地连接”→“属性”→“Internet 协议(TCP/IP)”→“属性”。

(3)打开“TCP/IP 属性”对话框，选择“自动获得 IP 地址”，单击“确定”按钮，完成设置。

这时如果用 ipconfig 命令查看客户机的 IP 地址，如图 7-43 所示，发现已申请到 IP 地址及保留地址 DNS 为 192.168.1.41，这里也证明了保留选项级别高于作用域选项，同时也高于服务器选项。

4. DHCP 数据库的维护

(1)DHCP 数据库

在安装 DHCP 服务时会在“%Systemroot%\System32\dhcp”目录下自动创建 DHCP 服务器的数据库文件，其中的“dhcp.mdb”是其存储数据的文件，而其他的文件则是辅助性的文件。

(2)DHCP 数据库备份

DHCP 服务器数据库是一个动态数据库，在向客户端提供租约或客户端释放租约时它会自动更新，在 backup 文件夹中保存着 DHCP 数据库及注册表中相关参数，可供修复时使用。DHCP 服务默认会每隔 60min 自动将 DHCP 数据库文件备份到此处。如果要想修改这个时间间隔，可以通过修改 BackupInterval 这个注册表参数实现，它位于注册表项：“HKEY_LOCAL_MACHINE\SYSTEM\CurrentControlSet\Services\DHCPserver\Parameters”中。

(3)DHCP 数据库的还原

DHCP 服务在启动时，会自动检查 DHCP 数据库是否损坏，并自动恢复故障，还原损坏的数据库。也可以利用手动的方式来还原 DHCP 数据库，其方法是将注册表“HKEY_LOCAL_MACHINE\SYSTEM\CurrentControlSet\Services\DHCPserver\Parameters”下参数 Re－storeFlag 设为 1，然后重新启动 DHCP 服务器即可。也可以直接将 backup 文件夹中备份的数据复制到 DHCP 文件夹，不过要先停止 DHCP 服务。

第四节　WWW 服务

万维网 WWW(World Wide Web)服务，又称为 Web 服务，是目前 TCP/IP 互联网上最方便和最受欢迎的信息服务类型，是因特网上发展最快同时又使用最多的一项服务，它可以提供包括文本、图形、声音和视频在内的多媒体信息的浏览。目前万维网已经进入广告、新闻、销售、电子商务与信息服务等诸多领域，它的出现是 TCP/IP 互联网发展中的一个里程碑。

一、WWW 的基本概念

1. WWW 服务系统

WWW 服务采用客户机/服务器(client/server)工作模式。它以超文本标记语言(Hyper Text Markup Language，HTML)与超文本传输协议(Hyper Text Transfer Protocol，HTTP)为基础，为用户提供界面一致的信息浏览系统。在 www 服务器中，信息资源以页面(也称网页或 Web 页面)的形式存储在服务器(通常称为 Web 站点)中，这些页面采用超文本方式对信息进行组织，通过链接将一页信息连接到另一页信息，这些相互链接的页面信息既可放置在同一主机上，也可放置在不同的主机上。页面到页面的链接信息由统一资源定位符(Uniform Resource Locators，URL)维持，用户通过客户端应用程序(即浏览器)向 WWW 服务发出请求，服务器根据客户端的请求内容将保存在服务器中的某个页面返回给客户端，浏览器接收到页面后对其进行解释，最终将图像、文字和声音兼有的画面呈现给用户。

2. WWW 服务器

WWW 服务器可以分布在互联网的各个位置，每个 WWW 服务器都保存着可以被 WWW 客户共享的信息。WWW 服务器上的信息通常以页面(也称为 Web 页面)的方式进行组织。页面一般都是超文本文档，也就是说，除了普通文本外，它还包含指向其他页面的指针(通常称这个指针为超链接)。利用 Web 页面上的超链接，可以将 WWW 服务器上的一个页面与互联网上其他服务器的任意页面及图形图像、音频、视频等多媒体进行关联，使用户在检索一个页面时，可以方便地查看其他相关页面和信息。

WWW 服务器不但需要保存大量的 Web 页面，而且需要接收和处理浏览器的请求，实现 HTTP 服务器功能。通常，WWW 服务器在 TCP 的著名端口 80 侦听来自 WWW 浏览器的连接请求。当 WWW 服务器接收到浏览器对某一页面的请求信息时，服务器搜索该页面．并将该页面返回给浏览器。

3. WWW 浏览器

WWW 的客户程序称为 WWW 浏览器(browser)，它是用来浏览服务器中 Web 页面的软件。

在 WWW 服务系统中，WWW 浏览器负责接收用户的请求(例如，用户的键盘输入或鼠标输入)，并利用 HTTP 协议将用户的请求传送给 WWW 服务器。在服务器请求的页面送回到浏览器后，浏览器再将页面进行解释，显示在用户的屏幕上。

通常，利用 WWW 浏览器，用户不仅可以浏览 WWW 服务器上的 Web 页面，而且可以访问互联网中其他服务器和资源（例如 FTP 服务器、Gopher 服务器等）。

4. 页面地址

互联网中存在着众多的 WWW 服务器，而每台 WWW 服务器中又包含有很多页面，那么用户如何指明要请求和获得的页面呢？这就要求助于统一资源定位符 URL 了。利用 URL，用户可以指定要访问什么协议类型的服务器，互联网上的哪台服务器，以及服务器中的哪个文件。URL 一般由四部分组成：协议类型、主机名、路径及文件名和端口号。例如，南京铁道职业技术学院网络实验室 WWW 服务器中一个页面的 URL 为：

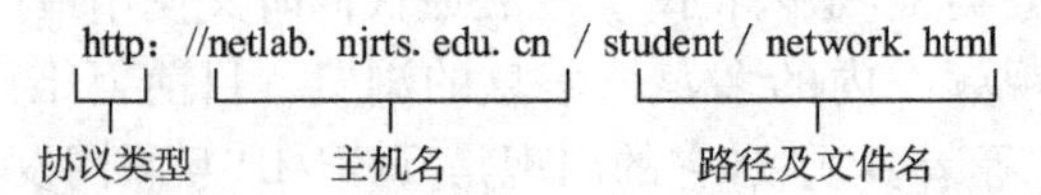

其中 http：指明要访问的服务器为 WWW 服务器；netlab. njrts. edu. cn 指明要访问的服务器的主机名，主机名可以是该主机的 IP 地址，也可以是该主机的域名，而/student/network. html 指明要访问页面的路径及文件名，http 协议默认的 TCP 协议端口号为 80，可省略不写。

实际上，URL 是一种较为通用的网络资源定位方法。除了指定 http 访问 WWW 服务器之外，URL 还可以通过指定其他协议类至访问其他类型的服务器。例如，可以通过指定 ftp 访问 FTP 文件服务器、通过指定 gopher 访问 Gopher 服务器等。表 7-2 给出了 URL 可以指定的主要协议类型。

表 7-2　URL 可以指定的主要协议类型

协议类型	描　述
http	通过 http 协议访问 WWW 服务器
ftp	通过 ftp 协议访问 FTP 服务器
gopher	通过 gopher 协议访问 gopher 服务器
telnet	通过 telnet 协议进行远程登陆
file	在所连的计算机上获取文件

5. 超文本标记语言

超文本标记语言（HTML）是 ISO 标准 8879 一标准通用标识语言（Standard Generalized Markup Language，SGML）在万维网上的应用。所谓标识语言就是格式化的语言，它使用一些约定的标记对 WWW 上各种信息（包括文字、声音、图形、图像、视频等）、格式以及超级链接进行描述。当用户浏览 WWW 上的信息时，浏览器会自动解释这些标记的含义，并将其显示为用户在屏幕上所看到的网页。

6. 超文本传输协议

超文本传输协议（Hyper Text Transfer Protocol，HTTP）是主要用在万维网（WWW）上存取数据的协议，这个协议传送数据的形式可以是普通正文、超文本、音频、视频等。它之所以被称为超文本传送协议是因为它能够有效地用于从一个文档迅速跳到另一个文档的超文本环境。HTTP 是 TCP/IP 协议栈中的应用层协议，建立在 TCP 之上。HTTP 会话过程包括 4 个步骤：

(1)使用浏览器的客户机与服务器建立连接。

(2)客户机向服务器提交请求,在请求中指明所要求的特定文件。

(3)如果请求被接受,那么服务器便发回一个应答,在应答中包括该文件内容。

(4)客户机与服务器断开连接。

二、WWW服务的实现过程

WWW以客户机/服务器的模式进行工作,运行WWW服务器程序并提供WWW服务的机器为WWW服务器。在客户端,用户通过一个浏览器(browser)的交互式程序来获得WWW服务。常用的浏览器有Mosaic、Netscape和Internet explorer等。

在服务器端,对于每个WWW服务器站点,都有一个关于TCP协议的80端口的监听(注:80为HTTP默认的TCP端口),看是否有从客户端过来的连接。在客户端,当浏览器在其地址栏中输入一个URL或者单击Web页上的一个超链接时,Web浏览器就要通过解析器对域名进行解析以获得相应的IP地址。然后,以该IP地址为目标地址,以HTTP所对应的TCP端口为源端口与服务器建立一个TCP连接。连接建立之后,客户端的浏览器使用HTTP协议中的GET功能向WWW服务器发出指定的WWW页面请求,服务器收到该请求后将根据客户端所要求的路径和文件名使用HTTP协议中的PUT功能将相应HTML文档回送到客户端,如果客户端没有指明相应的文件名,则由服务器返回一个默认的HTML页面。页面传送完毕后,中止相应的TCP连接。

下面以一个具体的例子来说明Web服务的实现过程。假设有用户要访问南京铁道职业技术学院主页http://www.njrts.edu.cn,则浏览器与服务器的信息交互过程如下:

(1)浏览器确定URL。

(2)浏览器向DNS获取Web服务器www.njrts.edu.cn的IP地址。

(3)DNS服务器以相应的IP地址210.28.168.11应答。

(4)浏览器和IP地址为210.28.168.11的主机的80端口建立一条TCP连接。

(5)浏览器执行HTTP协议,发送GET"/index.html"命令,请求读取该文件。

(6)www.njrts.edu.cn服务器返回"/index.html"文件到客户端。

(7)释放TCP连接。

(8)浏览器显示所有正文和图像。

自WWW服务问世以来,它已取代电子邮件服务成为Internet上应用最为广泛的服务。除了普通的页面浏览外,WWW服务中的浏览器/服务器(Brower/Server,B/S)模式还取代了传统的C/S模式,被广泛用于网络数据库应用开发中。

三、配置管理Web服务器

Internet Information Server(简称IIS)是Microsoft公司的WWW服务器软件。Microsoft Windows 2000集成了IIS版本5.0。IIS 5.0既可以在安装Windows 2000 Server过程中安装,也可以在安装Windows 2000 Server以后单独安装。

(一)Web服务器的配置

1. 打开"Internet信息服务"窗口

打开"开始"→"程序"→"管理工具"→"Internet服务",打开"Internet信息服务"窗口,窗口显示此计算机上已经安装好的Internet服务,而且都已经自动启动运行,其中Web站点有两个,分别是默认 Web 站点及管理 Web 站点,如图 7-44 所示。

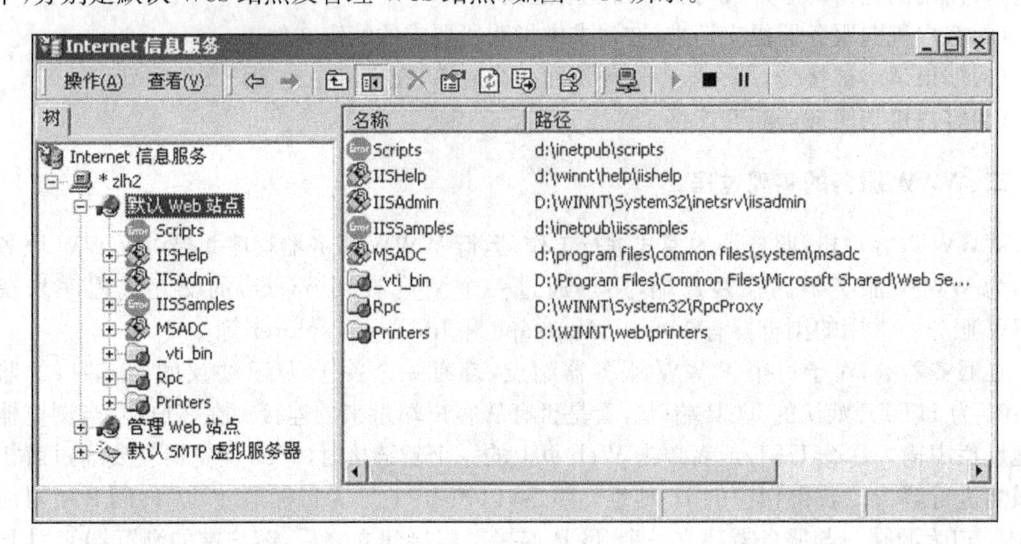

图 7-44 管理控制台窗口

2. 添加新的 Web 站点

打开"Internet 信息服务"窗口,鼠标右键单击要创建新站点的计算机,在弹出菜单中选择"新建"→"Web 站点",出现"Web 站点创建向导"对话框,单击"下一步"继续。

在"描述"文本框中输入说明文字。

单击"下一步"继续,出现如图 7-45 所示"IP 地址和端口设置"对话框。输入新建 Web 站点的 IP 地址和 TCP 端口地址。如果通过主机头文件将其他站点添加到单一 IP 地址,必须指定主机头文件名称。

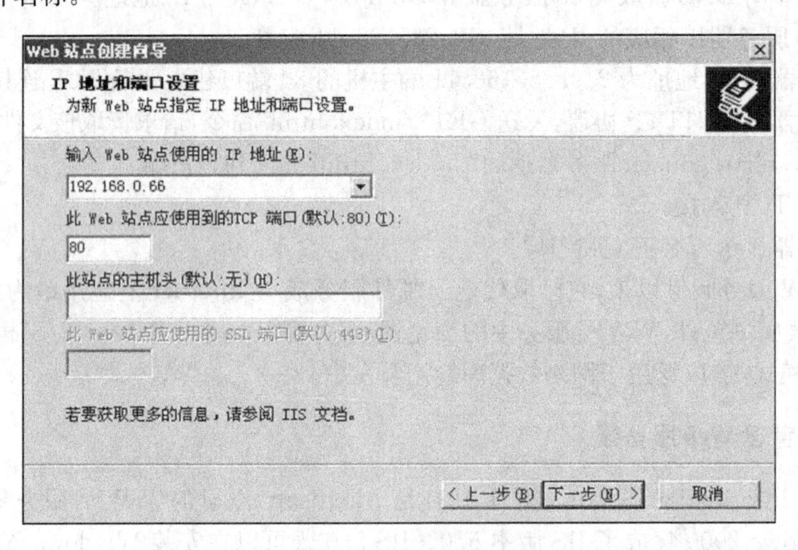

图 7-45 Web 站点创建向导

单击"下一步",出现"Web 站点主目录"对话框:输入站点的主目录路径,然后单击"下一步",选择 Web 站点的访问权限,单击"下一步"完成设置。

（二）Web 站点的管理

Web 站点建立好之后，可以通过“Microsoft 管理控制台”进一步来管理及设置 Web 站点，站点管理工作既可以在本地进行，也可以远程管理。步骤如下：

选择“开始”→“程序”→“管理工具”→“Internet 服务管理器”，打开“Internet 信息服务”窗口，在所管理的站点上，用鼠标右键单击“属性”，进入该站点的属性对话框。如图 7-46 所示。

1.“Web 站点”选项卡

（1）在“Web 站点标识”区域可以修改 Web 站点说明、Web 站点使用的 IP 地址、TCP 端口等内容。

（2）在“连接”区域可以对并发连接数进行限制。如果不限制同时连接到 Web 站点的用户数，则选择“无限”；如果要限制同时连接到 Web 站点的用户数目，选择“限制到”，并指定连接数，默认的连接数为 1 000。

（3）在“连接超时”文本框中可以指定连接超时时间，默认值为 900 s。如果一个连接与 Web 站点未交换信息的时间达到指定的连接超时时间，Web 站点将中断该连接。

2.“操作员”选项卡

Web 站点的默认操作员为 Administrators 组，如果要增加或减少作为 Web 站点操作员的人数，可以利用 Windows 2000 Server 的计算机管理功能进行设置。

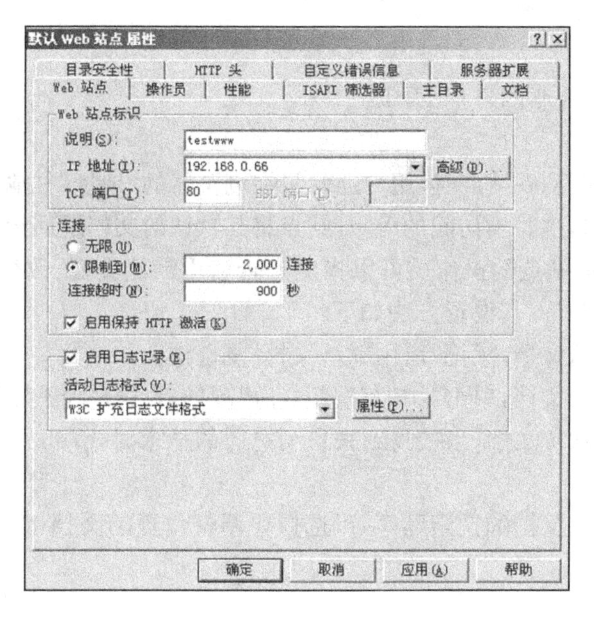

图 7-46　新建 Web 站点属性

3.“主目录”选项卡

主目录是 Web 站点中发布和共享文档存放的中心位置。“默认 Web 站点”的主目录可以在安装时指定，默认为 wwwroot。对于新建的其他 Web 站点，主目录是在建立过程中指定的。可以按照下面的方法更改 Web 站点的主目录。

（1）在图 7-46 所示的“Test WWW 属性”对话框中单击“主目录”标签，则出现图 7-47 所示的“主目录”选项卡。

（2）主目录可以来自 3 种位置：此计算机上的目录、另一计算机上的共享位置、重定向到 URL。用户选择一种位置，并在下面的“本地路径”文本框中输入本地主机的目录路径、远程

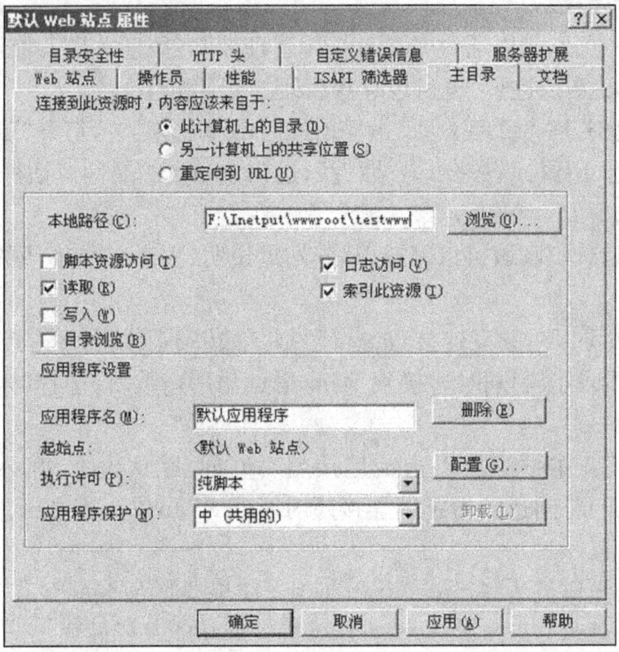

图 7-47　Web 主目录

主机的共享目录路径或完整的目标 URL。

4.“文档”选项卡

在通过浏览器访问 Web 站点时，用户通常只在浏览器的“地址”栏输入 Web 站点的地址，而不指定具体的文件名，这时被访问的 Web 站点将其默认的文档返回给浏览器。

在 IIS 5.0 中，Web 站点的操作员可以指定是否启用默认文档、改变默认文档的名称、以及增加和删除默认文档等。其设置方法如下：

(1)如果要启用默认文档，标记“启用默认文档”复选框。

(2)如果要增加默认文档，单击“添加”按钮，在出现的对话框中输入文档名称。IIS 5.0 中的 Web 站点支持多个默认文档，当接收到来自浏览器的请求时，Web 站点将按列表中显示的顺序搜索默认文档。

(3)如果要改变默认文档的搜索顺序，可选择要调整位置的文档，然后单击左侧的向上或向下箭头。

5.“目录安全性”选项卡

(1)匿名访问与验证控制

IIS 5.0 为 Web 站点提供了 3 种用户验证方法：匿名访问、基本验证和集成 Windows 验证。

①匿名访问：用户访问 Web 站点时不需要提供账号和密码，Web 服务器用一个特殊的账号作为注册账号，并以该账号为连接的用户打开资源。Web 站点默认允许匿名访问，用户通常情况下使用匿名账号与 Web 服务器建立连接。用户通过匿名方式与 Web 服务器建立连接后，只能访问到允许匿名账号访问的资源。

②基本验证：用户在访问 Web 站点时要求向 Web 服务器提供有效的账号和密码。该方法是在 HTTP 规范中定义的标准方法，大多数浏览器都支持该方法。在该方法中用户提供的

账号和密码通过浏览器以明文(未加密)传递给 Web 服务器。

③集成 Windows 验证:该方法使用 Windows2000 账号与密码验证方式,利用加密的办法传输用户提供的账号和密码,比基本验证更安全。但这种方法是 Windows 系统特有的,只有 IE 浏览器支持。

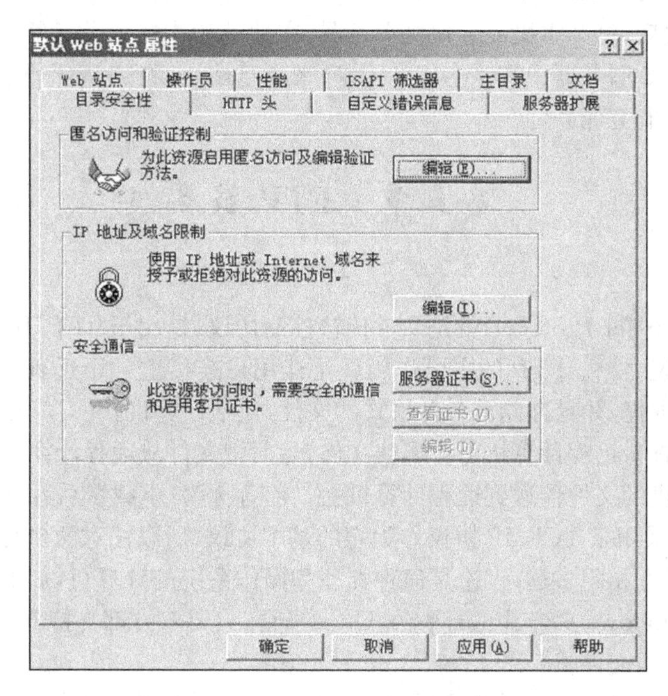

图 7-48 “目录安全性”选项卡

如果要改变匿名访问和验证控制中的设置,可通过单击“匿名访问和验证控制”区域中的“编辑”按钮加以设置,如图 7-48 所示。

(2)IP 地址与域名限制

单击“IP 地址与域名限制”区域中的“编辑”按钮,显示图 7-49 所示对话框。

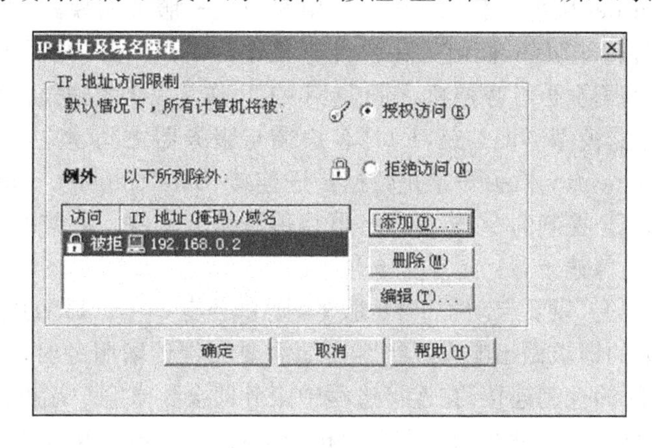

图 7-49 “IP 地址与域名限制”对话框

①如果选择“授予访问”,则默认地允许所有的计算机访问该 Web 站点。如果要限制某些计算机访问该 Web 站点,通过单击“添加”按钮,在“例外以下所列除外”列表中加入所限制访问的计算机。

②如果选择"拒绝访问",则默认限制所有的计算机访问该 Web 站点。如果要允许某些计算机访问该 Web 站点,通过单击"添加"按钮,在"例外以下所列除外"列表中加入所允许访问的计算机。

(三)测试和使用 Web 服务器

完成上述设置后,打开本机或客户机浏览器,在地址栏中输入此计算机 IP 地址或主机的域名(前提是在 DNS 服务器中有该主机的记录)来浏览站点,测试 Web 服务器是否安装成功,WWW 服务是否运行正常。

第五节 FTP 服务

一、FTP 概念

FTP(File Transfer Protocol)就是文件传输控制协议,是用于 TCP/IP 网络及 Internet 的最简单、广泛的协议之一。FTP 的主要作用就是让用户连接上一个远程计算机(这些计算机运行着 FTP 服务进程,并且存储着各种格式的文件,包括计算机软件、声音文件、图像文件、重要资料、电影等),查看远程计算机上有哪些文件,然后把文件从远程计算机上复制到本地计算机,或把本地计算机的文件传送到远程计算机去。前者称为"下载",后者称为"上传"。

Internet 由于采用了 TCP/IP 协议作为它的基本协议,所以任意两台与 Internet 连接的计算机无论地理位置上相距多远,无论是何种类型和操作系统的计算机,如 PC 机、服务器、小型机、大型机以及 Windows 平台、linux 平台、Unix 平台,只要双方都支持 FTP,它们之间就可以随时随地地相互传送文件。

FTP 是一个通过 Internet 传送文件的系统。Internet 上很多站点都提供了匿名 FTP 服务,允许任何用户访问该站点,并可从该站点免费复制文件。许多商业软件都是通过 FTP 发行的,不过下载时需要特定的帐户。

二、FTP 工作原理

与大多数的 Internet 服务一样,FTP 也使用客户机—服务器模式,即由一台计算机作为 FTP 服务器提供文件传输服务,而由另一台计算机作为 FTP 客户端提出文件服务请求并得到授权的服务。FTP 服务器与客户机之间使用 TCP 作为实现数据通信与交换的协议。然而,与其他客户/服务器模型不同的是,FTP 客户端与服务器之间建立的是双重连接,一个是控制连接(control connection),另一个是数据传送连接(data transfer connection)。控制连接传送主要用于传输 FTP 控制命令,告诉服务器将传送哪个文件。数据传送连接主要用于数据传送,完成文件内容的传输。

在 FTP 的服务器上,只要启动了 FTP 服务,则总会有一个 FTP 的守护进程在后台运行以随时准备对客户端的请求做出响应。当客户端需要文件传输服务时,它将首先设法打开一个与 FTP 服务器之间的控制连接,在连接过程中服务器会要求客户端提供合法的登陆名和口令。一旦该连接被允许建立,就相当于在客户机与 FTP 服务器之间打开了一个命令传输的通信连接,所有与文件管理有关的命令将通过该连接被发送至服务器端执行。该连接在服务器端使用 TCP 端口号的默认值为 21,并且该连接在整个 FTP 会话期间一直存在。每当请求文件传输即要求从服务器复制文件到客户机时,服务器将再形成另一个独立的通信连接。该连接与控制连接使用不同的协议端口号,默认情况下在服务器端使用 20 号 TCP 端口,所有文件可以通过该数据通道传输。一旦客户请求的一次文件传输完毕，则该连接就要被拆除，而新一次的文件传输需要重新建立一条数据连接。此时，前面所建立的控制连接被保留，直至全部的文件传输完毕，客户端请求退出时才会被关闭。

FTP 工作的过程就是一个建立 FTP 会话并传输文件的过程，如图 7-50 所示。具体传输过程如下所述。

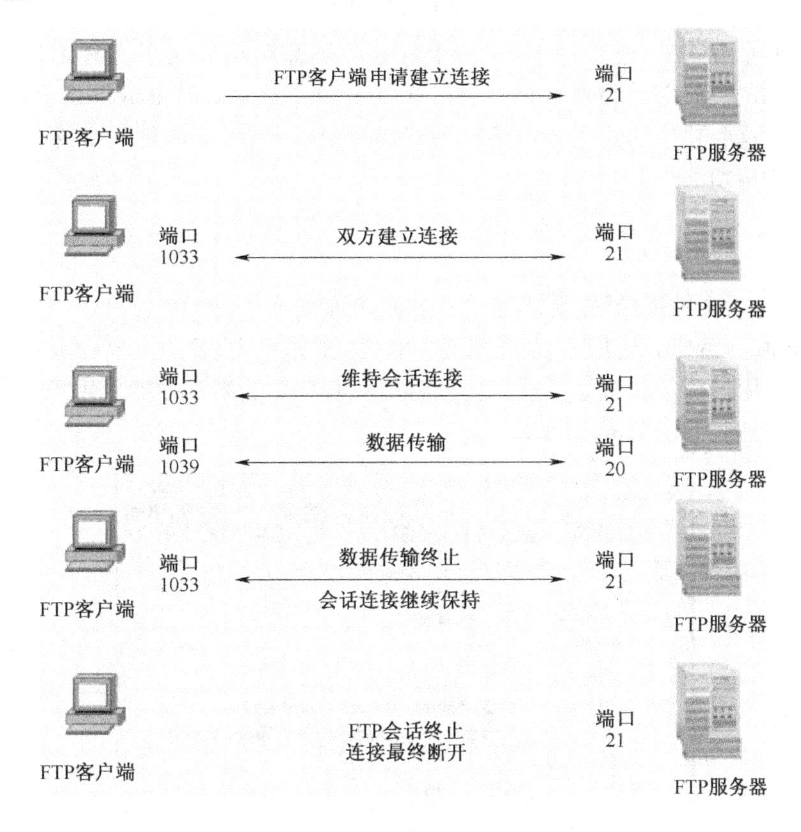

图 7-50　FTP 的工作过程

(1)FTP 客户端程序向远程的 FTP 服务器申请建立连接。

(2)FTP 服务器的 21 号端口侦听到 FTP 客户端的请求之后，作出响应，与其建立会话连接。

(3)客户端程序打开一个控制端口，连接到 FTP 服务器的 21 端口。

(4)需要传输数据时，客户端打开一个数据端口(使用 netstat)，连接到 FTP 服务器的 20 号端口，文件传输完毕后断开连接，释放端口。

(5)要传输新的文件时，客户端会再打开一个新的数据端口，连接到 FTP 的 20 号端口。

(6)空闲时间超过规定后，FTP 会话自行终止。也可由客户端或服务器强行断开连接。

用户可以使用 FTP 命令来进行文件传输，这种方式称为交互模式。当用户交互使用 FTP 时，FTP 会发出一个提示，用户输入一条命令后，FTP 执行该命令并发出下一个提示。FTP 允许文件沿任意方向传输，即文件可以上传与下载。在交互方式下，还提供了相应文件的上传与下载命令。图 7-51 所示为利用 Windows XP 命令字符界面使用 FTP 的例子。

```
C:\Documents and Settings\duduploop>ftp e-testing.com.cn
Connected to e-testing.com.cn.
220 Serv-U FTP Server v5.2 for WinSock ready...
User (e-testing.com.cn:(none)): ccse01
331 User name okay, need password.
Password:
```

图 7-51　命令字符界面使用 FTP 的例子

除交互式命令方式外，还有许多 FTP 工具软件被开发出来用于实现 FTP 客户端功能。如 WS-FTP、Cute FTP 等。另外，Internet Explorer 和 Netscape Navigator 也提供了 FTP 客户软件的功能。这些软件的共同特点是采用直观的图形界面，且实现了文件传输过程中的断点再续和多路传输功能。

三、匿名 FTP 服务

使用 FTP 进行文件传输时，要求通信双方必须都支持 TCP/IP 协议。当一台本地计算机要与远程 FTP 服务器建立连接时，出于安全性的考虑，远程 FTP 服务器会要求客户端的用户出示一个合法的用户账号和口令，进行身份验证，只有合法的用户才能使用该服务器所提供的资源，否则拒绝访问，如图 7-52 所示。

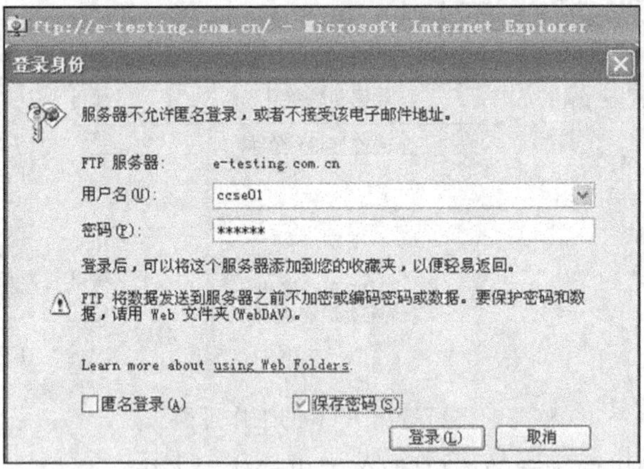

ftp://e-testing.com.cn/ - Microsoft Internet Explorer
登录身份
服务器不允许匿名登录，或者不接受该电子邮件地址。
FTP 服务器：　e-testing.com.cn
用户名(U)：　ccse01
密码(P)：　******
登录后，可以将这个服务器添加到您的收藏夹，以便轻易返回。
FTP 将数据发送到服务器之前不加密或编码密码或数据。要保护密码和数据，请用 Web 文件夹(WebDAV)。
Learn more about using Web Folders.
匿名登录(A)　保存密码(S)
登录(L)　取消

图 7-52　客户端以用户名和口令方式登陆 FTP 服务器

实际上，Internet 上有很多的公共 FTP 服务器，也称为匿名 FTP 服务器，它们提供了匿名 FTP 服务。匿名 FTP 服务的实质是，提供服务的机构在它的 FTP 服务器上建立一个公共账户，并赋予该账户访问公共目录的权限。若用户要登录到匿名 FTP 服务器上时，无须事先申请用户账户，可以使用“anonymous”作为用户名，并用自己的电子邮件地址作为用户密码，匿名 FTP 服务器便可以允许这些用户登录，并提供文件传输服务。

四、使用 IIS 构建 FTP 服务器

(一)配置管理 FTP 服务器

在组建 Intranet 时，如果打算提供文件传输功能，即网络用户可以从特定的服务器上下载文件或向服务器上传数据，就需要配置支持文件传输的 FTP 服务器。IIS 提供了构架 FTP 服务器的功能，因此在 Wind。Windows 2000 Server 中配置 FTP 服务器需先安装 IIS 组件 FTP 服务器安装好后，在服务器上有专门的目录供网络客户机用户访问、存储下载文件、接收上传

文件，合理设置站点有利于提供安全、方便的服务。

1. 安装并启动 IIS

通过选择"开始"→"程序"→"管理工具"→"Internet 服务管理器"，打开"Internet 信息服务"窗口，如图 7-53 所示，显示此计算机上已经安装好的 Internet 服务，而且都已经自动启动运行，其中有一个默认 FTP 站点。

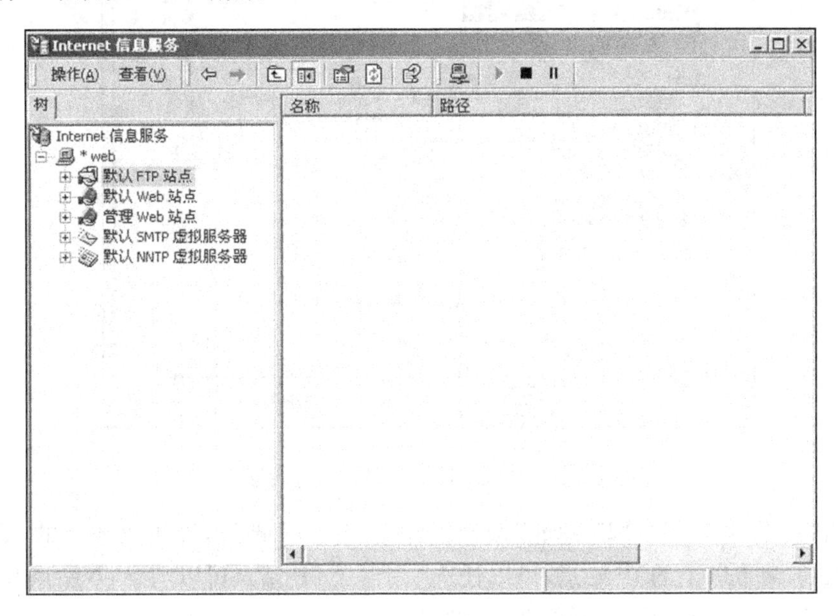

图 7-53　管理控制台窗口

2. 设置 FTP 站点

建立 FTP 站点最快的方法，就是直接利用 IIS 默认建立的 FTP 站点。把可供下载的相关文件分门别类地放在该站点默认 FTP 根目录\Interpub\ftproot 下。当然如果在安装时将 FTP 的发送目录设置成其他的目录，需要将这些文件放到所设置的目录中。

完成操作后，打开本机或客户机浏览器，在地址栏中输入 FTP 服务器的 IP 地址或主机域名(前提是 DNS 服务器中有该主机的记录)，就会以匿名的方式登录到 FTP 服务器，根据权限的设置就可以进行文件的上传和下载。

3. 添加及删除站点

IIS 允许在同一部计算机上同时构架多个 FTP 站点，但前提是本地计算机具有多个 IP 地址。添加站点时，先在树状目录中选择计算机名称，再选择"操作"→"新建"→"FTP 站点"，便会运行 FTP 安装向导，向导会要求输入新站点的 IP 地址、TCP 端口、存放文件的主目录路径(即站点的根目录)及设置访问权限。除了主目录路径一定要指定外，其余设置可保持默认设置。

删除 FTP 站点，先选取要删除的站点，再执行"删除"命令即可。一个站点若被删除，只是该站点的设置被删除，而该站点下的文件还是存放在原先的目录，并不会被删除。

4. FTP 站点的管理

FTP 站点建立好之后，可以通过"Microsoft 管理控制台"进一步来管理及设置 FTP 站点，站点管理工作既可以在本地进行，也可以远程管理。

选择"开始"→"程序"→"管理工具"→"Internet 服务管理器"，打开"Internet 信息服务"窗口，鼠标右键单击要管理的 FTP 站点，在出现的快捷菜单中选择"属性"命令，出现如图 7-54

所示对话框。

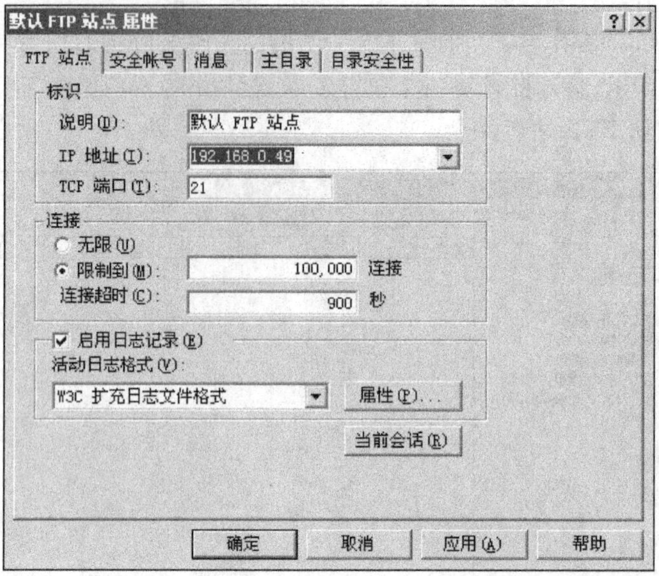

图 7-54 “默认 FTP 站点属性”对话框图

(1)“FTP 站点”选项设置“IP 地址”指设置此站点的 IP 地址,即本服务器的 IP 地址。如果服务器设置了两个以上的 IP 站点,可以任选一个。FTP 站点可以与 Web 站点共用 IP 地址及 DNS 名称,但不能设置使用相同的 TCP 端口。

在“TCP 端口”文本框中,FTP 服务器默认使用 TCP 协议的 21 端口,若更改此端口,则用户在连接到此站点时,必须输入站点所使用端口,例如使用命令“ftp 210.202.101.3:8021”,表示连接 FTP 服务器的 TCP 端口为 8021。

(2)“安全账号”选项设置

选择“安全账号”标签,打开如图 7-55 所示的“安全账号”选项卡。

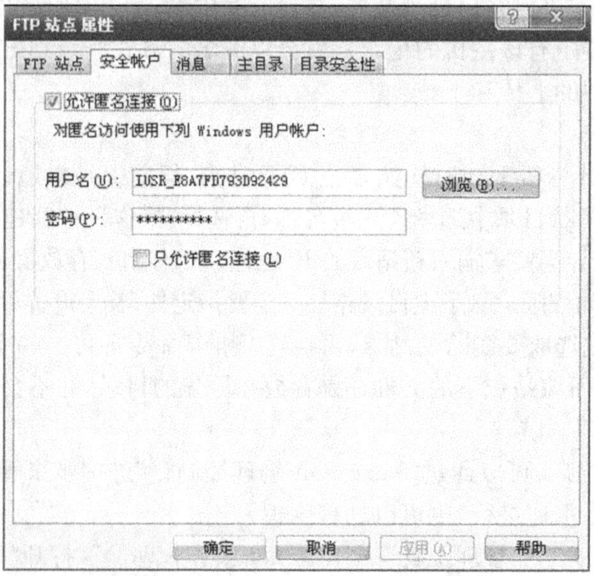

图 7-55 所示的“安全账号”选项卡

主要选项如下。

①“允许匿名连接”:FTP站点一般都设置为允许用户匿名登录,在安装时系统自动建立一个默认匿名用户账号“IUSR_COMPUTERNAME”。注意用户在客户机登录FTP服务器的匿名用户名为“anonymous”,并不是上面给出的名字。

②“只允许匿名连接”:选择此项,表示用户不能用私人的账号登录,只能用匿名来登录FTP站点,可以用来防止具有管理权限的账号通过FTP访问或更改文件。

(3)“主目录”选项设置

该选项卡用于设置供网络用户下载文件的站点是来自于本地计算机还是来自于其他计算机共享的文件夹。

选择此计算机上的目录,还需指定FTP站点目录,即站点的根目录所在的路径。选择另一计算机上的共享位置,需指定来自于其他计算机的目录,单击“连接为”按钮设置一个有权访问该目录的域用户账号。

对于站点的访问权限可进行几种复选设置:

①“读取”:即用户拥有读取或下载此站点下的文件或目录的权限。

②“写入”:即允许用户将文件上传至此FTP站点目录中。

③“日志访问”:如果此访问站点已经启用了日志访问功能,选择此项,则用户访问此站点文件的行为就会以记录的形式被记载到日志文件中。

(4)“目录安全性”选项设置

设定客户访问FTP站点的范围,其方式为授权访问和拒绝访问。

“授权访问”:开放访问此站点的权限给所有用户,并可以在“下列地址例外”列表中加入不受欢迎的用户IP地址。

“拒绝访问”:不开放访问此站点的权限,默认所有人不能访问该FTP站点,在“下列地址例外”列表中加入允许访问站点的用户IP地址,使它们具有访问权限。

(二)测试FTP服务器

为了测试FTP服务器是否正常工作,可选择一台客户机登录FTP服务器进行测试,首先保证FTP服务器的FTP发布目录下存放有文件,可供下载,在这里选择使用Web浏览器作为FTP客户程序。

可以使用IE连接到FTP站点,输入协议和域名,就可以连接到FTP站点,对用户来讲,这与访问本地计算机磁盘上文件夹一样。

第六节 Telnet服务

一、Telnet的概念

在分布式计算环境中,我们常常需要调用远程计算机的资源同本地计算机协同工作,这样就可以用多台计算机来共同完成一个较大的任务。这种协同操作的工作方式就要求用户能够登录到远程计算机中去启动某个进程,并使进程之间能够相互通信。为了达到这个目的,人们开发了远程终端协议,即Telnet协议。Telnet协议是TPC/IP协议的一部分,它精确地定义了远程登录客户机与远程登录服务器之间的交互过程。

远程登录也是Internet最早提供的基本服务功能之一。Internet中的用户远程登录是指用户使用Telnet命令,使自己的计算机暂时成为远程计算机的一个仿真终端的过程。一旦用户成功地实现了远程登录，用户使用的计算机就可以像一台与对方计算机直接连接的本地终端一样对远程的计算机进行操纵，并像使用本地主机一样使用远程主机的资源。即使在本地终端与远程主机具有异构性时，也不影响它们之间的相互操作。人们又将这种远程操作方式叫做远程登录(Telnet)。

本地终端与主机之间的异构性首先表现在对键盘字符的解释不同。例如PC键盘与IBM大型机的键盘可能差异很大，它们使用不同的回车换行符、不同的中断键等。为了使异构性的机器之间能够互操作，Telnet定义了网络虚拟终端(Network Virtual Terminal，NVT)的概念。它提供了一种专门的键盘定义，用来屏蔽不同计算机系统对键盘输入的差异性。其代码包括标准的7单位ASCII字符集和Telnet命令集，这些字符和命令提供了本地终端和远程主机之间的网络(应用)接口。

二、Telnet的工作原理

Telnet采用客户机/服务器的工作方式。当人们用Telnet登录进入远程计算机系统时，相当于启动了两个网络进程。一个是在本地终端上运行的Telnet客户机进程，它负责发出Telnet连接的建立与拆除请求，并完成作为一个仿真终端的输入输出功能，如从键盘上接收所输入的字符，将输入的字符串变成标准格式并送给远程服务器，同时接收从远程服务器来的信息并将信息显示屏幕上等。另一个是在远程主机上运行的Telnet服务器进程，该进程以后台进程的方式守候在远程计算机上，一旦接到客户端的连接请求，就马上活跃起来以完成连接建立的有关工作；建立连接之后。该进程等候客户端的输入命令，并把执行客户端命令的结果送回给客户端。

在远程登录过程中，用户的实终端采用用户终端的格式与本地Telnet客户机程序通信：远程主机采用远程系统的格式与远程Telnet服务器程序通信。通过TCP连接，Telnet客户机程序与Telnet服务器程序之间采用了网络虚拟终端NVT标准来进行通信。网络虚拟终端NVT格式将不同的用户本地终端格式统一起来，使得各个不同的用户终端格式只与标准的网络虚拟终端NVT格式打交道，而与各种不同的本地终端格式无关。Telnet客户机程序与Telnet服务器程序一起完成用户终端格式、远程主机系统格式与标准网络虚拟终端NVT格式的转换，如图7-56所示。

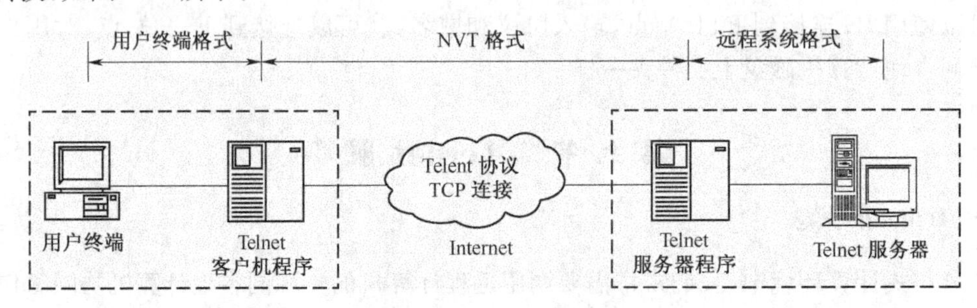

图7-56　Telnet的工作模式

三、Telnet的使用

为了防止非授权用户或恶意用户访问或破坏远程计算机上的资源，在建立Telnet连接时会要求提供合法的登录账号，只有通过身份验证的登录请求才可能被远程计算机所接受。

因此用户进行远程登录时有两个条件：

(1)用户在远程计算机上应该具有自己的用户账户，包括用户名与用户密码。

(2)远程计算机提供公开的用户账户，供没有账户的用户使用。

用户在使用Telnet命令进行远程登录时，首先应在Telnet命令中给出对方计算机的主机名或IP地址，然后根据对方系统的询问正确键入自己的用户名与用户密码。有时还要根据对方的要求回答自己所使用的仿真终端的类型。

Internet有很多信息服务机构提供开放式的远程登录服务，登录到这样的计算机时，不需要事先设置用户账户，使用公开的用户名就可以进入系统。这样，用户就可以使用Telnet命令，使自己的计算机暂时成为远程计算机的一个仿真终端。一旦用户成功地实现了远程登录，用户就可以像远程主机的本地终端一样地进行工作，并可使用远程主机对外开放的全部资源，如硬件、程序、操作系统、应用软件及信息、资源。

Telnet也经常用于公共服务或商业目的。用户可以使用Telnet远程检索大型数据库、公众图书馆的信息资源库或其他信息。

第七节　E-mail服务

一、电子邮件简介

电子邮件(Electronic mail，E-mail)是Internet上最受欢迎、最为广泛的应用之一。E-mail服务是一种通过计算机网络与其他用户进行联系的快速、简便、高效、廉价的现代化通信手段。电子邮件之所以受到广大用户的喜爱，是因为与传统通信方式相比，它具有以下明显的优点：

(1)电子邮件比传统邮件传递迅速，可达到的范围广，且比较可靠。

(2)电子邮件可以实现一对多的邮件传送，这样可以使得一位用户向多人发出通知的过程变得很容易。

(3)电子邮件与电话系统相比，它不要求通信双方都在现场，而且不需要知道通信对象在网络中的具体位置。

(4)电子邮件可以将文字、图像、语音等多种类型的信息集成在一个邮件中传送，因此，它将成为多媒体信息传送的重要手段。

二、电子邮件系统

电子邮件系统采用客户/服务器工作模式。电子邮件服务器(有时简称为邮件服务器)是邮件服务系统的核心，它的作用与人工邮递系统中邮局的作用非常相似。邮件服务器一方面负责接收用户送来的邮件，并根据邮件所要发送的目的地址，将其传送到对方的邮件服务器中；另一方面则负责接收从其他邮件服务器发来的邮件，并根据收件人的不同将邮件分发到各自的电子邮箱(有时简称为邮箱)中。

邮箱是在邮件服务器中为每个合法用户开辟的一个存储用户邮件的空间，类似人工邮递系统中的信箱。电子邮箱是私人的，拥有账号和密码属性，只有合法用户才能阅读邮箱中的邮件。

在电子邮件系统中，用户发送和接收邮件需要借助于装载在客户机中的电子邮件应用程序来完成。电子邮件应用程序一方面负责将用户要发送的邮件送到邮件服务器，另一方面负责检查用户邮箱，读取邮件。因而电子邮件应用程序的两项最基本功能为：

(1)创建和发送邮件。

(2)接收、阅读和管理邮件。

三、电子邮件的传送过程

在 TCP/IP 互联网中,邮件服务器之间使用简单邮件传输协议(Simple Mail Transfer Protocol,SMTP)相互传递电子邮件。而电子邮件应用程序使用 SMTP 协议向邮件服务器发送邮件,使用第 3 代邮局协议(Post Office Protocol,POP3)或交互式电子邮件存取协议(interactive mail access protocol,IMAP)从邮件服务器的邮箱中读取邮件,如图 7-57 所示。目前,尽管 IMAP 是一种比较新的协议,但支持 IMAP 协议的邮件服务器并不多,大量的服务器仍然使用 POP3 协议。TCP/IP 互联网上邮件的处理和传递过程如图 7-58 所示。

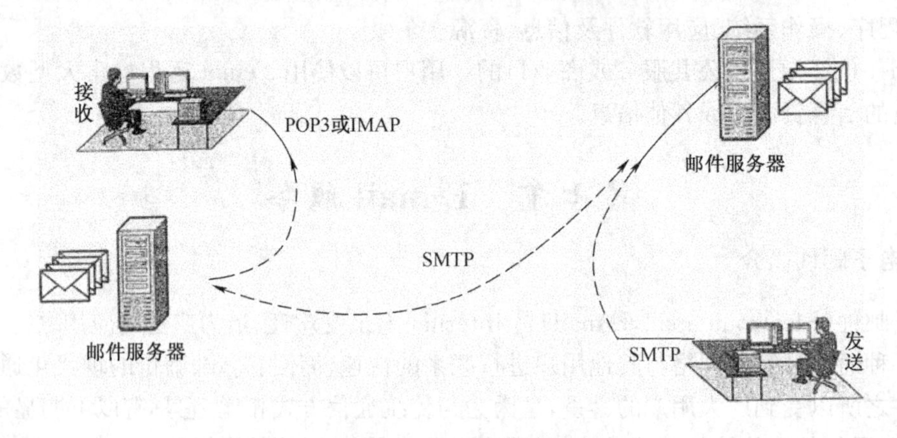

图 7-57　电子邮件系统

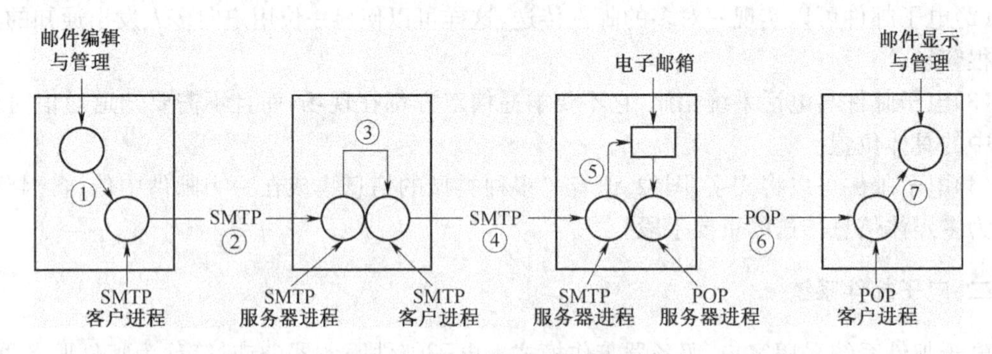

图 7-58　TCP/IP 互联网上电子邮件传输过程

(1)用户需要发送电子邮件时,可以按照一定的格式起草、编辑一封邮件。在注明收件人的邮箱后提交给本机 SMTP 客户进程,由本机 SMTP 客户进程负责邮件的发送工作。

(2)本机 SMTP 客户进程与本地邮件服务器的 SMTP 服务器进程建立连接,并按照 SMTP 协议将邮件传递到该服务器。

(3)邮件服务器检查收到邮件的收件人邮箱是否处于本服务器中,如果是,就将该邮件保存在这个邮箱中,否则将该邮件交由本地邮件服务器的 SMTP 客户进程处理。

(4)本地服务器的 SMTP 客户程序直接向拥有收件人邮箱的远程邮件服务器发出请求,远程 SMTP 服务器进程响应,并按照 SMTP 协议传递邮件。

(5)由于远程服务器拥有收件人的信箱。因此,邮件服务器将邮件保存在该信箱中。

(6)当用户需要查看自己的邮件时,首先利用电子邮件应用程序的POP客户进程向邮件服务器的POP3服务进程发出请求。POP服务进程检查用户的电子信箱,并按照POP3协议将信箱中的邮件传递给POP客户进程。

(7)POP客户进程将收到的邮件提交给电子邮件应用程序的显示和管理模块,以便用户查看和处理。

从邮件在TCP/IP互联网中的传递和处理过程可以看出,利用TCP连接,用户发送的电子邮件可以直接由源邮件服务器传递到目的邮件服务器,因此,基于TCP/IP互联网的电子邮件系统具有很高的可靠性和传递效率。

四、电子邮件的相关协议

(一)SMTP协议和POP3协议

简单邮件传输协议(SMTP)是电子邮件系统中的一个重要协议,它负责将邮件从一个"邮局"传送给另一个"邮局"。SMTP的最大特点就是简单和直观,它不规定邮件的接收程序如何存储邮件,也不规定邮件发送程序多长时间发送一次邮件,它只规定发送程序和接收程序之间的命令和应答。

SMTP邮件传输采用客户—服务器模式,邮件的接收程序作为SMTP服务器在TCP的25端口守候,邮件的发送程序作为SMTP客户在发送前需要请求一条到SMTP服务器的连接。一旦连接建立成功,收发双方就可以传递命令、响应和邮件内容。

当邮件到来后,首先存储在邮件服务器的电子邮箱中。如果用户希望查看和管理这些邮件,可以通过POP3协议将邮件下载到用户所在的主机。

POP3是邮局协议(POP)的第3代版本,它允许用户通过PC机动态检索邮件服务器上的邮件。但是,除了下载和删除之外,POP3没有对邮件服务器上的邮件提供很多的管理操作。

POP3本身也采用客户—服务器模式,其客户程序运行在用户的PC机上,服务器程序运行在邮件服务器上。当用户需要下载邮件时,POP3客户首先向POP3服务器的TCP守候端口110发送建立连接请求。一旦TCP连接建立成功,POP客户就可以向服务器发送命令,下载和删除邮件。

(二)多目的Internet邮件扩展协议和IMAP协议

由于SMTP协议存在一些不足之处:SMTP不能传送可执行文件或其他的二进制对象,SMTP限于传送7位的ASCII码,SMTP服务器会拒绝超过一定长度的邮件等。所以,人们提出了一种多用途Internet邮件扩展(Multipurpose Internet Mail Extensions,MIME)协议。作为对SMTP协议的扩充,MIME使电子邮件能够传输多媒体等二进制数据。它不仅允许7位ASCII文本消息,而且允许8位文本信息以及图像、语音等非文本的二进制信息的传送。

MIME所规定的信息格式可以表示各种类型的消息(如汉字、多媒体等),并且可以对各种消息进行格式转换,所以MIME的应用很广泛。只要通信双方都使用支持MIME标准的客户端邮件收发软件,就可以互相收发中文电子邮件、二进制文件以及图像、语音等多媒体邮件。

因特网报文存取协议(Internet Message Access Protocol,IMAP)即从公司的邮件服务器获取E-mail有关信息或直接收取邮件的协议,这是与POP3不同的一种E-mail接收的新协议。

IMAP协议可以让用户远程拨号连接邮件服务器,并且可以在下载邮件之前预览信件主题与信件来源。用户在自己的PC机上就可以操纵邮件服务器的邮箱,就像在本地操纵一样,因此 IMAP 是一个联机协议。

五、电子邮件地址

传统的邮政系统要求发信人在信封上写清楚收件人的姓名和地址，这样，邮递员才能投递信件。互联网上的电子邮件系统也要求用户有一个电子邮件地址。TCP/IP 互联网上电子邮件地址的一般形式为：

<用户名>@主机域名

其中，用户名指用户在某个邮件服务器上注册的用户标识，通常由用户自行选定，但在同一个邮件服务器上必须是唯一的；@为分隔符，一般将其读为英文的 at；主机域名是指信箱所在的邮件服务器的域名。例如 wang@sina. com 表示在新浪邮件服务器上的用户名为 wang 的用户邮箱。

六、学习使用 Outlook Express

用户要通过 TCP/IP 互联网收发电子邮件，必须在自己的计算机中安装电子邮件客户端应用程序。目前电子邮件客户端应用程序种类很多，Microsoft Exchange、Internet Mail、Outlook、Eudora、Netscape Communicator 等都可以完成电子邮件的收发和管理工作。其中 Microsoft Outlook Express 是目前非常流行的一种电子邮件应用程序。

（一）熟悉 Outlook Express 的外观

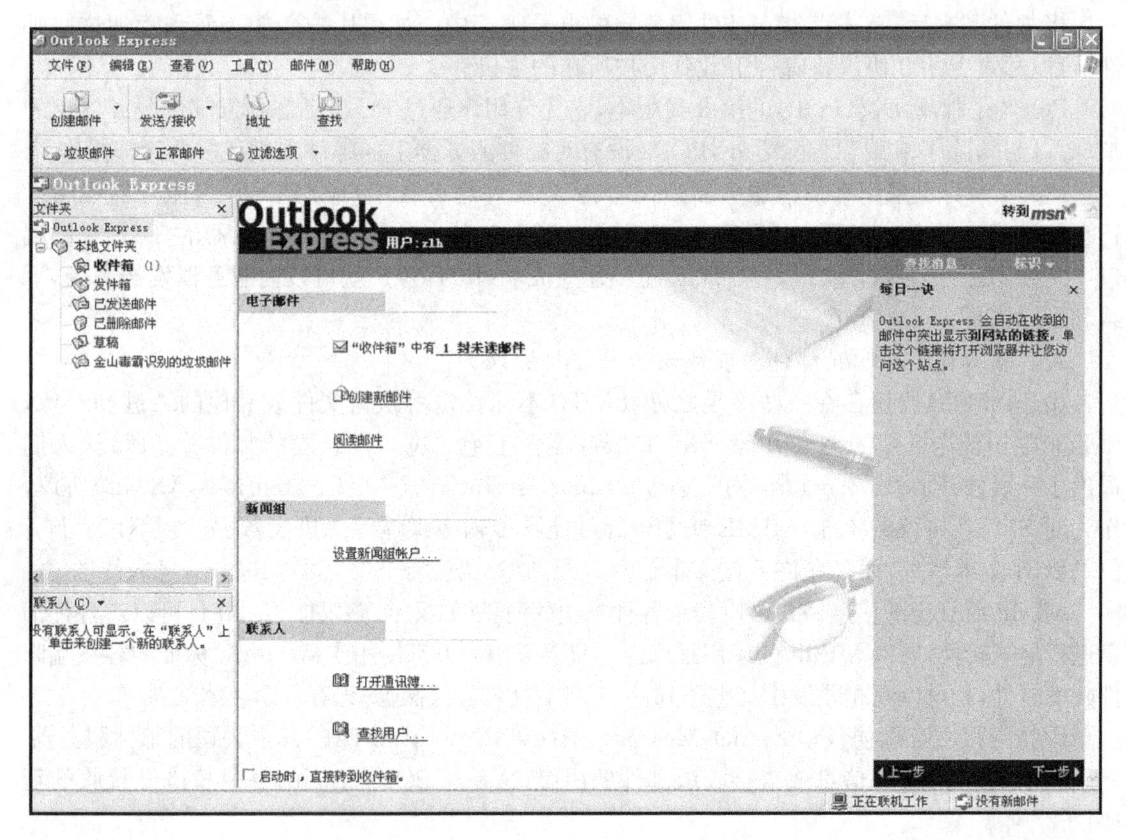

图 7-59　Outlook Express 外观

Microsoft Outlook Express 是 Windows 2000 的标准组件，因此，在安装 Microsoft Windows2003 Server 后，Outlook Express 的快捷方式图标便会出现在桌面上，用户通过双击该图标便可以启动 Outlook Express。

Outlook Express 的外观较为复杂，由标题栏、菜单栏、工具栏、活动状态指示器、主窗口、Outlook 栏、文件夹列表、联系人栏和状态栏等组成，如图 7-59 所示。但需要注意，Outlook Express 允许用户定制自己喜欢的外观式样，因此，用户看到的实际界面有可能与图 7-59 稍有不同。

(二)创建邮件账号

用户要使用 Outlook Express 收发电子邮件必须首先建立自己的邮件账号，即设置从哪个邮件服务器接收邮件、通过哪个服务器发送邮件及接收邮件时的登录账号等。Outlook Express 可以管理多个账号，用户可以设置 Outlook Express 从多个账户接收和发送邮件。

创建新的邮件账号可以通过执行“工具”菜单中的“账号”命令进行，在出现的“Internet 账号”对话框时选择“邮件”选项卡，如图 7-60 所示。这时，就可以创建新的邮件账号了。单击

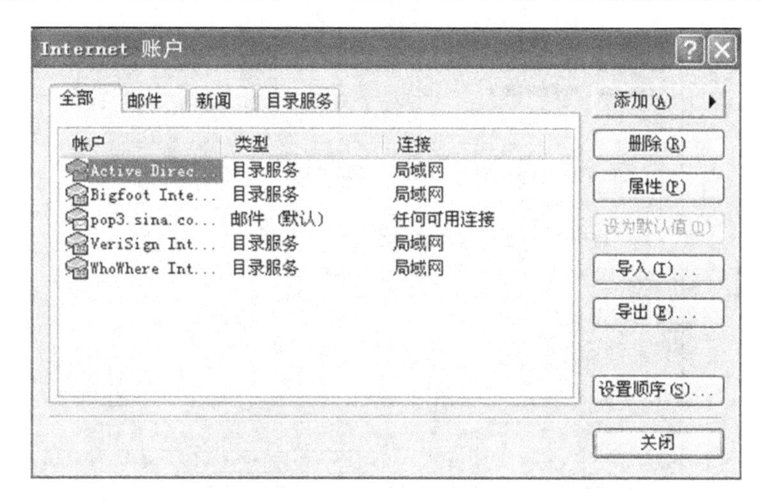

图 7-60 “Internet 账号”对话框

“添加”按钮，选择“邮件”选项，在出现“Internet 连接向导”对话框后，用户可以根据连接向导的提示输入必要的信息，以完成创建邮件的任务。

(1)在图 7-61 所示的对话框中输入你的姓名。当其他人收到你用该账号发出的邮件时，此名字将显示在邮件的“发件人”位置，邮件的接收者利用此信息可以直观地判断接收的邮件是何人发来的。

(2)在图 7-62 所示的对话框中输入你的电子邮件地址。

(3)在图 7-63 所示的对话框中选择服务器类型(POP3、IMAP 或 HTTP)，并输入接收邮件和发送邮件服务器名称，这里使用的接收邮件服务器和发送邮件服务器具有相同的名称，即 pop3. sian. com. cn，如果使用的接收邮件服务器和发送邮件服务器的名称不同，在输入时要注意核对。

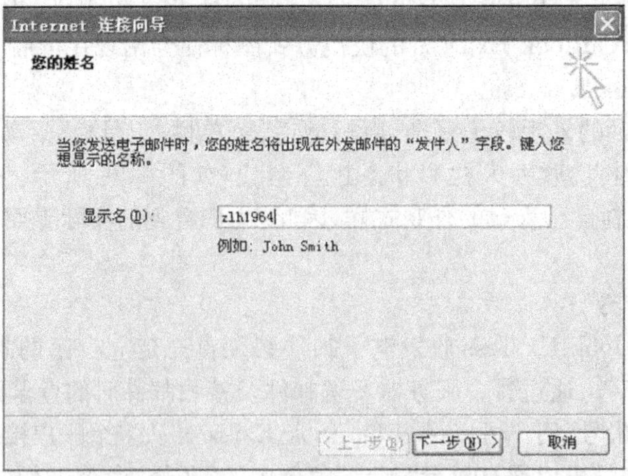

Internet 连接向导

您的姓名

当您发送电子邮件时，您的姓名将出现在外发邮件的"发件人"字段。键入您想显示的名称。

显示名(D): zlh1964

例如: John Smith

<上一步(B) 下一步(N)> 取消

图 7-61 在"Internet 连接向导"对话框中输入姓名

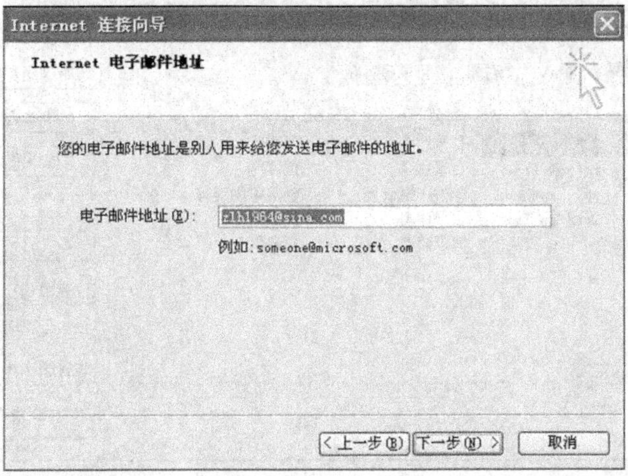

Internet 连接向导

Internet 电子邮件地址

您的电子邮件地址是别人用来给您发送电子邮件的地址。

电子邮件地址(E): zlh1964@sina.com

例如:someone@microsoft.com

<上一步(B) 下一步(N)> 取消

图 7-62 在"Internet 连接向导"对话框中输入电子邮件地址

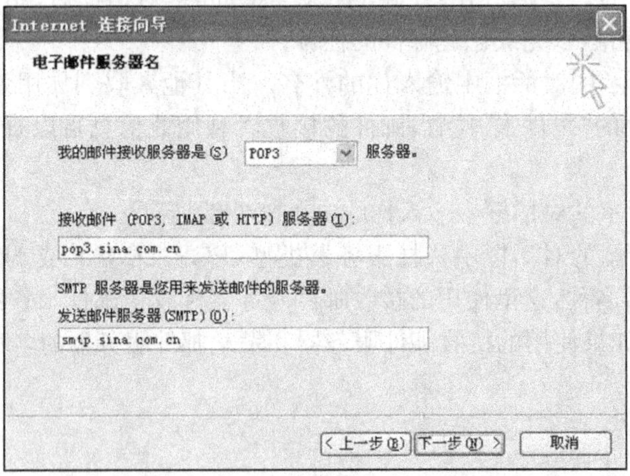

Internet 连接向导

电子邮件服务器名

我的邮件接收服务器是(S) POP3 服务器。

接收邮件 (POP3, IMAP 或 HTTP) 服务器(I):

pop3.sina.com.cn

SMTP 服务器是您用来发送邮件的服务器。

发送邮件服务器(SMTP)(O):

smtp.sina.com.cn

<上一步(B) 下一步(N)> 取消

图 7-63 在"Internet 连接向导"对话框中输入电子邮件服务器名

(4)在图 7-64 所示的对话框中输入邮箱的账号名和密码。你也可以选择其中“记住密码”复选框,这样计算机将记住邮箱的密码,在访问邮箱时不需要每次都输入密码。

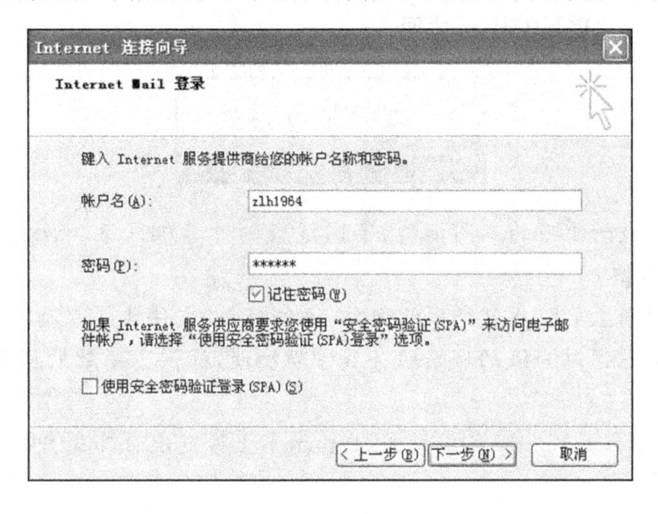

图 7-64　在“Internet 连接向导”对话框中输邮箱登陆账号

(5)成功地完成上述过程后,单击“完成”按钮,则在图 7-60 所示的对话框中添加一条账户信息。

(三)调整账号的设置

在添加账号之后用户可能需要调整账号中的某些设置,例如,POP3 服务器的域名、SMTP 服务器的域名、用户的账号及密码等。

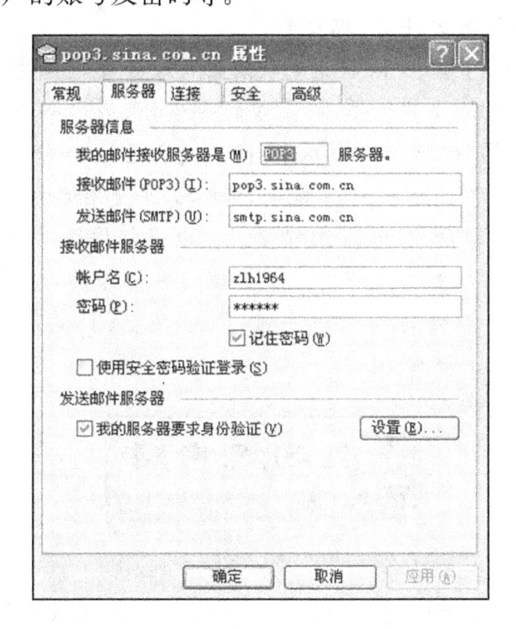

图 7-65　账号属性—服务器对话框

(1)在图 7-60 中选择要调整其设置的账号,然后单击“属性”按钮,在出现的对话框中选择“服务器”选项卡,则屏幕显示如图 7-65 所示。

(2)用户可以在该对话框中更改接收和发送邮件服务器的主机名、用户的账号名和口令。但在此处无法改变接收邮件服务器的类型,如果用户要修改服务器类型,需要建立一个新的账号。

账号设置完成后，用户就可以通过 Outlook Express 进行邮件的书写、发送、接收、阅读邮件，查看邮件附件及其他项目使用和管理。

本章小结

1. Internet 是由成千上万的不同类型、不同规模的计算机网络和计算机主机组成的覆盖全世界范围的巨型网络。

2. Internet 提供的主要服务包括网络通信、远程登录、文件传送以及网上信息服务等。

3. 域名系统 DNS 通过分级的域名服务和管理功能，提供了高效的域名和 IP 地址之间解释服务。

4. DNS 系统采用客户机和服务器模式，Internet 上按层次分布着众多的 DNS 服务器，完成域名的解析。

5. DHCP 服务器为网络中的主机自动分配 IP 地址和相关的 TCP/IP 配置信息。配置一台 DHCP 服务器，其操作系统必须是 Windows 2000 Server 以上版本。

6. WWW 是一种特殊的结构框架，用于访问遍布在因特网上数以千计机器上的链接文件，属客户—服务器系统。

7. 超文本传输协议 HTTP 是 WWW 客户机与 WWW 服务器之间的传输协议。

8. URL 称统一资源定位符，是用来标识 WWW 中唯一的一个页面。URL 由四部分组成：协议类型、主机名和路径及文件名、端口号。

9. 文件传输协议 FTP 用于在 TCP/IP 网络上两台计算机间进行文件传输的协议，FTP 客户端与服务器之间建立的是双重连接，一个是控制连接，另一个是数据传送连接。

10. Telnet 协议是 TPC/IP 协议的一部分，用户使用 Telnet 命令，使自己的计算机成为远程计算机的一个仿真终端。对远程的计算机进行操纵，并使用远程主机的资源。

11. 电子邮件系统采用客户/服务器工作模式。电子邮件服务器是邮件服务系统的核心，邮箱是在邮件服务器中为每个用户开辟的一个存储用户邮件的空间。

12. 邮件发送使用简单邮件传输协议 SMTP，使用 TCP 的 25 号端口。邮件接收使用 POP3 协议，使用 TCP 的 110 号端口。

复习思考题

1. Internet 提供了哪些基本服务？

2. 在因特网上，域名服务器的作用是什么？有哪几种域名服务器？

3. 简要说明 Internet 域名系统(DNS)的功能。举一个实例解释域名解析的过程。

4. 在因特网上，域名服务器的作用是什么？

5. 请使用一个实例解释什么是 URL。

6. 客户登录 Web 站点的方法有几种？

7. DHCP 有何作用？简述 DHCP 的运作流程。

8. 简述 FTP 工作的大致步骤。

9. 什么是网络虚拟终端(Telnet)？简述其工作原理。

10. 邮件系统中有哪些主要的协议？简要说明。

11. Windows 2000 Server DNS 服务器将域名与 IP 地址的映射表存储在一个文本文件中(文件名在建立新区域时指定)。打开这个文件，看看是否明白其中的内容。实际上，可以通过直接修改这个文件来建立、删除和修改域名与 IP 地址的对应关系。试着修改这个文件，在保存之后重新启动计算机，验证修改是否已经生效。

第八章

网络维护与网络安全

能够正确地维护网络，确保在网络出现故障之后迅速、准确地定位问题并排除故障，对网络维护人员和网络管理人员来说是个挑战，这不但要求他们对网络协议和技术有着深入的理解，更重要的是要建立一个系统化的故障排除思想，并合理应用于实践中，以将一个复杂的问题隔离、分解或缩减排错范围，从而及时修复网络故障。

本章主要介绍网络故障分类、检测和排除等有关网络维护基本知识；网络安全的一些基本概念和技术。

第一节　网络故障的一般分类

网络中可能出现的故障多种多样，如不能访问网上邻居，不能登录服务器，不能收发电子邮件，不能使用网络打印机，某个网段或某个VLAN工作失常或整个网络都不能正常工作等。总括起来，从设备看，就是网络中的某个、某些主机或整个网络都不能正常工作；从功能看，就是网络的部分或全部功能丧失。由于网络故障的多样性和复杂性，对网络故障进行分类有助于快速判断故障性质，找出原因并迅速解决问题，使网络恢复正常运行。

一、根据网络故障性质分类

根据网络故障的性质把故障分为连通性故障、协议故障与配置故障。

1. 连通性故障

连通性故障是网络中最常见的故障之一，体现为计算机与网络上的其他计算机不能连通，即所谓的“ping不通”。

导致连通性故障的原因很多，如：网卡硬件故障、网卡驱动程序未安装正确、网络设备故障等。

由此可见，发生连通性故障的位置可能是主机、网卡、网线、信息插座、集线器、交换机、路由器，而且硬件本身或者软件设置的错误都可能导致网络不能连通。

2. 配置故障

配置错误引起的故障也在网络故障中占有一定的比重。网络管理员对服务器、交换机、路由器的不当设置，网络使用者对计算机设置的不当修改，都会导致网络故障。

导致配置故障的原因主要有服务器配置错误、代理服务器或路由器的访问列表设置不当、第三层交换机的路由设置不当、用户配置错误等。

由此可见，配置故障较多地表现在不能实现网络所提供的某些服务上，如不能接入Internet，不能访问某个服务器或不能访问某个数据库等，但能够使用网络所提供的另一些服务。配置故障与硬件连通性故障在表现上有较大差别，硬件连通性故障通常表现为所有的网络服务都不能使用。这是判定为硬件连通性故障还是配置故障的重要依据。

3. 协议故障

协议故障也是一种配置故障，导致协议故障的原因主要有以下几种：

(1)协议未安装。仅实现局域网通信，需安装 NetBEUI 或 IPX/SPX 或 TCP/IP 协议；实现 Internet 通信，需安装 TCP/IP 协议。

(2)协议配置不正确。TCP/IP 协议涉及的基本配置参数有 4 个，即 IP 地址、子网掩码、DNS 和默认网关，任何一个设置错误，都可能导致故障发生。

(3)在同一网络或 VLAN 中有两个或两个以上的计算机使用同一计算机名称或 IP 地址。

二、根据 OSI 协议层分类

根据 OSI 七层协议的分层结构把故障分为物理层故障、数据链路层故障、网络层故障、传输层故障、会话层故障、表示层故障和应用层故障。

在 OSI 分层的网络体系结构中，每个层次都可能发生网络故障。据有关资料统计，大约 70%以上的网络故障发生在 OSI 七层协议的下三层。

引起网络故障的可能有以下几种：

(1)物理层中物理设备相互连接失败或者硬件及线路本身的问题，如网线、网卡问题。

(2)数据链路层的网络设备的接口配置问题，如封装不一致。

(3)网络层网络协议配置或操作错误，如 IP 地址配置错误或重复。

(4)网络操作系统或网络应用程序错误，如应用层的故障主要是各种应用层服务的设置问题。

第二节　网络故障检测

在分析故障现象，初步推测故障原因之后，就要着手对故障进行具体的检测，以准确判断故障原因并排除故障，使网络运行恢复正常。

工欲善其事，必先利其器。在故障检测时合理利用一些工具，有助于快速准确地判断故障原因。常用的故障检测工具有软件工具和硬件工具两类。

一、网络故障检测工具

总的来说，网络测试的硬件工具可分为两大类：一类用做测试传输介质(网线)，一类用做测试网络协议、数据流量。

(1)网络线缆测试仪

最常见的网络线缆测试仪如图 8-1 所示。该系列网络测试仪通过使用附带的远程终结器，无论在电缆安装前后，都能快速测试电缆的线序和定位。通常测试网线是否通信的最基本方法就是用测线仪，测试的方法就是将线的两端直接插入测线仪的端口，按下电源开关，如果指示灯依次闪亮，证明该网线正常通信，如果测线仪的某个指示灯不亮或指示灯不按循序闪亮，就证明该网线通信有问题。

(2)Fluke One-Touch Series Ⅱ网络分析仪

One-Touch Series II 即 Fluke 公司的第二代 One-Touch 系列产品。其特点是：集中多种测试仪功能，迅速诊断故障；采用触摸屏操作，十分方便。

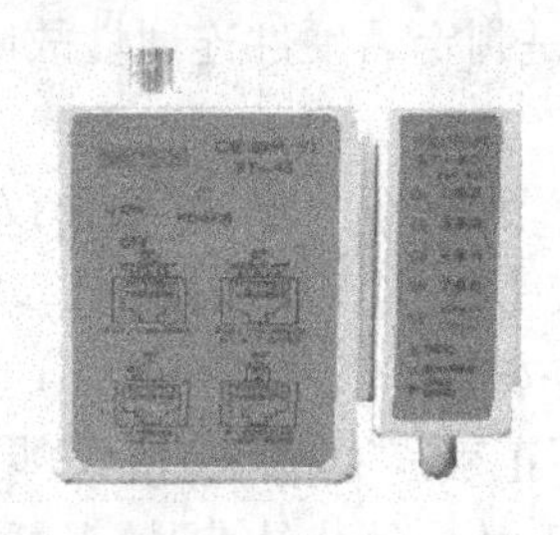

图 8-1　常见的网络线缆测试仪

One-Touch Series H 新增的交换机测试功能扩展了网络元件的检查能力、远程的网页浏览及控制功能，可以使网管人员更直观地浏览、分析远方的测试结果，可缩短网络故障的诊断和排除时间，网络吞吐量测试选件能为网管人员的分析判断提供有力的依据。

One-Touch Series II 可以自动识别 Novell、Windows NT 及 NetBIOS 服务器，迅速检查服务器、路由器和交换机的连通性。

One-Totmh Series II 可进行电缆和光缆的测试（长度、开路、短路、串扰等），测试网卡集线器的好坏，测试 10 Mbit/s 以太网的利用率、碰撞率及各种错误。还可以将以太网的一些关键参数如碰撞、错误及广播等对流量的影响进行指导性解释。

(3)Fluke Net Tool 多功能网络测试仪

Fluke 公司的多功能网络测试仪 Net Tool 也称网络万用表，它将电缆测试、网络测试及计算机配置测试集成在一个手掌大小的盒子中，功能完善，携带使用方便，其主要特点是：

①简单易用，价格便宜。

②在线测试计算机与交换机的通信。Net Tool 具有独特的在线测试功能，当计算机开始访问网络资源时，测试仪就清楚地报告计算机与网络的对话，然后显示计算机中有关网络协议的一切设置，如 MAC 地址和 IP 地址、路由器、服务器(DHCP，E-mail，HTTP 和 DNS)配置和使用的打印机等。

③能够正确识别各种类型的插座，能够测试电缆的连通性等。

二、网络故障检测软件工具

故障检测的软件工具分成两类，一类是 Windows 自带的网络测试工具，另一类是商品化的测试软件。

1. Windows 自带的测试工具

Windows 自带了一些常用的网络测试命令，可以用于网络的连通性测试，配置参数测试和协议配置、路由跟踪测试等。常用的命令有 ping、ipconfig、tracert、arp、pathping、netstat 等几种。这些命令有两种执行方式，即通过“开始”菜单打开“运行”窗口直接执行；或在命令提示符下执行。如果要查看它们的帮助信息，可以在命令提示符下直接输入“命令符”或“命令符/?”。

(1)ping 命令

ping 命令是在网络中使用最频繁的测试连通性的工具，同时它还可诊断其他一些故障。Ping 命令使用 ICMP 协议来发送 ICMP 请求数据包，如果目标主机能够收到这个请求，则发回 ICMP 响应。ping 命令便可利用响应数据包记录的信息对每个包的发送和接收时间进行报告，并报告无响应包的百分比，这在确定网络是否正确连接以及网络连接的状况（丢包率）十分有用。

(2)Ipconfig 命令

Ipconfig 是在网络中常用的参数测试工具，用于显示本地计算机的 TCP/IP 配置信息。如本机主机名和所有网卡的 IP 地址、子网掩码、MAC 地址、默认网关、DHCP 和 WINS 服务器。当用户的网络中设置的是 DHCP 时，利用 Ipconfig 可以让用户很方便地了解到 IP 地址的实际配置情况。

(3)Tracert 命令

Tracert 命令的作用是显示源主机与目标主机之间数据包走过的路径，可确定数据包在网络上的停止位置，即定位数据包发送路径上出现的网关或者路由器故障。与 ping 命令一样，它也是通过向目标发送不同生存时间(TTL)的 ICMP 数据包，根据接收到的回应数据包的经历信息显示来诊断到达目标的路由是否有问题。数据包所经路径上的每个路由器在转发数据包之前，将数据包上的 TTL 递减 1。当数据包的 TTL 减为 0 时，路由器把 ICMP 已超时的消息发回源系统。

(4)Pathping 命令

Pathping 命令综合了 Ping 命令和 Tracert 命令的功能，并且能够计算显示出路径中任意一路由器或节点，以及链接处的数据包丢失的比例信息。由此可找到丢包严重的路由器。屏幕先显示跃点列表，与使用 Tracert 命令的显示相同。接着该命令最多花费 125 s 的时间，从路径上的路由器收集信息，进行统计计算，最后将统计信息显示在屏幕上。

(5)Netstat 命令

Netstat 程序有助于了解网络的整体使用情况。它可以显示当前正在活动的网络连接的详细信息，例如显示网络连接、路由表和网络接口信息，可以让用户得知目前共有哪些网络连接正在运行。利用该程序提供的参数功能，可以了解该命令的其他功能信息，例如显示以太网的统计信息、显示所有协议的使用状态，这些协议包括 TCP 协议、UDP 协议及 IP 协议等，另外还可以选择特定的协议并查看其具体使用信息，还能显示所有主机的端口号以及当前主机的详细路由信息。

(6)Arp 命令

Arp 命令用于将 IP 地址与网卡物理地址绑定，可以解决 IP 地址被盗用而导致不能使用网络的问题。但该命令仅对局域网的代理服务器或网关路由器有用，而且只是针对采用静态 IP 地址策略的网络。

2. 商品化的测试软件

商品化测试软件主要是指商品化的网络管理系统，如 Cisco 公司的 Cisco works for Windows 和 Fluke 公司的 Network Inspector 等。这些测试软件的功能、操作本书不再作具体介绍，感兴趣的读者可查找有关书籍翻阅。

三、网络监视和管理工具

所谓网络监视就是监视网络数据流并对这些数据进行分析。专门用于采集网络数据流并提供分析能力的工具称为网络监视器。网络监视器能提供网络利用率和数据流量方面的一般性数据，还能够从网络中捕获数据帧，并能够筛选、解释、分析这些数据的来源、内容等信息。我们常用的网络监视和软件工具有 Ethereal、NetXRay 和 Sniffer 等。

(1)Ethereal

Ethereal 是一个网络监视工具,它可以用来监视所有网络上被传送的分组并分析其内容。它通常被用来检查网络运作的状况,或是用来发现网络程序的 bug。目前 Ethereal 提供了对 TCP、UDP、telnet、ftp 等常用协议的支持,在很多情况下可以代替 Sniffer。

(2)NetXRay

NetXRay 主要是用做以太网络上的网管软件,对于 IP、NETBEUI、TCP/UDP 等协议都能详细地分析,它的功能主要分成三大类:网络状态监控、接收并分析分组、传送分组和网络管理查看。

(3)Sniffer

Sniffer 是一个嗅探器,它既可以是硬件,也可以是软件,可以用来接收在网络传输的信息。Sniffer 的目的是使网络接口处于混杂模式,从而截获网络上的内容。在一般情况下,网络上所有的工作站都可以"听"到通过的流量,但对于不属于自己的报文则不予响应。如果某工作站的网络接口处于杂收模式,那么它就可以捕获网络上所有的报文。

Sniffer 能够"听"到在网上传输的所有的信息,它可以是硬件也可以是软件。在这种意义上讲,每一个机器或者每一个路由器都是一个 Sniffer。

Sniffer 可以捕获用户的口令,可以截获机密的或专有的信息,也可以被用来攻击相邻的网络或者用来获取更高级别的访问权限。

Sniffer 的工作原理如下:

通常在同一个网段的所有网络接口都有访问在物理媒体上传输的所有数据的能力,而每个网络接口还应有一个硬件地址,该硬件地址不同于网络中存在的其他网络接口的硬件地址,同时,每个网络至少还要一个广播地址。在正常情况下,一个合法的网络接口应该只响应这样的两种数据帧。

①帧的目标区域具有和本地网络口相匹配的硬件地址。

②帧的目标区域具有"广播地址"。

在接收到上面两种情况的数据包时,网卡通过 CPU 产生一个硬件中断,该中断能引起操作系统注意,然后将帧中所包含的数据传送给系统进一步处理。

而 Sniffer 就是一种能将本地网卡的状态设置成混杂模式的软件,当网卡处于这种"混杂"模式时,该网卡具备"广播地址",它对所有遇到的每一个帧都产生一个硬件中断以提醒操作系统处理流经该物理媒体上的每一个报文包。

可见,Sniffer 工作在网络环境中的底层,它会拦截所有的正在网络上传送的数据,并且通过相应的软件处理,可以实时分析这些数据的内容,进而分析所处的网络状态和整体布局。

Sniffer 的工作环境如下。

Sniffer 就是能够捕获网络报文的设备。嗅探器在功能和设计方面有很多不同,有些只能分析一种协议。而另一些可能能够分析几百种协议。一般情况下,大多数的嗅探器至少能够分析下面的协议:

①标准以太网。

②TCP/IP。

③IPX。

④DECNet。

第三节　网络故障排除

一、一般网络故障的解决步骤

前面我们基本了解了计算机网络故障的大致种类，那么，如何排除网络故障呢？我们建议采用系统化故障排除思想。故障排除系统化是合理地，一步一步找出故障原因并解决故障的总体原则，它的基本思想是系统地将可能的故障原因所构成的一个大集合缩减（或隔离）成几个小的子集，从而使问题的复杂度迅速下降。

故障排除时有序的思路有助于解决所遇到的任何困难，图 8-2 给出了一般网络故障排除的处理流程。

需要注意的是，图 8-2 所示的故障排除流程是网络维护人员所能够采用的排错模型中的一种，当然我们可以根据自己的经验和实践总结了另外的排错模型。网络故障排除的处理流程是可以变化的，但故障排除有序化的思维模式是不可变化的。

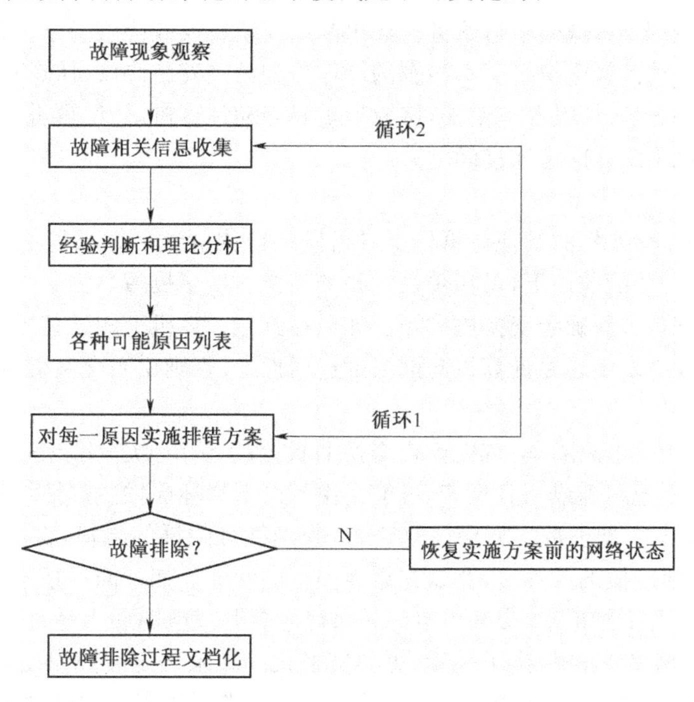

图 8-2　一般网络故障排除流程

二、网络故障的分类诊断技术

前面介绍过，按照网络故障的性质，可以将网络故障划分成连通性故障、配置故障和协议故障。那么在网络故障检测和排除过程中，对这种分类方法的三种故障类型也有相应的故障诊断技术。

1. 连通性故障排除步骤

(1)确认连通性故障

当出现一种网络应用故障时，如无法浏览 Internet 的 Web 页面，首先尝试使用其他网络应用，如收发 E-mail，查找 Internet 上的其他站点或使用局域网络中的 Web 浏览等。如果其他一些网络应用可正常使用,如能够在网上邻居中发现其他计算机,或可“ping”其他计算机,那么可以排除内部网连通性有故障。

查看网卡的指示灯是否正常。正常情况下,在不传送数据时,网卡的指示灯闪烁较慢,传送数据时,闪烁较快。无论指示灯是不亮还是不闪,都表明有故障存在。如果网卡不正常,则需更换网卡。

“ping”本地的IP地址,检查网卡和IP网络协议是否安装完好。如果“ping”得通,说明该计算机的网卡和网络协议设置都没有问题。问题出在计算机与网络的连接上。这时应当检查网线的连通性和交换机及交换机端口的状态。如果“ping”不通,说明TCP/IP协议有问题。

在控制面板的“系统”中查看网卡是否已经安装或是否出错。如果在系统中的硬件列表中没有发现网络适配器,或网络适配器前方有一个黄色的“!”,说明网卡未安装正确,需将未知设备或带有黄色的“!”网络适配器删除,刷新安装网卡。并为该网卡正确安装和配置网络协议,然后进行应用测试。如果网卡无法正确安装,说明网卡可能损坏,必须换一块网卡重试。

使用“Ipconfig/all”命令查看本地计算机是否安装TCP/IP协议,是否设置好IP地址、子网掩码和默认网关及DNS域名解析服务。如果尚未安装协议或协议尚未设置好,则安装并设置好协议后,重新启动计算机执行基本检查的操作。如已经安装协议,认真查看网络协议的各项设置是否正确。如果协议设置有错误,修改后重新启动计算机,然后再进行应用测试。如果协议设置正确,则可确定是网络连接问题。

(2)故障定位

到连接至同一台交换机的其他计算机上进行网络应用测试。如果仍不正常,在确认网卡和网络协议都正确安装的前提下,可初步认定是交换机发生了故障。为了进一步确认,可再换一台计算机继续测试,进而确定交换机故障。如果在其他计算机上测试结果完全正常,则说明交换机没有问题,故障发生在原计算机与网络的连通性上;否则说明交换机有故障。

(3)故障排除

如果确定交换机发生故障,应首先检查交换面板上的各指示灯闪烁是否正常。如果所有指示灯都在非常频繁地闪烁或一直亮着,可能是由于网卡损坏而发生广播风暴,关闭再重新打开电源后试试看能否恢复正常。如果恢复正常,找到红灯闪烁的端口,将网线从该端口中拔出。然后找该端口所连接的计算机,测试并更换损坏的网卡。如果面板指示灯一个也不亮,则先检查一下UPS是否工作正常,交换机电源是否已经打开或电源插头是否接触不良。如果电源没有问题,则说明交换机硬件出了故障,更换交换机。如果确定故障发生在某一个连接上,则首先应测试、确认并更换有问题的网卡。若网卡正常,则用线缆测试仪对该连接中涉及的所有网线和跳线进行测试,确认网线的连通性。重新制作网线接头或更换网线。如果网线正常,则检查交换机相应端口的指示灯是否正常,更换一个端口再试。

2. 协议故障排除步骤

当计算机出现协议故障现象时,应当按照以下步骤进行故障的定位。

检查计算机是否安装有TCP/IP协议或相关协议,如欲访问Novell网络,则还应添加IPX/SPX等。

检查计算机的TCP/IP属性参数配置是否正确。如果设置有问题,将无法浏览Web和收发E-mail,也无法享受网络提供的其他Intranet或Internet服务。

使用ping命令,测试与其他计算机和服务器的连接状况。

在控制面板的“网络”属性中,单击“文件及打印共享”按钮,在弹出的“文件及打印共享”对话框中检查一下是否已选择“允许其他用户使用我的文件”和“允许其他计算机使用我的打印机”复选框。如果没有，全部选中或选中一个。否则，将无法使用共享文件夹或共享网络打印机。

若某台计算机屏幕提示“名字”或“IP 地址重复”，则在“网络”属性的“标识”中重新为该计算机命名或分配 IP 地址，使其在网络中具备唯一性。

至于广域网协议的配置，可参见路由器配置的内容。

3. 配置故障排除步骤

首先检查发生故障计算机的相关配置。如果发现错误，修改后，再测试相应的网络服务能否实现。如果没有发现错误或相应的网络服务不能实现，则执行下一步骤。

测试同一网络内的其他计算机是否有类似的故障，如果有，说明问题肯定出在服务器或网络设备上；如果没有，也不能排除服务器和网络设备存在配置错误的可能性，都应对服务器或网络设备的各种设置、配置文件进行认真仔细的检查。

三、网络故障的分层诊断技术

在常见的网络故障中，因为出现在物理层、数据链路层和网络层的问题较多，所以下面就以这三层为例作一分析。诊断网络故障的过程应该沿着 OSI 七层模型从物理层开始向上进行。首先检查物理层，然后检查数据链路层，以此类推，设法确定通信失败的故障点，直到系统通信正常为止。

1. 物理层故障诊断

物理层是 OSI 分层结构体系中最基础的一层，它建立在通信媒体的基础上，实现系统和通信媒体的物理接口，为数据链路实体之间进行透明传输，为建立、保持和拆除计算机和网络之间的物理连接提供服务。

物理层的故障主要表现在：设备的物理连接方式是否恰当、连接电缆是否正确、Modem，CSU/DSU 等设备的配置及操作是否正确。确定路由器端口物理连接是否完好的最佳方法是使用 show interface 命令，检查每个端口的状态，解释屏幕输出信息，查看端口状态、协议建立状态。

2. 数据链路层及其诊断

数据链路层的主要任务是使网络层无需了解物理层的特征而获得可靠的传输。数据链路层为通过链路层的数据进行封装和解封装、差错检测和校正并协调共享介质。在数据链路层交换数据之前，协议关注的是形成帧和同步设备。查找和排除数据链路层的故障，需要查看路由器的配置，检查连接端口的共享同一数据链路层的封装情况。每对接口要和与其通信的其他设备有相同的封装。通过查看路由器的配置检查其封装，或者使用 show 命令查看相应接口的封装情况。

3. 网络层及其诊断

网络层主要负责数据的分段打包与重组以及差错报告，更重要的是它负责信息通过网络的最佳路径。

排除网络层故障的基本方法是：沿着从源到目标的路径，查看路由器路由表，同时检查路由器接口的 IP 地址。如果路由没有在路由表中出现，应该通过检查来确定是否已经输入适当的静态路由、默认路由或者动态路由。然后手工配置一些丢失的路由或者排除一些动态路由选择过程的故障，包括 RIP 或者 IGRP 路由协议出现的故障。例如，对于 IGRP 路由选择信息只在同一自治系统号的系统之间交换数据，查看路由器配置的自治系统号的匹配情况。

4. 高层及其诊断

高层协议负责端到端数据传输。如果确保网络层以下没有出现问题，高层协议出现问题那么很可能就是网络终端出现故障，这时应该检查计算机、服务器等网络终端，确保应用程序正常工作，终端设备软硬件运行良好。

第四节　网络安全

随着网络的普及，数据通过网络传递已是人们生活中的一部分了。然而电子化的数据容易被复制、伪造、修改或破坏，为了避免别人非法访问自己的数据，数据安全机制应运而生。数据安全机制的目标有：

1. 完整无误(Integrity)

确认网络收到的数据是正确的，途中没有被篡改或变化。

2. 身份认证(Authentication)

确认数据发送者的身份。

3. 不可否认(Nonrepudiation)

确认其他无法假冒数据发送者身份，使发送者无法否认这份数据是他所发出的。

4. 信息保密(Confidentiality)

确保数据在网络上传递时不会被他人窃取。

一、网络安全的基本概念

从狭义的角度讲，网络安全是指网络系统的硬件、软件及其系统中的数据受到保护，不因为偶然或恶意的原因而遭到破坏、更改或泄露，确保系统能连续、可靠、正常地运行，网络服务不被中断。

从广义的角度讲，凡是涉及计算机网络上信息的保密性、完整性、可用性、真实性和可控性的相关技术和理论都是计算机网络安全的研究领域。

网络安全涉及的内容既有技术方面的问题，又有管理方面的问题，两方面相互补充，缺一不可。

计算机网络安全包括广泛的策略和解决方案，具体内容如下。

(1)访问控制：对进入系统的用户进行控制。

(2)选择性访问控制：进入系统后，要对文件和程序等资源的访问进行控制。

(3)病毒和计算机破坏程序：防止和控制不同种类的病毒和其他破坏性程序造成的影响。

(4)加密：信息的编码和解码，只有被授权的人才能访问信息。

(5)系统计划和管理：计划、组织和管理与计算机网络相关的设备、策略和过程，以保证资源安全。

(6)物理安全：保证计算机和网络设备的安全。

(7)通信安全：解决信息通过网络和电信系统传输时的安全问题等。

计算机网络安全是每个计算机网络系统的重要因素之一，很多网络系统受到破坏，往往是对网络安全意识不够而造成的，因此，计算机网络的安全是不容忽视的大问题。

二、影响网络安全的主要因素

影响网络安全的因素很多，归纳起来，主要有以下几个方面。

1. 网络软件系统的漏洞

任何一种软件系统(包括操作系统和应用软件)都可能由于程序员一时的有意或无意疏忽而留下了漏洞，而这些漏洞正好成为黑客进行攻击的首选目标，也是网络安全问题的主要根源之一。

2. 网络架构和协议本身的安全缺陷

不管采用何种架构将计算机之间互联成网络以便共享信息资源，必须使用网络协议，而协议具有开放性，在设计时安全性考虑的不完善，这必将造成网络本身的不安全。例如，目前广泛使用的网络通信协议 TCP/IP 是完全公开的，其设计目的是实现网络互联，而没有过多考虑安全因素，其本身就存在安全缺陷。

3. 网络硬件设备和线路的安全问题

网络硬件设备端口、传输线路和主机都有可能因未屏蔽或屏蔽不严给黑客造成可乘之机。黑客通过电磁泄露实施窃听截获信息或通过主机某一端口没关闭而进入主机获取有用信息。

4. 操作人员的安全意识不强

计算机及网络操作人员安全意识不强，失误、失职、误操作、管理制度不健全等人为因素都会造成网络安全隐患。例如，网络管理员将超级用户密码外泄。

5. 环境因素

各种自然灾害及电力的不稳而造成的突然掉电、停电等都将对网络的安全造成威胁。

三、网络攻击的主要手段

网络攻击是指任何以干扰、破坏网络系统为目的的非授权行为。目前，网络攻击有以下几种手段。

1. 网络欺骗入侵

网络欺骗入侵包括 IP 欺骗、ARP 欺骗、DNS 欺骗和 WWW 欺骗 4 种方式。其方法是伪造一个可信任地址的数据包获取目标主机的信任，从而达到目的。

IP 欺骗就是通过伪造某台主机的 IP 地址，使得某台主机能够伪装成另外一台主机，而这台主机往往具有某种特权或被其他主机所信任。IP 欺骗目前是黑客攻克防火墙系统最常用的一种方法，也是许多其他网络攻击手段的基础。

ARP 欺骗主要是通过更改 ARP Cache 内容达到攻击的目的。由于 ARP Cache 中存有 IP 与 MAC 地址的映射信息，若黑客更改了此信息，则发送到某一 IP 的数据包就会被发送到黑客指定的主机上。

DNS 欺骗是一种更改 DNS 服务器中主机名和 IP 地址映射表的技术。当黑客改变了 DNS 服务器上的映射表后，客户机通过主机名请求浏览时，就会被引导到非法的服务器上。

WWW 欺骗也是一种通过更改映射关系从而达到攻击的目的，它不是更改的 DNS 映射，而是更改的 Web 映射。当客户机通过 IP 地址浏览时就会被引导到非法的 Web 服务器上，打开非法的网页。

2. 拒绝服务攻击

拒绝服务(Denial of Service，DOS)攻击是一种很简单而又行之有效的且具有破坏性的网络攻击方式。其主要目的是对网络或服务器实施攻击，使其不能向合法用户提供正常的服务。DOS攻击主要有两种攻击方式：网络带宽攻击和连通性攻击。网络带宽攻击是用极大的通信量冲击网络，消耗尽所有可用的网络带宽资源，造成网络系统瘫痪，即使是合法用户的正常请求也不能通过；连通性攻击是指用大量的连接请求冲击主机，消耗殆尽该主机的系统资源，使系统暂时不能响应用户的正常请求。尽管攻击者不可能得到任何的好处，但拒绝服务攻击会给合法用户和站点的形象带来较大的影响。

3. 密码窃取攻击

密码窃取攻击是指黑客通过窃听等方式在不安全的传输通道上截取正在传输的密码信息或通过猜测甚至暴力破解法窃取合法用户的账户和密码。这是一种常见的而且行之有效的网络攻击手段。黑客通过这种手段，在获取合法的用户账户和密码等信息后，就可成功登录系统。

4. 特洛伊木马

特洛伊木马程序表面上是做一件事情，而实际上却是在做另外的事情，它提供了用户不希望的功能，而这些额外的功能通常是有害的。特洛伊木马程序常常嵌在一段正常的程序中，借以隐藏自己。

由于特洛伊木马程序是嵌在正常的程序中，成为合法的程序段，因此恶意用户正是利用这一点对用户实施攻击。如获取口令、读写未授权文件以及获取目标主机的所有控制权。

解决特洛伊木马程序的基本思想是要发现正常程序中隐藏的特洛伊木马，常用的解决方法是使用数字签名技术为每个文件生成一个标识，在程序运行时通过检查数字签名发现文件是否被修改，从而保护已有的程序不被更换。

5. 邮件炸弹

邮件炸弹是指反复收到大量无用的电子邮件。过多的邮件会加剧网络的负担；消耗大量的存空间，造成邮箱的溢出，使用户不能再接收任何邮件；导致系统日志文件变得十分庞大，甚至造成文件系统溢出；同时，大量邮件的到来将消耗大量的处理时间，妨碍了系统正常的处理活动。

6. 病毒攻击

病毒对计算机系统和网络安全造成了极大的威胁，网络为病毒快速的传播提供了条件。病毒破坏轻者是恶作剧，重者不仅破坏数据，使软件的工作不正常或瘫痪，而且可能破坏硬件系统。

为了避免系统遭受病毒的攻击，不仅应定期地对系统进行病毒扫描检查，而且还须对病毒的入侵做好实时的监视，防止病毒进入系统，彻底避免病毒的攻击。

7. 过载攻击

过载攻击是使一个共享资源或者服务处理大量的请求，从而导致无法满足其他用户的请求。过载攻击包括进程攻击和磁盘攻击等几种方法。

8. 后门攻击

后门攻击是指入侵者绕过日志，进入被入侵系统的过程。常见的后门有：调试后门、管理后门、恶意后门、Login后门、服务后门、文件系统后门、内核后门等。

四、网络安全的常见防范技术

先进、可靠的网络安全防范技术是网络安全的根本保证。用户应对自身网络面临的威胁进行风险评估，进而选择各种适用的网络安全防范技术，形成全方位的网络安全体系。目前，主要有以下几种常见的网络安全防范技术。

1. 防火墙技术

在网络中，防火墙是一种用来加强网络之间访问控制的特殊网络互联设备，它包括硬件和软件。防火墙是建立在内外网络边界上的过滤封锁机制，内部网络被认为是安全和可信赖的，而外部网络（通常是 Internet）被认为是不安全和不可信赖的。防火墙通过边界控制强化内部网络的安全策略，可防止不希望的、未经授权的通信进出被保护的内部网络。

目前防火墙已成为控制网络系统访问的非常重要的方法，事实上在 Internet 上很多网站都是由某种形式的防火墙加以保护的，采用防火墙的保护措施可以有效地提高网络的安全性。

2. 身份验证技术

身份验证是用户向系统证明自己身份的过程，也是系统检查核实用户身份证明的过程。这两个过程是判明和确认通信双方真实身份的两个重要环节，人们常把这两项工作统称为身份验证（或身份鉴别）。

Kerberos 系统是目前应用比较广的身份验证技术。它的安全机制在于首先对发出请求的用户进行身份验证，确认其是否为合法用户。如果是合法用户，再核实该用户是否有权对他所请求的服务或主机进行访问。

3. 访问控制技术

访问控制是指对网络中资源的访问进行控制，只有被授权的用户，才有资格去访问相关的数据或程序。其目的是防止对网络中资源的非法访问。

访问控制是网络安全防范和保护的主要策略。访问控制技术包括入网访问控制、网络权限控制、目录级控制、数据属性控制以及服务器安全控制等手段。

4. 入侵检测技术

入侵检测技术是为保障计算机网络系统的安全而设计的一种能够及时发现并报告系统中未授权或异常现象的技术，是一种用于检测计算机网络中违反安全策略行为和技术，是网络安全防护的重要组成部分。利用入侵检测系统能够识别出不希望有的活动，从而达到限制这些活动的目的。

5. 密码技术

密码技术是保护网络信息安全的最主动的防范手段，是一门结合数学、计算机科学、电子与通信等诸多学科于一体的交叉学科。它不仅具有信息加密功能，而且具有数字签名、秘密分存、系统安全等功能。

6. 反病毒技术

目前出现的计算机病毒已严重影响到计算机网络的正常运行。由于计算机病毒种类繁多、感染力强、传播速度越来越快、破坏性越来越强，因此，针对病毒的反病毒技术在计算机病毒对抗中应不断推荐出新。对于网络用户来讲，应安装网络防病毒软件，并经常进行升级，而对于个人计算机来讲也是一样的，只是安装的是个人防病毒软件而已。

第五节　防火墙技术

防火墙是内部网络被认为是安全和可信赖的，而外部网络（通常是 Internet）被认为是不安全和不可信赖的。防火墙的作用是防止不希望的、未经授权的通信进出被保护的内部网络，通过边界控制强化内部网络的安全政策。

一、防火墙的基本概念

1. 防火墙的概念

所谓“防火墙(Firewall)”,是指在两个网络之间实现访问控制的一个或一组硬件或软件系统,它是建立在内外网络边界上的过滤封锁机制。它是一种将两个网分开的方法,通常是将内网和外网分开,实际上是一种隔离技术。防火墙是在两个网络通信时执行的一种访问控制尺度,它允许“同意”的数据进入自己的网络,而将没被“同意”的数据屏蔽掉。设置防火墙的目的是保护内部网络资源不被外部非授权用户使用,防止内部受到外部非法用户的攻击。防火墙安装在内部网络与外部网络之间,如图 8-3 所示。

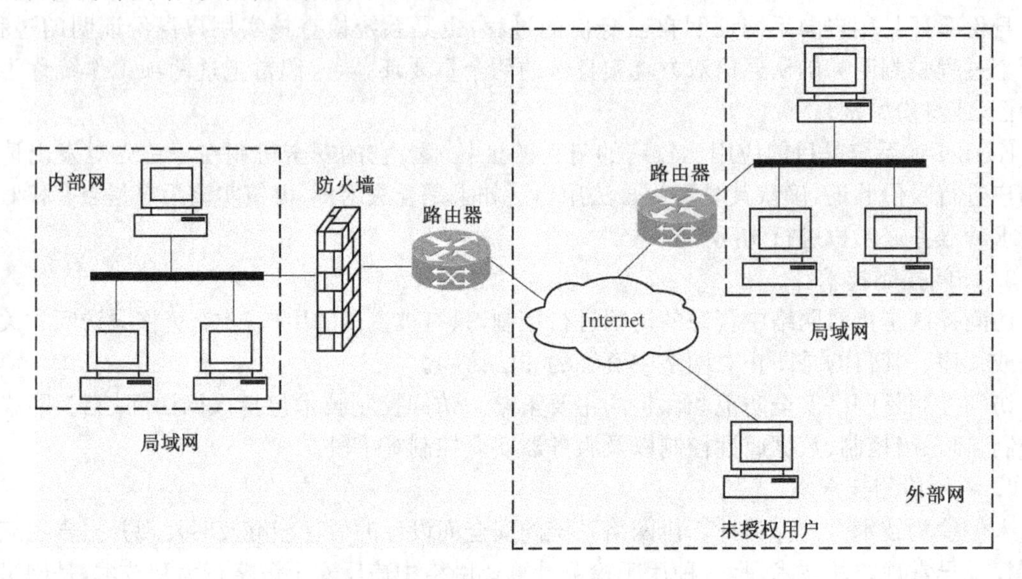

图 8-3 防火墙的位置与作用

防火墙既可以安装在一个单独的路由器中,用来过滤掉不想要的数据包,也可以是一个独立的设备或软件,安装在主机与路由器中,发挥更大的网络安全保护作用。

防火墙包含着一对矛盾(或称机制):一方面它允许数据通过,另一方面却不允许数据通过。由于防火墙的管理机制及安全策略(Security policy)不同,因此这对矛盾呈现出不同的表现形式。

一个好的防火墙系统应具有以下几个方面的特性:

(1)所有内部网络和外部网络之间数据传输必须经过防火墙。

(2)只有被授权的合法数据及防火墙系统中安全策略允许的数据可以通过防火墙。

(3)防火墙本身不受各种攻击的影响。

(4)使用目前新的信息技术,如现代密码技术等。

(5)人机界面友好,用户配置使用方便,容易管理。

2. 防火墙的功能

防火墙的主要功能包括:

(1)限定内部用户访问特殊站点。

(2)防止未授权用户访问内部网络。

(3)允许内部网络中的用户访问外部网络的服务和资源而不泄漏内部网络的数据和资源。

(4)记录通过防火墙的信息内容和活动。

(5)对网络攻击进行监测和报警。

(6)具有防攻击能力,保证自身的安全性。

3. 防火墙的局限性

尽管防火墙为网络提供了十分必要的安全保障,但也存在着一定的局限性,主要表现在以下几个方面:

(1)不能防范恶意的知情者。

(2)防火墙不能防范不通过它的连接。防火墙只能够有效地防止通过它进行传输的信息,而不能防止不通过它而传输的信息。

(3)防火墙不能防备全部的威胁。防火墙只能防备已知的威胁,而不能防备未知的威胁。

(4)防火墙不能防范病毒。

二、防火墙的设计策略

1. 包过滤式防火墙

包过滤式防火墙是目前使用最为广泛的防火墙,它是基于路由器技术的。包是网络上信息流动的单位,每个包有两个部分:数据部分和包头。包头中含有源地址和目的地址等信息。因此可根据数据包中的包头信息有选择地实施允许或禁止通过。包过滤式防火墙壁原理很简单:

(1)有选择地允许数据分组穿过防火墙,实现内部和外部主机之间的数据交换。

(2)作用在网络层和传输层。

(3)根据分组的源地址、目的地址、端口号、协议类型等标志确定是否允许数据包通过。

(4)满足过滤逻辑的数据包才被转发,否则被丢弃。

包过滤式防火墙原理如图 8-4 所示。

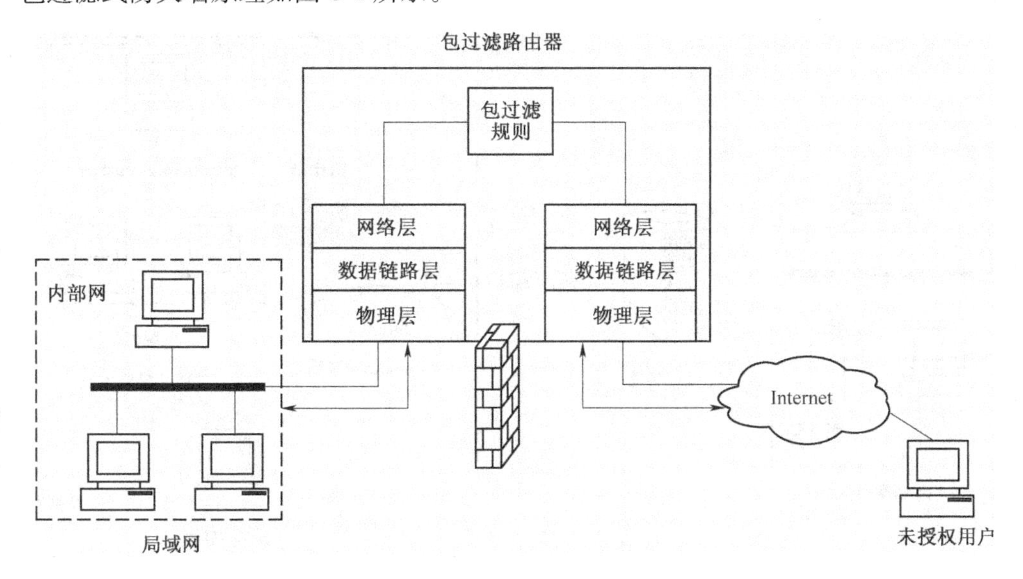

图 8-4　包过滤式防火墙原理图

包过滤软件通常集成到路由器上,允许用户根据某种安全策略进行设置,允许特定的分组穿越防火墙。

路由器对每个分组进行分析，并为分组选择一条最佳的路径。

基于包过滤的防火墙的安全性依赖于用户制定的安全策略。

由于包过滤防火墙是由用户来设置安全策略的，因此根据系统对用户设置的理解，目前的产品分为两类："不允许的就是禁止"和"不禁止的就是允许"。

2. 包过滤防火墙的评价

包过滤是实现防火墙功能的有效与基本方法，包过滤方法的优点是：

(1)能有效地控制对站点的访问。

(2)能有效地保护易受攻击的服务。

(3)由于包过滤是在网络层和传输层上进行的操作，因此这种操作对于应用层来说是透明的，它不要求客户与服务器程序作任何的修改。

(4)简单、价廉、便于管理。

包过滤方法的缺点是：

(1)不能防止假冒。

(2)只能在网络层和运输层实现。

(3)缺乏可审核性。

(4)在路由器配置包过滤规则是比较困难的。

2. 代理服务式(应用网关)防火墙

代理服务式防火墙是另一种类型的防火墙，它通常是一个软件模块，运行在一台主机上。代理服务器与路由器合作，路由器实现内部和外部网络交互时的信息流导向，将所有的相关应用服务请求传递给代理服务器。代理服务作用在应用层，其特点是完全"阻隔"了网络通信流，通过对每种应用服务编制专门的代理程序，实现监视和控制应用层通信流的作用。

代理服务的实质是中介作用，它不允许内部网和外部网之间进行直接的通信。其原理如图 8-5 所示。

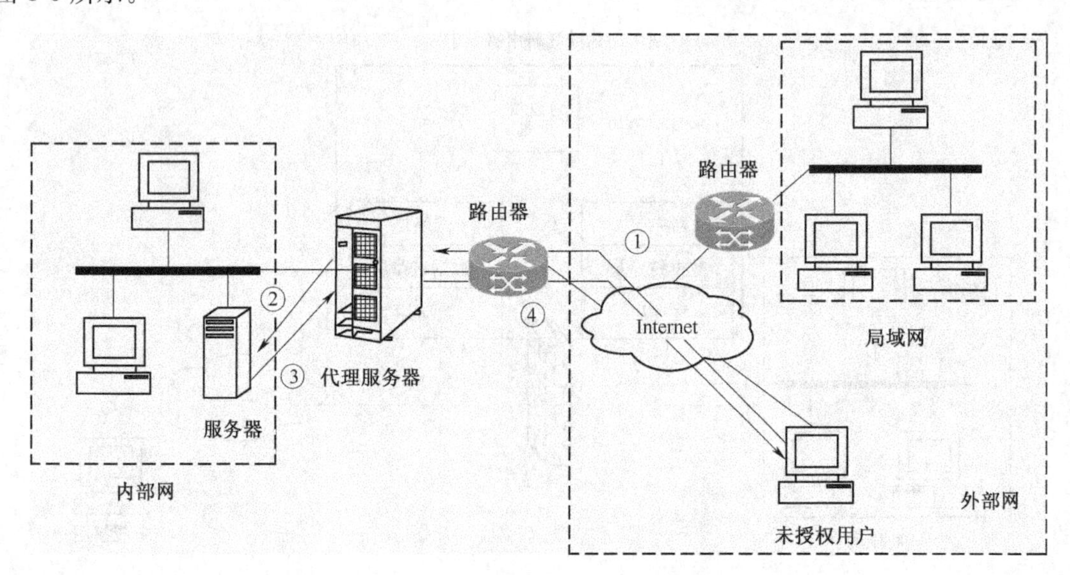

图 8-5　代理服务式防火墙原理图

说明如下：

(1)当外部网的用户希望访问内部网某个应用服务器时，实际上是向运行在防火墙上的代理服务软件提出请求，建立连接。

(2)由代理服务器代表它向要访问的应用系统提出请求，建立连接。

(3)应用系统给予代理服务器响应。

(4)代理服务器给予外部网用户以响应。

外部网用户与应用服务器之间的数据传输全部由代理服务器中转，外部网用户无法直接与应用服务器交互，避免了来自外部用户的攻击。

通常代理服务是针对特定的应用服务而言的，不同的应用服务可以设置不同的代理服务器，如 FTP 代理服务器、TELNET 代理服务器等。目前，很多内部网络都同时使用分组过滤路由器和代理服务器来保证内部网络的安全性，并且取得了较好的效果。

3. 堡垒主机

包过滤式防火墙允许信息在外部系统与内部系统之间的直接流动。代理服务式防火墙允许信息在系统之间的流动，但不允许直接交换信息包。允许信息包在内部的网络系统与外部的网络系统之间进行交换的主要风险在于，受保护内部网络中的各种硬件或软件系统必须能够承受由于提供相关服务所产生的各种威胁。而堡垒主机是 Internet 上的主机能够连接到的、唯一的内部网络上的系统，它对外而言，屏蔽了内部网络的主机系统，所以任何外部的系统试图访问内部的系统或服务时，都必须连接到堡垒主机上，如图 8-6 所示。因此，堡垒主机需保持更高级的主机安全性。

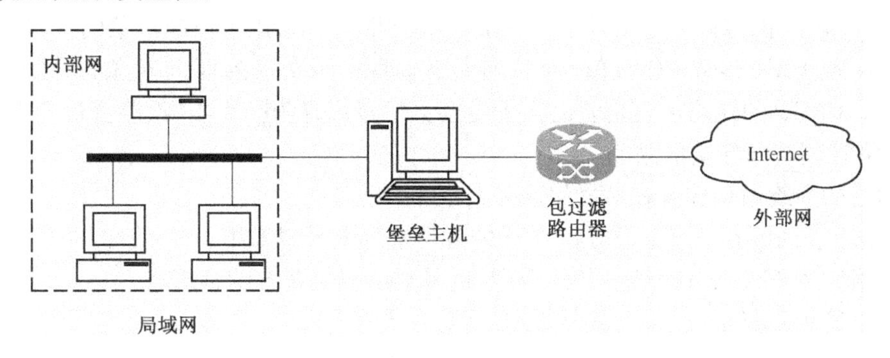

图 8-6　使用堡垒主机作为防火墙

堡垒主机具有以下一些特点：

(1)堡垒主机的硬件平台运行的是一个比较“安全”的操作系统，如 UNIX 操作系统，它防止了操作系统受损，同时也确保了防火墙的完整性。

(2)只有那些有必要的服务才安装在堡垒主机内。一般来说，堡垒主机内只安装为数不多的几个代理应用程序子集，如 Telnet、DNS、FTP、SMTP 和用户认证等。

第六节　网　络　管　理

随着网络技术与应用的不断发展，计算机网络在我们的日常生活中已经变得越来越普遍，网络的组成日益复杂，多厂商、跨技术领域的复杂的网络环境对网络的管理提出了更高的要求。网络管理是在网络技术迅速发展形势下提出的新问题，是指对组成网络的各种硬软件设施的综合管理,以充分发挥这些设施的作用。

一、网络管理概述

网络管理系统是一个软硬件结合以软件为主的分布式网络应用系统,其目的是管理网络,使网络高效正常运行。

1. 网络管理的必要性

单机性能问题:软件本身、系统设置和配置,系统工具及人工。

网络性能问题:因素众多,需要对基于网络的应用以及网络的流量、设备的运行状况进行分析;设备的分布性,需要相应的工具协助管理员进行网络管理。网络规模扩展,意义日益显著。

2. 网络管理的目的

对组成网络的各种硬软件设施的综合管理,以达到充分利用这些资源的目标,并保证网络向用户提供可靠的通信服务。

3. 实质

对各种网络资源进行监测、控制和协调,并在网络出现故障时,可以及时进行报告和处理,尤其是向管理员报警,以便尽快维护。

4. 标准

网络设备的异构性导致标准化的需求。著名的网络管理协议包括 ISO/OSI 网络管理标准——公共管理信息协议(CMIP);因特网网络管理标准——简单网络管理协议(SNMP)。CMIP 是在 SNMP 的基础之上设计的。CMIP 和 SNMP 都采用了面向对象的技术:SNMP 只有数值属性;而 CMIP 不仅有数值,而且有行为,是一种真正的面向对象的技术。相对于 SNMP 而言,CMIP 的缺陷主要是它的实现需要大量资源,因此 CMIP 没能流行起来。

5. 网络管理与服务质量保证

(1)网管的最终效果体现在对网络服务的质量保证上。

(2)QoS(Quality of Service)应在 OSI 的各层管理上予以实施。

(3)网络管理不仅是对物理设备的管理,也是对所提供业务的管理。

(4)网络管理不仅是技术,也需要管理艺术。

6. 网络管理的对象

网络管理对象一般包括路由器,交换机,HUB 等。近年来,网络管理对象有扩大化的趋势,即把网络中几乎所有的实体:网络设备,应用程序,服务器系统,辅助设备如 UPS 电源等都作为被管对象。给网络系统管理员提供一个全面系统的网络视图。

二、网络管理功能

一般来说,网络管理的目的应该满足以下要求:

(1)同时具有网络监视和控制的能力。

(2)能够支持所有的网络协议,容纳不同的网络管理系统。

(3)提供尽可能大的管理范围,网络管理员可以从网络的任何地方都能对网络进行管理。

(4)网络管理的标准化,可以管理不同厂家的网络设备,实现网络管理的集成。

(5)网络管理在网络安全性方面应能发挥更大的作用。

(6)网络管理应具有一定的智能,可以根据对网络统计信息的分析,发现并报告可能出现的网络故障。

国际标准化组织 ISO 定义了网络管理的五大功能：网络管理功能分为性能管理、配置管理、安全管理、计费管理和故障管理等五大管理功能。

1. 故障管理

故障管理是网络管理最基本的功能，它是指系统出现异常情况下的管理操作。它与故障检测、故障诊断和故障恢复或故障排除等工作相关，就是找出故障的位置并进行恢复。其目标是自动监测、记录网络故障并通知用户，保证网络能够提供连续、可靠的服务，避免由网络故障而给予用户带来损失。

网络系统的故障主要包括网络节点故障和通信信道故障。

在实际运用中，网络故障管理包括以下几个步骤。

(1)检测故障、判断故障症状：主动探测或被动接收网络上的各种事件信息，并识别出其中与网络和系统故障相关的内容，对其中的关键部分保持跟踪，生成网络故障事件记录。

(2)隔离故障：通过诊断、测试辨别故障根源，对根源故障进行隔离。

(3)故障修复：不严重的简单故障通常由网络设备通过本身具有的故障检测、诊断和恢复措施予以解决。

(4)故障记录：创建并维护故障日志库并对故障日志库进行维护。

2. 计费管理

计费管理负责记录网络资源的使用情况和使用这些资源的代价，包括以下几种。

①统计已被使用的网络资源和估算用户应付的费用。

②设置网络资源的使用计费限制，控制用户占用和使用过多的网络资源。

③对为了实现某个特定通信目的所引用的多个网络资源进行联合收费的能力。

④计费管理的目标是衡量网络的利用率，以便一个或一组用户可以按规则利用网络资源，这样的规则使网络故障降低到最小(因为网络资源可以根据其能力的大小而合理地分配)，也可使所有用户对网络的访问更加公平。为了实现合理的计费，计费管理必须和性能管理相结合。

在实际运用中，计费管理包括以下几个步骤。

(1)计费数据采集：计费数据采集是整个计费系统的基础，但计费数据采集往往受到采集设备硬件与软件的制约，而且也与进行计费的网络资源有关。

(2)数据管理与数据维护：计费管理人工交互性很强，虽然有很多数据维护系统自动完成，但仍然需要人为管理，包括交纳费用的输入、联网单位信息维护以及账单样式决定等。

(3)计费政策制定；由于计费政策经常灵活变化，因此实现用户自由制定输入计费政策尤其重要。这样需要一个制定计费政策的友好人机界面和完善的实现计费政策的数据模型。

(4)政策比较与决策支持：计费管理应该提供多套计费政策的数据比较，为政策制定提供决策依据。

(5)数据分析与费用计算：利用采集的网络资源使用数据，联网用户的详细信息以及计费政策计算网络用户资源的使用情况，并计算出应交纳的费用。

(6)数据查询：提供给每个网络用户关于自身使用网络资源情况的详细信息，网络用户根据这些信息可以计算、核对自己的收费情况。

3. 配置管理

配置管理就是定义、收集、监测和管理系统的配置参数，使得网络性能达到最优。

(1)配置信息的自动获取:在一个大型网络中,需要管理的设备是比较多的,如果每个设备的配置信息都完全依靠管理人员的手工输入,工作量是相当大的,而且还存在出错的可能性。对于不熟悉网络结构的人员来说,这项工作甚至无法完成。因此,一个先进的网络管理系统应该具有配置信息自动获取功能。即使在管理人员不是很熟悉网络结构和配置状况的情况下,也能通过有关的技术手段来完成对网络的配置和管理。在网络设备的配置信息中,根据获取手段大致可以分为三类:一是网络管理协议标准的 MIB 中定义的配置信息(包括 SNMP 和 CMIP 协议);二是不在网络管理协议标准中有定义,但是对设备运行比较重要的配置信息;三是用于管理的一些辅助信息。

(2)自动配置、自动备份及相关技术:配置信息自动获取功能相当于从网络设备中"读"信息,相应的,在网络管理应用中还有大量"写"信息的需求。同样根据设置手段对网络配置信息进行分类:一是可以通过网络管理协议标准中定义的方法(如 SNMP 中的 set 服务)进行设置的配置信息;二是可以通过自动登录到设备进行配置的信息;三是需要修改的管理性配置信息。

(3)配置一致性检查:在一个大型网络中,由于网络设备众多,而且由于管理的原因,这些设备很可能不是由同一个管理人员进行配置的。实际上,即使是同一个管理员对设备进行的配置,也会由于各种原因导致配置一致性问题。因此,对整个网络的配置情况进行一致性检查是必需的。在网络的配置中,对网络正常运行影响最大的主要是路由器端口配置和路由信息配置,因此,要进行、致性检查的也主要是这两类信息。

(4)用户操作记录功能:配置系统的安全性是整个网络管理系统安全的核心,因此,必须对用户进行的每一配置操作进行记录。在配置管理中,需要对用户操作进行记录,并保存下来。管理人员可以随时查看特定用户在特定时间内进行的特定配置操作。

配置管理调用以下三种管理功能:

(1)客体管理功能

为管理信息系统用户提供一系列功能,完成被管客体的产生、删除报告和属性值改变的报告。

(2)状态管理功能

包括管理通用状态属性(客体应具有的操作态、使用态和管理态三个通用状态属性)和状况属性(六个用以限制使用态、操作态和管理态、表示应用于资源的特定条件的属性:告警状况属性、过程状况属性、可用性状况属性、控制状况属性、备份状况属性和未知状况属性)。

(3)关系管理功能

提供给管理者检查系统中不同部件间和不同系统间关系的管理能力,和用户改变系统中部分之间、系统之间以及系统与部件之间关系的管理能力。

4. 性能管理

性能管理主要是收集和统计数据(如网络的吞吐量、用户的响应时间和线路的利用率等),以便评价网络资源的运行状况和通信效率等系统性能,分析各系统之间的通信操作的趋势,或者平衡系统之间的负载。

性能管理包括以下几个步骤:

(1)收集网络管理者感兴趣的那些变量的性能参数。

(2)分析这些统计数据,以判断是否处于正常水平。

(3)为每个重要的变量决定一个适合的性能门槛值,超过该槛值就意味着网络的故障。

性能分析的结果可能会触发某个诊断测试过程，或者引起网络重新配置以维持网络预定的性能。

(1)性能监控：由用户定义被管对象及其属性。被管对象类型包括线路和路由器；被管对象属性包括流量、延迟、丢包率、CPU 利用率、温度、内存余量。对于每个被管对象，定时采集性能数据，自动生成性能报告。

(2)阈值控制：可对每一个被管对象的每一条属性设置阈值，对于特定被管对象的特定属性，可以针对不同的时间段和性能指标进行阈值设置。可通过设置阈值检查开关控制阂值检查和告警，提供相应的阈值管理和溢出告警机制。

(3)性能分析：对历史数据进行分析，统计和整理，计算性能指标，对性能状况作出判断，为网络规划提供参考。

(4)可视化的性能报告：对数据进行扫描和处理，生成性能趋势曲线，以直观的图形反映性能分析的结果。

(5)实时性能监控：提供了一系列实时数据采集；分析和可视化工具，用以对流量、负载、丢包、温度、内存、延迟等网络设备和线路的性能指标进行实时检测，可任意设置数据采集间隔。

(6)网络对象性能查询：可通过列表或按关键字检索被管网络对象及其属性的性能记录。

5. 安全管理

网络安全管理是用来保护网络资源的安全和网络信息的私有性，以保证网络不被侵害(有意识的或无意识的)，并保证重要信息不被未授权的用户访问。网络安全问题主要包括：

(1)网络数据的私有性

保护网络数据不被非法用户获取。

(2)授权控制

防止非法用户向网络上发送错误的信息。

(3)访问控制

控制对网络资源的访问。

与此对应，网络安全管理主要包括：

①授权管理

分配权限给所请求的实体。

②访问控制管理

分配口令、进入或修改访问控制表和能力表。

(4)安全检查跟踪和事件处理

(5)密钥管理

进行密钥分配。

总之，网络管理通过网关(即边界路由器)控制外来用户对网络资源的访问，以防止外来的攻击；通过告警事件的分析处理，以发现正在进行的可能的攻击；通过安全漏洞检查来发现存在的安全隐患，以防患于未然。

三、简单网络管理协议

简单网络管理协议(Simple Network Management Protocol，SNMP)是目前以 TCP/IP 为协议的网络中应用最为广泛的网络管理协议。1990 年 5 月，RFC1157 定义了 SNMP 的第一个版本 SNMPv1。RFC1157 和另一个并于管理信息的文件 RFC1155 一起提供了一种监控和管理计算机网络的系统方法。因此,SNMP 得到了广泛应用,并成为网络管理事实上的标准。

1. SNMP 概述

SNMP 在 20 世纪 90 年代初得到了迅猛发展,同时也暴露了明显的不足,如难以实现大量的数据,缺少身份验证(Authentication)和加密(Privacy)机制。因此,1993 年发布了 SNMPv2,它具有以下特点:

(1)支持分布式网络管理。

(2)可以实现大量数据的同时传输,提高了效率和性能。

(3)丰富了故障处理能力。

(4)扩展了数据类型。

(5)增加了集合处理能力。

(6)加强了数据定义语言。

2. SNMP 管理模型

SNMP 管理模型的结构如图 8-7 所示,它包括 3 个部分:管理进程(Manager)、管理代理(Agent)与管理信息库(Manager Information Base,MIB)。

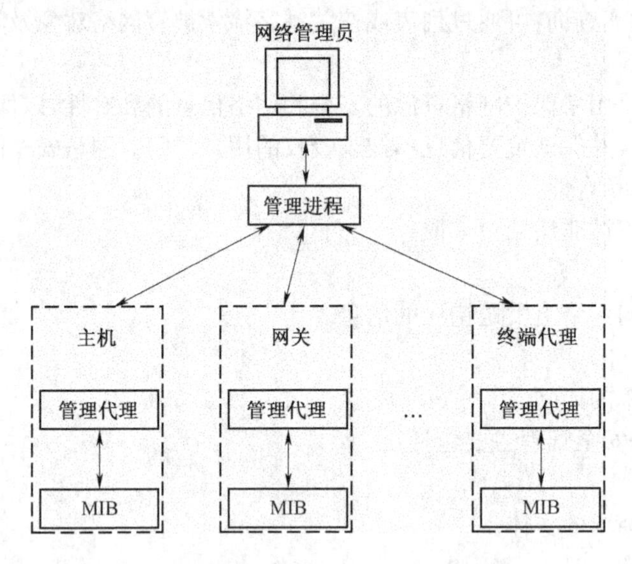

图 8-7 SNMP 管理模型的结构

(1)管理进程

管理进程是一个或一组软件程序,它一般运行在网络管理站(或网络管理中心)的主机上,它可以在 SNMP 的支持下由管理代理来执行各种管理操作。

管理进程负责完成各种网络管理功能,通过各个设备中的管理代理实现对网络内的各种设备、设施和资源的控制。另外,操作人员通过管理进程对全网进行管理。管理进程可以通过图形用户接口,以容易操作的方式显示各种网络信息、网络中各管理代理的配置图等。管理进程将会对各个管理代理中的数据集中存储,以备在事后进行分析时使用。

(2)管理代理

管理代理是一种在被管理的网络设备中运行的软件,它负责执行管理进程的管理操作。管理代理直接操作本地信息库,可以根据要求改变本地信息库,或者是将数据传送到管理进程。

每个管理代理有自己的本地管理库，一个管理代理管理的本地管理信息库不一定具有Internet定义的管理信息库的全部内容，而只需要包括与本地设备或设施有关的管理对象。管理代理具有两个基本管理功能，即读取管理库中各种变量值和修改管理信息库中各种变量值。

(3)管理信息库

管理信息库是一个概念上的数据库，它是由管理对象组成的，每个管理代理管理信息库中属于本地的管理对象，各管理代理控制的管理对象共同构成全网的管理信息库。

1. 根据网络故障的性质把故障分为连通性故障、协议故障与配置故障。

2. 常用的故障检测工具有Windows自带的软件工具和网络测试仪等硬件工具两类。

3. 网络监视就是监视网络数据流并对这些数据进行分析，这种专门用于采集网络数据流并提供分析能力的工具称为网络监视器。

4. 常见的网络故障中，出现在物理层、数据链路层和网络层的问题较多，诊断网络故障的过程可以沿着OSI七层模型从物理层开始向上进行。

5. 计算机网络上信息的保密性、完整性、可用性、真实性和可控性的相关技术和理论都是计算机网络安全的研究领域。

6. 防火墙是根据一定的安全规定来检查、过滤网络之间传送的报文分组，以便确定这些报文分组的合法性。

7. 网络管理则是指对网络应用系统的管理，它包括配置管理、故障管理、性能管理、安全管理、记账管理等部分。

1. 网络故障根据其性质一般分为哪几类？它们是如何产生的？

2. 简述网络故障的分类诊断技术。

3. 常用的网络安全技术有哪些？

4. 使用防火墙的目的是什么？

5. 一个好的防火墙系统应具有哪几个方面的特性？

6. 常见的网络攻击有哪些，使用什么方法可以解决？

7. 在网络系统设计中，需要从哪几个方面采取防病毒措施？

8. 根据OSI网络管理标准，网络管理主要应包括哪几个方面？

参 考 文 献

[1] 谢希仁．计算机网络．大连:大连理工大学出版社,2005.

[2] 王达．网管员必读:网络基础．北京:电子工业出版社,2006.

[3] 王达．网管员必读:网络组建．北京:电子工业出版社,2006.

[4] David Barnes,等．Cisco 局域网交换基础．北京:人民邮电出版社,2005.

[5] 施晓秋．计算机网络技术．北京:高等教育出版社,2006.

[6] 王振川．CCNA 实验手册．北京:人民邮电出版社,2004.

[7] Behrouz A. Foruzan,等．TCP/IP 协议族．2 版．北京:清华大学出版社,2003.

[8] 余明辉,汪双顶．中小型网络组建技术．北京:人民邮电出版社,2009.

[9] 李刚．最新网络组建、布线和调试实务．北京:电子工业出版社,2004.

[10] 麦奎里. CCNA 自学指南:Cisco 网络设备互联．李祥瑞,张明,袁国忠,译．北京:人民邮电出版社,2004.

[11] Vito. Amato. 思科网络技术学院教程(1、2、3、4 学期). 北京:人民邮电出版,2003.

[12] 吴卫祖,等．计算机网络技术基础．北京:清华大学出版社,2006.